U0342080

普通高等教育"十四五"规划教材

工程导论

主　编　彭开香
副主编　李希胜　马亮　付强

北　京
冶金工业出版社
2022

内 容 提 要

本书结合工程教育专业认证中的非技术要求，以社会需求为导向，以实际工程为背景，以工程思维为主线，以自动化工程领域为基础，适应"课程思政"需求，尝试以大工程的视角系统地介绍工程教育与新工科理念、工程思维和工程理念、工程实践活动及工程研究方法、工程伦理、工程创新、工程与环境、工程项目管理等。旨在提高学生的创新创业意识、工程素质和工程实践能力。

本书可以作为各类高等院校、成人教育学校相关专业的教材，也可作为相关专业技术人员的参考用书。

图书在版编目(CIP)数据

工程导论/彭开香主编 . —北京：冶金工业出版社，2022.6
普通高等教育"十四五"规划教材
ISBN 978-7-5024-9157-4

Ⅰ.①工…　Ⅱ.①彭…　Ⅲ.①工程技术—高等学校—教材　Ⅳ.①TB

中国版本图书馆 CIP 数据核字(2022)第 078060 号

工程导论

出版发行 冶金工业出版社		**电　　话** (010)64027926	
地　　址 北京市东城区嵩祝院北巷 39 号		**邮　　编** 100009	
网　　址 www.mip1953.com		**电子信箱** service@mip1953.com	

责任编辑　戈　兰　郭雅欣　美术编辑　彭子赫　版式设计　孙跃红
责任校对　石　静　责任印制　李玉山
三河市双峰印刷装订有限公司印刷
2022 年 6 月第 1 版，2022 年 6 月第 1 次印刷
787mm×1092mm　1/16；20 印张；482 千字；306 页
定价 46.00 元

投稿电话　(010)64027932　投稿信箱　tougao@cnmip.com.cn
营销中心电话　(010)64044283
冶金工业出版社天猫旗舰店　yjgycbs.tmall.com
(本书如有印装质量问题，本社营销中心负责退换)

前　言

现代工程具有系统性、综合性、复杂化、大规模等特征，在工程项目的规划、决策、设计、建造、运行、管理等环节中，不仅要考虑技术问题，还要考虑社会、经济、环境、健康、安全、法律、伦理等问题。

为适应现代工程的要求，进一步推进工程教育改革，工程教育认证标准对工程类专业的毕业生提出了工程与社会、环境和可持续发展、职业规范和项目管理等非技术方面的毕业要求，使工程专业人才的培养面临新的挑战。本书立足于工程类专业学生的工程技术素养、职业素养、社会素养及工程安全、工程法律法规等非技术方面的教学需求，吸收"新工科"理念，适应"课程思政"需求，以社会需求为导向，以实际工程为背景，以工程思维为主线，以自动化工程领域为基础，尝试着以大工程的视角系统地介绍工程教育与新工科理念、工程思维和工程理念、工程实践活动及工程研究方法、工程伦理、工程创新、工程与环境、工程项目管理等。本书注重对学生进行基本素养、基本规范、基本技能的培养，旨在提高学生的创新创业意识、工程素质和工程实践能力。

本书的特色在于吸收"新工科"理念，适应"课程思政"需求，注重凝炼本土化案例，培育工程理念和工程伦理意识，通过对传统工程知识的整合、交融和改革，以不同的模块组合来满足工科专业建设的需要，内容包括以下四大类知识体系：第一，介绍工程教育、新工科理念、工程教育的培养目标等，属于编写本书的背景和目的以及服务对象的"问题层"；第二，介绍工程本质、工程的特征、工程思维、工程方法论、工程理念和工程观，是主要支撑本书的"基础层"；第三，介绍工程师素质、工程过程、工程项目的管理，是本书的"软件层"；第四，介绍工程安全、智能制造工程、自动化科学技术、可靠性工程、环境保护与可持续发展与工程以及未来工程规划，属于本书的"提升层"。通过学习这四大类知识，可以使学习者在学习中起到"事半功倍"的效果。

本书由彭开香担任主编，李希胜、马亮，付强担任副主编。全书分为13章，其中第1、2、6、10、11章由彭开香编写，第3、4章由李希胜编写，第5、

7、9 章由付强编写，第 8、12、13 章由马亮编写。彭开香、马亮负责全书的统稿工作。

本书得到北京科技大学教材建设经费资助，得到了北京科技大学教务处的全程支持。

本书在编写过程中，参考了大量相关的文献资料，在此向文献的作者表示感谢。由于编者水平有限，书中不妥之处在所难免，恳请同行专家和广大读者批评指正。

编　者

2022 年 3 月

目　　录

1 工程教育与新工科理念

工程是一种以满足社会需要为目标的社会性活动，是反映多种社会需求、综合多种社会资源、依据多重客观规律、有多种社会角色参与、具有集成性的建造活动。随着科学社会化、社会科学化、科学技术一体化的程度逐渐加深，以及经济全球化、科学技术综合化的发展，人类的工程活动日益频繁，工程建设的数量和规模愈加宏大，技术难度越来越高。工程都是人类建造的，工程之本，唯在得人。工程教育承担着培养工程人才的使命。经济全球化、产业转型和升级推动着工程教育的改革和发展。

1.1 经济全球化和产业升级对人才的需求

在以知识化、全球化和市场化为主要特征的 21 世纪，其最本质的特征是人才构成，并越发凸显出其核心竞争力的特质。毋庸置疑，人才竞争是世界各国经济与国力的竞争，同时也必然对各国经济发展产生巨大的影响。知识的生产、占有及使用已成为决定各国在世界范围内综合竞争力强弱的最主要因素，作为知识载体的人才随之成为各国激烈争夺的焦点。

世界各国的工业化和现代化的发展历程都是不断推动技术进步和进行工程创新的过程。工程创新能力直接决定着一个国家、一个地区的发展速度、发展水平及国际竞争力。

经济全球化使科技对现代社会的影响正以不可预期的速度加剧。2006 年，作家兼记者托马斯·弗里德曼（Thomas Friedman）在《世界是平的》一书开篇描述了一个扁平化的世界。关于世界是否扁平，虽然有人不尽认同，但无可阻挡的全球化带来的机遇和挑战却越来越真实地在每一个国家、行业、公司和个人身上显现出来。全球化已经成为当前的国际体系，它是资本、技术和信息超越国界的结合，它创造了一个单一的全球市场，各种各样的障碍被推平，得益于信息技术的突破，知识、资本、人才等要素自由流动，模糊了国界的概念，并创造出平等的世界经济竞争环境，使全球经济一体化的步伐加快。

无论我们称之为全球化、信息时代，或"扁平化世界"，总之，新时代改变了经济竞争的条件。无论是否愿意，每个国家都已经被放到这个平坦的舞台上，注定要在这个世界上发挥才智，竞争才能生存。

各国面临产业转型和升级的挑战与机遇，产业竞争越过了中间环节，直接在最高端的信息产业展开，更激烈也更残酷。发达国家凭借技术优势、管理优势、人才优势占据分工链条的最高端，进行创新、创业，即 OEM（Original Equipment Manufacturer，也称为定点生产，俗称代工生产），其基本含义为品牌生产者不直接生产产品，而是利用自己掌握的关键的核心技术负责设计和开发新产品；对于新兴工业国家（如中国），产业向中、高端转移，即 ODM（Original Design Manufacturer，原始设计制造商），是指一家公司根据另一家公司的规格来设计和生产一个产品；而对于发展中国家，产业向工业化低、中端转移，即劳动密集型生产。

国际人才市场的需求也发生变化：需要符合跨国公司的用人标准——国际标准的国际化人才；由技术型工程师转变为创业型工程师+创新型工程师；同时大量工程师转向服务型产业。

当前，面对世界"百年未有之大变局"。一方面，全球经济增长总体放缓，政治经济格局深度调整，我国人口红利逐渐减少，资源环境约束正在加强；另一方面，大数据、云计算、物联网、人工智能、区块链等新兴产业技术蓬勃兴起，市场需求结构加速迭代，国家发展竞争更趋激烈。传统的国际间贸易战、货币战、科技战、人才战迭代翻新、紧密捆绑，其背后直指国家核心发展战略资源的争夺和垄断。在高质量发展要求下，缺乏人才发展优势、高精尖人才优势，就不可能真正形成科技优势、产业优势，也难以形成高质量的现代化经济体系。推动经济社会高质量发展，要求人们具备引领、支撑高质量发展的核心人才资源，要求从重人才数量规模和基本素质提升向重人才质量、水平、效能和国际竞争力增强转变。面对当前我国部分核心技术受制于人，科技创新落后经济发展需求的问题和尴尬，需要加快改革，形成适应新时代、新阶段发展要求的人才队伍建设和人才工作布局，为提升我国科技创新水平、产业竞争能力和国家综合实力奠定基础。

1.1.1　产业对人才数量的需求

自 20 世纪 90 年代后，随着交通、通信技术快速发展，和平稳定的国际大环境加快形成，尤其是以 WTO 为代表的一系列国际贸易规则的日臻成熟，跨国公司加快在发达国家布局研发中心，在东亚、南亚等区域布局生产基地，在中东、拉美等地布局原材料获取基地，在跨国公司带动下，产业链分工迈入全球化布局的快车道，产业人才特别是其中的高管人才、研发人才的全球化配置和流动水平明显提升，产业工人加快从国别化流水线生产深度融入全球化流水线作业。中国改革开放 40 多年来，逐步形成的大规模、常态化、迁徙式、候鸟型流动的农民工产业大军，正是我国产业链深度融入全球化和产业工人深度融入全球化产业链的鲜活例证。

世界产业布局的改变使中国成为全球最大的人才需求市场之一。产业链竞争已成为全球化竞争中的重要特征，全球产业链重构将导致人才链的动态匹配。二战以来，全球产业链相继经历了以民族国家为中心的"点式"产业链分工、以两大阵营为核心的"片式"产业链分工、以跨国公司为代表的"面式"产业链分工等演化模式。当前，严重的经贸摩擦与人为脱钩、突发性新冠肺炎疫情冲击、次区域合作持续深化、新一轮科技产业变革兴起等成为推动产业链与人才链全球化重构的关键动因。

企业的竞争归根结底是人才的竞争，特别是优秀人才的竞争。经济国际化的结果之一是跨国公司扩张到世界的每个角落、特别是发展中国家，充分利用那里的最优人力资源和其他资源，使自身越来越具竞争力，越来越强大，与此同时带来的则是对各国民族产业发展的遏制。这些国家的优秀人才到跨国公司之后，在为跨国公司创造价值的同时，自身也得到了发展，很难再反向流动到弱势的民族产业中去。造成的结果是两者差距日益扩大。这实际上是新形势下的人才流失。

跨国公司以诸多优势对年轻人产生强大的吸引力，这是市场选择的结果，无法改变，可以改变的是大幅度地提升教育质量，加大达到国际标准人才的数量，使民族企业得以有足够的优秀人才可用，加快发展，增强竞争力。

从"中国制造"到"中国智造"，经过数十年的快速发展，中国经济越来越注重增长的质量。科技创新发展引领的数字化转型降低了人才需求的数量，转为对人才质量的需求。随着技术的不断迭代升级，这些影响还将持续。

2017～2019 年中国大陆制造业人才需求的最大亮点归功于产业结构升级。以机器人技术和人工智能（AI）形式出现的自动化技术使更高生产率和更高利润成为可能，但这给制造业的人才需求带来直接影响，行业的人才需求规模和构成发生了改变，由劳动密集型产业向技术密集型产业转变，从对大量劳动力的依赖转变为对技术人才和设备的依赖。

在全球大环境下，面对越南、柬埔寨等国家在人力成本方面的激烈竞争，在华企业更加依靠工业机器人应对人力成本日益提高的问题。工程人才的短缺对世界各国工程教育都提出了严峻挑战，同时也带来机遇。技术工人队伍是支撑中国制造、中国创造的重要力量。当前，在全国 7.5 亿就业人员中，技能劳动者超过 2 亿人，高技能人才达到 5800 万人。近年来技能人才占比不断提高，但还不能完全适应经济社会高质量发展的需要。我国技能人才队伍与经济社会发展、特别是高质量发展的要求相比，还存在以下差距。首先是总量不足，供需矛盾突出；其次是结构不优，高技能人才占比不高；再次是待遇不高，职业吸引力不强；最后是区域发展不平衡问题比较突出。"十四五"时期，技术进步和产业转型升级步伐将进一步加快，这对劳动者的技能素质提出了更高要求，高质量劳动力短缺的结构性矛盾可能更加尖锐。

由学校教育向产学研技融合转变，完善人才供给与产业需求的精准对接体系，保持产业链人才梯队的有序建设，提升人才资源可持续供给能力。要深化政校企产合作，提高产业人才培育培训的动态适用性和行业精准性。促进高等教育、职业教育、实训教育融合互通，围绕产业发展新方向优化学科结构和专业布局，统筹规划、整合资源、强化配套，持续开展研发、专技、工匠类人才教育培训。按照产业发展对人才知识结构的内在要求，系统性做好传统产业知识技能补新工程、产业知识技能添新工程和未来产业知识技能尝新工程，增强人才知识更新与产业协同发展水平。

1.1.2　产业对人才质量的需求

除了人才数量，产业对工程人才的质量也提出了更高的标准。美国波音飞机公司提出了如下所需工程师素质：

（1）较好掌握工程科学基础知识（数学、物理、生物、化学）；

（2）较好了解设计和制造流程；

（3）具有复合学科和系统的观点；

（4）基本了解工程实际知识（经济学、商务、历史、环境、顾客及社会需求）；

（5）较好的沟通能力（写作、口头交流、图形、理解别人）；

（6）高道德水准；

（7）批判性、创新的思维能力，既能独立思考，又能博采众家之长；

（8）具有自信和能力去适应多变快变的环境；

（9）具有终身学习的愿望和求知欲；

（10）深刻了解团队工作的重要性及具备团队工作能力。

从中可以看到，产业界对于工程师的要求，从掌握基础性的工程科学，到实际的工程专业知识和技能，直到具备管理、沟通、团队工作能力，以及职业道德和社会责任感，创新性和批判性思维方法及终身求知欲和自学能力等，要求非常全面。这些要求不仅针对已就业的工程师，也作为招聘人才的标准。

在国际竞争越来越激烈的今天，企业之间、地区之间和国家之间的竞争，越来越聚焦到人才的竞争上。"中国制造2025"明确指出："坚持把人才作为建设制造强国的根本，建立健全科学合理的选人用人育人机制，加快培养制造业发展急需的专业技术人才、经营管理人才、技能人才。营造大众创业、万众创新的氛围，建设一支素质优良、结构合理的制造业人才队伍，走人才引领的发展道路。"

工程师是"人类工程活动的主角"，是创新型国家中规模最大的创新群体。工程师队伍的整体素质从根本上决定了一个国家的创新能力和工程创新水平。如果说工程创新是创新活动的主战场，那么工程人才就是工程创新的主力军。未来20年中国将继续保持宏大的工程建设规模。面对中国现代化进程中的新型工业化、城镇化和信息化建设浪潮，需要提高我国的工程创新能力。

由于20世纪60年代开始的全球范围产业大转移，发达国家和发展中国家都面临着产业的转型和升级，以及由此而带来的人才和技术更新问题。发达国家已将劳动密集型和设备密集型产业转移到发展中国家，例如制造业正在将知识密集型产业转向发展中或次发达国家，例如业务流程外包业和软件外包业。以研发为例，30年前，跨国公司的研发机构大多在本土，而现今2/3的研发机构在海外，因为那里有更大的市场、更好的人力技术和制造资源，以及更优的商业环境等条件，跨国公司要利用海外更优的条件发展自己，争取更大的利润空间和市场控制权。不言而喻。发达国家因此丢失了巨量的工作机会，他们将靠什么来维持自己在国际经济中的绝对优势，凭什么来保持中产阶级的高薪收入和高水平生活呢？

发达国家原本具有资本优势，可这在全球化的环境下却变得越来越不重要；发达国家目前还可倚仗技术优势、管理优势、人员素质的优势，占据产业分工链条的高端，但必将逐步让位于次发达国家或发展中国家。因此，他们的唯一进路是走向产业链条的更高端。这种更高端的转型和升级要求创业型和创新性的人才，创业和创新面临巨大的风险，这是领跑者必须要承受的代价。培养大量创业创新型人才是摆在发达国家工程教育面前的严峻课题，也是他们自20世纪80年代开始的全面工程教育改革的产业背景。

中国自20世纪80年代起开始新一轮产业化的进程，现已成为世界制造业中心，但以利用廉价劳动力为主的加工业的发展不可能永远保持下去，大量加工型企业正向东南亚国家及其他劳动力更加低廉的地区转移，将来还可能向非洲等更不发达地区转移。向服务业和知识密集型产业转型升级是对中国过去以培养工艺型和技能型人才为主的工程教育的巨大挑战。中国的产业向价值链的上端转移，中国的工程教育目标也要做出相应的转移，也要向创业和创新型人才培养目标迈进。

世界上还有大量的发展中国家正在从农业、手工业向工业化产业转移，他们也面临着培养大量工人和技能型人才的重要任务。总之。世界性产业的转型和升级使各国都面临着工程教育改革和提升的挑战，以适应产业发展对工程人才在质和量两方面的要求与过去的巨大不同。由于工程专业生源和工程教育资源分布的不对称性（西方少生源，多优质教育资源；东方多生源，少优质教育），世界经济发展也对工程教育提出了"利用全球优秀的工科生源和工程教育资源培养合格工程人才，以满足世界市场的需要"的战略任务。按照国际标准培养工程人才成为工程教育的战略目标和使命。

中国 40 多年的高速发展，创造了人类经济发展史上的奇迹。在这个过程中，中国增长了经验，积累了大量资金，培养了大批人才，国力大大增强，经济总量在世界排名大大提升，提高了国际政治经济地位，为今后的持续发展打下了基础。但中国也面临着产业转型和升级的巨大挑战和机遇。中国向产业链中高端发展需要大量高素质人才。

产业的转型和升级就是要实现由以低端制造业为主，提升到产业价值链的中高端，由依靠廉价加工制造能力变成依靠资本的回报率和自主创新的国际竞争力。为了完成这一转型和升级，需要技术进步、创新、投资知识产权。知识产权拥有量的多少，是区分制造与创造的最主要标志。真正实现经济发展模式的转变，实现从制造到创造的转型，知识产权是关键。中国要依靠市场的自由竞争，抓住经济全球化带来的有利机遇，大力发展教育，增加研发，完善知识产权的法律保护体系，发展资本市场、刺激创新和创业。中国不应当只满足于传统制造业大国的称号，中国一定要从制造大国进步到制造强国，中国必须、也完全有能力成为一个掌握巨大知识产权、资产，并拥有可持续创造力的国家。实现这一目标的唯一途径就是刻不容缓的产业转型和升级。

经济全球化对各国人才培养提出了国际标准的新要求。中国必须按照国际化的标准来培养工程人才，使这些人才在数量和质量上不仅在国内能满足民族企业和外企的需求，也能在世界任何地方工作，满足世界产业的需求。

无论是创新还是国际化，实现产业升级最根本的条件是人才。现在产业所需要的大量人才，是复合型、创新型、国际型、有实际能力的高素质工程人才，这对中国工程人才培养理念、机制、内容和方法提出了全方位改革的要求。

1.1.3 21 世纪工程师的能力素质

21 世纪的工程师应具备的能力可大致归纳如下：

（1）无所不知：能迅速找到有关任务的信息，并知道怎样判断和处理这些信息，并将信息转化为知识。

（2）无所不能：掌握工程专业的基本要素，能够快速判断需要做什么，迅速获得所需工具，并能熟练使用这些工具。

（3）能与任何地方的任何人合作：具有沟通技巧、团队合作能力，了解全局及面临的问题，有效地与他人合作。

（4）具有想象力，并能将梦想变成现实：具有企业家的创业精神、想象力和管理技能，能够识别需求、提出新的解决方案，并能够一直负责到底。

如何才能将年轻人培养成具备这些素质的人才呢？

达到第一个目标——无所不知，相对简单。因为通过网络人们即能搜索到任何概念，瞬间获得大量相关信息。搜索引擎越复杂，信息相关度越紧密。互联网在理论上使人们得到现存的任何一条信息成为很简单的事；而作为对专业工程师的基本要求，是必须能够辨别信息的质量并从中发现有用的知识。因而，教会学生如何处理大量信息并判断所得信息的适用性和质量，是对工程教育提出的挑战。

除了必须掌握的技术技能之外，工程师的非技术职业技能也必须适应现代工程实际的运作模式。美国在把交流沟通技能纳入课程体系方面取得了很大的进展。目前，大多数工程专业要求学生精通口头和书面的交流并能在各种团队里展开工作。工程专业比任何其他专业更需要准确和高效的交流，对于共同进行的设计，彼此必须互相理解以确保功能的实现。沟通能力的要求并不是由工程类院校近年来开始强调的（如工程认证机构的要求），而是从来都有实际需要在提醒教育家们工程师需要交流！在经济全球化的今天，沟通能力具有更加广泛的意义。工程师不仅要经常为不同国家生产和销售的产品提供服务，而且产品的设计开发越来越多地是由不同国家、具有不同文化背景的人组成的团队完成的。

由于技术逐渐变为一种普通的商品，未来的工程师将不能仅局限于完成技术工作。过去，只有一些杰出的工程师具有创造力，并以创造性的工作改变人们的生活，大量的工程师则从事常规的技术工作。未来的工程师必须各个出色，他们不可能只靠重复的、常规的技术工作就享受到高水准的生活，而是每个人都肩负着提出新的创意和落实解决方案的责任。无论对于国家和个人，创新都是未来发展的最重要因素，未来的工程师不但必须创新，而且还必须能够将创新付诸实现。因而，工程教育必须使工程师有创新能力及整合资源实现创新的能力。

航空工程的先驱者、美国加州理工学院教授冯·卡门有句名言："科学家研究已有的世界，工程师创造未有的世界。"目前，就世界范围而言，工程师素质正处于换代之际。面对21世纪快速而巨大的变化，一名现代工程师应具备的能力与素质可以归纳成以下6个方面：

（1）能正确判断和解决工程实际问题的多面手；

（2）应具有更好的交流能力、合作精神以及一定的商业和行政领导能力；

（3）懂得如何去设计和开发复杂的技术系统；

（4）了解工程与社会间的复杂关系；

（5）能胜任跨学科的合作；

（6）养成终生学习的能力与习惯，以适应和胜任多变的职业领域。

为此，美国工程与技术认证委员会（Accreditation Board for Engineering Technology，ABET）对21世纪的工程人才提出11条评估标准（EC 2000标准）：

（1）具备应用数学、科学与工程等知识的能力；

（2）具备进行设计、实验分析与数据处理的能力；

（3）具备根据需要去设计一个部件、系统或过程的能力；

（4）具备在多学科团队中发挥作用的能力；

（5）具备能够鉴别、阐述及解决工程问题的能力；

（6）能够理解职业道德及社会责任；

（7）具备有效表达与交流沟通的能力；

（8）能够理解工程问题对全球环境和社会的影响；

（9）具备终生学习的能力；

（10）具有关于当代问题的相关知识；

（11）具备使用各种技术和现代工程工具解决实际问题的能力。

在人才培养观念上，"学会认知，学会做事，学会共同生活，学会生存"是21世纪人才培养的目标。

1.1.4 工程教育与产业需求的差距和问题

工程师教育起源于法国。英文中的"工程"一词"Engineering"来源于法文"Inge-nieus"，意指创新、创造，而不是像许多人误解的那样来源于"Engine"（发动机）。了解这点是很重要的，因为两个不同的源词赋予了"工程"完全不同的哲理。

工程的本质内在地决定着工程的发展趋势，进而决定着工程实践活动的主体——工程师的水平与基本素质。

能否培养和造就大批高素质、具有创新能力和国际竞争力的卓越工程师，直接关系到创新型国家和工程强国建设的成败。高等工程教育的培养目标就是培养合格工程师（准确地说是工程师"毛坯"）。人们常将今天的工科大学生称为未来的工程师，例如清华大学就曾以"工程师的摇篮"著称。虽然工科毕业生在成为真正的工程师之前还要经过若干年的工程实践锻炼，但学校工程教育（主要指大学本科教育）对他们在将来能否成为卓越工程师起着至关重要的作用。工程师担负着通过工程塑造人类美好未来的重任。随着经济的发展和科技的进步，社会对未来工程师的素质要求在不断提高和变化，高等工程教育必须及时进行应对。

我国产业正面临着从劳动密集型向知识密集型、创新型和高附加值服务型产业升级的紧迫形势，对工程人才质量的要求越来越高。而不少企业却反映，近年来的工科毕业生缺乏对现代企业工作流程和文化的了解，缺乏团队工作经验，沟通能力较差，缺乏创新精神和创新能力。归根到底，这样的现状和目前工科教育产学脱节有关。大幅度提高工程教育质量已成为中国高等工程教育刻不容缓的使命。

工程教育的质量问题在教育发达的国家也普遍存在。著名美国企业家和发明家 Gorden 博士就曾批评说："全球社会总的来说对工程教育现状不满意"，"工程教育要推翻重来"。他甚至批评他的母校麻省理工学院的工程教育不能满足产业界的要求，主要是脱离产业需要和脱离工程实际，毕业生缺乏产业要求的做事能力和态度。实际上，在 20 世纪 50 年代以前（某些国家至今如此），世界上的工程教育很强调工程实践，那时的工科教师以杰出的工程师为主体，工程教育强调工程实践并培养学生成为将来产业需要的实用人才。20世纪 60 年代可被称为是工程教育的黄金时代，学生受到有丰富工程经验的老教师和工程科学背景良好的青年教师的培养，理论与实践能力俱佳。20 世纪 70 年代后，由于具有工程实践经验的老一代教师退休，工科大学教师逐步由工程科学人才担任，因而工程教育也逐渐趋向工程科学化，不再强调工程实践了。这种工程教育文化和内涵的改变使得培养学生的重点转向更严格的科学基础和以探求未知的技术难题为目标。这一方面对于工程科学研究的发展起到非常重要的作用，做出了巨大的贡献；但另一方面取消了传统工程教育中许多关键技能的培养，淡化了注重实用的价值观。与此相应的是，发达国家的工业界在 20世纪 70 年代末和 80 年代开始注意到工科毕业生在技能、知识和价值观方面的改变，对此表示关切并提出批评，但他们的呼吁未得到应有的结果，于是 20 世纪 90 年代，工业界开始通过影响政府行为和通过经费资助及其他方法直接影响工程教育的方向，使其改变，因为他们意识到工程教育的弊端是对产业人力资源的主要威胁。

综上，中国和世界各国均面临着工程技术人才数量短缺和质量不能满足产业需求的严重问题，这对各国工程教育提出了挑战。工程教育必须进行深刻改革以培养出大量的合格工程人才，满足产业发展和社会经济发展的需要。工程教育的目标就是培养工程师，这一目标在诸如美国麻省理工学院、斯坦福这类世界一流大学从未受到质疑。欧美大学工程专业的毕业生，无论学士、硕士或博士到公司就职都是担任工程师。然而，在中国，"研究型大学"把目标定位在培养"科学家"，而不是"工程师"。清华大学在20世纪五六十年代骄傲地称自己是"工程师的摇篮"，也为国家建设培养了大批杰出的工程师。但现在，中国已没有几所重点工科大学称自己培养的是工程师了。

就分工而言，科学家的任务是认识现存的世界，而工程师的任务是创造新的世界，创造前所未有的物质产品和财富。科学家和工程师只是分工的不同，没有高低贵贱之分。没有工程师创造的财富，社会不可能有足够的能力支持科学家的工作。工程师和科学家的工作也是并行的、互补的。人类社会需要在不断地认识世界中发展，但也不可能将世界完全认识清楚了再发展，从来都是边认识边发展、边发展边认识。新的科学发现会推动发展，但很多时候是发展在先、认识在后，发展推动了认识。

科学和工程是既有联系又有区别的，是互相依存的。它们不仅在目的性上不同，在方法上、结果上都有不同。对于人类社会的文明和经济发展来说，两者都是重要的，不可或缺的。美国国家工程院院长指出："拥有一流工程技术人才的国家占据着世界经济竞争和产业的最高端。"发达国家的产业数百年来经久不衰，缘于对工程师的培养和从业的重视。

人们必须意识到，没有大批优秀的工程师，中国的产业将无法赶超西方。

经济全球化的建立和产业的发展对人才的要求越来越高，不仅要求工程技术人才懂技术，还要懂工程、懂管理；不仅要能独立解决技术问题，还要能与人合作、沟通，还要有国际视野和合作沟通能力；不仅要具备专业道德和素质，还要有终身学习、创新思维的能力。

工程教育与产业正面临着新的挑战。开始于20世纪60年代的全球范围的产业转移、转型和升级，对各国的工程人才结构、质量和数量都提出了新的需求。

经济全球化使科技对现代社会的影响正以不可预期的速度加剧。互联网为产品和服务提供了新的市场，大量廉价受过教育的劳动力可任全球所用，这对世界发达地区以及发展中地区的财富分配产生了深远的影响，尤其将改变发达国家的社会经济结构。工程教育随社会的需要而变化，为适应21世纪的需要，这种变化仍将继续。

1.1.5　工程教育的发展趋势

历史上，学校形态的工程教育开始于18世纪初。1702年德国在弗莱贝格成立了采矿与冶金学院，1747年法国建立了路桥学校。1794年巴黎综合理工大学的建立，开创了基础科学和工程技术结合的理工学院模式。虽然路径不同，大部分工业化国家都在19世纪末建立起了工程教育体系。1889年技术教育法案颁布后，英国大学从传统的文理为主的教育扩展到工程技术教育。19世纪德国的很多工业学校升格为工科大学。1826年俄罗斯成立莫斯科技工学校，逐渐形成了生产技术与实践教学紧密结合的工程师培养模式。美国工程教育在起步阶段深受法国和英国的影响，1819年建立的西点军校、1823年创立的伦斯勒理工学院和1828年设立的俄亥俄州机械学院是美国的第一批技术学院。二战前美国基本形成了本国特色的工程教育体系。工程教育的发展为世界各国培养了大批高水平、专业化的工程技术人才，显著促进了各国工业化进程。

中国古代的工程教育在长期发展中形成了师徒相授的传统。中国近代工程教育起始于19世纪60年代的洋务运动。"西学东渐"为中国带来了近代工程学知识与工程技术，促进了包括工业专门学校在内的各种西式学堂的兴建。晚清留美幼童中产生了中国第一批近代工程师。1912年，中国共有专门学校111所，其中工业专门学校10所。第一批近代工程师和西式学堂培养的工程人才在推进中国工程建设中起到了举足轻重的作用。1949年之后，中国工程教育快速发展，逐步建立了完备的工程教育体系，教育层次结构逐步趋于合理，教育水平显著提升，走出了一条符合中国国情的工程教育发展道路，取得了举世瞩目的成就。

不同时期工程教育具有不同的特点：

（1）19世纪和20世纪上半叶：专业型工程师。工科教育是基于工程实践的，工程学作为一个独特的专业，最初致力于为毕业生提供大量动手实践型训练，而后，科学知识和数学建模也逐渐受到重视。

（2）20世纪下半叶：科学型工程师。工程教育与工程实践逐渐相互脱节，工科院校越来越注重工程科学，工程教育经历了从工程实践到工程科学的发展过程。20世纪中期，成功的核能技术以及苏联第一颗人造卫星的成功研制所带来的技术进步，要求工程师精通科学和数学理论。工程教育的课程设置应这种需求而改变。其课程设置在很大程度上一直延续至今，只是逐渐增加了一些设计的内容。20世纪90年代初期，除了注重科学理论之外，许多学校开始注重非专业技能的培养，如团队工作和沟通能力。

（3）21世纪：创业型工程师。工程界认识到工程教育与工程实践脱节的严重性，努力尽快缩小工程教育与工程实践之间的差距。世界的飞速发展以及20世纪90年代初期的工程教育变化，导致工程教育的重大变革。新的教育体系除继续以科学和数学理论为基础，更注重培养工程师的职业能力和新的素质以适应新的需求。在课程设置和教学计划方面更要强调的是"非技术"课程。传统上工程教育强调工程科学和技术课程，这在现代产业对人才素质和能力的要求中仍然重要，但是远非全面。未来的工程师要具有企业家精神、远见和管理能力，要有创新能力，要理解多元文化和了解国际事务，能与世界各地的同事和客户合作，而不是只能从事简单重复的技术工作。这些能力，如团队合作、交流沟通、创新和国际视野，都要具体反映落实到课程设置上。

目前，产业界和教育界对工程教育的共识是："创新"是工程专业的主题。这是由于技术已成为一种商品，常规的工程技术服务可由任何低成本者提供，因而，工程教育的价值不应仅局限于教授工程技术和技能，而要有更高的目标。技术变成商品并不意味着未来的工程师不需要掌握技术，恰恰相反，他们必须更精通技术，而不是像现在为谋生而完成一些范围很窄的工作。

没有大批具备知识和创新能力的人才，国家将无法保持竞争力，人民的生活水平也无从提高。要培养有能力面对未来挑战的工程师，必须首先认清近几十年世界发生的深刻变化，才能从一个崭新的视角来重新审视今天的工程教育，才能认清工程教育改革的必然性。

中国改革开放40余年以来，中国的工程建设取得了巨大的成就。南水北调工程成效显著，探月工程"嫦娥四号"在世界首次登陆月球背面，世界最大的500米口径球面射电望远镜（FAST）落成启用，C919 大型客机圆满首飞，世界最长的跨海大桥港珠澳大桥主体工程全线贯通，复兴号高速列车领跑世界速度，首艘国产航母顺利海试，"华龙一号"全球首堆福清五号建成投运，北斗三号全球卫星导航系统建成开通等。一系列的重大工程为中国的现代化建设提供了强有力的可靠支撑。

截至 2020 年，中国各类高等教育在学人数总规模达到 4183 万人，高等教育毛入学率达到 54.4%。全国共有普通高等学校 2738 所。今天的中国已成为工程教育大国，工科学生占普通高等教育在校生总数的比例超过 30%。中国工程教育为国家培养了大批优秀的创新人才，对中国的现代化建设发挥了重要的推动作用。中国国家主席习近平在 2014 年国际工程科技大会上的主旨演讲中强调："中国拥有 4200 多万人的工程科技人才队伍，这是中国开创未来最可宝贵的资源。"

进入 21 世纪以来，全球科技创新空前活跃，新一轮科技革命和产业变革正在重构全球创新版图、重塑全球经济结构。信息、生命、制造、能源、空间、海洋等领域的原创突破为前沿技术、颠覆性技术提供了更多创新源泉。学科之间、科学和技术之间、技术之间、自然科学和人文社会科学之间日益呈现交叉融合的趋势。迅速变化的世界为工程与工程教育的发展提供了难得的发展机遇，同时也提出了更多、更大的挑战。

全球科技进步日新月异，新发现、新技术、新产品、新材料更新换代周期越来越短。创新型人才的缺乏已经成为工程科技领域十分突出的问题。同时，在全球化深入发展的背景下，越来越复杂的现代工程经常需要跨学科、跨领域、跨文化的解决方案，这对工程师的专业技能、胜任素质和创新能力提出了更高的要求。

为了面对这些挑战，国际工程教育界一直在思考并积极采取相应措施。麻省理工学院在 2017 年 8 月启动了"新工程教育转型"（New Engineering Education Transformation）计划，面向未来新机器和新工程体系，开设以项目为中心的跨学科专业，强调学生思维方式和综合能力的培养。面对工程教育的变革发展，2017 年全球工学院院长理事会（GEDC）强调工程教育的适应性、多样性和对学生创新意识和社会责任的培养。截至 2017 年，美国有 40 多所大学开展了工程卓越人才培养新战略——大挑战学者计划（Grand Challenge Scholar Program），提出了"延续地球上的生命，让我们的世界更加可持续、安全、健康和快乐"的愿景，致力于培养学生跨文化、跨学科的创新能力。

虽然"创新"这一概念早在 21 世纪初就由美籍奥地利经济学家 J. A. 熊彼德率先提出，并成为当下中国最"火爆"的词汇之一，但对于究竟何谓"创新"，各界却还没有形成最终的共识。相对于理科而言，"创新"更适合工科的思维。对于理科学者所发现的自然规律，只有"对"或"错"一说；而对从事工程研究的人而言，同样的问题却可以获得多个不同的答案。从这个意义上说，创造力是工程教育家和工程人才必须具备的素质。工程教育的深入开展以及工程人才的培养对中国创造力水平的整体提升更具有至关重要的价值。

面向未来的工程教育要服务于构建人类更美好的家园。高质量的工程教育是提升工程建设水平的重要基础。工程教育的历史是一部分化史，更是一部融合史。工科不同学科之间、工科与其他学科之间、工程教育与产业界之间的融合发展已经成为新的发展趋势，21世纪的工程教育正在向跨学科交叉、跨领域、跨国家、跨文化合作转变。未来的工程教育要超越"工程"本身。我们要致力于培养具有全面素质的工程人才。未来的工程教育要着力推动工程知识、工程技术、工程人才的交流，推动社会各界之间、不同地区之间的合作交流。

工程教育要更加强化责任意识的教育。现代工程越来越深刻地影响和改变了我们所生活的世界，工程师所肩负的社会责任越来越大。随着工程科技和工程应用的发展，环境污染、生态破坏、能源危机、网络安全、生物工程等问题日益突出，工程活动越来越密切地关系到各种伦理、道德和价值问题。工程师不应该仅仅关注技术，还应该学会关注人、关注社会、关注自然。我们要培养有强烈社会责任感的工程师，有高尚道德的工程师，有灵魂的工程师。因此，工程教育必须更加重视培养学生的社会责任感。大学应当强化对学生的价值塑造，加强工程伦理教育，在启发学生认识到工程能造福人类的同时，也要引导学生思考工程可能带来的不利后果，培养学生具备健全人格、宽厚基础和社会责任感，为他们未来的工程师职业生涯奠定坚实的基础。

工程教育要更加强化创新能力培养。工程不是单一学科知识的运用，而是复杂而综合的实践过程。21世纪是一个创新的时代，工程对创新的需要比以往任何时候都更为迫切。工程师不仅要具备纵观全局的能力，能够与不同学科的人并肩合作，更需要具备哲学思维、人文知识和企业家精神，能够提出创新性的解决方案。学科交叉融合是培养拔尖创新人才的重要途径。大学要完善促进学科交叉的体制机制，构建学科交叉人才培养体系，建立具有创新性的学科交叉培养项目，努力培育工程科技领域的创新人才。大学要在工程教育中加强创意创新创业"三创"教育，强化实践教学，让学生在解决实际问题中提升创新能力。

工程教育要更加强化交流合作。工程为人类文明进步作出了巨大贡献，但是工程和工程师的重要作用远未被人们充分认识和理解。国际工程界和工程教育界应该加强彼此的了解和沟通，充分交换意见，强化产学共同体建设。要加强与公众的沟通交流，及时准确地向社会传递工程的信息和价值，促进工程师参与公共政策制定，全面提升工程和工程教育在社会上的影响力，凝聚更多的国际共识和社会共识，用工程的无穷魅力激励年轻人，鼓励更多的年轻人投身工程事业。要促进不同国家之间、发展中国家之间、发展中国家与发达国家之间在工程教育上的交流合作，努力消除工程教育发展不平衡的问题。

未来的工程教育将呈现出"工程+"的模式，这种模式将突出工程与责任（Engineering+Responsibility）、工程与创新（Engineering+Innovation）、工程与交流（Engineering+Exchange）。

1.1.6　我国高等工程教育的发展展望

高等工程教育肩负着服务国家战略需求、培养创新型工程科技人才、支撑和引领国家未来发展的重要使命。改革开放以来，特别是党的十八大以来，我国高等工程教育在党的领导下取得了举世瞩目的重大成就，为支撑国家经济社会发展、国防建设和科技创新做出了重要贡献。

面对新一轮工业革命的强烈冲击，人工智能、大数据、物联网、云计算、区块链的"如火如荼"，各国政府纷纷启动部署、决议战略，德国的"工业4.0"、美国的"工业互联网战略"、法国的"新工业法国"、日本的"日本再兴战略"、中国的"中国制造 2025"等等，都将对世界工业改革及工程教育发展产生重大影响。在第四次工业革命的浪潮下，知识的垄断已不复存在，产业结构变化催生新的学科组织方式，知识更新的高频节奏催生新的培养模式，市场对新技术的高度敏感性催生科研方式的转变。基于此，高等教育发展与社会发展阶段不适应的矛盾逐步显露，"与社会脱节"成为中国大学面临的最大考验。一方面，颠覆性技术和新产业形态、新经济模式不断涌现；另一方面，大学的知识供给却远未能满足社会需求，甚至社会在一些领域已经走在了大学前面。大学与社会深度融合的需求越来越强烈。大学与社会之间的反向交流突破了行业与行业之间的界限，突破了大学与社会之间的界限。进一步认识把握社会历史发展规律与脉络，工程教育才有可能实现高质量发展。未来高等教育高质量发展的关键是科教一体，产业融合。这是 21 世纪第四次工业革命背景下大学的深刻变革和必由之路，"融合"也成为建构 21 世纪大学新形态的关键要素。

　　面对经济社会发展出现的新科技、新业态、新产业以及新工科建设的方向要求，未来我国的高等工程教育要扬弃历史制度主义、工业及变革、知识生产模式视角所归纳的经验与不足，让高等工程教育秉持回归引领、回归创新、回归实践、回归质量、回归协同。在学科专业方面，要明晰产业发展的新方向需求，精准拿捏、研判到位，突破学科基础导向，转为产业需求导向，调整优化、改造升级学科结构、专业阵容，积极主动布局新工科建设，敢为人先设置前沿及短缺专业，同时破除专业分割壁垒、不断跨界交叉融合。在人才培养方面，要明晰经济社会发展的新型人才需求，抢先培养引领未来科技与产业发展的人才，持续有效更新工程人才知识体系，创新工程教育方式手段，提升工科生的国际视野、工匠精神以及工程伦理、生态思维，促进工科生的工程科技创新、跨学科及跨场域能力，明确全周期、立体化、多维度的教育理念与实践，构建个性化人才培养模式，鼓励学生依据专业志趣、职业规划、生涯路径，选择专业、学习课程、提高本领，提高工科生的大工程视域与创新创业素养。在产学融合方面，深入优化多元主体协同育人体系，破解相关体制机制阻碍，搭建多层次、跨领域的校企联盟，推动政学产研的合作办学、育人、创新、共赢，积极探索发展现代产业学院、特色行业学院，构建区域共享的人才培养及实践平台。综合联通、运用内外部资源条件，打造工程教育开放融合的新生态。在质量建设方面，构建工程人才培养质量标准及体系，制定不同专业类别的人才培养细则及规章制度，优化彰显中国特色、国际实质等效的工程教育专业认证制度，推进"学生中心—成果导向—持续改进"的国际工程教育专业认证制度，建设质量文化，提高成效影响，形塑体现工程教育特质的师资评价标准、建设发展机制，加入对教师产业经历的考查和要求，创新新工科教师队伍建设路径，将质量生命内化为高校师生的共同追求、自觉行为。此外，推进高等工程教育的信息化，以信息化促进高等工程教育转型升级、迭代创新，推动智慧泛在、万物互联、海量数据、超级计算与工程教育的衔接融合；促进工程教育的实体合作办学及项目合作办学、推进智库及智库群建设；鼓励不同类别、不同层次、不同专长的工科高校办出特色、办出水平，积极组建跨学科新型组织及专家力量，针对疑难复杂的工程问题开展有效教学与科学研究。打造工程教育共同体、工程高校战略联盟，提高竞争力、扩大国际影响力。

1.2　工程教育改革

工程教育肩负着培养亿万工程人才的重任，而正是这些人才创造了、正在创造着，并将继续创造世界上的工程、技术乃至一切物质文明，推动经济和产业的发展，影响人们的思维和生活方式。

世界范围的工程教育经历了从"技术范式"到"科学范式"的阶段，目前正在从"科学范式"跨进"工程范式"。经济全球化、产业转型和升级推动着工程教育的改革和发展。建设制造强国和工业（工程）强国，迫切需要改革我国的高等工程教育，培养大批具有高素质的卓越工程师。

1.2.1　工程教育改革战略框架

工程教育改革在前所未有的广度和深度上被全世界所关注。工程教育改革战略框架如图 1-1 所示。其中产学合作是办学机制，国际化是办学战略目标，做中学是教学方法论，三者互相支撑，互相融合，有机集成，缺一不可。

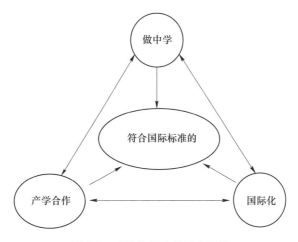

图 1-1　工程教育改革战略框架

1.2.1.1　做中学

工程教育改革的第一个战略是"做中学"（Learning-by-doing），这是约翰·杜威先生首先提出的学习方法论。

约翰·杜威（John Dewey，1859～1952）是美国著名的哲学家、教育家和心理学家，是 20 世纪对东西方文化影响最大的人物之一。杜威自 1984 年执教芝加哥大学，十年间创办实验学校，从事教育革新，成为美国"进步教育"运动的先驱，曾到英国、苏联、日本和中国等许多国家讲学，1919～1920 年间还担任过北京大学哲学教授和北京高师教育学教授，杜威的实用主义教育思想对现代中国教育的改革留下了深远的影响。

杜威认为"做中学"也就是"从活动中学""从经验中学"。他明确提出："从做中学比从听中学是更好的学习方法。它把学校里知识的获得与生活过程中的活动联系了起来，充分体现了学与做的结合，知与行的统一。"

"做中学"原则有利于现代教学中的师生关系的建立,从根本上改变了传统的师生关系。众所周知,传统教育片面强调教师在教育中的权威,在教学中体现为教师的单纯灌输和学生的被动接受,在这个过程中,学生始终处于一种被动的位置,削弱了学习知识的积极性和主动性。杜威主张,在整个学校生活与教学中学生必须成为积极主动的参与者,而教师是学生活动的协助者。

"做中学"的教育方法论是以工程项目为载体,以项目的完整性来组织课程、建立课程之间的相关性,训练学生从头到尾完整地做事的各种能力,而不追求学科知识的系统性和完备性。CDIO 就是这样的一种教学模式,它将工程产品、生产流程或生产系统的生命全周期抽象为"构思、设计、实施、运行"四个阶段。以全生命周期为载体来组织课程,建立课程的关联,通过学习和完成项目来训练学生的获取知识能力(自学)、运用知识能力(问题求解)、共享知识能力(团队合作)、发现新知识能力(创新)和传播知识能力(交流沟通)。以完整的工程项目来设置课程、安排教学计划、建立学科和课程之间的关联,以使学生通过"做中学"得到真才实学。关于 CDIO 工程教育模式将在后面的章节中具体介绍。

在中国的工程教育中同样可以采取"做中学"的教育模式,CDIO 教育模式在一些学校已取得初步成效。中国教育部也在一些工科为主的大学或院系进行 CDIO 教学模式试点工作,如北京科技大学自动化专业等,获得经验后向全国推广。

1.2.1.2　产学合作

"产学合作"是培养工程人才的重要模式。美国已把产学合作教育纳入其战略思考范畴,认为这是新型的教育方法和手段,有助于解决当今高技术化社会带来的种种问题,有助于为社会和产业培养大量创新型高技术人才,从根本上加强本国在国际经济中的竞争力。

这里所谈的产学合作是在"产业"和"教育"这两大社会基本分工之间的合作,它不同于"产学研结合"。"产学研结合"是指在大学中应将生产、教学、科研三种功能结合。有人把"产学研结合"引申为"产业、教育、科研机构"之间的合作,还有人提出"政府、产业、教育、科研机构"之间的合作,这些都是在产学合作下面进一步细化分工后的合作,与产学合作不在同一个层次,不应混为一谈。

在现代社会中,产业和教育作为两大基本分工,有各自明确的定位功能和任务。产业是国家的经济支柱,它的主要任务是发展生产,创造物质财富,为社会提供物质的和精神的产品,满足国家和人民的需要;教育的基本功能是为社会培养人才,其中高等教育还肩负基础研究、关键技术攻关、知识创新的任务。另一方面,产业和教育作为社会的基本组成,它们的战略目标是共同的,即要发展社会的物质和精神文明,发展经济,使社会得到充分的和可持续发展。同时,这两大基本组成之间也存在千丝万缕的联系:产业需要教育提供各种层次的高质量人才,满足当前和未来不断升级的需求,需要高校产出的基础研究和知识创新成果,以实现产品和服务的不断创新;教育需要产业的物质支持和对人才培养的目标及过程的影响和支持,以培养出适合产业要求的人才。产学合作对产业和教育的发展是必要的,对整个社会的发展是必要的。中国的教育涉及 2.4 亿学生和 1500 万教职员工,其中包括工业、农业、商业、文化等各领域,因而有更广大的人群。产业无疑包括了整个社会绝大多数人口,因此,教育和产业和谐合作是非常重要的,产学合作是建立和谐社会的基石。因此，中国要把产学合作提到战略的高度来思考和对待。

产学合作的第一个目的是建立完整的人才培养体系。从教育界来讲，需要转变观念。学校要以经济发展和产业需求作为目标，要明确为产业培养工程人才，要培养学生成为职业性的工程人才。学校应将产业界的专家纳入教育的各个环节，在专业设置、课程设置和教学计划制定中倾听产业界的声音，了解他们的需求；要聘请有工程经验和理论功底的产业工程师任教，同时鼓励教师到产业实践，培训工程能力，取得工程经验；每个学校都要联系一大批企业、建立实质性的长期合作关系，才能组织学生到产业第一线实习实训，根据企业的实际工程问题组织学生实践、研发，并在此过程中学习知识和各种技能，培养各种能力。最后还要由企业专家和教师共同指导学生的论文，并对学生的综合能力给予评价。学校的领导、教师、管理人员都要明确为产业服务的办学宗旨，并在自己的工作中加以贯彻。

需要注意的是，校内实训基地或工厂不能完全代替社会上的产业环境。一个学生在校内实习主要是学习技术，而纳入社会上的企业顶岗工作，无论是从事工程师的工作，还是技工的工作，不仅学到实用的技术，而且在成本、质量、团队合作、劳动安全、班组管理、沟通交流各个方面都可得到很多信息和知识，广泛提高能力。只有面向真正的市场，才能使学生在真正的产业环境中学到必要的知识和技能。

实践环节有两种形式，一种是"实训"，一种是"实习"。实训应以"训"为主，可以把产业界做过的项目拿来练手，不以产生效益为目的，而是注重训练学生应用理论知识指导实践的能力和动手能力，把课堂学的知识和技能付诸实践，变成真正可用的东西。实习则是在生产性岗位的真刀真枪工作，承担生产责任。这两种形式的实践都是必要的。实训为实习做准备，没有实训得到的实践性知识和能力，无法胜任实习工作和承担生产性责任；而没有实习环节，则学生缺乏职场所需的真正的工作能力和经验。

产学合作的第二个目的是要建立完整的产业创新体系，形成从知识到技术、市场直至商业模式创新、"产官学研"四位一体的产业创新体制。其中大学人才密集、基础研究实力雄厚，是知识创新的主体；产业以经济利益为导向、以营利为目的，是产业创新和市场创新的主体；政府在人才培养链和产业创新链中发挥政策制定者和协调引导者的作用。

1.2.1.3 国际化

经济全球化使科技对现代社会的影响正以不可预期的速度加剧。随着信息无处不在的顺畅流动，资金、产业、市场、商品、文化、人力和天然资源也都在地球上流动开来，从高到低、从浓到稀、从多到少，直到平衡为止。当然，还有许多人为的政治、经济、文化等因素建立的壁垒阻挡着平衡。但是跨国公司无处不在，在世界贸易组织的框架下，各国的贸易壁垒被打破，世界市场变成了统一的市场，各国市场都变成了国际市场的一部分，跨国公司的产品流动到发展中国家。

这样一种趋势，自然推动着教育国际化的发展。首先，随着产业的转移，人力资源市场也成为国际化的统一市场。跨国公司在全球各地的研发、市场运作、销售、采购、服务外包等业务，需要既本地化又国际化的大量优秀工程人才，这对各国的工程教育提出前所未有的挑战，也同时带来了前所未有的机遇。于是，一个新词产生了——"Glocalization"，它把全球化（Globalization）的前半部"Glo"和本土化（Localizaiton）的后半部"calization"合在一起，代表了本地的全球化。

世界性产业的转型和升级使各国都面临着工程教育改革和提升的挑战，以适应产业发展对工程人才在质和量两方面的要求与过去相比有了巨大不同。由于工程专业生源和工程教育资源分布的不对称性，世界经济发展也需要工程教育国际化，按照国际标准培养工程人才成为工程教育的战略目标和使命。

工程教育关系到一个民族的昌盛和世界的繁荣，必须进行国际化的改革，以满足全球化经济环境中产业和经济发展的需要。

所谓工程教育国际化，就是利用全球最优的工科生源和教育资源为全球市场培养工程技术人才。其核心是按照国际标准培养工程人才。跨国公司无处不在，它们打破了国界，首先在各国挑选优秀人才；人才在全世界人力资源市场的流动更是适应了跨国公司向世界扩张和各国经济发展的需要。人才作为一种特殊的资源和商品，也和其他商品如汽车、手机、家用电器等一样，在全球化的经济时代必须采用国际标准，否则不仅不能流动到国际，也无法在国内市场长期生存。先进的、符合国际标准的产品迟早会占领各国国内市场。这也是全球化经济时代竞争的结果。

工程教育的国际标准从根本上说是按照跨国公司的用人标准制定的，因为跨国公司代表了整个产业界的发展水平，代表了先进的生产力，跨国公司的需求左右了人力资源市场的标准。一些国际工程教育认证组织（如"华盛顿协议"）、发达国家的工程认证机构（如美国 ABET）所制定的工程师的人才标准都符合跨国公司的用人标准。

全球化经济时代的人才流动是不可避免的。经济全球化的过程越来越短，步伐越来越快，同时也迅猛地推动着教育国际化的发展。中国的工程教育要全面实施国际化战略，中国加入"华盛顿协议"组织，以使中国工程人才培养符合国际标准，提高质量满足产业的需求，也利于工程人才在国际市场流动，这是中国工程教育国际化的重要举措。

要实现工程教育国际化，首先要转变观念。很多人对国际化的内涵有很多误解。例如典型的说法是"国际化也就是国际交流与合作"，其实这是两个不同的概念。工程教育国际化是工程教育的战略目标，而国际交流与合作是达到此目标的重要手段之一。培养大量具有国际眼界和素质、符合国际人才标准的中外学生，将其作为学校发展的战略，安排在学校的日常工作中。国际化不仅仅是国际合作交流工作，还牵涉到国际化的专业教育教学、国际产学合作、国际校友会、留学生招生管理等工作。要培养学生具有国际视野、掌握多元文化、拥有和不同国家同事交流沟通和合作的能力，就要求工科大学在自己的校园里建立国际化的教育环境。只有这样的国际环境，才能吸引大量留学生，并使本国学生有机会在校园中就享受国际化的教育环境，包括全英文授课、与外国留学生共同学习、工作，感受不同的文化和思维方式，真实了解各国社会和人民。

按照国际标准培养人才的一个重要方面是先进的国际化教学内容。教学内容随产业界的需要和科技发展而灵活变化，引进国际先进的教材、教学内容和教学方法，使教育质量满足产业的需要。

语言环境是工程教育国际化的必要条件，通过"用中学"提高国际语言交流沟通能力。在现代的国际社会中，大多数国家公认的国际语言是英语，特别在工程技术领域更是如此，因此，工程教育国际化的语言环境普遍采用英语。当然，经济全球化要求未来的工程师们能与不同文化和语言背景的同事共事，能理解他们的思维和做事的方式。因此，用他国语言进行交流沟通的能力也是工程教育国际化培养目标的一个重要部分。在校园建立工程教育国际化的教学环境，大量吸收留学生也是一重要内容。

此外，通过学习成功的国际化经验，实施工程人才强国战略。中国应当积极引进国外的优秀工程教育资源开展合作办学，使中国的工程教育较快地与国际接轨，较快地实现国际化。国外许多优秀大学长期坚持"做中学"、产学合作与国际化，在不断改进中积累了丰富的工程教育经验，与企业建立了紧密牢固的合作关系，培养出大批国际化的创新人才，是中国借鉴的榜样，更多的大学，包括 MIT，也在按照产业的需要全面实行工程教育，使其满足产业对创新型和国际化人才的需求。中国也要根据中国的国情来吸收国外先进经验以发展自己的国际化工程教育。

中国有世界上最丰富的优秀工科生源和最大的工科教育资源，也有巨大的人力资源市场和人才需求。只要全面改革工程教育，实施"国际化""产学合作"和"做中学"战略，提高工程教育质量，培养出大量有国际竞争力的工程人才，中国完全有机会成为国际工程师的摇篮，不仅满足国内企业的需要，也可以向国际产业输出工程人才，这将大大加强中国对世界经济发展的影响和贡献。这是中国作为人口大国责无旁贷的历史使命。

1.2.2 CDIO 工程教育模式简介

CDIO 工程教育模式是国际工程教育从"科学范式"跨进"工程范式"过程中，麻省理工学院关于工程教育改革的最新研究成果。CDIO 是构思（Conceive），设计（Design），实现（Implement），操作（Operate）4 个英文单词的缩写，它是"做中学"原则和"基于项目教育和学习"（project based education and learning）的集中概括和抽象表达。它以工程项目（包括产品生产流程和系统）从研发到运行的生命周期为载体，让学生以主动实践、课程之间有机联系的方式学习工程。CDIO 的理念不仅继承和发展了欧美 20 多年以来的工程教育改革理念，更重要的是提出了系统的能力培养、全面的实施指导（包括培养计划、教学方法、师资、学生考核以及学习环境）以及实施过程和结果检验的 12 条标准具有可操作性。CDIO 标准中提出的要求是直接参照工业界的需求，如波音公司的素质要求和美国工程教育认证权威组织 ABET 的 EC2000 标准制定的，因而能完全满足产业对工程人才质量的要求。CDIO 是一种开放型模式，不是一成不变的教学大纲，它可以有各种各样的实施模式，也有充分的空间供工程教育理论家和实践者进行创造。其最终目的是使工程教育真正满足全球化经济发展的需要、产业发展对于大量创新型工程人才的需要。

1.2.3 CDIO 工程教育改革的核心内容

CDIO 工程教育改革的目标是以 CDIO 教学大纲（Syllabus）为基本框架，核心理念是以产品、过程和系统的 CDIO 全生命周期作为工程教育的背景环境。即目标的选取、教育过程、教育方法、评估标准都要以产品、过程、系统的生命周期作为参照基础，知识、能力、态度的选取和评估标准均以此为判定标准。

CDIO 工程教育改革的具体内容包括 1 个愿景（Vision）；1 个大纲（Syllabus），即对学生 4 个层面的能力要求；12 条标准（Standards），即对是否实践 CDIO 教学理念的判定标准。改革从培养目标、课程计划、教与学、实践场所、教师能力提高、学生能力评估和改革质量评估等全方位进行。

CDIO 工程教育改革的愿景是为学生提供一种强调工程基础、建立在真实世界的产品和系统的构思—设计—实现—运行（CDIO）过程的环境基础上的工程教育，把学生培养成能够掌握更扎实的技术基础知识（知识）、领导新产品、过程和系统的建造与运行（能力）、理解研究和技术发展对社会的重要性和战略影响（态度）。

1.2.4　CDIO 工程教育改革大纲

教学大纲（Syllabus）是工程教育所需的重要文件，也是对教学效果（Learning Outcome）的全面描述。通过列出一整套工科毕业生应具备的各种知识、能力与态度，由此获得现代工程教育改革的解决方案。这些知识和能力的主题内容（Topics）具有通用化的特点，可用于各个工程领域；而且非常详细，可为制定课程计划和评估教学效果真正发挥作用。

大纲的出发点是工程师为改善人类生活而构建产品、过程和系统。为使学生更好地进入当代工程职业领域，必须具备一个工程师的基本功能——能够在现代的团队环境中去构思—设计—实现—运作复杂的且具有附加值的工程产品、过程和系统。另外，还期望他们成为具有独立思考能力的成熟的个体。

该大纲将学习目标成果分为以下几个部分：

（1）技术知识和推理能力；

（2）个人能力和专业素质；

（3）人际交往能力——团队合作和交流；

（4）企业和社会环境下的构思、设计、实施和运行系统能力。

教学大纲除了对技术学科知识（第 1 部分）的教学效果进行说明外，还特别强调个人能力（Personal）、人际协调能力（Interpersonal）、产品、过程及系统构建能力等方面的教学效果。个人的学习效果（第 2 部分）主要集中在学生个人的认知与感情的发展上，包括工程推理和解决问题能力、实验能力与知识探索能力、系统思维能力、创造性思维能力、批判性思维能力以及职业道德等方面。人际协调能力的学习效果（第 3 部分）主要集中在个人与团体之间的互动（Interact）上，如团队工作能力、领导能力和沟通能力等。产品、过程和系统的构建能力（Building Skill）（第 4 部分）则强调在企业、商业和社会环境中，对产品、过程和系统进行构思、设计、实施与运行的能力。大纲具体内容可参考相关书籍，不再赘述。

CDIO 教学大纲，就是要建立一个清晰、完整、系统和详细的工程教育目标，使工科老师能够理解并予以实现，这些目标已成为我们合理设计课程计划和进行评估的重要基础。根据工程师的职能而制定的 CDIO 大纲，实际上并没有弱化工程科学或工程研究的作用。恰恰相反，工程科学已成为工程教育的重要基础，而且工程研究还为工程教育带来了新的知识。希望通过 CDIO 培养过程使绝大多数的学生成为合格的工程师。无论学生最后成为工程师还是工程研究人员，都必须让他们在学校的 4 年里经历系统及产品的 CDIO 全过程实践，这对于增强其工作阅历和背景是极为重要的。

CDIO 教学大纲提出了一系列关于知识、能力及态度的主题内容，这些内容与当代工程实践标准是一致的。

1.2.5 CDIO 改革的 12 条标准

CDIO 的 12 条标准描述了工程教育改革的 CDIO 模式的基本特征。因而它们构成了工程教育改革的最佳实施框架。这 12 条标准是应产业界、工程教育界和已参加工作的大学毕业生的要求而建立，使他们能全面认识 CDIO 模式及了解 CDIO 毕业生所应具有的素质。因此，这些标准定义了 CDIO 模式区别于其他模式的特征，提供了工程教育改革的实施指南，建立了可在全世界实施工程教育改革的目标和准则，也提供了可用于自我评价及可持续改革为目的的框架平台。就 CDIO 的 12 条标准的每一条而论，它们并没有提出多少工程教育研究和实践中有效的新知识，但是，作为一个整体，CDIO 提供了一个全面解决工程教育改革和改善的方案和手段。

CDIO 的 12 条标准涉及哲理（标准 1），课程体系开发（标准 2、3、4），设计—实现时间和工作场所（标准 5、6），教学新方法（标准 7、8），师资建设（标准 9、10）以及评价（标准 11、12）。在 CDIO 的 12 项标准中，有 7 项（标准 1、2、3、5、7、9、11）是关键和基本的，它们体现了 CDIO 方法论区别于其他教育改革计划的特点，另 5 项为补充标准，加强了 CDIO 方法论并反映了工程教育中的有效实践。关于标准的具体内容不再赘述。

1.2.6 CDIO 工程教育模式在我国的发展

CDIO 工程教育理念在 2005 年被汕头大学在中国率先引入，并创造性地设计了基于项目设计为导向的 EIP-CDIO 工程教育模式，在专业培养架构、培养标准体系、一体化课程体系、教学体系以及质量保障和评估体系等方面进行了积极的探索和实践。迄今为止，CDIO 在中国逐渐成为中国高等工程教育界重要且具有巨大影响力的改革运动之一。

2008 年，教育部高教司主持成立了"中国 CDIO 工程教育模式研究与实践"课题组，并倡议在课题组的框架下组成了由 18 所院校参加的 CDIO 工程教育试点工作组，分机械、土木、电气和化工四个大类试点实施 CDIO 工程教育模式。到 2010 年 3 月，试点工作组已扩大到 39 个成员，包括汕头大学（机械类、电气类、土木类）、北京科技大学（电气类）、北京邮电大学（电气类）等。

"卓越工程师教育培养计划"（简称"卓越计划"）可以视为中国版的 CDIO。

2010 年 6 月，教育部启动了"卓越工程师教育培养计划"。其目标是：面向工业界、面向世界、面向未来，培养造就一大批创新能力强、适应经济社会发展需要的高质量各类型工程技术人才，为建设创新型国家、实现工业化和现代化奠定坚实的人力资源优势，增强我国的核心竞争力和综合国力。以实施卓越计划为突破口，促进工程教育改革和创新，全面提高我国工程教育人才培养质量，努力建设具有世界先进水平、中国特色的社会主义现代高等工程教育体系，促进我国从工程教育大国走向工程教育强国。遵循"行业指导、校企合作、分类实施、形式多样"的原则。

该计划明确了我国工程教育改革发展的战略重点：

（1）更加重视工程教育服务国家发展战略；

（2）更加重视与工业界的密切合作；

（3）更加重视学生综合素质和社会责任感的培养；

（4）更加重视工程人才培养国际化。

总而言之，我国工程师培养的目标是，面向工业界、面向现代化、面向未来，培养造就一大批创新设计能力优、技术应用能力好、工程实践能力强、能够适应经济社会发展需要的高质量工程技术人才。具体而言，就是按国家通用标准和行业标准，培养具有工程实践能力和工程创新能力的技术研发型和技术应用型人才。

1.2.7　工程教育专业认证

工程教育专业认证（Specialized / Professional Accreditation）是国际通行的工程教育质量保障制度，也是实现工程教育国际互认和工程师资格国际互认的重要基础。工程教育专业认证的核心就是要确认工科专业毕业生达到行业认可的既定质量标准要求，是一种以培养目标和毕业出口要求为导向的合格性评价。工程教育专业认证要求专业课程体系设置、师资队伍配备、办学条件配置等都围绕学生毕业能力达成这一核心任务展开，并强调建立专业持续改进机制和文化以保证专业教育质量和专业教育活力。

工程教育专业认证不仅重视传统教育中的专业知识和技术要求，更加重视非技术要求（工程与社会、环境和可持续发展、职业规范、个人和团队、沟通、项目管理、终身学习）。体现工程教育实践性、综合性和创新性的特点，以适应未来的变化。

开展工程教育认证的目标包括：

（1）通过认证，明确工程教育专业的标准和基本要求，促进各院校和专业进一步办出自己的特色。改善教学条件、增加教学经费的投入，促进教师队伍的建设和专业化发展；发现大学相关专业院系教学管理的薄弱环节，促进建立科学规范的教学质量管理和监控体系，从而提高大学教学管理水平。

（2）通过认证，加强高等工程教育与产业界的联系。把工业界对工程师的要求及时地反馈到工程师培养的过程中来，引导高等工程教育专业改革与发展方向，密切高等工程教育和工业界的关系，使工业界参与工程师培养过程中的培养方案的制定、培养过程的改进与培养成果的验收，促进工业界对高等工程教育的了解和支持。改善高等工程教育的产业适应性，促进高等工程教育为工业提供合格的工程师。

（3）通过认证，推动工程教育改革。近年来随着科学技术和社会经济的迅速发展，各国高等工程教育对质量提出的要求越来越高。美国工程与技术认证委员会 ABET 近几年在高等工程教育方面提出 11 项学生核心能力指标（EC2000），这些能力指标旨在评价学生的综合能力，包括沟通、合作、专业知识技能、终生学习的能力及世界观等，为教师、教育机构在设计课程上提出了明确方向与要求。

（4）通过认证，促进高等工程教育的国际交流，提升我国高等工程教育的国际竞争力。使我国的工程技术人员能够公平地参与国际就业市场的竞争，满足进入国际就业市场的现实要求并获得公平待遇，提升国际竞争力。

《华盛顿协议（Washington Accord）》于 1989 年由来自美国、英国、加拿大、爱尔兰、澳大利亚、新西兰 6 个国家的民间工程专业团体发起和签署。该协议主要针对国际上本科工程学历（一般为四年）资格互认，确认由签约成员认证的工程学历基本相同，并建议毕业于任一签约成员认证的课程的人员均应被其他签约国（地区）视为已获得从事初级工程工作的学术资格。2013 年，我国加入《华盛顿协议》成为预备成员，2016 年 6 月，我国成为国际本科工程学位互认协议《华盛顿协议》的正式会员。通过认证协会认证的工程专业，毕业生学位得到《华盛顿协议》其他组织的认可，极大地提高了我国工程教育的国际影响力。

1.3　新工科理念

目前我国正处于新发展阶段，既是"我国全面建成小康社会并实现第一个百年奋斗目标的历史任务后，正式进入基本实现社会主义现代化和建设社会主义现代化强国的新阶段"，亦是"中华民族伟大复兴战略全局"和"世界百年未有之大变局"的交汇期。为培养造就一大批引领未来技术与产业发展的卓越工程科技人才，为我国产业发展和国际竞争提供智力支持和人才保障，2017 年 2 月和 4 月，教育部在复旦大学和天津大学分别召开了综合性高校和工科优势高校的新工科研讨会，形成了新工科建设的"复旦共识"和"天大行动"。此举是为了应对新一轮科技革命和产业变革所面临的新机遇、新挑战而提出"新工科理念"。新工科不是局部考量，而是在新科技革命、新产业革命、新经济背景下工程教育改革的重大战略选择，是今后我国工程教育发展的新思维、新方式。"复旦共识""天大行动"和"北京指南"陆续推出，由"是什么"到"怎么做"，新工科逐渐有了清晰的实施路线图。

1.3.1　发展新工科的必要性

教育兴则国家兴，教育强则国家强。在世界新一轮科技革命和产业革命的背景下，各国抓住机遇制定战略，为培养人才做出部署；国内供给侧改革以及高等教育发展也到了转折点，在这一历史机遇期，新技术创新和新兴产业发展急需复合型、创新型人才。新工科建设是应对新经济的挑战，从服务国家战略、满足产业需求和面向未来发展的高度，在"卓越工程师教育培养计划"的基础上，提出的一项持续深化工程教育改革的重大行动计划，所以被高等教育领域广泛称为卓越计划 2.0 阶段。

（1）新一轮科技革命和产业革命需要建设新工科。以智能产业牵引的新一轮科技革命和产业革命如火如荼地进行着，未来 5~15 年是传统工业化与新型工业化相互交织、相互交替的转换期，是工业化与信息化相互交织、深度融合的过渡期，也是世界经济版图发生深刻变化、区域经济实力此消彼长的变化期，"三期叠加"为全球制造业加快发展和转型升级提供了重要的战略机遇，也给世界高等工程教育转型提供了新机遇、新挑战。工业4.0 引发的不仅是经济转型，同样还有教育变革。2014 年 6 月 3 日，习近平总书记在国际工程科技大会发表题为《让工程科技造福人类，创造未来》的主旨演讲中强调，未来几十年，新一轮科技革命和产业变革将同我国加快转变经济发展形成历史性交汇，工程在社会中的作用发生了深刻变化，工程科技进步和创新将成为推动人类社会发展的重要引擎。现在产业发展方向很明确，就是促进产业的交叉融合，因此在人才培养方式上需要相应调整结构，增加复合型、创新型人才规模，为企业输送大量人才。

（2）应对未来国际战略竞争需要建设新工科。为应对 21 世纪的全方位挑战、努力增强国力和国际竞争力，以顺应知识经济时代全球化和信息化的大趋势，欧美诸国纷纷加大工程教育的改革力度，将其作为本国科技人力资源建设的重要组成部分。欧美工程教育改革举措不断，未来工程教育的发展趋势是：注重工程实践培养，强化产学合作培养，夯实基础性工作，体现创新创业需求等。

中国作为第四次工业革命的追赶者，本身处于工业 2.0、3.0 的并行发展阶段，既没有德国传统工业的优势基础，也没有美国的先进技术，在形势比较严峻的情况下我国加快步伐，2014 年与德国签订《中德行动纲要》、2015 年印发《中国制造 2025》，全面部署实施制造强国战略。面对如此迫切的形势，习近平总书记指出："我们对高等教育的需要比以往任何时候都更加迫切，对科学和卓越人才的渴求比以往任何时候都更加强烈"、"要提高我国高等教育发展水平，增强国家核心竞争力"；"建设教育强国是中华民族伟大复兴的基础工程，必须把教育事业放在优先位置"。人才作为第一大资源必须为中国发展提供强劲动力，新工科的出现势在必行。

（3）服务国家重大战略和需求需要建设新工科。国家重大战略和需求是工程教育改革创新的重要起点。实现"两个一百年"奋斗目标，统筹推动"五位一体"总体布局和协调推进"四个全面"战略布局，贯彻落实创新、协调、绿色、开放、共享的新发展理念，深入实施"创新驱动发展""一带一路""中国制造 2025""互联网+""京津冀协同发展"等重大战略，推动大众创业、万众创新，支撑服务产业转型升级和经济发展动能转换，适应以新技术、新产品、新业态和新模式为特点的新经济，迫切需要深化高等工程教育改革，认真履行好高等工程教育在人才培养、科学研究、社会服务、文化传承创新、国际交流合作中的职责使命，进一步增强使命担当，承担起实现中华民族伟大复兴中国梦的历史使命。

（4）供给侧结构性改革需要建设新工科。当前我国进入供给侧结构性改革全新阶段。深入去产能、去库存、去杠杆、降成本、补短板，同时扩大优质增量供给，释放经济活力，以新技术、新产业、新业态、新模式为特征的新经济蓬勃发展。在发展中，淘汰落后产业，出现相关学科专业学生就业困难；在新经济中，机器人、人工智能、大数据、云计算等新兴领域人才短缺。究其原因在于学校在相关产业的人才培养方面没有与社会需求形成很好的对接。国家的供给侧结构性改革同时也是教育行业的供给侧结构性改革，要想在未来占据战略制高点，在智能制造时代赶超欧美等发达国家，实现中华民族伟大复兴的中国梦，就需要对工程教育进行供给侧和需求侧方面的结构性调整，形成新工科建设模式，把人才资源利用好，主动适应新技术、新产业、新经济的发展。

（5）我国高等工程教育改革需要建设新工科。目前我国已经建成世界最大规模的高等工程教育体系。《中国工程教育质量报告》中显示，"我国普通高校工科专业招生数、在校生数、毕业生数都远远高于世界其他国家，稳居世界首位。"当数量已具规模后，就更需要注重发展质量。要实现"高等教育内涵式发展"，即注重培养出越来越多高质量的、高素质的、满足社会需要的创新人才，由此推动高等教育大国变成高等教育强国。在 2018 年全国教育大会上习总书记针对当前形势强调："我们要抓住机遇、超前布局，以更高远的历史站位、更宽广的国际视野、更深邃的战略眼光，对加快推进教育现代化、建设教育强国作出总体部署和战略设计，坚持把优先发展教育事业作为推动党和国家各项事业发展的重要先手棋"。新工科建设作为高等教育改革的重要举措，对人才要求上更加注重培养其工程实践能力、跨学科能力、工程伦理能力、创新能力、智能化应用能力。

（6）落实立德树人新要求需要建设新工科。立德树人是教育的根本任务和中心环节。《关于加强和改进新形势下高校思想政治工作的意见》指出：以立德树人为根本，把社会主义核心价值观体现到教书育人全过程，坚持全员、全过程、全方位育人，培养又红又专、德才兼备、全面发展的中国特色社会主义合格建设者和可靠接班人。《意见》进一步深化了立德树人的内涵，也为高等工程教育改革指明了方向。积极推动工程教育的全面改革创新，遵循工程教育的发展规律和工程创新人才发展规律，把培养未来全面发展的工程人才放在更加突出的战略位置，是落实立德树人新要求的重大举措。

1.3.2 新工科理念内涵

新工科是高等工程教育为应对全球形势、国内工程教育发展形势和服务国家战略而做出的符合中国特色的高等工程教育改革方案，新工科主要包括三个方面：一是指传统工科的改造升级；二是指面向新经济产生的新的工科专业；三是指工科与其他学科交叉融合产生的新的专业。

理念是通过理性而获得的关于事物本质的认识，同时它又是认识向实践转化过程的起点。理念是事物本身，因为它反映了客观事物的本质和规律，但又不局限于本身，它还包括事物所不具备的理想形态，在实际变革中会产生事物本身没有的东西。在发展过程中需要理念同实践结合，相互促进，不断发展。

新工科理念的含义有特指和泛指的区别。特指的新工科理念含义是就工科领域而谈，是以产业需求为导向，以培养跨学科、综合全面、创新能力强、面向未来能够适应并引领产业不断发展的新人才为目标的培养观念。泛指的新工科理念是指新工科理念不仅仅局限于工科这一领域，它适用于全部学科，可以是新文科、新理科、新商科、新医科、新农科等，它更是一种方法论、意识形态、精神，是对其他领域的学科发展具有指导作用的人才培养观念。由此可知，"新工科理念"一词有两种含义，目前围绕新工科建设而展开的研究讨论最广的是第一种含义，而第二种含义是对众学科发展方向的一种指导思路。新工科理念可以概括为：创新、全面、开放、引领。

新工科理念的内涵是：以立德树人为引领，以应对变化、塑造未来为建设理念，以继承与创新、交叉与融合、协调与共享为主要途径，培养未来多元化、创新型卓越工程人才。新工科，"工科"是本质，"新"是取向，要把握好这个"新"字，但又不能脱离"工科"，其内涵可以从三个层面来理解。

1.3.2.1 新理念

应对变化，塑造未来。理念是行动的先导，是发展方向和发展思路的集中体现，新工科建设应以理念的率先变革带动工程教育的创新发展。

（1）新工科更加强调积极应对变化。创新是引领发展的第一动力，创新的根本挑战在于探索不断变化的未知。现代管理学之父彼得·德鲁克（Peter F. Drucker）曾经说过：没有人能够左右变化，唯有走在变化之前。新工科应该积极应对变化，引领创新，探索不断变化背景下的工程教育新理念、新结构、新模式、新质量、新体系，培养能够适应时代和未来变化的卓越工程人才。

（2）新工科更加强调主动塑造世界。高等教育作为人才第一资源、科技第一生产力、创新第一驱动力的重要结合点，与社会经济的发展十分紧密。工程教育更是直接地把科学、技术同产业发展联系在了一起，工程人才和工程科技成为改变世界的重要力量。因此新工科应走出"适应社会"的观念局限，主动肩负起造福人类、塑造未来的使命责任，成为推动经济社会发展的革命性力量。

1.3.2.2　新要求

培养未来多元化、创新型卓越工程人才。新工科作为一种新型工程教育，其育人的本质没有变，但对人才的培养要求发生了变化。

（1）人才结构新。工程人才培养结构要求多元化。一方面，当前我国产业发展不平衡，处在工业 2.0 和工业 3.0 并行的发展阶段，必须走工业 2.0 补课、工业 3.0 普及和工业 4.0 示范的并联式发展道路，因此工程人才需求复杂多样，必须健全与全产业链对接的从研发、设计、生产、销售到管理、服务的多元化人才培养结构；另一方面，从工程教育自身来讲，应根据对未来工程人才的素质能力要求，重新确定专、本、硕、博各层次的培养目标和培养规模，进而建立起以人口变化需求为导向、以产业调整为依据的工程教育转型升级供给机制。

（2）质量标准新。工程人才培养质量要求面向未来。目前对未来工程师的质量标准尚未有一个统一的界定，但对未来工程师素质的大量描述在一定程度上反映了未来工程人才质量的核心要素。美国工程院发布的《2020 的工程师：新世纪工程的愿景》报告中提出：优秀的分析能力、实践能力、创造力、沟通能力、商业和管理知识、领导力、道德水准和专业素养、终身学习等是未来工程师应该具备的素质。2016 年世纪经济论坛强调包括社会技能、系统技能、解决复杂问题的技能、资源管理技能、技术技能在内的交叉复合技能。基于国际标准和我国重大战略需求及发展实际，未来的工程人才培养标准应该强调如下核心素养：家国情怀、创新创业、跨学科交叉融合、批判性思维、全球视野、自主终身学习、沟通与协商、工程领导力、环境和可持续发展、数字素养。

1.3.2.3　新途径

继承与创新、交叉与融合、协调与共享。从某种意义上说，新工科反映了未来工程教育的形态，是与时俱进的创新型工程教育方案，需要新的建设途径。

（1）继承与创新。新工科要植根于历史积淀和传统优势。新工科要面向未来全面加快改革创新。新工科必须通过人才培养理念的升华、体制机制的改革以及培养模式的创新应对现代社会的快速变化和未来不确定的变革挑战。

（2）交叉与融合。交叉与融合是工程创新人才培养的着力点。基于多学科交叉、产学研融合，斯坦福大学的硅谷模式、剑桥大学的科技园区等对创新人才培养提供了很好的参考。我们需要积极探索创新创业教育，培育交叉融合的育人生态，建立创新创业教育和实践平台，将高水平科研优势和产学研资源转化为育人优势，打造从"创意—创新—创业"完整链条的创新人才培养模式。学科交叉融合是工程科技创新的源泉，关键核心技术和重大工程创新科技成果的突破大多源于学科交叉。

（3）协调与共享。以协调推动新工科专业结构调整和人才培养质量提升。教育部引导高校主动布局面向未来技术和产业的新专业，2010 年后新设战略性新兴产业相关工科本科专业点 1401 个。同时，通过协调工程教育多利益主体关系，形成了高校主体、政府主导、行业指导、企业参与的协同育人模式，逐步突破制约工程教育人才培养质量的政策壁垒、资源壁垒、区域壁垒等。以共享推动新工科优质教育资源和教育成果共建共享。经济全球化的不断深入与创新要素的加快流动使得共建共享、合作互补成为高等工程教育发展的共同选择。中国—东盟工科大学联盟、中俄工科大学联盟等都是高等工程教育主动适应全球化的具体实践。

1.3.3　新工科理念的特征

新工科的内涵决定了新工科以下几个方面的特征：

（1）战略型。新工科不仅强调问题导向，更强调战略导向。新工科建设必须站在战略全局的高度，以战略眼光和战略思维加快理念转变，深化教育改革，既为支撑传统产业转型升级等当前需要培养人才，又要为支撑新型产业培育发展等未来需求培养人才。

（2）创新性。创新是工程教育发展的不竭动力。新工科建设要将经济社会发展需求体现在人才培养的每个环节，围绕产业链、创新链从建设理念、建设目标、建设任务、建设举措等方面进行创新性变革，重塑工程教育，而不是旧范式下细枝末节的修补。

（3）系统化。新工科建设是一个系统工程。首先需要从系统的角度积极回应社会的变化和需求，并将培育发展新工科和改造提升传统工科作为一个系统，设计一个教育、研究、实践、创新创业的完整方案，为工程教育改革发展不断提供新动力。

（4）开放式。新工科是高层次的开放式工程教育。应以开放促改革、促创新，对外加强国际交流与合作，对内促进工程教育资源和教育治理的开放，加快形成对外开放和对内开放深度融合的共建共享大格局。

习题与思考题

1-1 请简述经济全球化和产业升级对人才需求的影响。

1-2 你认为未来工程师需要什么样的能力和素质？

1-3 试述工程教育的发展趋势。

1-4 什么是 CDIO 工程教育模式？其发展愿景是什么？

1-5 简述工程教育专业认证的意义。

1-6 我国工程教育改革发展的战略重点是什么？

1-7 "卓越工程师教育培养计划"的目标是什么？

1-8 什么是新工科理念？为什么要发展新工科？

1-9 新工科理念的内涵包括哪些内容？

1-10 新工科理念有哪些特征？

2　工程教育的培养目标

作为高等教育重要组成部分的高等工程教育，在国际竞争逐渐加剧的今天，已成为产业人力资源的主要供应者和知识创新的主体。目前，我国高等工程教育规模已位居世界第一，但还存在很多问题，其中工程教育的目标不明确、与产业发展实际需要脱节的问题突出，亟待研究解决。

培养目标指社会对教育所要培养人才的质量标准和规格要求的总设想。培养目标既反映了学校同社会发展之间的关系，即社会发展对人才的需求，又体现了学校同学生个人发展之间的关系，即学生提高自身素质的需求。因此，确定学校教育的培养目标就是回答学校教育要培养"什么样的人"这个根本问题。培养目标是学校价值的体现：它既有反映社会需要的政治、经济、文化、科技价值，也有反映学生需要的谋生求职和个性发展价值，还有反映学校自身发展需要的教育价值。从宏观上讲，高等工程教育主要是围绕人才培养目标和人才培养模式，即需要培养什么样的人的问题和如何培养所需人才的问题而展开的。工程教育的目标是高等学校实施工程教育和进行工程教育改革的根本依据和最终目的。我们要培养什么样的工程人才，要求他们掌握哪些知识、技能，具有什么样的基本素质等，都应是工程教育目标的具体内容。

2.1　培养目标概述

2.1.1　培养目标的概念

培养目标是指依据国家的教育目的和各级各类学校的性质、任务提出的对受教育者身心发展所提出的具体标准和要求，它是由特定社会领域和特定社会层次的需要所决定的，也因受教育者所处的学校类型差异而相异。学校教育的培养目标指的是"通过学校的教育活动，学生在毕业时应该具有的知识和能力（含技能）水平、思想和行为特征、体魄和心理状态"。

高等学校是具体实施高等教育的机构，各高校由于在办学条件、师资结构和水平、服务面向、生源等方面存在差异，决定了培养目标也各不相同。我国普通高等教育分为研究生教育、本科教育和专科教育等层次，其中研究生教育又分为博士和硕士两个层次。不同层次的高等教育对人才培养的要求是不同的。专科教育应当使学生掌握本专业必备的基础理论、专门知识，具有从事本专业实际工作的基本技术和初步能力。本科教育的培养目标是较好地掌握本专业的基础理论、专业知识和基本技能，具有从事本专业工作的能力和初步的科学研究能力。对硕士研究生的要求是掌握本专业坚实的理论基础和系统的专门知识，具有从事科学研究和独立担负专门技术工作的能力。而博士研究生则要掌握本学科坚实宽广的理论基础和系统深入的专门知识，具有独立从事科学研究的能力，在科学或专门技术上做出创造性成果。

教育目的与培养目标是普遍与特殊的关系，培养目标的依据是教育目的。教育目的是为社会发展的需要培养人才，只有明确了教育目的，各级各类学校才能制定出符合要求的培养目标；而培养目标是教育目的的具体化。教育目的是针对所有受教育者提出的，而培养目标是针对特定的教育对象而提出的，各级各类学校的教育对象有各自不同的特点，因此制定培养目标需要考虑各自学校学生的特点。

2.1.2　培养目标的作用

培养目标是关于人才培养活动的一种预期，它是依据一定的教育目的、社会需要和教育理念提出的关于人才培养的基本规格要求和质量标准。培养目标具有定向功能、调控功能和评价功能，即科学的培养目标能对教育的发展起到"灯塔导航"的功效，对教学活动起到支配、调节和控制作用，对教育质量起到评价作用。

高等教育专业培养目标又被看作培养规格。高等学校培养人才不仅划分层次和科类（如工学博士、理学硕士、工学学士等），每一层次的人才又分为不同类型（如学术型、专业型），每一科类的人才细分为不同专业。因此，需要将培养目标进一步细化，形成每一个专业的人才培养标准和规范。虽然国家教育行政部门在制定学科专业目录时，已经规定了各学科专业的培养规格，但是各学校必须根据自己的实际情况，提出各层次和各学科专业明确、具体、有特色的培养目标。

学校教育目标由多个要素构成。毛泽东同志提出的我国教育方针是"使受教育者在德育、智育、体育几方面都得到发展"，即"三要素说"。后来又有学者分别增加了美育和劳动教育，形成"四要素说"和"五要素说"。德育、智育、体育、美育和劳动教育等概念都比较宽泛，而且相互间还有交叉、重复，更适于描述较高层面的教育目标。培养目标的基本构成要素包括知识、技能和素质三方面，这些教育目标的构成要素比较具体，并且具有较好的操作性，适合用来描述专业培养目标和教学目标。

专业培养目标规定毕业生在知识、技能、个人品质等方面应达到的水平，它是制定专业教育计划、设置课程、安排各教学环节的基本依据，也是评价专业人才培养质量的重要标准。所以，制定科学、规范的培养目标，对于办好专业非常关键。

（1）培养目标反映向社会输出人才产品的质量，因而培养目标是学校与社会发生关系的连接点，也是社会现实对学校教育制约作用的集中体现。

（2）培养目标是学校各项教育活动的基本出发点和归宿。学校的各项教育活动都是为了使学生达到培养目标而组织的（出发点）；培养目标决定着学校所有教育活动的广度、深度和最终评价教育质量的依据（归宿）。

（3）培养目标是学生在校全部学习活动的动力和期望；如果能在学生入学之初就使他们了解学校对他们的培养目标，就能在很大程度上调动他们自主学习的自觉性、主动性和积极性。

2.2　工程教育培养目标的基本要求

高等工程教育培养目标的提出，一方面需要深刻把握社会的发展趋势，洞察国内外高等工程教育人才培养的变化；另一方面，要求我们对传统的高等工程教育培养目标进行反思，从而确立一种新的人才培养观念。

"工程"与"科学"和"技术"不同，它强调的是系统、集成、整体、安全、经济，还要与环境和社会相协调。作为未来的工程师，不仅要掌握必要的工程基础知识以及本专业的基本理论、基本知识，还要具有从事工程工作所需要的相关数学、自然科学知识和一定的经济管理知识；了解本专业的前沿发展现状和趋势；了解相关的职业和行业的生产、设计、研究与开发的法律、法规，熟悉环境保护和可持续发展方面的方针、政策和法律、法规；要具有较好的人文社会科学素养、较强的社会责任感和良好的工程职业道德。

作为未来的工程师，要具有创新意识，具有研究、开发和设计新产品、新工艺、新设备和推出新技术的能力，即集成创新的能力。比如，钢铁行业的许多工程问题都属于过程控制。作为现代过程控制的工程师，必须懂得冶炼过程的物理化学反应过程、流体的热力学与动力学原理，以及金属塑性加工变形机理，才能针对不同过程实施不同的温度、压力、位置等方面的控制；还要在控制方面的计算机软、硬件技术上是行家里手。

2.2.1 高等工程教育培养目标的基本要求

工程师职业与其他职业的不同之处，在于其很强的实践性和高度的综合性。未来的卓越工程师较之过去和现在，更需要宽广的知识面、多学科背景和良好的综合素质。简言之，今天我们需要的不再是传统的知识面狭窄的技术型、设计型或工艺型工程师，而是需要与当今工程时代相适应的、具有工程素质的卓越工程师。

高等工程教育是培养卓越工程师（优秀工科毕业生）的主渠道，深化工程教育的综合改革，培养学生解决复杂工程问题的能力及综合素质，也是世界工程教育的发展趋势。

高等工程教育培养目标的一般要求可表述为：

（1）要符合党和国家的教育方针：坚持马克思主义指导地位，贯彻新时代中国特色社会主义思想，坚持社会主义办学方向，落实立德树人的根本任务，坚持教育为人民服务、为中国共产党治国理政服务、为巩固和发展中国特色社会主义制度服务、为改革开放和社会主义现代化建设服务，扎根中国大地办教育，同生产劳动和社会实践相结合，加快推进教育现代化、建设教育强国、办好人民满意的教育，努力培养担当民族复兴大任的时代新人，培养德智体美劳全面发展的社会主义建设者和接班人。

（2）要符合社会、科技和工程发展的需求和趋势。

（3）要体现多层次工程教育的不同需要。

（4）能对学校开展的各种教育活动起指导作用，具有可操作性和可衡量性。

（5）培养目标的表述要落实以下四个方面：

1）正确的政治方向和人的全面发展；

2）本教育层次、本专业领域相对应的工程人才职称；

3）学生毕业后的主要服务面向和工作范围；

4）相对应工程人才在校学习时应该掌握的知识，具有的能力和具备素质的程度。

本科工程人才按照培养规格主要可归纳为六种类型：科学研究型、工程设计型、技术应用型、复合应用型、服务应用型和职业应用型。按照培养模式来划分，高等工程教育的培养目标通常有两种类型：通才型目标和专才应用型目标。通才型目标以普通本科为典型。比如，某大学自动化专业的培养目标是：具有健全人格和职业道德，具备创新精神、团队合作能力、国际化视野和社会责任感，能在国民经济、国防和科研各部门的综合自动化系统、自动化装备与仪器、人工智能与机器人、智能信息处理等自动化工程领域胜任系统和装置的研发与应用、复杂生产过程的运维与调度、技术与经营管理等工作，成为自动化相关领域技术和管理骨干，部分成为高级工程技术和管理人才。自动化专业人才培养目标应该注重人才的知识能力、创新意识，以及随之而必需的协调能力和工程能力。通才型自动化专业的人才培养定位是培养研究型人才，该定位具有两个层面的含义：其一为具有终身学习以及研究能力，能够进一步学习深造的专业人才；其二为具有扎实基础理论和实践能力，可以在自动化以及相关领域从事设计、规划、研究及管理的专业背景人才。专才应用型目标以高职学校为典型。比如，某大学电气自动化专业的培养目标是：培养服务区域经济社会发展和产业结构升级需要，具有以现代工业控制设备为基础的电气自动化控制系统的安装、调试、维护维修能力的高技能型专门人才；培养具有对传统电气设备自动化升级改造能力的高技能型专门人才；具有工业生产线系统安装、调试、运行的技术与管理能力的高技能型专门人才；具有工厂供配电系统的安装、管理、维护维修能力的高技能型专门人才；具有良好身体素质、工作态度、责任意识和团队精神，善于合作交流，具备自主学习、创新发展能力的德、智、体全面发展的高技能型专门人才；具有一定创新能力和国际化职业竞争能力的技术技能人才。

2.2.2 国外高等工程教育培养目标的反思

全世界范围的高新技术迅猛发展给当今社会带来了日新月异的深刻变化，经济的发展和生产力水平的提高越来越依赖科学技术的进步，经济全球化和区域一体化已经和正在对高等工程教育产生着重大影响，成为高等工程教育改革和发展的根本动力，使之向着教育的层次结构更合理、人才培养规格的适应性更强、教育水平更高的方向发展，以适应社会发展的需要。

日本作为一个岛国，自然资源贫乏，战后逐步发展为世界经济强国，甚至在某些方面超越了美国，这与其人才的培养不无关系。总结日本高等教育培养模式，可以概括为：大工程意识、终身学习观和实践的社会性、开放性。可以看出，日本的人才带有明显的复合色彩，具有国际适应性和竞争性，注重工程素质，注重培养学生的综合能力、创新能力和解决实际问题的能力。日本名古屋大学关于"四年一贯制"的教育理念认为，随着社会高度现代化、复杂化、国际化、信息化的快速发展，大学培养具有适应时代变化和社会要求的知识与能力的学生的责任越来越大。为此，名古屋大学确立了自己的培养目标：旨在培养具有高度的专业知识与能力、综合的判断力、丰富的人性，对各种社会问题的探究心和解决社会问题的创造力，以及身心健康的人才。

以通才教育模式为特色的美国高等工程教育在二战后不断强化数学和科学基础，导致分析而非综合的方法统治整个工程领域，使工程教育脱离了工程的本质特征——实践。美国面对近半个世纪的工程教育实践和美国国际竞争力的相对滑坡，对其高等工程教育进行了全面的反思。从20世纪80年代中期开始，在政府部门、有关组织和工业界的积极倡导和有力的支持下，推动了高等工程教育的改革。改革的内容是在培养人才的类型与要求、教学思想、课程体系结构和教学方法等方面进行重大转变，突出的特点是加强工程素质、课程的综合与集成、教学手段与条件设施的高技术化。美国重视工程实践，重视人文素质教育，重视培养学生的适应能力，明确提出培养人才要能在变化的世界中获得成功。MIT工学院院长布朗教授认为，工程教育要适应 21 世纪全球经济的发展趋势，其特点是知识的集成化、学科的交叉以及工程技术和经济的紧密结合，并由此提出了"Engineering in Global Economy"（在全国性经济中的工程）这一新概念，这是对 21 世纪工程教育培养目标的概括。

　　纵观世界近代教育，不难发现世界上高等教育盛行三种模式：学理优先、技术优先、兼顾学理与技术。第一种学理优先模式，以世界著名高校为主，诺贝尔奖获得者层出不穷，这种模式的普通教育，即基础广泛的教育，具有明显优势，对新知识的探索被确定为高等教育的主要使命，而不是进行高等专门教育和特定职业训练的场所。第二种技术优先模式，主要体现为苏联的技术学院、美国的社区大学、日本的短期大学及世界各地的各类专门技术院校。这种模式的专门技术和职业训练占了明显优势，这类高校主要当作发展各种专门技术和训练各种职业人才的场所。第三种兼顾学理与技术模式，在美国较有影响。如麻省理工学院和加利福尼亚大学，这种模式的普通教育和专业知识教育具有大致相同和相近的地位。可以看出，在工程教育的人才培养目标定位上上述第三种模式的优点既注意了理论的深入和知识的广博，又紧密跟踪科技发展的新形势，培养的学生具有生命力。多年来美国的科学技术和经济增长在世界上一直保持领先地位，和实行这种人才培养模式不无关系。因此这种注重基础知识、强调人文社会科学、重视德育特点的培养思路，是值得我们借鉴的。

　　尽管各国提出的高等工程教育培养目标不尽相同，但对未来人才要求的本质特征共同体现在：深厚的基础知识、较宽的知识面、创新精神、实践能力、综合素质等。这些对我国确定高等工程教育的培养目标有一定的借鉴意义。

2.2.3　我国高等工程教育培养目标的反思

　　我国高等工程教育存在的主要问题是：部分工科院校培养目标定位不明确；个别工科院校培养模式更新速度慢；少数工科院校实践性课程安排少；某些工程专业与社会缺乏联系；工科院校学生还缺乏必要的人文知识；工程技术人员理论水平较高，但缺乏创新意识与创造能力。在培养目标上，学校的工程教育主要是为了培养未来工程师的目标不够明确，突出工程的特色不够。基本上是按照学科体系来组织教学，与经济、产业的实际需要结合不够紧密。

　　目前我国的高等教育是国家主导型的高等教育体系，实行的是高度集中的统一办学体制。我国高等教育的专业设置是 20 世纪 50 年代院系调整中学习苏联高等教育的产物，工科基本是按照工艺、装备、产品、行业设立的，学生毕业后能较快对口，适应当时工业建设的需要。

　　教育部从 1982 年开始修订专业目录，加强了专业的通用性，使专业种数由 945 种减为 457 种；1997 年又将专业种数调整到 249 种。当然，随着科学技术与社会经济的发展，新兴、边缘学科越来越多。继教育部给 6 所高等学校专业设置权以后，专业设置权限下放的趋势也越来越明显。厚基础、宽口径的改革思路已经成为综合性高等学校的共识。同时强化课程、淡化专业的改革思想也正在探索之中。

2.2.4 我国高等工程教育培养目标的界定

从国外的经验和国内反思看，我国工程教育的培养目标应该是培养具有现代工程教育理念和创新精神的工程师。

（1）具有现代工程教育理念。现代工程教育理念的核心是在教育工作中坚持人文精神、科学素养、创新能力的统一，这是现代人的基本特征。人文，不是指一般的人文知识，而指的是人文精神，泛指人对自然、社会、他人和自己的基本态度。现代工程师要具有这样的人文精神，即心系祖国、自觉奉献的爱国精神；求真务实、勇于实践的科学精神；不畏艰险、勇于创新的探索精神；团结合作、淡泊名利的团队精神。科学素养的基本要求有四个方面：一是全面掌握人文、社会科学和现代自然科学技术的基本理论、基本知识、基本技能；二是具有分析解决专门实际问题的能力；三是养成实事求是、追求真理、独立思考、勇于创新的科学精神；四是要有良好的心理素质。创新能力是一种综合能力，主要包括创新意识、坚实基础、综合智能、创造能力。

人文精神、科学素养、创新能力融合统一的教育理念，体现了人才培养要注重素质教育，注重创新能力的培养，注重个性发展的要求，也体现了现代工程教育应该把传授知识、培养能力、提高素质三者结合起来，融为一体。

（2）具备完整知识结构和知识层次。作为 21 世纪的工程师，一个完整的知识结构至少应在实践、理论和计算三个方面都有很好的训练。这三个方面包括：第一要有足够的工程实践知识，不仅在工科教育方面，还应包括人文教育方面；第二要有扎实的理论训练，学会一种严格的思维方式，夯实基础理论知识；第三强化在理论和实践之间的计算，计算是理论与实践之间一个很重要的联系。这种三角形的结构关系，构成了工程师完整的知识结构。

就知识层次来说，完整的知识层次是由分析、系统工程和高技术三个层次组成。分析是指定量分析与定性分析的结合，用适当牺牲定量分析的精度来保证定性分析的完整，这是第一个层次。做好定量分析与定性分析的接口要靠系统工程，在工程中加入系统工程的思想十分重要，这是第二个层次。第三个层次是在传统的设计中，与高技术相结合，用计算机进行辅助设计（CAD），充分利用现有的软件包来提高工程设计的质量和效益。

（3）突出创新能力的培养，形成自身特色。在全球经济一体化和国际制造业产业结构调整的局面下，随着我国从"世界制造中心"向"世界设计中心"的转变，以及生产模式从 OEM（Original Equipment Manufacturer，原始设备生产商）向 ODM（Original Design Manufacturer，原始设计制造商）和 OBM（Own Branding & Manufacturing，自有品牌制造商）的转移，多元化的国际市场不仅对产品的 T（时间速度）、Q（质量）、C（成本）、S（服务）提出了更加苛刻的要求，更对产品的内在科技含量、外在功能、性能和设计理念提出了要求。因此提高学生的"创新能力"应该是高等工科院校（本科）工程教育的首要目标。只有这些未来的工程师们具备了创新思维和创新能力，才能根本解决问题。

综上，我国高等工程院校必须对自己的自身实力和优势进行分析评估，在正确的人才培养目标引导下，追求自身办学特色。也就是要求在新形势下，根据社会要求和市场要求，准确定位，确定特定的服务对象，凭借自身的优势和条件，加强特色建设，努力追求办学的个体化，以满足特定需求并服务于社会现代化建设。在整个办学过程中，要时刻注意围绕培养目标选择特色、设计特色、创造特色、保持特色、强化特色，以发展特色学科为突破口，带动学校整体实力的提升。

2.3 工程的概念和工程教育对知识的基本要求

2.3.1 工程的概念

要懂得工程教育，首先要了解什么是工程。比如我国的都江堰、万里长城、京杭大运河、坎儿井、乐山大佛、北京故宫、埃及的金字塔、罗马的凯旋门等都是古人留下的伟大工程。20 世纪 40 年代的曼哈顿工程、60 年代的阿波罗登月工程，以及 90 年代的人类基因组计划工程堪称现代世界三大工程。我国 20 世纪 60~70 年代完成的"两弹一星"工程、改革开放后建设的大亚湾核电工程、宝钢三期工程、铁路 6 次大提速工程，以及三峡工程、探月工程、港珠澳大桥、中国天眼（500m 口径球面射电望远镜）、平潭海峡公铁大桥、川藏铁路工程、昆柳龙直流工程（中国西电东送重点工程）等，创造了中国历史发展进程的神话。可以说工程活动塑造了现代文明，并深刻地影响着人类社会生活的各个方面。现代工程构成了现代社会存在和发展的基础，构成了现代社会实践活动的主要形式。

李伯聪把工程定义为"人类改造物质自然界的、完整的、全部的实践活动和过程的总和"；而《2020 年中国科学和技术发展研究》给出的定义则为"人类为满足自身需求有目的地改造、适应并顺应自然和环境的活动"。工程是"有目的、有组织地改造世界的活动"，这一概念中的限定词"有目的"把无意识的自发改变世界的活动排除在外。例如人们污染环境的行为虽然也改变世界，但不能称之为工程；而环境工程是有目的地改善环境的活动，所以是一项工程。其次，限定词"有组织"把分散的个体活动排除在外。例如原始人把野生稻改造为栽培稻不是工程；但"大禹治水"是组织很多人进行的，算是一种早期的工程活动。朱京强调"工程的社会性"，与这里的"有组织活动"是同义词。到目前为止，工程都是按照被改造的对象而命名的。世界分为自然界和人类社会，所以工程也可分为自然工程和社会工程，前者可称为"硬工程"，后者可称为"软工程"。软工程如"希望工程""五个一工程""知识创新工程"等。按专业划分，工程可分为建筑、装饰、土方、市政道路、桥梁、园林绿化、节能环保、铁路、公路等。工程是科学和数学的某种应用，通过这一应用，使自然界的物质和能源的特性能够通过各种结构、机器、产品、系统和过程，以最短的时间和最少的人力、物力做出高效、可靠，且对人类有用的东西。

2.3.2 工程教育对知识的基本要求

教育是民族振兴和社会进步的重要基石。2018 年"新时代全国高等学校本科教育工作会议"强调，要加快建设高水平本科教育、全面提高人才培养能力。高校要承载起新时代党和国家赋予的新使命，把本科教育放在人才培养的核心地位，全面提高课程建设质量，不断推进课程内容更新；拓展学科边界，提升学科交叉融合能力；探索本科教育的思想和理念创新，引导学生求真学问，激发学生学习热情，增强大学生的使命感和责任感。

工程教育在知识方面的基本要求应包括以下四点：

（1）要求学生较为系统地掌握本专业所必需的数学、自然科学（物理、化学等）基础理论和技术科学理论知识，具有一定的专业知识、相关的工程技术知识（含材料技术、产品技术和生产技术等方面）和初步的管理和商务知识；对本专业范围内科学技术的新发展、新动向要有所了解。

（2）要求开展思政课程和课程思政。思想政治理论课主要是"用习近平新时代中国特色社会主义思想铸魂育人"，引导学生不断增强"四个意识"、坚定"四个自信"、做到"两个维护"，引领学生成为社会主义事业的合格建设者和可靠接班人。课程思政要求在教育教学过程中融入思想政治教育的元素，传授知识的同时强化道德教育和价值引领，实现立德树人、润物无声。促进思政课程和课程思政理念协同、内容协同、教师协同、教法协同、管理协同，推动思政课程和课程思政协同育人。

（3）在所有知识中，核心的数学、自然科学、技术科学和人文社会科学基础的理论知识"贵在稳"，专业工程技术和各类其他知识"贵在新"。一方面要看到，学生具有扎实的基础理论知识和技能是学校培养出能够适应时代发展的高质量人才的根本；另一方面也要看到，以现代工程和现代社会动向为背景，才有可能进行生动、有效的大学工程教育。

（4）工程教育的教学内容并不是这些各自独立的自然科学知识、技术科学知识、工程技术知识和人文社会科学知识的简单相加，而是强调这些知识必须与工程和社会实践的需要紧密结合，能够反映学生在学习过程中和毕业以后自身发展的必然要求。

2.4　能力的概念和工程教育对能力的基本要求

2.4.1　能力的概念

我们在工作和生活中经常说到这几个词：知识、技能和能力，许多人会经常混淆三者的概念。

什么是知识、技能、能力？三者之间有什么关系？

知识，最通俗的解释就是数据+信息+理论，主要通过看书、课堂讲授、网络资源等方式习得，代表了"知道"。技能，是可以通过实际操作，具体实践达到一定的目的，技能的习得必须通过一定数量的重复练习才能掌握，代表了"做到"。能力，就是可以使用多种技能来取得某种成果，能力有赖于多种技能与知识的基础，跟具体的情境有关，且比较依赖经验，代表了"做好"。

从心理学的角度来看，知识是人脑对客观事物的主观表征，有两种形式：一种是陈述性知识，即"是什么"的知识；另一种是程序性知识，即"如何做"的知识，如骑马的知识、开车的知识、计算机数据输入的知识等。技能是指人们通过练习而获得的动作方式和动作系统。按活动方式的不同，技能可分为操作技能和心智技能（智力活动）。操作技能（如掷铅球）的动作是由外显的机体运动来呈现的，其动作的对象为物质性的客体，即物体；心智技能（如数学运算）的动作，通常是借助于内在的智力操作来实现的、其动作对象为事物的信息，即观念。操作技能的形成，依赖于机体运动的反馈信息；而心智技能则是通过操作活动模式的内化才形成的。能力则是学习者对学到的知识和技能经过内化的产物，是完成一项目标或者任务所体现出来的综合素质。

知识、技能和能力三者之间的关系可用图2-1来表示。知识是技能和能力的基础，知识和技能又是能力的基础。但只有那些能够广泛应用和迁移的知识和技能，才能转化成为能力。能力不仅包含了一个人现在已经达到的成就水平，而且包含了一个人具有的潜力。例如一个读书很多的人，可能有较丰富的知识，但在解决实际问题时，却显得能力低下，说明他的知识只停留在书本上，既不能广泛迁移，也不能用来解决实际问题。

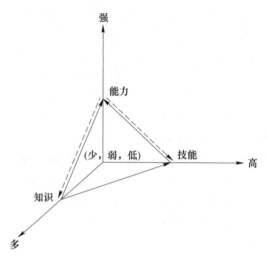

图 2-1　知识、技能与能力三者之间的关系

知识、技能与能力有着密切的关系。首先，能力的形成与发展依赖于知识、技能的获得。随着人的知识、技能的积累，人的能力也会不断提高。其次，能力的高低又会影响到掌握知识、技能的水平。一个能力强的人较易获得知识和技能，他们付出的代价也比较小，而一个能力较弱的人可能要付出更大的努力才能掌握同样的知识和技能。所以，从一个人掌握知识、技能的速度与质量上，可以看出其能力的高低。

综上所述，能力是掌握知识、技能的前提，又是掌握知识、技能的结果。两者是互相转化，互相促进的。因为能力是学习者对学到的知识和技能经过内化的产物，所以教师只能传授给学生以知识和技能，而不能传授能力，但教师可以通过引导，促使学生形成能力。

能力一般包括收集处理信息的能力、获取新知识的能力、分析和解决问题的能力、组织管理能力、综合协调能力、创新能力、表达沟通能力和社会活动能力等。人们都认识到发展智力和培养能力的重要性。人的智力（主要指观察力、记忆力、想象力、思维力等）在少儿时就要打下基础，大学则是培养能力的一个重要阶段。学习的重要目的之一是通过获得知识和技能来取得进行一定活动所具有的本领，这种本领就是能力。

2.4.2　大学工程教育对能力的基本要求

工科大学生应该具备的能力为：

（1）本专业扎实的专业基础和相关工程实践能力。包括专业领域知识和计算机应用能力，以及绘图制图看图能力；熟悉工程条件，包括客户或企业需求，企业条件（技术、管理、资金、装备、人员条件），实际工程问题约束条件，社会、文化和自然环境条件以及法规约束等，这是工程实施的前提；具备工程知识，主要是具备解决工程实际问题所需的各种基础和专业知识，工程是知识的综合应用与转化过程，工程实践能力集中体现了理论与实践相结合的能力，因此，工程知识是学习与获得工程经验的理论基础，也是工程实施的理论基础；掌握工程方法，主要包括设计前的调查、分析、决策方法，设计中的模型建立、计算分析、类比模拟、可靠性和优化设计等方法，实施中的工艺、工艺设备、试验的选择与优化和依据，中间或最终结果对设计进行修正等；利用工程手段，主要是建立工程模型、求解工程计算、进行工程分析、模拟工程试验等手段。

（2）动手能力。受到工程设计、课外科技活动和工业生产实践（工程实践）的初步训练，养成工程意识和实事求是的精神，这种动手能力对工科大学生尤为重要，即在实际工作中既能讲出科学道理又能动手干出样子。大学生可以充分利用实习和勤工俭学的机会提高自己的动手能力。

（3）创新能力。具有开拓创新的思维和意志。用已积累的知识通过不断探索研究在脑中创造出新的思维，提出新的见解和做出新选择的能力。包括发现问题、提出问题、发现规律的能力，创造性地分析问题和解决问题的能力，发明新技术、创造新产品的能力，提出新思想的能力，具有一定的工程经济和市场观点，把创造思维变成实际的物质成果或是用生动形象的实践过程呈现创造性思维的转化能力。

（4）工程分析能力。工程实践中敢于独立思考、质疑，积极和一线的有经验的老师傅请教和交流，并经常做笔记和总结。

（5）进行检索与分析。包括工程资料的查阅与检索、占有量、分析比较和利用等。这对工程实施的程度、效率、效益和可靠性均有直接影响。

（6）人际交往能力。妥善处理人与人之间的关系，并与他人和谐共处、共同发展。生活、工作中需要与许多人交往，这就难免发生矛盾。作为大学生只有具备人际交往能力，善于处理各种人际关系，才能在工作中充分施展自己的才能。在人际交往中，要以中华民族善良、诚实的传统美德来善待他人，"将心换心""以诚相待"，学会尊重他人；要换位思考，多为他人设身处地着想，这样才能得到他人尊重；要学会能干大事，又能干小事的本领；学会处理具体问题时既坚持原则又不失灵活。

（7）表达能力。以语言或其他方式展示自己思想感情的能力，它是交流思想、交流感情的基础性素质，故又称为语言文字沟通能力。表达能力包括口头表达能力和书面表达能力。口头表达能力要求语言的流畅性、灵活性和艺术性，书面表达能力要求文句的逻辑性、艺术性和条理性。

（8）一定的组织管理能力，包括计划能力、组织实践能力、决断能力、指导能力和平衡能力。

2.5 素质的概念和大学工程教育对素质的基本要求

2.5.1 素质的概念

一般认为素质的含义有狭义和广义之分。

最初素质只具有基于生理学、心理学意义的狭义概念，主要指个人先天具有的解剖生理特点。如《心理学大辞典》将素质定义为：素质一般是指有机体天生具有的某些解剖和生理的特性，主要是神经系统、脑的特性，以及感官和运动器官的特性。它是能力发展的自然前提和基础。人的生理素质特点，特别是神经系统、感觉器官和运动器官方面的特点，是通过遗传基因获得的，又称遗传素质或禀赋。生理素质是个人心理发展的生理条件和生物前提，但不能决定人的心理内容和发展水平。

广义的素质概念是基于心理学和教育学意义的，指公民或某种专门人才在先天与后天因素共同作用下，形成的比较稳定的身心内在特性的总和，或人在生理、心理和行为等方面所具有的从事某种活动的基本条件和能力。包括思想品德、文化知识、业务能力、性格气质、审美体质等。如顾明远主编的《教育大辞典》把广义素质界定为："公民或某种专门人才的基本品质。如国民素质、民族素质、干部素质、教师素质等，都是个体在后天环境教育影响下形成的。"

可见，目前的素质概念是先天固有禀赋和后天教育培养的融合体，是指个体在先天生理基础上，受后天环境、教育的影响，通过个体自身的体验认识和实践磨炼，逐步形成的相对稳定的、能长期发挥作用的内在基本品质。在教育学领域，素质一般特指学生的素质，可分为思想道德素质、科学文化素质、专业素质、身体素质和心理素质五个方面。

工程素质是指人们在考虑工程问题、从事某项具体工程工作时所表现出的内在品质和作风，它是工程技术人员应该而且必须具备的素质。

2.5.2　大学工程教育对素质的基本要求

素质一般可分为基本素质和专业素质两类。21世纪大学生肩负着时代的重任，应当是具有时代特征的、德智体美劳等全面发展的、具有扎实理论基础和全面知识结构的、富有创新精神和实践能力的、有社会责任心的创新型（创业型）人才。大学生应具备的素质，许多学者虽有不同的表述，但归结起来不外乎是思想、政治、道德、文化、专业、身体、艺术、心理等素质，以及这些素质的内化、融合、升华，在实践活动中迸发出的创造性火花，以致形成更高层次的创新精神、创新能力，做出创造性的成果。

我国当前大力开展的素质教育，不是一种教育模式，而是一种教育观念，它要求教育必须促进和提高学生在德、智、体、美、劳、智力与非智力、情操与意志、生理与心理各方面全面和谐、均衡地发展。对一个工科大学生来说，以下对素质的基本要求尤为重要：

（1）热爱社会主义祖国，拥护中国共产党的领导，坚持社会主义道路，支持改革开放的政策，有艰苦创业的精神和建设社会主义现代化的事业心、责任感、使命感；立志投身于建设国家的宏伟大业。当今中国最鲜明的时代主题，就是实现"两个一百年"奋斗目标、实现中华民族伟大复兴的中国梦。当代大学生要树立与这个时代主题同心同向的理想信念，勇于担当这个时代赋予的历史责任，励志勤学、刻苦磨炼，在激情奋斗中绽放青春光芒、健康成长进步。

（2）树立科学的世界观、正确的人生观、价值观和荣辱观。当今大学生正处于人生观和价值观形成和发展的重要时期。虽然他们的思想政治素质有一定的发展，但总的来说，社会生活经验还不够丰富，思想还不够成熟，可塑性比较强。因此，要求大学生不断地学习政治理论知识，用科学的理论指导自己的实践，做到理论与实际相结合，努力去改造自己的主观世界，提高自身的认识和鉴别能力，培养良好的思想政治素质，确保科学世界观的形成和正确的人生观、价值观的确立，从而提高思想政治方面的素质。

（3）懂得社会主义民主与法制，遵纪守法，有良好的思想品德、社会公德和职业道德。大学生的法律素质是由大学生的法纪知识内化形成的相对稳定的行为，它通过内心结合和习惯来约束大学生的行为，调控个人与个人、个人与学校及社会之间的关系。大学生道德素质包括大学生在学校和社会生活中形成的若干关于善与恶、公正与偏私、清廉与腐败、诚实与虚伪、创新与陈旧、积极向上与不思进取，增进自身全面素质发展与个人发展为中心等观念，情感和行为习惯对应的心理素质。

（4）人文素质。人文素质主要包括专业理论素质（指大学生对教学计划内专业基础、专业理论课程的学习掌握程度）、文化艺术素质（指大学生应具备的人文社会科学和自然科学知识，文化底蕴、艺术修养、审美情趣以及关心社会，关心人类的态度和精神）、身心素质（指大学生的身体和心理健康状况，体育运动技能，体育训练和达标情况，社会适应性，心理承受能力以及个人言行和生活习惯等方面的修养）。

人文素质是关于"人类认识自己"的学问，"做人的根本在于品质培养"，发展人文素质就是"学会做人"，引导人们思考人生的目的、意义、价值，发展人性、完善人格。追求人的美化，启发人们做一个真正的人，做一个智慧的人，做一个有修养的人。

人文素质的培养起始于人性的自觉，注重人的心灵自悟、灵魂陶冶，着眼于情感的潜移默化。良好的人文素质表现为：追求崇高的理想，崇高优秀道德情操，向往和塑造健全完美的人格，热爱和追求真理，严谨、求实的科学精神，儒雅的风度气质等。

大学生应该具有良好的学术造诣，对相关事物和科技知识有深刻见解或理解；具有良好的学风和实干、创新的精神，能够理论联系实际、密切联系群众；具有良好的文化素质和心理素质，以及一定的美学修养；拥有健康的体魄，胜任未来繁重的工作。

创新精神和实践能力是指大学生在学习、工作中表现出的创造发明素养（包括独到见解、独特方法），完成实践环节、学习任务，参加社会实践和社会活动，以及运用所学知识解决生活、生产、技术等方面实际问题的能力。

大学生实践能力的培养日益受到人们的重视，因为实践是创新的基础。应该彻底改变传统教育模式下实践教学处于从属地位的状况。构建科学合理培养方案的一个重要任务是必须为学生构筑一个合理的实践能力体系，并从整体上策划每个实践教学环节。这种实践教学体系是与理论教学平行而又相互协调、相辅相成的。应尽可能为学生提供综合性、设计性、创造性比较强的实践环境，让每个大学生在4年中能经过多个这种实践环节的培养和训练，这不仅能培养学生扎实的基本技能与实践能力，而且对提高学生的综合素质大有好处。

2.5.3 现代工程师的工程素质

工程素质（或称工程素养）主要是指一种特殊的专业素质，是指从事工程实践的工程专业技术人员的一种能力，是面向工程实践活动时所具有的潜能和适应性。目前学界对工程素质的定义尚未达成共识。美国国家教育进展评价（National Assessment of Educational Progress，NAEP）机构将"技术和工程素养"界定为"使用、理解和评价技术与工程的能力，以及提出解决方案和实现目标所需要的理解技术原理和策略的能力"。"一个具有技术和工程素养的人必须理解技术系统和工程设计过程，并能够使用不同的信息与通信技术来研究问题，并提出可能的解决方案。"ABET制定的对工程教育培养专业人才的11条评估标准可以说是对21世纪工程师的工程素质要求。这里所说的工程素质不是指一般社会公众所应具备的基本工程素养，而是指工程技术人员从事工程创新活动或在解决复杂工程问题时所应具备的知识能力、意识、思维和品德修养，是他们在构思、设计、实施和运行工程任务的完整过程中所表现出的行为能力和综合素质。工程素质不是作为普通社会公民所具备的共性素质，它是工程技术人员在其内在生理和心理素质的基础上，通过接受工程教育、工程训练和实践锻炼而逐步形成的一种整体素质，即工程技术人员这一特定人群履行岗位职责和胜任工程技术工作所必备的职业素质。

工程素质的特征是：第一，敏捷的思维、正确的判断和善于发现问题；第二，理论知识和实践的融会贯通；第三，把构思变为现实的技术能力；第四，具有综合运用资源，优化资源配置，保护生态环境，实现工程建设活动的可持续发展的能力并达到预期目的。工程素质实质上是一种以正确的思维为导向的实际操作，具有很强的灵活性和创造性。

工程素质主要包含以下内容：一是广博的工程知识素质；二是良好的思维素质；三是工程实践操作能力；四是灵活运用人文知识的素质；五是扎实的方法论素质；六是工程创新素质。工程素质的形成并非是知识的简单综合，而是一个复杂的渐进过程，将不同学科的知识和素质要素融合在工程实践活动中，使素质要素在工程实践活动中综合化、整体化和目标化。学生工程素质的培养，体现在教育全过程中，渗透到教学的每一个环节，不同工程专业的工程素质，具有不同的要求和不同的工程环境，要因地制宜、因人制宜、因环境和条件差异进行综合培养。

大学工程教育主要培养未来卓越工程师的工科大学生，使其具备在今后复杂工程环境中从事工程实践活动所必须具备的各种知识、意识、思维、能力情感、品格等的综合性素质，它体现了一名工科大学生综合运用工程知识和专业技能解决实际工程问题的能力，以及从事工程实践活动所必须具备的内在品质和基本素养。

现代工程造物活动具有科学性、系统性、复杂性、集成性、社会性、实践性和创新性等特点，它对卓越工程师的工程素质及其结构提出了越来越高的要求。卓越工程师的工程素质结构是工程素质的各组成要素及其相互联系、相互作用的方式，其构成要素主要包括工程知识、工程意识、工程思维、工程能力和工程精神（含工程伦理）五个方面，这五个方面的素质又各有其具体内容，将在后续章节具体介绍。

2.6　基于"以人为本"理念的高等工程教育目标分析

"以人为本"是科学发展观的核心，也是高等教育的基本理念。"以人为本"和"全面实施素质教育"是教育改革发展的战略主题，是贯彻党的教育方针的时代要求，其核心是解决好培养什么人，怎样培养人的重大问题，重点是面向全体学生，促进学生全面发展，着力提高学生服务国家服务人民的社会责任感，勇于探索的创新精神和善于解决问题的实践能力。

高等工程教育的培养目标也应该"以人为本"。培养目标定位关系到高等工程教育体系的整体性构建，在高等工程教育中具有全局性和先导性的作用和地位。这种定位必须以科学的价值取向为前提，而"以人为本"的价值观就是指导我们进行高等工程教育改革的核心。"以人为本"的价值观要求我们在高等工程教育的定位上，必须体现与社会需求相适应，与人的全面发展相适应。

2.6.1　高等工程教育要与社会发展相适应

教育是社会发展和人自身发展统一的中介，人是社会化的人，是教育的主体。教育应该适应和推进社会的发展。教育活动的目的是推动人类社会不断延续和发展，在教育过程中无时无刻不在体现社会对人的内在要求。高等工程教育培养目标的定位，首先要使工程教育的科类专业结构与国民经济产业结构相适应。

大数据、人工智能等新技术革命正在如火如荼地发展，新技术革命与信息化社会对人才的需求也在变化。新技术与新经济发展的跨界性与快速变化特征要求工程人才具备更高的创新创业与跨界整合能力，要求具有适应未来技术与社会变化的可持续竞争力。"可持续竞争力"是指面对未来社会变化和竞争的适应能力、基于使命和技术的创新能力、推动社会发展与科技进步的行动能力。

如何培养具有可持续竞争力的人才成为高等工程教育面临的新挑战。未来的高校使命既要通过教育快速提升学生的知识、能力和素质，培养合格的毕业生，更要努力保持和提升学生在其终生职业生涯中的可持续竞争力与胜任力。这要求高校应该从传统的固定学制式教育向为学生提供终生可持续竞争力的教育服务转型。这一新使命将引发高等工程教育形态与模式的大革命。

近年来，受到新科技革命的深刻影响，全球高等工程教育的发展态势呈现多种转变：

（1）学科交叉：从基于独立专业培养方案与核心课的教育，向多学科交叉融合培养的教育转变，为学生提供更加丰富的教育内涵与学习选择。

（2）注重能力：从传统的以知识为核心的教育向面向能力培养的教育转变，为学生提供更加多样的能力训练、教育环节及训练方式。

（3）项目实践：从注重课堂的教学方式向基于项目实践的学习方式转变，使学生通过各种创新项目的实践来提高综合素质与创新能力。

（4）信息技术：从基于黑板与书本的传统教育方式，向信息技术与工程教育相融合的现代教育方式转变，通过互联网与智能化信息技术手段提高教学水平和学习效率。

（5）校企联合：从学校内部教育向产学合作与跨界融合转变，学校与企业协同培养人才，为学生提供更加贴近产业的师资与场所。

（6）面向未来：从关注产业界当前发展向面向产业未来发展转变，注重面向未来的新机器与新工程体系办教育，提高学生探索未来的创新能力与可持续竞争力。

（7）国际合作：从立足本校教育向跨校乃至国际合作教育转变，通过多种形式的跨国联合人才培养提高学生的国际竞争力。

（8）终生教育：从培养高质量毕业生向支撑学生终生职业能力的转变，通过全新的服务型教育为学生提供多阶段与持续的终生教育服务。

2.6.2 高等工程教育与人的全面发展相适应

人的全面发展可以从两个方面来体现。一个是横向，既要有宽广的基础，又要有精深的专业，形成宽度合理、深度适宜、可持续不断地扩充的知识结构；同时要体现学科基础与专业核心的关系：既要掌握技术基础理论，强化工程意识、构筑基础理论与工程技术之间的桥梁，培养初步的工程技术能力，又要掌握工程技术理论、强化工程训练、掌握工程实践的科学方法，全方位培养工程师的基本能力。另一个是纵向，人的发展是追求卓越、提升自我，不断向前迈进的过程。因此，在人的发展过程中，发展轨迹应该是动态可调的，也就是说，专科可以通过进一步的学习升入本科，本科可以考取硕士，硕士可以考取博士，使人的潜力获得最大限度地挖掘和发挥。而要获得这种学习和深造的机会，就必须加大继续教育的投入力度，让高等工程院校切实担当起继续教育的职责。

2.6.3　高等工程教育应分层次确定

工程教育的层次和培养规格多样化，有利于按照工程领域对不同层次工程技术人员的实际需求来培养人才，以避免高才低用和低才高用或职责不清；有利于稳定技术员队伍，加强我国工业技术水平，使各个系列的工程技术人员有各自明确的奋斗目标，按照合理的职称系列不断进取；有利于不同层次的学校各自办出特色。所以，可以通过舆论宣传、使各教育机构、用人单位、学生自身等社会各方面都能正确认识高等工程教育各个层次的地位和作用。

高校工程教育应根据社会需求，通过调整专业结构，发展社会今后急需和具有前瞻性的专业，以满足人才市场的需求。对社会需求量不大的专业、根据人才市场的需求进行调节，采取压缩与限制招生的办法，从根本上改变人才类型结构与人才市场需求脱节的局面。各院校要分出层次、凝聚特色，在培养规格上要有区别，各有侧重，以适应经济多样化和不平衡的需求。

目前我国高等工程教育的层次，主要分为研究生、本科和专科三级。因此，专科（高职）生的培养目标应该是完成技术员的基本训练；本科生的培养目标应该是完成工程师的基本训练，培养工程师的"毛坯"，而不是"现成的专家"；硕士研究生的培养目标应该比本科生的业务规格在深度和广度上有更高的要求，更接近工程师的终极目标；应当特别重视工程类硕士生的培养，其对象是厂矿企业有实践经验的业务骨干；博士研究生的培养目标更偏重于科学技术研究人员和教学人员，但也要为厂矿企业培养一部分工程类的博士生，为企业的领导层和学术带头人培养后备人才，如专业博士学位研究生。

从目前来看，高等工程教育的认证制度不但成为各国的通用制度，而且还有向全球化和国际化方向发展的趋势。推行和完善高等工程教育的认证制度，对于整个高等工程教育的发展具有积极意义，有利于我国高等教育的国际化进程，以及在与国际接轨过程中进一步明确工程教育的层次和培养目标。

习题与思考题

2-1　请简述教育目标和培养目标的区别与联系。

2-2　培养目标的作用是什么？

2-3　高等工程教育培养目标的基本要求有哪些？

2-4　试述工程教育在知识方面的基本要求。

2-5　请简述能力与素质的区别与联系。

2-6　谈谈你对工程素质的理解。

2-7　卓越工程师的工程素质包含哪些要素？

2-8　为什么说高等工程教育的培养目标应该"以人为本"？

3 工程的本质和特征

　　虽然现代社会中工程活动是一种基础性的社会活动，在日常语言和学术语言中"工程"也是一个常用词汇，可是，在使用"工程"这个词汇时，人们的理解往往并不一致。本章将对什么是工程和工程活动、工程的真正含义、工程的本质和基本特征等问题进行分析。

3.1　工程的概念

3.1.1　工程概念的演化

　　"工程"一词古已有之，我国古代在谈及宫殿、桥梁建造时常常有"工程浩繁"等提法。"工程"是由"工"和"程"两个词素构成的复合词。《说文解字段注》中解释"工，巧饰也"，又说"凡善其事者曰工"。《荀子·致仕》中有"程者，物之准"。准，即度量衡之规定。可见"工"和"程"合起来即（带技巧性）工作进度的评判，或工作行进之标准，与时间有关，表示劳作的过程或结果。据考证，我国最早的"工程"一词出现在南北朝时期，主要指土木工程，据《北史》记载："营构三台材瓦工程，皆崇祖所算也"。在宋代，欧阳修的《新唐书·魏知古传》（1060 年）中就有："会造金仙，玉真观，虽盛夏，工程严促"。此处"工程"是指金仙、玉真这两个土木构筑项目的施工进度，着重过程。在元代《元史·韩性传》中亦提过《读书工程》，此处工程借喻为读书日程标准。北京图书馆现存有清代旧抄本《工部工程做法》，其内容是关于建筑物的做法。直至民国期间，"工程"仍没有超出土木建造的范围。由此可见，古代"工程"主要是指土木构筑，强调施工过程，有的也指其结果。

　　"工程"（engineering）这一概念在西方也有较长的演变历史，是伴随着科学技术的发展和人类社会实践的不断深化而逐步演变的。从词源学考察，engineering 的词根是engine（机械，发动机）和 ingenious（创造能力），都来源于古拉丁语 ingenero（产生、生产）。在拉丁语中，engineering 指机械装备的设计、制造和实践，含有智巧、聪明、独创性等内涵与特征。"工程"一词正式诞生是源于 17~18 世纪欧洲军事斗争的需要，起初它主要指攻防器械和设施，如弩炮、云梯、浮桥、城堡、器械等的建造活动。18 世纪下半叶，英国出现了最早的民用工程，"工程"一词开始用于指称民用设施、道路、桥梁、灯塔、江河渠道、码头、城市排水系统等的建造活动，也就是现在所说的土木工程。随着 20 世纪人类的生产方式趋于多样化和许多新技术领域的出现，工程术语的应用范围日益扩大，并渗透到工业等更广泛的领域，在传统的土木工程、纺织工程、机械工程、电力工程、化工工程等之外，又出现了系统工程、医药工程、信息工程、遗传工程、网络工程等新的概念，工程科学（Engineering Sciences）体系日臻完善，于是"工程"又有了"学科"的含义。

现代"工程"概念更是在多种意义上被普遍使用，如土木工程、机械工程、冶金工程、电机工程、水利工程等。然而，人们却往往很难准确说出上述"工程"的含义。在当前关于工程的论述中，不同领域的学者都有不同的看法，使得工程概念也有了不同理解和定义。我国《辞海》中对"工程"的解释是："将自然科学的原理应用到工农业生产部门中去而形成的各学科的总称"，如土木建筑工程、水利工程、冶金工程、化学工程、机电工程、海洋工程、生物工程等。《自然辩证法百科全书》中对"工程"定义为："把数学和科学技术知识应用于规划、研制、加工、试验和创制人工系统的活动和结果，有时又指关于这些活动的专门学科"。《现代汉语词典》对"工程"的释义是："土木建筑或其他生产、制造部门用比较大而复杂的设备来进行的工作，如土木工程、机械工程、化学工程、采矿工程、水利工程、航空工程"。在工程管理领域，工程常常指"具体的基本建设项目"，如京沪高铁工程、南水北调工程等。

总之，对于"工程"的定义，大家众说纷纭、莫衷一是。综合诸多学者的定义，可以将"工程"界定为：工程是人类为了生存和发展，实现特定的目的，综合运用科学理论、技术手段和实践经验，有效地配置和集成必要的知识资源、自然资源和社会资源等资源，有计划、有组织、规模化地造物或改变事物性状的集成性活动。一般来说，工程具有技术集成性和产业相关性。

3.1.2　工程的基本内涵和本质

工程的基本内涵包括以下几点：

（1）工程是一种利用各种技术手段和非技术手段，去创造和建构人工实在（包括设施、装备、产品等人工集成物）的物质实践活动。它以技术活动为基础，将各类相关技术活动集成为一个高度复杂化的整体，但工程的对象又超越单纯技术手段（包括技术装备和工艺方法）和技术活动本身，还包含科学知识（包括自然知识、社会知识和思维知识）、生产经验以及物质工具、材料、能源、土地、资金、劳动力、信息、环境等自然资源和社会资源，涉及物质流、能量流、信息流及三者的动态统一。某一特定工程是由某一（或某些）专业技术为主体和与之配套的通用、相关技术，按照一定的规则、规律所组成的，为了实现某一（或某些）工程目标的组织、集成活动。工程活动过程的一般表述应是包括确立正确的工程理念和一系列决策、设计、构建和运行、管理等活动的过程，其结果又往往具体地表现为特定形式的技术集成体。

（2）工程活动的前提和结果是"造物"，构建新的存在物，即看得见、摸得着的有形工程产品。所以狭义的工程也就是"造物"，是人的主体性发挥的过程和结果，也是直接生产力，最终目的是为了满足社会需要，为社会物质生产和公众生活服务。

（3）工程作为造物的活动，一般是大规模、系统化、有组织的生产或建造活动。它讲究价值，追求一定边界下的集成优化和综合优化，这种集成建构和综合优化的过程及其结果（人工集成体的存在及其运行）共同组成动态有序的复杂系统。

（4）工程是动态的过程与静态的结果的统一，是一个复杂的建构和运行过程，包括理念、规划、决策、设计、建构（或制造）、运行、管理等一系列活动的过程，其中建构（施工）是核心环节。

（5）工程不仅体现人与自然的关系，而且体现人与社会的关系，涉及工程的自然要素、科学技术要素、经济要素、管理要素、环境要素、文化要素和价值、伦理要素等各种技术和非技术要素，因而工程受诸多社会环境因素影响，社会环境也是工程活动的必要外在制约因素和边界条件。

总结起来，工程的本质可以被理解为各种资源与工程要素的集成过程、集成方式和集成模式的统一。这可以从以下三个方面解析。第一，它是工程要素集成方式，这种集成方式是与科学相区别、与技术相区别的一个本质特点。工程科学的主要研究对象就是与工程相关要素的集成方式的形成条件、约束特点和功能实现等问题。第二，工程要素是技术要素和非技术要素的统一体，这两类要素是相互作用的，其中技术要素构成了工程的基本内涵，非技术要素是工程的重要内涵。两类要素之间是关联互动的。第三，工程的进步既取决于基本内涵所表达的科学、技术要素本身的状况和性质，也取决于非技术要素等所表达的一定历史时期社会、经济、文化、政治等因素的状况。所以，工程科学就是深入研究工程因素的各种整合方式和整合途径，探索工程因素的集成与整合规律的学问。

3.1.3　工程的基本特征

工程科技是人类文明进步的发动机，工程活动已经成为社会文明的重要标志之一。概括和把握工程活动的基本特征，当然也是工程哲学研究的内在要求。从工程活动的基本构成和基本过程看，工程和工程活动具有系统性、建构性、创造性、科学性、集成性、社会性、复杂性和风险性等基本特征。

3.1.3.1　工程的建构性和实践性

工程都是通过具体的决策、规划、设计、建设和制造等实施过程来完成的。任何一个工程过程首先突出地表现为一个建构过程。同时，又是一个对以往的同类工程不断改造、创新和完善一个又一个新结构和新事物的过程。一般大型工程项目的建构性更加突出。例如，建设三峡大坝、建造航天飞机等，就是在建构一个原本不存在的新事物、新存在。建构不仅仅体现在物质性结构的建构，大型工程的综合性使它的建构过程也包括诸如工程理念、设计方法、管理制度、组织规则等方面，是一种综合的建构过程。这个建构过程既是主观概念建构，又是物质建构，即工程建设过程。作为主观概念，建构过程表现为工程理念的定位、工程整体的概念设计、工程蓝图的规划安排等主观建构过程；作为物质，建构过程表现为各种物质资源配置、加工，能量形式转化，信息传输变换等实践过程。工程活动具有鲜明的主体建构性和直接的实践性，并且表现为建构性与实践性的高度统一。

3.1.3.2　工程的集成性和创造性

工程是通过各种科学知识、技术知识转化为工程知识并形成现实生产力从而创造社会、经济、文化效益的活动过程。从统帅这个过程的思维特点来看，它是系统集成性和创造性的高度统一，集中表现为集成创新的特点。任何一个工程过程都集成了各种复杂的异质要素而完成工程建构。这种集成建构的过程就是工程创造、创新的过程。

3.1.3.3　工程的科学性和经验性

工程活动，尤其是现代工程活动都必须建立在科学性的基础之上，但同时又离不开工程设计者和实施者的经验知识，这两者是辩证统一的。任何一个工程建造的事物都有其科学原理的根据，特别是工程中运用的关键性的技术和技术群的应用与集成都有其自然科学甚至是社会科学的原理的依据。工程是在一定约束条件下的技术集成与优化。必须正确应用和遵循科学规律，一个违背科学性的工程，注定是要失败的。另外，由于工程建设是一个直接的物质实践活动，具体参与工程活动主体的实践经验是工程活动的另一重要因素，它是工程活动中的科学性原则的重要补充。工程经验是工程活动中不可或缺的，并常常是一种难以用语言文字符号表达的知识。工程活动中的经验性也是依赖于其科学性的进步而不断升级的。原始社会中的钻木取火的经验与火箭升空的点火经验是不可同日而语的。

3.1.3.4　工程的复杂性和系统性

随着科学技术的迅速发展，人类的工程活动无论在规模上，还是在复杂程度上，都不断地达到新的高度。工程活动的复杂性与系统性是密切结合的，其复杂性是工程系统的复杂性。工程系统自身的特点决定了它的复杂性特点。工程是根据自然界的规律和人类的需求规律创造一个自然界原本并不存在的人工事物。所以，工程的系统性不同于自然事物的系统性，它包含了自然、科学、技术、社会、政治、经济、文化等诸多因素，是一个远离平衡态的复杂系统。工程系统的构成过程和发展变化的复杂性程度远远超出了自然事物的复杂性程度，因为它是在自然事物的复杂性基础上加上了社会和人文的复杂性，是这三类复杂性的复合。

3.1.3.5　工程的社会性及公众性

社会性也是工程最重要的特征之一。工程是因为人类的需要而开展，并因此获得价值。

首先，从整个工程过程分析来看，工程社会性表现为实施工程的主体的社会性。工程现象不单纯是科学和技术现象，它包容着社会、经济、文化因素，并且影响社会、经济、文化的变化。特别是大型工程，往往对特定地区的社会经济、政治和文化的发展具有直接的、显著的影响与作用。

其次，工程的社会性也表现出它的公众性特点。一个工程项目问世之时一般都会引发社会公众对工程质量和工程效果的关心与评论。广泛地宣传工程知识、普及工程知识，推动社会公众全面理解工程，同时争取社会公众对工程建构的参与、监督和支持是当代工程活动的一个重要环节。

3.1.3.6　工程的效益性和风险性

工程都有明确的效益目标。在工程实践中，效益与风险是相关联的。工程效益主要表现为经济效益、社会效益和环境—生态效益。对于经济效益来说，总是伴随着市场风险、资金风险、环境负荷风险；对于社会效益来说，则伴随着就业风险、社区和谐风险、劳动安全风险；对于环境—生态效益来说，又伴随着成本风险、能耗风险等。

工程的风险性同时来自非科技要素和科技要素，非科技要素的风险因素为：

首先，来源于工程活动环节的复杂性。工程活动作为一个过程包括诸多环节，例如，决策、规划、设计、建设、运行和维护、管理等，不同的环节都由不同的社会群体来完成，每一个建设者和参与者不可能都对工程建设进行科学和准确的考虑，诸多环节也不可能完全做到科学、准确和无偏差的整合。

其次，来源于工程利益相关者的矛盾。工程涉及政府部门、企业、工程专家技术人员、工人、社区环境中的居民等多方利益相关者，往往存在诸多利益冲突，使得工程人为地存在着不安全和风险。

最后，来源于工程边界各要素间的矛盾冲突。工程的边界包含了资源环境、政治文化、经济社会等各个要素，对于现代工程而言，不仅要考虑其经济效益，而且必须协调经济与其他边界要素的关系。而在具体的工程实施过程中，这些边界要素间常常会发生冲突和矛盾，从而带来风险隐患。

科技要素的风险性主要来源于三个方面：一是科学知识本身的局限性和不确定性；二是当代科技风险的特殊形态；三是当前的科技水平的限制。

3.2 工程的历史发展与演化

3.2.1 工程的起源与发展历程

由于工程活动可以被理解为使用工具和制造工具、制造器物的活动，于是对工程活动起源的追溯与对工具起源问题的追溯就密切联系在一起了。工程起源于人类生存的需要，起源于人类对器物的需要，尤其是对工具的需要，然后是对居所的需要，以及对一切非自然生成的有用物的需要，而制作、建造它们的活动，就成为人类最早期的工程活动。最早的石器工具的出现就标志着人类真正的造物活动的开始，从而就应该视为工程起源的标志。而石器工具的出现也被普遍地视为技术的起源。因此在起源上，工程和技术是密切联系的。

3.2.1.1 原始工程时期

从人类的诞生尤其是可以制造石器工具时算起，到一万年前农业出现，通常被称为人类历史上的原始时代或史前时代，它对应于技术史分期中的旧石器时代。

旧石器时代的早期，打制石器以粗厚笨重、器类简单、一器多用为其特点；中期出现了骨器；到了旧石器时代的晚期，石器趋于小型化和多样化，器类增多，并且已经能制造简单的组合工具，例如弓箭、投矛器等复合工具，还会使用钻孔技术，出现了少量磨制石器。在这个时期，人类已经学会了用火，这是石器时代的一个划时代的成就。在这个时期，采集、狩猎和捕鱼是人类食物的全部来源。由于植物的四季不同和动物的迁移，原始人居无定所，有时就住在岩洞中。但到了旧石器时代后期，在一些缺乏天然洞穴的地区，出现粗糙简陋的人造居所，并且逐渐出现不同风格的人造居所。

3.2.1.2 古代工程时期

一万年前人类开始进入新石器时代，技术上以磨制石器为主，其结束时间在不同的地区从距今 5000 多年至 2000 多年不等。这个时期人类开始饲养家畜，农业与畜牧的经营使人类从逐水草而居变为定居下来，节省下更多的时间和精力，并且人类已经能够制作陶器、纺织。陶器的出现（有人说陶器的出现标志着新石器时代的开端）揭开了人类利用自然的新篇章。一般认为陶器的发明是伴随着定居和种植农业的发生而出现的，是应谷物贮藏、炊煮以及盛水盛汤之需而产生的，这也表明工程实践是由社会和生活需要的推动而发展的。制陶实践，使人类逐渐掌握了高温加工技术，导致人类进入熔化铜和铁的金属时代。金属时代使工程的形式和内容更加复杂、丰富，其中的技术成分也导致最先成为从事产业生产的专业人员（金属工匠）的出现。

公元前 6000 年左右，人类逐渐学会了从铜矿石中提炼铜，然后是铜与锡的合金（青铜）的出现。约在公元前 4000～公元前 3000 年，青铜器开始出现，由此标志人类进入青铜器时代。在青铜器时代，人类使用的工具、武器、生活用具、货币、装饰品等器物，许多都是用青铜制造的。在制造青铜器时，工程活动中需要进行熔化和成型等许多工序。

继青铜器时代之后来临的铁器时代具有更重要的意义和更深远的影响。铁的普遍使用将人类的工程提高到了一个新的水平，因为铁矿的分布广泛且容易获得，铁制工具比青铜工具更为便宜有效。正如恩格斯在《家庭、私有制和国家的起源》中所说的那样："铁使更大面积的农田耕作，开垦广阔的森林地区成为可能；它给手工业工人提供了一种其坚固和锐利非石头或当时所知道的其他金属所能抵挡的工具。"铁器工具的使用一方面提高了社会生产力，导致食物生产以外的更多剩余劳动力的出现；另一方面大量的铁制工具还为大规模的、艰巨的施工提供了最重要的手段，使得大型水利工程开始出现。它对农业产生了促进作用，铁器农具的使用使深耕细作成为可能，再加上畜耕的普遍使用和播种、施肥、田间管理等一系列农业技术的革新，使农业生产力得到了空前的提高。

生产力的发展使得社会的需求更加复杂多样。一些比较大型的建筑结构开始出现，以服务于象征性的目的，如宗教目的或政治目的。在新石器时代晚期和青铜器时代早期，建筑工程也从一般的居所发展到礼仪建筑，加入了更多的美学、精神因素等，具有美学意义的神殿、露天剧院、青铜雕塑、公共广场、庭院、密集的屋群的出现，使工程建造物的社会内涵更加丰富。在欧洲的中世纪，工程活动的类型和水平都有了许多新发展。到 1250 年，西欧有约 250 座宏大华美的教堂建成，这些"神圣的建筑"中包含了华美的设计和复杂的结构，成为欧洲最杰出建筑项目，也折射出了人类工程水平和工程文化的演变。

古代中国，大型建筑结构和水利工程的成就更是举世闻名。例如始建于公元前 214 年的万里长城连接和修缮了秦赵燕等战国长城，西起临洮（今甘肃山尼县），东止辽东（今辽宁省），蜿蜒一万余里，迄今仍是世界历史上最伟大工程之一；公元前 3 世纪中叶建成的都江堰作为中国最古老的水利工程，至今仍在发挥灌溉效益，造福社会。这些都体现了中国古代工程技术的非凡成就，显示了中华民族工程发展的悠久历史和光辉。

在古代工程的发展期间，政治、经济和宗教的需要，使得多种工程开始融合，而建筑设计的不断进化，导致了设计、项目和组织等工程活动形式的出现。在欧洲的中世纪，甚至已经出现某些"专门"进行设计和监管工作的人员，颇类似于今天的咨询工程师和项目管理者。当时所形成的工程产物也扩展到机械工具、拱、路、桥、臼、水车等，还有大教堂、城堡等。这些发展标志着史前工程进化到古代工程后，其主要的工程内容和活动方式已演变为在农业和城市建设等领域的工程活动。

3.2.1.3　近代工程时期

文艺复兴时期，工程实践变得日益系统化。例如佛罗伦萨圆顶大教堂的建造就显示出一些现代工程的管理和控制方法，像项目的设计和计划、财力和劳动力的管理、活动与物质的供应、预期、特殊案例的开发、工具和技术，还有顾问咨询和监督委员会的组建。另外文艺复兴时期欧洲人去航海探险，进行海上扩张，这就使远航航船的设计和建造工程得到发展。这个时期由于商业、手工业和交通运输的发达而导致了城市的繁荣。

工程领域的扩大和发展需要更强大的动力。在寻求这种动力的过程中，终于导致了第一次工业革命。蒸汽机的发明和广泛使用成为工程发展中划时代的标志。蒸汽机成为工程和社会乃至整个世界重要变化的催化剂，就工程的视角来说，它陆续导致机械、采矿、纺织、结构等工程的出现和发展。

较之中世纪，近代工程的新特点表现为：（1）在设计和开发器具中的系统合作；（2）科学和科学方法成为工程网络中备受关注的部分；（3）工程师作为雇员出现；（4）工程活动负面的环境影响开始被认识。总而言之，在这个工程时代完成了第一次工业革命，使人类真正进入了工业社会。

3.2.1.4　现代工程时期

在19世纪，工业工程在西方迅速扩张。动态的交通网开始连接全球，城市化迅速推进。材料加工工程、化学工程得到快速发展。在工程中出现了许多新的专业和职业人员，工程的类型大大增多，工程的方法更加多样；特别是在工程活动中出现的福特制和泰勒制，人类对工程有了新的理解。零部件生产标准化和流水作业线相结合，使生产效率得到空前提高，工业工程史进入了一个新的历史阶段。工程的迅速扩展促进了科学的发展，而科学的发展又导致新的工程时代的出现。基于电学理论所引发的电力革命使人类在19世纪末20世纪初迎来了"电气化时代"。电力革命成为第二次产业革命的基本标志。有人认为"电气化时代"的开端也就是现代工程的开端。

在19世纪至20世纪初，工程的领域随着炼钢技术从转炉、平炉再到电炉的演进，以冶金工程为代表的"重工业"得到了进一步的发展，导致了更多的工业产物，如铁路、军事、工具制造和机器等；它还导致结构工程中出现了大屋顶、大跨度桥梁、地铁和隧道工程、大坝、集装箱海轮、输油管等，一些标志性结构工程，如苏伊士运河和巴拿马运河、埃菲尔铁塔、帝国大厦以及飞机制造和空中运输业等也在这个时代涌现出来。

20世纪中叶，随着电子计算机的发明和使用，人类在技术上逐渐进入了"信息时代"，它形成了与工业时代许多不同的特征，有人称其为"后工业时代"。在这个新的时期中，"工程的理论和实践都发生了重要变化，工程日益卷入到科学关注的焦点，特别是去适应社会的需要和期待"。

当代工程的发展使以下特征更为鲜明：科学与工程的整合，工程的科学方法出现；人造物发展的加速；器具的分化加剧，伴随着一些新器具的涌现，另外一些器具呈现明显的衰落；工程系统日益复杂，自然的保护和资源的保护等被日益重视，工程正在成为"全球适应的进化系统"，于是工程变得"跟更宽广的世界相联系"，而体现于其中最根本的特征也是整个当代社会的技术特征：信息化。它体现在工具形态上，就是自动机器乃至智能机器的出现，繁重的体力劳动被工具系统所取代，为工程的人性化提供了充分的技术保证。

3.2.1.5　工程发展的多维视角

对于工程的历史发展，还可以从多种视角对其加以梳理，从而显示出不同侧面的工程史。如果前面是一种综合性视角，这里则是一种分析性视角。

从工程与科学的关系上形成"工程科学史"。从这个角度看工程，工程的发展就呈现出一个由古代的经验型工程到现代尤其是当代的科学型工程的演进过程。在时间上越靠近现在，工程的科技含量就越大，或者说工程与科技的联系就越紧密，变得日益专业化和以科学为基础。

从工程与产业的对应上形成"工程产业史"。这个角度看工程史，人类工程经历了采集与渔猎工程时代、农业工程时代、工业工程时代、信息化工程时代。在人类历史上，对社会经济起主导作用的工程产业经历了一个不断更替的过程，"新兴工程"和新兴产业成为新时代文明的主要象征。

从工程的工具技术手段上形成"工程技术史"。工程的历史发展从这个侧面看可概括为如下四个阶段：手工工程时代，机械工程时代、自动工程时代、智能工程时代。随着工具的技术水平的提高，人类的工程实践水平也不断提高，人工自然的面貌也不断更新。

从造物的水平上形成"工程造物史"。工程是满足人的需要的造物活动，是人类文明的物化标志。从这个角度看工程，可以认为，人类的工程造物方式经历了一个"打磨—建造—制造—构造—重组再造"的历史演进过程。其中的"打磨"是指整个石器时代打凿、磨制石器工具的造物活动，这是仅对材料的表面加以改变，是造物的初始阶段。"建造"是对居所的构筑，从而是建筑意义上的造物，对材料施加了机械性的改变，以土木工程为代表。"制造"是现代工业意义上的造物，对材料主要施加的是物理性改变，以冶金工程以及各种"无机工业品"的生产工程为代表。"构造"是另一种现代工业意义上的造物，对材料施加化学性质的改变，通过对物质分子进行分解、化合后的重新组合而人工地构造出新的物品，以化学工程和各种"有机工业品"的生产工程为代表。"重组再造"是当代科技水平上的造物，是对物质和物种的传统"始基"加以"打破"之后重组进而再造，例如对原子进行重组再造的核工程（裂变、聚变）中的造物，对基因（物种的"始基"）进行植入、拼接、修饰、重组的基因工程或遗传工程中的造物等。目前人类可以通过人工嬗变获得新的原子、通过基因改造获得新的物种，它们分别代表了在非生命界和生命界两个领域中从根基上达到了"再造"新"物"的工程能力。

从工程对象的尺度上所形成的"工程对象深入史"。造物方式的上述演进，使人类在工程活动中对对象认识和改造的深入程度也不断深化，例如从宏观物体（石器和土木工程）深入到微观世界，在微观世界中从分子（化学工业工程）深入到原子，再深入到原子核（核工程）和电子（电子工程），在这个过程中，造物的"精度"也不断提高，先是从模糊时代（古代造物）进入到毫米时代（工业造物），再进入到微米时代（电子工程中的造物），目前还正在向"纳米时代"（纳米技术及其用原子直接造物）推进。

从工程所使用的主导材料上形成"工程材料史"。由于材料本身就是工程的一个重要领域，因此它也就是"材料工程史"。在这个侧面上，借用通常的说法可以概括出石器工程时代、青铜器工程时代、钢铁工程时代、高分子工程时代，还可将当前的信息时代在这个侧面上称为"硅器时代"。

从工程所使用的动力的角度形成"工程能源动力进步史"。动力的状况与工程的状况直接关联。马克思曾经用"手推磨"和"蒸汽磨"来区分封建社会和资本主义社会，就是从动力技术的角度来看待社会文明的区别。如果综合考虑主导动力引入和新型动力引入两个方面，可以看出如下的工程动力演变的历史路径：体力—畜力—水力—蒸汽动力—电能—核能。

从工程所及空间范围视角梳理形成"工程空间扩张史"。这个侧面的工程发展阶段大体是"地面工程—地下工程—海洋工程—航空航天工程"；每一种工程中又不断衍生出新的领域，如海洋工程就不断衍生出海洋防护工程、围海工程、海港工程、海洋交通工程、采油工程以及海洋能源开发利用工程等。

从工程的社会性属性进行考察而形成"工程社会史"。工程与社会是紧密联系的，工程的"社会侧面"的内涵、性质、作用与意义也是不断发展的。

从工程的技术方法与技能形式的演变视角梳理形成"工程方法史"或"工程技艺史"。工程的变化，反映了造物水平的变化，也必然内含造物手段和方法的变化，于是就可以看到一种广义的"技艺"的历史性发展，由此也形成"工程方法"的发展史。

从工程思想演变的角度看还有"工程思想史"。工程活动和方法的演变必然发生大量的认识论问题和思维方式方面的问题，其历史线索就构成所谓"工程思想史"。它要研究不同的个人如何构思和评估人类的制造活动，还要研究由于工程的发展而引起的工程思维方式的发展。

3.2.2　工程演化的机制与动力

工程是现实的、直接的生产力，它提供了人类社会存在和发展的物质基础。工程史生动地向人类显示工程活动不是停滞不前的，而是不断演化、不断发展的。工程演化过程曲折复杂，意义重大，影响深远。

3.2.2.1　工程的演化

工程的演化是一个复杂的历史过程，其中既包含工程活动中诸要素的演化，也包括要素组合的结构和系统的演化。

工程活动是诸要素的集成，这些要素中重要的包括技术、资源、土地、资本、人、市场、管理制度、安全等。工程的存在特征往往取决于这些要素的状况，而工程的演化也首先表现为这些要素的变化。

工程系统是为了实现集成创新和建构等功能，由各种"技术要素"和诸多"非技术要素"按照特定目标及功能要求所形成的完整的集成系统。工程系统演化很多时候表现为"系统整体构成"的演化。也就是说，工程演化不但表现在工程诸要素及其组合的变化上，而且表现在工程作为一个整体和系统的演化上。工程的"整体演化"或"系统演化"对社会生活具有更为持久的作用和影响。

工程的要素演化与系统演化既相互制约又相互促进。工程的要素演化对系统演化的促进作用典型地表现为原创性技术对"新类型""工程"的"系统演化"的"激发"和"引领"作用，以及某些具有通用性、普遍性的"工程要素"的演化（例如某些共性—关键技术）能够在某种程度上对许多不同类型工程的系统演化都发挥促进作用。

工程的要素演化与系统演化也有着相互制约的关系。"短板性制约"和"限制性制约"是常见的具体制约方式和制约表现。

工程演化的过程就是工程的要素演化和系统演化相互促进、相互制约、相互作用的过程，正确认识工程要素演化和系统演化的逻辑与规律，不仅可以深刻地反思历史，汲取经验教训，而且有助于在现实的工程实践中认清工程演化的方向，顺应演化的规律。

在工程演化过程中，存在着一些重要的演化机制，例如"选择与淘汰"机制、"创新与竞争"机制、"建构与协同"机制。工程演化中选择与淘汰机制有着多方面的内容与表现。首先是资源、材料、机器和产品的选择与淘汰。其次是工程活动的组织方式、工程制度和微观生产模式的选择淘汰。

工程演化是"社会选择"过程。所谓"社会选择",其具体内包括许多方面,例如政治选择、伦理选择、市场选择、技术选择、宗教选择等。

工程演化过程中充满着创新和竞争。在工程演化过程中具有关键意义和现实意义的创新是那些可以通过竞争机制而"胜出"的创新成果,而不是那些"花架子"的、没有竞争力的"貌似新颖的东西"。正是通过创新机制和竞争机制的协同作用,工程系统及其要素内容和形态得以从低级到高级不断进化,不断发展,进而出现结构—功能—效率等方面的跃迁。

建构是皮亚杰开创的"发生认识论"中的一个核心概念。工程哲学和工程演化论研究中,所谓建构,不但可以用于指一定的"结构模式"下所进行的"构建"人工物、"集成"各种要素的活动和过程,而且可以用于指改变"结构模式"的"建构"。

工程活动是集体活动,而集体活动必然提出对其成员进行协作或协同的要求,于是,协作或协同就成了工程活动的不可缺少的机制。

建构与协同机制有力地推动了工程演化的进程,而其重要表现方式之一就是工程演化中出现的"产业链""工程集群""工程网络""层次关系"的建构和协同。

在演化进程中,"建构与协同"机制与"选择与淘汰"机制、"创新与竞争"机制是密切联系、相互渗透、相互作用。一方面,必须注意,"选择与淘汰"机制、"创新与竞争"机制、"建构与协同"机制有不同的内涵、不同的分析角度和不同的研究点;另一方面,也应该注意,它们都只是"完整演化机制和过程"的"不同方面"和"不同反映"而已,必须从相互渗透、相互作用的观点看待"选择与淘汰""创新与竞争"和"建构与协同"机制,不能孤立地认识这三种机制,而要以"整体机制""整体观"来认识与分析工程演化问题。

3.2.2.2 工程演化的动力系统

A 工程演化的外部动力

社会发展是工程演化的重要动力。当"动力"的方向与"演化方向"一致时,它是推动、牵引的力量;当"动力"的方向和"演化方向"不一致甚至相反时,它是限制、约束甚至阻碍的力量。

工程活动始于人类需求,满足人的社会需求是工程活动最初的最直接的动因,社会需求是工程演化的强大"拉力"。所谓社会需求,其内容和表现形态是多方面的,例如生存需求、经济需求、政治需求、社会需求、军事需求、文化需求、伦理需求、宗教需求、精神需求、健康需求、安全需求等。这些社会需求在不同的具体环境和条件下通过不同的方式和途径形成了工程活动和工程演化的动力。而科技进步则是工程演化的直接"推力",科学技术创新与进步发挥着巨大的直接推动作用,促使工程不断发生变异。在工程的演化过程中,科学理论的成就提供了工程活动的科学基础,为工程的规划、设计与实施建设提供了有力的理论指导。技术创新则是工程演化的直接推动力,能够直接诱发并促成工程的不断创新。

另一方面,社会对工程演化也可能发挥制约、限制作用。工程活动是"嵌入"在社会结构之中的,社会对工程的制约性,从根本上说,来自社会中工程活动的"嵌入性"。工程活动是社会系统结构中的一个变量，受到社会系统整体的制约。任何工程项目和工程建设活动都是在社会大系统中展开和实施的，归根结底受到社会系统的选择、引导与调控。社会大系统是工程活动得以进行的基础和环境，工程活动的方方面面都受到社会系统的制约和影响。工程系统的目标、结构、功能、运行、实施都不可避免地受到社会经济、政治、文化结构的限制与约束。

工程活动的存在和发展不但源于工程与社会的矛盾，而且源于工程与自然的矛盾，于是工程与自然的矛盾和互动就成了工程演化的另外一个重要动力。

任何工程活动都是在一定的自然环境（条件）下进行的，于是自然资源、能源和环境等条件必然对工程活动产生多种多样方式和途径的影响。自然资源与环境条件是工程活动的支撑条件，但也可能成为工程活动的约束条件。在工程活动中，自然界成为人类工程活动的客体，于是就出现了人与自然规律的相互关系问题。在工程活动中，自然界物质、能量、信息的结构、性质、状态及其之间相互耦合作用的机制、特点、规律，从根本上推进并制约着工程活动，为工程的选择、集成、建构与重组提供了可能性空间、现实基础和约束条件。工程活动要获得成功，必须遵循自然规律，尊重并把握自然界和客观事物的本质。

B　工程演化的内部动力

工程与自然、工程与社会的互动与矛盾构成工程演化的外部矛盾，形成了推动和制约工程演化的"外部动力"。"工程传统"和"工程创新"的矛盾则是推动和制约工程演化的"内在动力"。

工程传统是构成工程演化的遗传基因，是工程演化的前提与基础，对工程的演化与发展具有重大意义。工程的变化发展（变异）正是在充分吸收和保留了工程传统中的积极成分，又在反思、超越、批判与改造传统中实现自我扬弃与进步。工程传统是工程演化中连续性与渐进性的基点。

工程创新是为了解决工程活动中的各种问题与矛盾而产生的。在永无止境的工程创新的推动下，工程系统不断演化和发展。工程创新是工程变异的重要机制与实现途径，在继承传统与变异创新的矛盾中居支配地位，因而在工程演化中起主导性作用。工程创新是工程系统演化与发展的灵魂，贯穿于工程实践的始终，形成了工程演变的间断性与非连续性。

工程传统和工程创新的对立统一是工程演化的内部动力。从动态观点看，在工程传统和工程创新的矛盾关系中，如果继承工程传统的力量是基本的和主导的方面，则工程演化表现为量变形式的演化，即渐进和改进；如果进行工程创新的力量是基本的和主导的方面，则工程演化表现为质变形式的演化，即突变和革命。

工程的直接生产力特性、工程的集成、构建性和工程的一系列其他特征还带来工程演化的另一个特点：工程演化中不断出现的许多"改良性"创新具有了重要意义。工程传统和工程创新"内部矛盾"的长期、众多的"小调整"的"逐步积累"，可以产生显著的、大步的、甚至带有一定"飞跃"性质的演化，必须重视工程活动中的"改良性创新"的积累作用。

3.3　工程与科学、技术

科学发现、技术发明、工程建构是三种不同类型的社会实践活动。在工程哲学的框架内探讨工程活动、科学活动和技术活动的关系时，首先认为科学、技术和工程是三个不同性质的对象、三种不同性质的行为、三种不同类型的活动。深刻认识、辨析和把握科学、技术和工程的特征与本质，必须以逻辑上承认科学、技术和工程是三个异质的不同对象为前提。科学以探索发现为核心，技术以发明革新为核心，工程以集成建构为核心。当然，在概念上突出工程与科学、技术之间的相对独立性的同时，也必须注意三者之间的联系。在当代，以集成建构为核心、以新的存在物为标志的工程现象背后，须臾不可或缺的是科学的发展和技术的进步。在历史上，工程作为人类创造的人化自然的重要部分，昭示着不同历史时期科学和技术发展的水平。一方面，工程的性质、规模以及用途等受到相应历史时代的科学与技术水平的支持和限制；另一方面，工程活动中提出的新问题，又不断推动科学、技术的发展。

工程，从根本来讲，可以理解为利用各种资源与相关的基本经济要素构建一个新的人工存在物的集成建造过程、集成建造方式和集成建造模式的总和。工程活动是社会存在和发展的基础，它具有"本体"的位置，而不是"依附"的位置。对这种深刻的、基础性的"本体性"应当作如下理解：虽然工程与科学、技术有着紧密的联系，但工程绝不是科学或技术的衍生物、派生物或者依存物。工程具有其不可否认的作为"本体"的地位。

正确理解和认识工程与科学和技术的辩证关系，对于如何从现有的科学、技术发展水平出发，进行工程和工程活动的决策与执行，对于如何从工程和工程活动中提出新的问题与假设，不断推动科学、技术知识的创新都有重要的现实意义。

3.3.1　工程与科学

"科学（science）"一词源于拉丁文 scientia，本义是知识和学问的意思。随着人类对客观世界认识的深入，科学已发展为许多大的门类与相互交叉的学科。对动态发展并不断变化的科学，要给出一个世人公认的、相对固定的、简明扼要的定义不是一件易事，人们常常只能从某一个侧面对它的本质特征进行概括与定义。比较有代表性观点有：科学是一种理论化的知识体系，是人类不断探索真理的一种实践活动，是人类认识世界的方式和方法，其着重解决"是什么？为什么？"的问题。作为知识体系，科学是逻辑连贯的、自洽的；作为实践活动，科学不断修正自身，不断发展自身；作为认识世界的方式和方法，科学是解释、探索世界真谛的有力武器和手段。

科学具有解释性、目的性和精确性，这是它和生活常识、日常经验最重要的区别。科学具有不依赖于个人的"客观性"和在继承基础上的不断"发展性"的特征，科学理论的历史就是一部不断"扬弃"的历史。

3.3.1.1　科学是工程的理论基础

在以集成建构为核心的现代工程活动中，科学是不可缺少的理论基础。如果没有科学理论作为基础，现代工程活动的开展将是无源之水、无本之木。表面上看，科学不直接构成工程，科学理论是知识形态的存在，工程和工程活动是物质形态的存在，但在工程诸要素中，科学却是非常重要的因素，因为现代形态的技术，离不开现代科学。作为工程要素的诸项技术背后都有其基本的科学原理作为前提。

工程必须遵循科学理论，符合科学的基本原理和定律。凡是背离科学理论的工程必然导致失败。曾在科学发展历史上为许多人关注的建造"永动机"等类似工程，由于与基本的科学理论相违背或者没有科学的理论依据而成为泡影。

工程活动中的设计、建构和运行等环节还必须遵循系统论、控制论、信息论、协同论、突变论、自组织理论等科学理论。应当自觉地运用复杂性科学理论提出的诸如信息、熵、反馈、组织与自组织、系统等概念和范畴，并逐步使之成为指导工程活动的理论和方法。例如，根据系统科学原理进行计算机模拟，是现代工程活动的一个重要方法。系统科学把工程看作系统，确定其结构和对应匹配关系，从而引进数学方法和数学语言，可以对工程活动进行深入研究。通过建立模型，结合计算机工具，甚至可以对工程活动的全部过程进行虚拟演示，及时发现问题，防患于未然，这大大降低了工程的论证成本和潜在风险。

3.3.1.2　工程是集成建构活动，科学是探索发现活动

工程和科学的重要区别之一就是工程是集成建构，科学是探索发现。工程活动的对象是通过集成建构出来的、以前并不存在的事物，而科学规律则不依赖人类的意识而独立存在着，人类没有发现科学规律之前，科学规律自在地发挥着它的作用，一旦科学规律为人类所认识、所发现，人类就会自觉地将科学理论用于认识世界、改造世界的活动。

工程活动是以集成建构为核心的，建构活动就要遵循集成的规律。集成建构的规律就是工程科学理论所发现的原理和规律。从这个意义上讲，科学所探索发现的事物及其运行规律对工程建造活动有正向促进作用，同时工程的集成建构活动中发现的新问题反过来又促进科学理论的新发现和新进步。科学的探索发现与工程的集成建构是两种相对独立的创造性活动，两者却处于互为条件、双向互动的辩证过程之中。

3.3.2　工程与技术

由于工程现象与技术现象固有的紧密联系，有时人们常常感觉很难对两者加以区分。但是，不论两者的联系多么紧密，工程现象毕竟不是技术现象，其间的区别仍然是客观存在的。相对于科学，工程与技术的距离要近得多。像现代工程一样，现代意义上的技术大多是指源于科学的技术，即人类为了满足社会发展的需要，运用科学知识，在改造、控制、协调多种要素的实践活动中所创造的劳动手段、工艺方法和技能体系的总称；是人工自然物及其创造过程的统一；是在人类历史过程中发展着的劳动技能、技巧、经验和知识；是人类合理改造自然、巧妙利用自然规律的方式、方法；是构成社会生产力的重要部分。因此，可以认为，技术具有自然属性和社会属性。它的自然属性表现为任何技术都必须符合自然（科学）规律，其社会属性则表现为技术的产生、发展和应用要受社会具体情境各方面因素的制约。

技术包括三个相互联系的方面，即技术的操作形态、实物形态和知识形态。操作形态是主体的主观技术，如技能、手艺、经验、方法、步骤，是实施技术操作的特定主体所掌握的，同时又作用和指导技术操作的全部过程；实物形态是客观的技术存在物，如工具、机器、生产线等，是技术活动得以实现的物质手段及客观条件，它与人类劳动力一起共同

组成生产力的实在要素，是技术发展水平的最直观、最生动的体现；知识形态是现代技术的基本组成部分，是区别于早期经验技术的一个重要标志，它是以科学为基础并在深厚的理论根基下创新的。在工程与技术的关系中，人们注意更多的往往是工程活动与实物形态的技术之间的关系，知识形态的技术和操作形态的技术多在工程项目的决策和实施过程中，不是静态的和可触摸的存在。

3.3.2.1　技术是工程的基本要素

工程和技术密切相关。技术是工程活动的基本要素，若干技术的系统集成便构成了工程的基本形态。技术作为工程的要素具有以下特点。第一，个别性和局部性。技术总是工程中的一个子项或个别部分。第二，多样性和差别性。工程中诸多技术有着不同的地位，起着不同的作用，它们之间往往存在着不同的功能。第三，不可分割性。实际上，不同的技术作为工程构成的基本单元，在一定的环境条件下，以不可分割的集成形态构成工程整体。尽管这些技术往前追溯还可以分解成若干项子技术，但是，作为构成工程的基本单元而言，对其无限分解意义不大，重要的是在于有序、有效的合理集成，并形成一个有效的结构功能形态。

3.3.2.2　工程是技术的优化集成

工程往往是诸多技术的集成，这种集成不是简单相加，而是系统集成。也就是说，构成工程的诸技术之间是有机地联系、组织在一起构成一个系统的整体。构成某一工程的诸多技术要素之间有核心专业技术和相关支撑技术之分。工程作为技术的集成则具有以下特征。第一，集成统一性。工程是若干技术及其相互关联中产生的整体，因此，不管在相对于工程存在的环境，还是相对于技术关联的系统，工程都以统一体出现。第二，协同性。工程至少是由两个或两个以上的技术复合而成，不同技术之间具有相互协同关系——协同性。第三，相对稳定性。工程都是技术的有序、有效集成，不是简单加和，其结构和功能在一定条件下具有相对稳定性。

工程活动不能理解为单纯的技术活动，而是技术与社会、经济、文化、政治及环境等因素综合集成的产物，它是一种自然科学知识、社会科学知识以及人文科学知识综合集成建构的活动。工程的成功与失败也不仅仅是技术问题就能决定的。工程不仅集成"技术"要素，还集成"非技术"要素，如文化要素、经济要素、环境要素等。因此，工程是诸多技术的集成，不是技术本身。工程不仅要集成已成熟的技术，而且还要集成在工程活动过程中发现、发明的适合工程需要的技术。

值得强调的是，相对于工程而言，技术活动是工具性活动，其任务是发明一项方法，创制一种工具，创造一种手段等。工程活动是一种集成、综合性的活动，把各种技术手段集成起来，构建一类动态运行的网络系统及运行程序，获得一种特定的结构去实现整体性的功能。在工程活动中有技术的发明和创造，但这些技术发明和创造是工程活动的一个组成部分，为工程的总体目的服务。

3.3.3　工程与产业

工程与产业的关系是既相区别又相联系。当我们考察具体的人工事物的集成和建造特征时，就将这种活动理解为工程活动。产业是社会经济的表现形式。现代化的产业形态是建立在各类专业技术、各类工程系统基础上的各种行业的专业生产或社会服务系统。产业可以理解为同类工程活动归并的一个集合，工程则是产业的组成单元或基础。同类工程活动过程、运行效果及其投入产出特征可以理解为产业生产活动。所以，产业生产的活动目标主要是经济效益和社会效益，但是这种效益是以特定的工程活动为基础的。

3.3.3.1　工程是产业发展的基础

在当今世界，工程活动已经成为现代社会生产实践活动的主要形式。现代工程活动具有大规模、巨系统、中长期、高投入、高科技含量的特点，有时会对自然生态环境产生重大影响，工程活动已经成为国民经济产业发展的基本内容，构成了产业发展的基础。

如果从产业的角度看工程建设，工程类型和产业分类有较强的对应性。国民经济的产业活动大多表现为工程建造与工程运行的过程和结果。某种类型的工程活动表现为相应的产业形态，还可以造就某种新型的产业。产业特征往往以工程活动的内涵为表征，通常包含了专业工程设计和制造活动在内的系统的生产和制造活动。工程活动作为一种产业活动，是国民经济的基本架构。工程活动的质量、水平和规模表征着产业发展的层次和竞争能力。

工程项目的布局与结构往往决定或影响特定区域的产业布局和产业发展。工程项目的建设可以改变和提升区域产业结构，推动区域产业结构的升级换代。例如，在水力资源丰厚的区域，有目的性地建设一系列水利工程，就可以形成以发电、航运、灌溉等为特征的产业布局。

很显然，只有现代社会中的工程化的生产活动才是产业结构中最发达、最典型的产业形态。可以说，工程活动作为产业发展的基本内容，它推动着经济结构的升级换代，深刻地影响着人类生活的各个方面，塑造了现代文明的基本特征。

3.3.3.2　产业生产是标准化、可重复运作的工程活动

工程活动和产业生产活动之间是存在着区别的。工程活动的核心是模式建造，而且这种模式是前所未有的，是超越存在并创造存在的，其本质特征是创造性、集成建构性。产业生产活动是以经济效益和公益性服务为最终目的的，其活动的过程是以生产出为社会大众所认可的生活用品或生产资料为基本途径，因此，必须高度重视其标准化、可重复性。只有实行标准化生产，才能提高生产效率、服务效率和经济效益；只有可重复性生产才能持续不断地提供和满足日益增长的社会需求，发挥产业生产的社会经济功能。由于工程与产业生产活动的特征不同，在实践中便有不同的表现。产业生产活动的标准化和可重复性正是其追求经济效益目的的根本条件。

3.4　工程科学、工程技术和工程实践

认识、分析和研究工程的本质与特征时，不但应该深入分析研究科学、技术与工程的特征及三者的相互关系，而且应该深入研究工程科学、工程技术与工程实践的特征及三者的相互关系。搞清楚什么是工程科学、什么是工程技术，正确把握工程实践的特征，正确认识它们的相互关系，不但具有重要的理论意义，而且具有重要的现实意义。

3.4.1 什么是工程科学

现代科学、技术与工程活动的密切结合，工程活动的结构复杂性、知识化程度越来越高，就直接地导致工程科学的出现。人们经常提到的知识体系的基本分类是：自然科学、社会科学、人文科学，没有从自然科学中区分出工程科学。1984 年，钱学森先生发表"工程与工程科学"的学术论文，提出了工程科学的概念，论述了工程科学的思想。他认为，"在现代科学与工程技术之间已经形成一个独立的学科体系，这就是现代工程科学"。

工程科学是以自然科学中的基础科学（包括物理、化学、天文学、地学、生物学和数学等）为基础的。工程科学是将基础科学与工程技术联系起来逐渐形成的，要找到两者之间过渡的环节相结合的中介，如何把工程实践经验条理化、科学化，就引起了人类的注意，导致了技术科学和工程科学产生。基础科学、技术科学、工程科学，同属自然科学，但又处在不同的层次上。在基础科学—技术科学—工程科学三个层次中，抽象性和普遍性逐渐减弱，而实践性和特殊性逐渐增强。因此工程科学在整个科学体系结构中占有重要的地位。

3.4.2 工程科学的基本理论

第一，系统集成性理论。工程科学范畴内的研究方法，一般应该从研究工程的整体特征和总体目标开始，综合考虑各种约束条件，然后通过解析—集成、集成—解析等反复优化过程不断完善和补充细节。当代的任何一项大型工程，都会涉及多学科的配合，需要应用多项技术，在其中综合性技术群的应用和集成是非常普遍的，甚至在具体工程进行过程中，有时还会出现已有技术无法解决的问题，需要在工程进展过程中开发新的方法、新的知识，以满足技术集成的需要。在工程的全过程中，技术系统和技术方案要按照工程的整体目标和步骤对不同技术单元进行综合集成，使之最有效地实现工程目标。工程中所集成的技术因素和非技术因素是复杂的，不仅需要集成多种技术系统和技术要素，还需要有资源、资本、土地、劳动力、市场、环境技术因素作为边界条件进行综合考虑。通过系统集成的过程，形成一个新的、具有一定结构和功能的工程事物，实现工程目标。

第二，协同性理论。在工程活动的复杂系统中，如何将多元化的技术要素集成起来，如何使不同的工程单元相互协作，如何使多种工程主体（投资方、建设方、设计者和其他参与者）能够进行思想交流，实现有效组织与协调，使不同的技术要素、工程单元、工程主体在工程活动过程中进行合理的调度统筹，就需要遵循协同性原理，使不同工程要素按照工程的总体目标协同动作，这是工程活动的本质规定之一。从工程的系统集成性特征可以看出，工程活动的不同阶段和不同层面都会涉及多种技术方案、不同专业领域的知识和环境影响，为保持工程建设良好的效率和进程，必须对以上各种要素进行匹配与协同，使之能合理搭配和相互协调，这是保证工程顺利推进或协同运行的重要条件。在工程规划、设计、建设、运行和过程管理中，都有不同层面的工程协同问题，需要用协同性理论指导具体工程项目实践。

第三，最优化理论。工程活动的复杂性和系统性要求将最优化理论作为工程科学研究的重要内容。最优化理论追求通过最先进的认知操作方法，尽可能做到最有效、最小能耗、最大效益、最小风险。通过对不同工程要素和工程过程的优化配置，以最少的人、财、物和信息投入，获得最大经济、社会效益。最优化理论可以有以下方面内容，即工程目标确立的最优化、工程规划设计的最优化、工程实施与调控的最优化、工程运行与管理的最优化等。工程最优化的方法主要有运筹学方法、系统论方法、信息论方法、控制论方法、经济学方法、管理学方法等。

第四，权衡选择理论。工程目标的确立、工程规划、工程设计、工程的实施运行以及管理评估不仅体现着工程主体各方的参与及利益，也存在工程建设与社会环境、自然环境的协调融合问题，同时工程还会涉及不同技术方案的选择、技术先进性和技术适用性的选择、不同的工程设计方案的选择、工程投资成本与工程经济社会效益之间的权衡、工程的经济社会效益与生态环境破坏代价的权衡等。上述各种因素往往会出现矛盾或制约，需要工程决策者综合考虑、权衡选择。权衡选择问题，在各类工程实践中具有普遍意义。对整个工程过程进行选择、统筹和权衡，能防止片面和孤立地看待问题，通过权衡选择，对整个工程过程进行全面准确地分析，寻求优化的工程方案、技术结构和工程资源的配置模式，在尽可能大的范围内得到工程与环境、工程成本与收益、工程主体的多重价值和多重目标的协调统一。

第五，开放耗散理论。所有的工程都是属于远离平衡态的开放系统或非平衡系统。根据耗散结构理论，一个远离平衡态的开放系统，只有通过不断与环境交换物质、能量与信息，在外界条件变化达到一定的阈值时，系统可以产生突变，从原有的混沌无序状态转变为更高级的有序状态。耗散结构需具备三个条件：其一是系统必须是不断与外界进行物质、能量、信息交换的开放系统，在远离平衡情况下要依靠不断地耗散外界的物质和能量来维持耗散结构；其二是该系统必须是远离平衡态，其过程是不可逆的；其三是系统中存在非线性动力学过程，以作为自身发展变化的推动力量。耗散结构理论所揭示的开放系统的运动、演化、发展规律，也适用于工程系统。工程系统作为一个开放的、非平衡态的系统，其构建、运行过程遵循的是耗散结构理论所揭示的规律。由于生产效率、投入产出效率、环境效益等因素的矛盾和制约，使得整个工程活动过程必然处于非平衡状态。从工程集成的各种要素来看，工程活动中的技术要素之间的互动过程远不是能够用线性关系表达的，这体现了工程系统动态过程的非线性动力学过程的特性。工程系统与外界环境之间进行的资金、技术和信息的动态投入，就是工程系统作为耗散结构与外界进行的物质、能量和信息交换的表征。工程系统的自身特点要求工程科学将耗散结构理论作为基本理论研究，这对于理解和研究工程系统的运行机制和工程与环境的动态关系有重大的理论与现实意义。

3.4.3　工程科学的特征

工程科学缘起于现代工程实践，它是探求和发现工程系统中存在的客观本质与运动规律，探求各种不同类型的工程事物运动的连续性、协调性、节律性和突变性的本质特点与因果关联形式的学问。工程科学的观察与研究方法不同于基础科学的观察和研究方法，两者在时—空尺度和质—能量纲上是有所区别的。基础科学的研究特点主要是以分析、抽象为特点。工程科学一般是从工程的整体特征和总体目标开始，然后通过解析—集成、集成—解析等反复的优化过程不断地探索结构和功能的依赖关系，揭示工程系统构成的本质特征、运行模式及其规律。所以，工程科学有其区别于基础科学和技术科学的一些基本特征。

首先，工程科学具有系统科学的特征。工程活动的目的是创造出一个新的、具体的客观实在。所以，工程活动过程中将涉及大量的、不同性质的结构要素，要将大量的不同性质的工程要素，通过工程活动整合成一个具有特定功能的工程实体，需要按照系统科学的理论和方法去组织工程活动。实际上，从系统科学的产生来看，它是工程实践发展的产物。当大工程现象出现以后，由于涉及的工程因素复杂、因素之间的关系复杂、周期长、规模大，它超出了人类依靠经验把握工程管理的能力，随之就出现了系统科学。系统科学是伴随着大工程现象出现的，它研究大工程现象中的系统规律和系统方法。工程中存在有系统科学所研究的系统规律和系统原理，但工程科学不等于系统科学。系统科学的理论来自工程科学，又应用于工程科学，它是工程科学的一个十分重要的内容，但难以与工程科学画等号。工程科学的内容还包括许多其他科学学科的内容。

其次，工程科学是处理人工复杂事物的科学，具有复杂性科学的特征。科学界目前都十分重视复杂性问题研究，但是这种研究有很大一部分是局限于自然科学和管理科学的领域内的。人类研究自然事物演化的复杂性问题，提出了许多关于复杂性问题的思想。例如，事物发展变化过程的非加和性、非均匀性特征，问题解的多元可能性和因果关系的非对等性，各因素间的非线性相互作用，系统结构的分形特征等。如果说，对于自然发生的事物复杂性的理解有如上特征的话，那么，对于根据自然界的规律和人类的需求规律创造一个自然界并不存在的人工事物，其发展变化和构成过程的复杂性程度就远远超出了自然事物的复杂性程度，因为它在自然事物的复杂性基础上加上了社会和人文的复杂性，这是两种复杂性综合在一起的复杂性。要创造一个人工事物，需要研究和处理各个方面的因素。从最一般的角度上说，它有科学规律、技术规律、社会规律、经济规律、文化规律、政治规律、生态规律等因素。严格地说，只要所创造的人工物体涉及什么因素，就需要研究什么引起作用的规律。按照复杂性问题的分维分析理论，如果所要创造的人工客体本质上是一个具有复杂结构的整体的话，那么这个整体是有众多的子结构及其要素的系统，每一个子结构及其相应的要素都是这整体的一个维度，在其自己的维度上，又有各自的运动轨迹和变化周期，有自己对初始条件的敏感性程度区间。而且，不同维度之间在规律、状态、对初始条件的感应上都存在有非线性相互作用关系。那么，要把这种不同维度的状态，按照某一特定的目的进行整合，就要处理极其复杂的非线性作用关系，所以，工程科学是一个处理人工复杂事物的科学。

第三，工程科学具有交叉科学的特征。一个具体的工程对象涉及众多的科学领域，不同科学领域的科学规律都共同作用到同一个工程对象上。换句话说，不同领域的科学规律因同一个工程对象，或者工程目的而发生相互交叉。工程科学中的交叉科学特征不同于一般的交叉科学特征。一般的交叉科学，是由于不同的研究对象相互作用而出现的交叉领域，所引起的不同的科学规律在交叉领域内的相互作用的状态和规律。工程科学的交叉性，是一般的交叉科学的规律与特定的工程对象联系在一起，是一般交叉科学规律在具体工程对象上的应用和创新，是基础科学、技术科学的相互交叉的结果，也是自然科学与社会科学交叉的结果、技术科学与人文科学交叉的结果、数学与社会科学的交叉结果等，都落脚到工程科学的知识体系中。工程活动过程的工艺流程，工程创造的对象模式，工程活动的操作规定，都是那些具有与所建构的新型对象具有相关联系的一般的科学规律经过相互交叉以后所形成的特殊规律，在具体条件的约束下，在工程活动中的体现。所以，研究工程活动中的科学现象的工程科学,其学科内容都是一般科学规律经过特定方式的交叉作用以后形成的。

第四,工程科学具有科学综合的特征。人类认识客观对象的一般模式是从感性具体,经过抽象分析形成抽象的规定,产生概念和判断,然后将相应的概念和判断再建构起来形成对认识对象的认识理论。基础科学研究的方法论就具有这种典型特征。基础科学的理论模型都要经过一个抽象分析的过程。它从自然现象的复杂因素中抽取出所要研究的因素,然后才有可能将这个因素的各种属性分别加以研究,在分析的过程中,才可能抓住主要的属性,舍弃次要的属性,并将主要属性的变化特征推到极限状态,发现它的变化趋势和规律。这样做的结果,对同一个研究对象就形成了不同的基础科学学科。工程科学的认识过程正好与基础科学的认识过程相反,它是要从已经具有的基础科学学科的理论出发,按照人的社会目的,把不同学科的理论规定和规律性要求综合起来,物化为一个人工的创造物。所以,综合是工程科学思维的重要特征。由于这种综合性思维的要求,使得工程科学具有科学综合的特征。工程科学中涉及的各种科学学科都围绕着一个共同的工程对象展开,它要把工程对象所涉及的所有学科知识都综合进来,研究在特定工程对象限定下的不同学科的理论和方法的综合问题。

3.4.4 工程技术

工程和技术是有明确的区别的。当人们将"工程技术"联为一体,简称为工程技术时,有两种含义。第一种含义是指作为工程要素的技术,可以理解为工程的技术,与工程活动、工程实践、工程建构过程密切联系的技术。这种理解中承认在工程活动以外的其他领域也有技术问题,讲工程技术就是为了与其他领域的技术区别开来。第二种含义是强调在具体的工程活动、工程建造中,在具体工程边界条件约束下所使用的技术。与工程相联系的技术的集合和特定的、具体的工程中所使用的技术的集合是两种不同的集合。由于它们都具有工程的性质和特点,所以可统称为工程技术。

工程是反映多种社会需求、综合多种社会资源,依据多重客观规律、有多种社会角色参与的、具有集成性的建造活动。工程科学研究的内容包括系统集成与整合、综合利用科学与技术领域的规律、人的活动规律和自然生态规律等不同的规律。工程科学是工程集成的理论形态。工程科学是关于设计、建造、运行特定人工自然过程的学问,是关于改造自然的各种专门技术的运行、调控的知识体系,但是工程科学又不仅仅是技术知识的体系,它还包括其他的与工程相关的知识体系。无论是作为知识体系,还是作为集成建构活动,工程科学与工程技术之间都有很大的不同,但又有不少关联之处。19世纪以来,由于社会生产力的提高和工程实践的发展,它们之间的联系日益密切,形成了以工程科学为指导的相互促进、共同发展的良性循环。现代的工程科学更加技术化,现代的工程技术更加科学化,从工程技术,到技术科学,再发展到工程科学,其系统化的程度逐渐加深。

工程科学是指在工程活动的规律研究中,大量的一般性的技术理论和方法上升为工程所涉及的时—空尺度、物质—能量尺度上的科学认知,进而形成科学意义上的理论知识。工程技术科学化是指已有的技术转化到技术科学并通过相应基础科学的指导,形成系统的、更大尺度的技术知识体系,反过来指导、完善提高已有的技术。这种工程、技术、科学系统化知识体系的形成是工程活动的需要,也是其自身逻辑发展的结果。

3.4.5　工程实践及其特点

3.4.5.1　工程实践的内涵

实践是人类根据自身的需要，依靠自然、适应自然，并在认识自然的基础上能动地改造世界的有目的的活动，它实质上是人的能动性、目的性、对象化与客观化的过程。科学家发现已经存在的世界，工程师塑造未来的世界。一般地讲，工程活动在很大程度上包括了工程实践活动，如果从广义来看，工程活动本身包含了工程思维、工程理念和工程实践。虽然，在工程活动中，思维和理念十分重要，但是，工程最基本的属性就在于它的实践性，工程活动是实践性很强的专门活动，工程师的成长不能离开工程实践。工程实践内容包括工程项目的实际考察、工程设计实践、参与施工、参与运行管理和工程维护等。工程技术是工程实践的基础，工程实践是工程思维和工程理念的客观化和现实化的过程。

第一，工程实践的目的性规定了工程技术方法应用的方向。工程技术方法产生于生产与生活过程的实践，又为生产与生活服务。当然，方法是手段，不是目的，但又要在一定目的引导下才能得到合理的作用、产生应有的效果，所以方法与目的必须统一，这对工程实践来说显得尤其重要。

第二，工程实践内容规定了工程技术方法的运行机制。实践内容之一是处理人与物的关系问题，只有通过实践活动才能在人与物之间建立起"对象性"的关系。其中，人以物为对象方能显示其主观能动性、行为目的性，表现为"主体性原则"和人对自然的"超越性"；物以人为对象，才能显示其对人的价值、作用和意义，表现为客观性原则和自然对人的"本源性"。这种对象性的关系，反映在工程实践中，就是要注意物的因素与人的因素结合，反对见物不见人的机械论和见人不见物的唯意志论，使每一种工程技术方法的应用都体现出物与人结合互补的精神。实践内容之二是处理自然规律与社会规律的关系问题。在以自然规律为基础、以社会规律为主导的前提下发挥人的主观能动性，才能达到"环境的改变与人的活动一致性"，取得认识改造世界的效果。反映在工程实践中就是通过工程技术方法的应用，使自然规律的客观性、技术规律的效用性、社会规律的合理性在技术产生物或工程中能够协调起来，这是形成优质工程的关键。实践内容之三是处理主观与客观的关系，实践过程就是主观与客观统一的过程，反映在工程实践中，就是要正确认识主观与客观并处理好它们之间的辩证关系问题。这里所说的"主观"不是脱离客观的主观性，而是根据客观规律的主观设想，或是把客观包括于自身之内的主观能动性；"客观"也不是排除主观性的纯客观性，而是与主观有着内在联系的客观性，所以在工程实践中，要正确处理主观与客观的辩证关系。

第三，工程实践的过程性规定了工程技术方法应用的综合效果。因为实践不是静态、僵死的概念，也不是一般说来一次就能完成的、简单循环的有限过程，而是不断运动、不断发展的螺旋式上升过程，其中每个有限过程都是旧的终点，新的起点，是新旧事物的转折点、生长点。正是这种"有限"过程可能酝酿着"无限"突破，才使实践活动不断地深化和发展。反映在工程技术方法方面，由于工程实践的复杂性、系统性，使诸多方法在实践过程中结合起来，由此产生了综合效果，即从认识的理性发展到行动的理性，达到现实的理性，将对外探索、认识和改造客观世界与对内认识和领悟主观世界统一起来，全面体现"自然—人—社会"的关系统一性，达到知行合一、情景合一、天人合一的境界，这才是工程实践和工程哲学灵魂的真正体现。

3.4.5.2 工程活动的基本阶段与过程

工程活动不仅是技术的系统集成，而且也是非技术因素的集成，工程涉及人与自然的关系问题，而且也涉及人与人的关系问题。这要求我们研究工程的哲学问题时，不仅仅要关注工程活动的结果，更为重要的是要研究工程的过程，得出其中一般性的特点和规律，再返回工程活动，指导工程。理念先行、模式创造是工程活动过程的基本特点，因此确立正确的工程理念至关重要；模式创新则始自规划与设计。在工程实施之前还需要对诸要素进行运筹性的预想，从而帮助对工程进行决策，而工程的具体实施与构建是真正物质活动意义上的实践过程，其结果是形成现实的工程实在物；工程过程中还伴随着对工程的分析和评价；工程的运行中还伴随着更新和改造，进行自身的否定之否定。工程活动大致可分为六个阶段。

第一阶段，工程理念与工程决策。工程理念是工程师或工程主体在工程思维及工程实践活动中形成的对"新的存在物"的理性认识和目标向往。它是关于工程与"自然—人—社会"关系的"应然状态"的判断和不断完美化的追求，也渗透了人类对工程的价值取向。工程理念就是要回答工程建设中所涉及的三个基本问题：为什么？做什么？怎么做？这三个问题的答案共同解决了工程的基本问题：我们应该做成什么样的工程？从而引起了工程决策问题。对于工程活动来说，工程决策的内容有两个方面：一是对实践目标的确定，二是实践手段的选择。前者可称之为目标决策，后者可称之为路径决策。就实践目标的确定来说，在通常的条件下，人们面临着的目标不止一个，而是多个，应该说是一个目标群。最终确定工程的目标群，常常需要经过周密的考虑。因而对该工程各个目标的意义、权重、价值及达到这些目标的必要性需要进行反复的权衡。同时还需要根据主观与客观、有利条件与不利条件的分析对比，考虑每一目标实现的可能性。

第二阶段，工程规划与设计。工程规划是谋划未来的工程任务、工程进程、工程效果和环境对工程活动的要求以及为此而规定工程实施的程序和步骤的过程。工程规划的目的是合理、有效地整合各种技术与非技术要素，对工程系统的组织环境和社会环境进行分析，然后根据分析结果制定目标工程战略设想与计划安排，并对每一步骤的时间、顺序和方向做出合理的安排。工程的规划与设计是有整体目标的谋划活动。尽管工程的具体目标各有不同，但总体目标与原则应该是使技术、人力、财力、物力及信息流得到合理、经济、有效的配置和优化，保证工程系统功能的实现，从而获得良好的效益。因此，要选择恰当的目标群指标，利用多目标决策理论，选择合理的规划方案，以达到在一定边界条件下实现工程的总体目标最优化。工程规划的形成是一个论证的过程。要将众多的工程要素进行整合，形成工程在技术、经济等方面具体可行的建造依据。工程设计是工程规划的继续和具体化，是一个由比较抽象到较为具体的过程。相对于工程规划中对技术及各方面要素的整合和宏观考虑相比，工程设计则是在此基础上将整个工程分解为各个子系统，对各种指标进行具体、优化的定量化。正是基于此，有时将工程规划和设计放在一起讨论。由于工程设计是工程规划的继续和具体化，所以工程设计在遵循其特有的理论、方法、规范等确定性准则的同时，还须遵循工程规划的理念和目标。

第三阶段，工程组织和调控。工程活动是涉及人员、资金、物资、信息和环境等要素的动态调控与系统管理的综合性活动，组织与调控始终贯穿于工程活动的全过程，主要作用是调整工程的约束条件、目标和工程方案，集中体现了工程活动的动态性和综合性。组织在工程活动中主要体现在两个层面：一是从整体上对工程项目进行的运筹、策划；二是指工程进入实施阶段后的组织施工与管理。组织过程中往往也伴随着调控，调控就是指工程活动中的协调与控制。组织是总体性的，与之相应的调控是具体的、动态的，是对具体问题进行的调整和优化，在时间上着力于当下，在空间上围绕着既有的条件，在方向上始终围绕着总体目标。组织和调控着眼于对工程各要素的整体搭配和组合，在总目标的指引下，确定具体目标的实现路径和方案选择。

第四阶段，工程实施。工程的实施是一个从抽象到具体的实践过程，这一具体化过程就是通常所说的工程实践过程。工程实施的具体化过程，实质上是使自然之物从形式上发生了根本的转变，即从自然之物向人工之物转化的过程，从天然的自然逐渐向人化自然转化的过程。与此同时，在工程实施过程中，人与人之间的行动需要在彼此合作中进行调节、协调，从而建构起由人构成的良性互动的行动网络。而所谓的工程制度、工程组织、工程规划等实际上都不过是人的行动协调网络的程序化、制度化，使工程实施的具体化得以保障。

第五阶段，工程运行与评估。工程经过实施构建出一个新的工程存在物后，便进入了运行阶段，然而在运行之前以及运行过程中都涉及工程的评估问题。工程运行过程是体现工程目标群的关键环节，也是评价工程理念是否正确、工程决策是否得当、工程设计是否先进、工程建造是否优良等的真正凭据。当然，工程运行还体现了运行团队的素质、管理人员水平的高低，以及运行过程与周边环境的良好相容性等。工程运行效果的考核必须落实到各项技术经济指标、环境负荷、投入产出效果等方面。因此，对现代工程而言，必须进行工程评估。工程评估包含着对工程的技术、质量、环境保护因素、投入产出效益、社会影响等方面的综合评价，可以说是对工程的再认识问题。在工程评估中坚持进行必要的价值审视，可突出工程活动的方向性和目的性，从而强化工程活动的正面价值，批判其负面价值，为工程活动确立一个价值框架，起到良好的价值导向和调控作用。在工程评估中，有一个评估角度的选择问题。评估角度不同，评估结果会存在差异甚至大相径庭。在工程评估中，应倡导整体性、和谐性、系统性价值思维和生态价值观。自觉地把工程活动置于人—自然—经济—社会大系统环境中，从多视角、多维度进行综合考察与评估，以力求对工程活动做出较为客观、公正、合理的评估。

第六阶段，工程更新改造。工程在运行一段时间后往往不能再充分满足工程主体或社会的需要，或者是由于其功能衰退，或者是由于外部环境发生了变化，于是必然要涉及更新改造。工程更新有两种形式，即工程改造和工程重建。前者是工程的局部性改造和调整，后者则往往是在原有工程不能继续发挥作用或原有工程有重大弊端时将之废弃而代之以新的工程。

3.4.5.3 工程实践的特征

工程是不同于科学的，工程是有它自己的形式和规则的实践活动。工程实践活动具有以下特征：

第一，工程实践主体和客体的多重性。从工程活动的不同层面看，工程活动主体的多重性不仅直接表现为企业家、工程师、工人和管理者等的参与，还会受到其他社会主体的影响，体现其他主体的因素。工程实践中既可能有个人主体，又可能出现集体主体，还可能是制度主体。工程活动的客体也是多重的。首先，工程的标志是要建构一个新的存在物甚至获得新的结构与功能，这是由各种建设材料、工艺技术及建设者的劳动复合而成，是工程的直接的和最主要的客体。其次，工程实践过程中会使用大量的机器设备和工具，这些都是工程和技术的物化载体，它们也都是作为工程的客体出现的。

第二，工程实践有明确的目标性和鲜明的价值性。与科学家的探索、发现和揭示等研究活动不同，工程实践一开始就是有明确目标的、具体的实现周期、步骤和预期。科学活动没有明确的时间限制和确定的结果要求，而工程活动从一开始就规划、预定整体目标和预想过程，例如工程未建设之前，就有蓝图在先，各种原料、能源、设备、技术、土地、人员、资金等方面都事先进行了筹划和安排，工程实践只是将蓝图变成现实的人工物。

第三，工程实践过程的资源约束性（物质、能量、时间和空间等约束）。工程是改变世界和人类自身的实践活动，但是改造和建构活动离不开客观规律的制约。要充分考虑工程活动过程中涉及的科学、技术、经济、社会和生态、环境等方面规律的制约，工程实践就是在这些多重规律交互作用和资源约束的条件下进行的建构性活动。

第四，工程实践的文化承载性。工程作为人类物质文明的标志成果，从物质文化、精神文化和制度文化的不同方面体现了人类的文化成果和文化境界。各种各样的工程和工程实践，尤其是大型工程实践，它使用的物料、设备和工程的外在形象是该时代物质化的典范，历史上许多重大工程都有这样的价值体现。工程活动是人类生存、发展的重要方式，它体现了人类文化的不同方面，而且通过工程实践，人类也在不断地创造着文化。

习题与思考题

3-1 请简要介绍工程概念的演化过程。

3-2 工程的基本内涵包括哪些内容？如何理解工程的本质。

3-3 工程的基本特征有哪些？请作简单介绍。

3-4 请简要介绍工程的起源与发展历程。

3-5 对于工程的历史发展，可以从多种视角对其加以梳理。请作简要分析。

3-6 在工程演化过程中，存在着一些重要的演化机制，请作简要介绍。

3-7 请简要介绍工程演化的外部动力和内部动力。

3-8 科学、技术、工程有什么不同？

3-9 简述工程与科学的关系。

3-10 举例说明科学探索发现的规律和原则对工程建造活动的指导和促进作用。

3-11 举例说明工程建造活动中发现的新问题如何促进科学有新发现。

3-12 简述工程与技术的关系。

3-13 举例说明工程作为改造世界的活动必须有技术的支撑。

3-14 举例说明工程促进技术的发展。

3-15 简述工程和产业的关系。

3-16 什么是工程科学？工程科学的基本理论包括哪些内容？工程科学有哪些特征？

3-17 什么是工程技术？简述工程科学与工程技术之间的关系。

3-18 工程实践的内涵是什么？

3-19 工程实践活动具有哪些特征？

4 工程思维与工程理念

4.1 工程思维

工程过程是物质性的活动和过程，但它不是单纯的自然过程，而是渗透着人的目的、思想、感情、意识、知识、意志、价值观、审美观等思维要素和精神内涵的过程。工程活动是以人为主体的活动，工程活动的主体（包括决策者、工程师、投资者、管理者、劳动者和其他利益相关者等不同人员）在工程过程中表现出了丰富多彩、追求创新、正反错综、影响深远的思维活动。认真、深入地分析和研究工程思维的性质、内容、形式、特点、作用是工程哲学最重要的任务和内容之一。

4.1.1 思维和工程思维的含义

4.1.1.1 人与思维

人是思维的主体。思维能力是人类最重要、最具特征性的能力之一。思维活动和思维现象是宇宙中最复杂、最奇妙的现象之一。

人的思维活动是思维内容与思维形式的统一。虽然从学术角度看，有些人可以着重地或单独地研究思维活动的内容方面或思维活动的形式方面（例如逻辑学就是一门专门研究思维形式的学科），但在实际的思维活动中，思维内容和思维形式这两个方面必定是密切联系在一起、结合在一起的。所谓思维方式，就是指思维内容和思维形式的统一。

4.1.1.2 思维活动的不同分类

在研究思维现象和思维活动时，如何对其分类是一个大问题。由于不同学者有不同的探索兴趣和不同的研究目的，于是就出现了对思维现象和思维活动的多种多样的分类。例如，有人突出了思维形式这个分类标准，划分出了形象思维、逻辑思维等；有人根据思维发展的历史标准划分出了原始思维、现代思维；有人从认识论的角度划分出了经验思维和理论思维；有人主要依据思维对象和范围的特点，划分出了军事思维、宗教思维等；有人根据思维主体的地域、文化特征划分出了东方思维、西方思维等；还有人出于其他考虑和根据其他标准划分出了情感思维、巫术思维等。

由于人的思维活动与实践活动是密切联系在一起的，人的思维活动在思维对象、思维内容、思维情景、思维形式、思维结构、思维功能、思维过程等许多方面都要受到实践活动方式的制约和影响，这就使得许多学者依据不同的实践方式而划分出了相应的思维方式和类型。工程实践、科学实践、技术实践、艺术实践等不同的实践方式相对应，分别形成了工程思维、科学思维、技术思维、艺术思维等不同的思维类型或思维方式。

4.1.1.3 思维方式

在研究思维活动时，思维与现实的关系是一个核心问题。不同的思维方式在思维与现实的相互关系方面表现了不同性质和特征。

任何思维活动都要"依附"于一定的主体。在现代社会中，存在着多种多样的社会角色和社会职业。不同职业和社会角色不同的人们从事不同的社会活动，通常也会有不同的思维方式。于是，可以依据社会活动方式的不同和社会职业类型的不同而划分出不同类型的思维方式。例如，科学思维是科学家进行科学研究时的思维方式和思维活动；艺术思维是艺术家进行艺术创作和艺术活动时的思维方式和思维活动；工程思维是工程共同体成员（工程师、设计师、工程管理者、决策者、投资者、工人等）进行工程活动时的思维方式和思维活动。

不同的思维方式反映和体现了不同类型的思维与现实的关系，反映了不同职业和角色的实践特点和思维特点。

需要申明，在认识社会角色成员和具体思维方式的相互关系时，不能采取"绝对化"和"僵化"的观点和态度。因为，任何具体个人和具体的思维活动，例如作为具体个人的科学家、工程师、企业家、管理者和工人的具体思维活动，都是很复杂的，不能不加分析地笼统断定科学思维就是科学家的"全部"思维活动，而"其他人"不运用科学思维方式；同样地，也不可不加分析地笼统断定工程思维就是工程师、企业家和工人所进行的"全部"思维活动。换言之，其他职业的人往往也需要运用科学思维方式，作为个体的科学家在社会生活中，也往往需要运用其他类型的思维方式。但以上认识并不妨碍我们做出一个"一般性的判断"，认定工程思维方式的性质和特点最突出地体现在设计师、工程师、企业家、工程管理者和工人身上，特别是体现在工程师（包括设计师和生产工程师）的职业活动和职业性思维活动之中。

在研究思维方式时，思维与现实的关系是一个大问题。不同的思维方式中体现了不同的思维与现实的关系。

在认识工程的性质特征时，我国的许多人往往"理（科学）工（工程）"并称，把工程解释为"科学的应用"，于是，工程就成为科学的"同类项"或科学的"子类"。在欧美国家，也广泛流行着把工程看作是"应用科学"的观点。但是，在欧美传统中，又存在着把工程定义为一种"艺术"的传统认识和观点。一般地说，科学和艺术在许多方面都表现为对立的两极。"工程究竟是科学还是艺术"的问题就成为了一个饶有趣味、发人深省的问题。

工程、科学和艺术的关系是工程哲学和工程教育中的一个重大问题。工程、科学和艺术是三种不同的实践方式，同时又是三种不同的思维方式，其中体现了三种不同的思维与现实的相互关系。为了分析和叙述方便，下面分别用科学家、工程师和艺术家作为不同的思维方式的思维主体（或"代表人物"）。

西奥多·冯·卡门说："科学家发现（discover）已经存在的世界；工程师创造（create）一个过去从来没有存在过的世界。"我们可以再补充一句话："艺术家想象（imagine）一个过去和将来都不存在的世界。"

科学家通过科学思维"发现"外部世界中已经存在着的事物和自然规律；工程师在工程活动中"创造"出自然界中从来没有出现过而且永远也不可能自发出现的机具、器物、工程集成体或工程构建物；而艺术家则要在他们的艺术作品中"想象"过去和将来都存在的"对象"和情景。可以看出，"发现""创造"和"想象"典型性地表现了三种不同类型的思维与现实的关系。

工程思维和现实世界相互关系的核心是"设计性"和"实践性"关系，它既不同于科学思维和现实世界的"反映性"关系，又不同于艺术思维和现实世界关系的"虚构性"关系。

4.1.1.4　工程思维是一种重要的思维方式

工程思维是与工程实践密切联系在一起的思维活动和思维方式。完整的工程活动是精神要素和物质要素相互结合、相互作用的造物活动和过程。一方面，工程实践中渗透着工程思维，工程实践活动以工程思维为灵魂，工程实践离不开工程思维；另一方面，工程思维又以工程实践为缘起、依附、目的、旨归、"化身"和"体现"，以造物为灵魂的工程思维需要在工程实践中实现工程思维的"物化"。完整的工程实践过程就是工程主体通过工程思维、工程器械、工程操作而把质料改变为新的人工物的过程。

工程活动是社会中极其常见的、基础性的实践活动，因而工程思维在现实中也必然是许多人经常实际使用的思维方式。虽然从实际情况看，工程思维绝不是什么陌生的、难得一见的现象，但是，由于多种原因，人们却常常忽视了这种可以说是最常见、最基础的思维活动，对其熟视无睹。

对于工程思维这种思维方式，从"理论"方面看，目前学术界许多人对之视而不见；从"实际"方面看，许多经常具体运用工程思维方式进行思维的"实践者"（包括许多工程师在内）对工程思维方式处于"日用而不知"的不自觉状态，未能把自己天天都在实际进行的工程思维活动提高到自觉的程度和水平。很显然，这种状况是亟须改变的。我们不但亟须努力提高对工程思维方式的理论认识和研究水平，更需要努力提高"工程实践者"对工程思维的自觉性，需要大力提高工程思维的水平。

4.1.2　基本性质和主要特征

4.1.2.1　工程思维的基本性质

马克思说："蜘蛛的活动与织工的活动相似，蜜蜂建筑蜂房的本领使人间的许多建筑师感到惭愧。但是，最蹩脚的建筑师从一开始就比最灵巧的蜜蜂高明的地方，是他在用蜂蜡建筑蜂房以前，已经在自己的头脑中把它建成了。劳动过程结束时得到的结果，在这个过程开始时就已经在劳动者的表象中存在着，即已经观念地存在着。他不仅使自然物发生形式变化，同时他还在自然物中实现自然的目的，这个目的是他所知道的，是作为规律决定着他的活动的方式和方法的，他必须使他的意志服从这个目的。"马克思在这段话中以建筑活动为例，深刻地揭示了工程思维的最基本的性质就在于它是有计划的"造物思维"。

人类的工程活动和工程思维从古至今有了很大的变化和发展，虽然其中有一以贯之的共性之处，但现代工程和古代工程确实又不是可以"同日而语"的，从而现代工程思维与古代工程思维也是不可同日而语的。以下的分析和阐述，如果没有特殊说明，工程思维指的是现代工程思维。

4.1.2.2　工程思维的主要特征

A　工程思维的科学性和工程思维与科学思维的关系

a　工程思维的科学性

虽然有些古代工程的规模和成就令后人惊叹不已，但那些成就基本上（或者说主要地）只是经验的结晶，而现代工程则是建立在现代科学（包括基础科学、技术科学和工程科学）基础之上的。古代工程思维基本上只是"经验性"思维，而现代工程思维则是以现代科学为理论基础的思维。这就是现代工程思维方式与古代工程思维方式的根本区别。

在工程思维与科学思维相互关系问题上，一方面，我们必须承认二者有密切联系，避免和消除那种"否认联系"的错误认识；另一方面，我们又要承认二者有根本性的区别，避免和消除那种"否认区别"的错误认识；而"工程思维具有科学性"这个命题的"真正含义"就是既不赞成"否认联系"的观点，又不赞成"否认区别"的观点。

b 工程思维与科学思维的关系

应该强调指出："工程思维具有科学性"这个命题绝不意味着承认工程思维是科学思维的一个"子集"或科学思维的一种"特殊表现形式"。从逻辑和语义分析上看，承认"工程思维是具有科学性的思维"和承认"工程思维和科学思维是两种性质不同的思维方式"二者是没有矛盾的。

工程思维和科学思维的联系主要表现在两个方面。从"正"的方面看，科学思维为设计师和工程师的工程思维提供了一定的理论指导和方法论的启发。这种科学理论的指导或引导作用在"高科技工程"领域得到了最突出和最充分的表现。从"负"的方面看，科学规律为设计师和工程师的工程思维设置了对于工程活动中存在"不可能目标"和"不可能行为"的"严格限制"。由于有了科学理论的"思想武装"，"合格的"设计师和工程师都清楚地知道工程活动的"可能性边界"在哪里，他们都不会幻想"达到"违反或违背科学规律的目标，他们不会存在以违反或违背科学规律的方法进行设计的幻想。一旦设计师、工程师、企业家的思维陷入那样的幻想或陷阱，工程的失败就不可避免了。正是由于现代工程思维与科学思维存在密切的联系，这就决定了科学教育成为现代工程教育中一个基本内容和基础性成分，任何没有接受合格的科学教育和具备合格的科学知识"基础"的人都不可能成为一个合格的设计师和工程师。

工程思维与科学思维的区别突出地表现在以下几个方面：

第一，工程思维是价值定向的思维，而科学思维是真理定向的思维。科学思维的目的是发现真理、探索真理、追求真理，而工程思维的目的是满足社会生活需要、创造更大的价值（包括各种社会价值和生态价值在内的广义价值，而非狭义的经济价值）。

第二，工程思维是与具体的"个别对象"联系在一起的"殊相"思维，而科学思维是超越具体对象的"共相"思维。科学思维以发现普遍的科学规律为目标，这就决定了它是以"共相"（普遍性、共性）为灵魂和核心的思维。由于任何工程项目都是"唯一对象"或"一次性"的，世界上不可能存在两个完全相同的工程，于是，工程思维方式就成为以"个别性"为思维灵魂的一种思维方式。

第三，从时间和空间维度看，工程思维必然是与思维对象的具体时间或具体时段联系在一起的思维，即具有"当时当地性"特征的思维；而科学思维则不受思维对象的具体时间和具体空间方面的约束，即它具有对"具体时空"的"超越性"。由于工程活动，例如青藏铁路工程、三峡工程、京沪高铁工程等，都是特定主体在特定的时间和空间进行的具体的实践活动，这就决定了工程思维必然在很多方面都表现为某种具有"当时当地性"的思维。例如，任何工程都有一个"选址"问题，任何工程也都有一个"工期"问题，在思考这类问题时，思考者脑海中要思考的都是与具体的时间和空间（"当时"和"当地"）联系在一起的问题，而不是脱离具体的时间和空间的问题。应当注意，"当时当地性"这个特点不但表现在"选址"和"工期"方面，而且渗透在工程思维的所有环节之中。与工程思维不同，一般来说，与具体时间（时点或时段）和具体空间（地点和区域）结合在一起的对象和问题不是科学思维关心的对象，科学思维一般关注的是超越具体时空的对象或问题。

　　B　工程思维的逻辑性和艺术性

　　工程思维必须有逻辑性。艺术家在进行文艺创作时，他们的思维是可以"不顾逻辑"的，小说和电影中出现的许多违背逻辑的情节大受文艺批评家的赞赏，而工程思维却不允许出现这种类型的逻辑错误和逻辑混乱。

　　可是，从另外一个方面分析和研究工程思维方式的特点，又会发现工程思维与艺术思维也有相同之处，工程思维中也有堪称"艺术性"的方面。工程思维的艺术性不但表现在工程思维需要有想象力上，更表现在工程思维常常需要工程的决策者、设计师和工程师表现出"思维个性"、追求"工程美"上。正像艺术家思维的"（艺术）个性"是艺术活动的"艺术性"的核心一样，卓越的设计师在工程思维中往往也要闪耀出"（设计）个性"的火花和光辉。

　　C　工程思维的操作性、运筹性和集成性

　　工程目的必须通过操作才能变成现实，离开了实际的作业和操作，工程过程就只能停留在图纸阶段而不能把图纸变成现实。由于操作是工程活动的基本内容，这就使工程思维成为要求具有操作性的思维，成为"目的—工具性思维""设计—运筹性思维"这使它与"原因—结果性""反映—研究性"的科学思维有了很大的不同。承认工程思维是具有（可）操作性、（可）运筹性的思维就意味着承认在工程思维中"工具理性"具有关键性的重要意义。

　　由于工程活动是技术因素、经济因素、管理因素、社会因素、审美因素和伦理因素等多种要素的集成，这就决定了工程思维也必然是以集成性为根本特点的思维方式。集成性的成功和失败往往成为决定工程思维成败的首要关键。

　　D　工程思维的可靠性、可错性和容错性

　　任何工程都具有一定程度的风险性，世界上不可能存在没有任何风险的工程。工程活动的目的是寻求成功，可是工程活动却有可能暗藏着失败的因素，因此，在工程思维中必然要涉及可靠性、可错性和"容错性"问题。

　　由于客观方面存在着许多不确定性因素，再加上主观方面人的认识中必然存在一定的缺陷和盲区，这就使工程思维成为不可避免地带有风险性和不确定性的思维。工程决策者、设计者、管理者，须对此保持清醒的认识、明确的自觉和认真的防范意识。

　　工程思维活动中有可能出现错误。工程风险和失败既可能是由于外部条件方面的原因而导致的（例如超出常规的自然灾害），但也可能是由于决策者、设计者、施工者的认识和思维中出现错误而导致的。

　　一般地说，可错性是任何思维方式都不可避免的。不但工程思维具有可错性，科学思维也具有可错性。可是，人们却绝对不能把这两种可错性等同视之。人们可以"允许"科学家在实验室的科学实验中多次失败（几十次甚至几百次的失败。可是，"业主"以及社会却"不允许"三峡工程之类的重大工程在失败后重来第二次），于是，工程项目在实践上"不允许失败"的要求和人的认识具有不可避免的可错性的状况就发生了尖锐的矛盾，而如何认识和解决这个矛盾就成为推动工程思维进展的一个重要动因。

从内在本性来看，工程思维是具有可错性的思维。可是，可错性不等于"必错性"，工程思维的另外一个本性是它应该是具有可靠性的思维。调查显示，在许多人的印象中，工程师办事比较可靠，这说明许多工程师已经把思维的可靠性内化在自己的"职业思维习惯"中了。

工程思维必须面对可能出现的可错性和安全性、可靠性的矛盾，在工程设计、工程思维中如何将矛盾统一起来，就成为推动工程思维方式发展的一个内部动因。这个矛盾从一定意义上看是永远也不能完全解决的，但工程思维却"执意"地、坚持不懈地企图找出一条尽可能好的处理这个矛盾的方法和途径。工程思维已经在这个"方向"上取得了许多"成功"，今后还将取得更大的成功。但工程思维无论如何也不可能达到绝对的可靠性，工程思维应该永远把可靠性作为工程思维的一个基本要求，同时又必须永远对思维的可错性保持最高程度的清醒意识。

为了提高工程思维和工程活动的可靠性，设计工程师和生产工程师往往要加强对工程"容错性"问题的研究。所谓"容错性"就是指在出现了某些错误的情况和条件下仍然能够继续"正常"地工作或运行。例如，人的许多生理功能系统、计算机系统等都具有一定的"容错性"，不是一出现"毛病"就发生"系统功能瘫痪"，而是能够在一定范围内和一定程度上"带病""可靠运行"，这就是"容错性"在发挥作用和"显示威力"了。可以看出，"容错性"概念正是设计工程师和生产工程师在研究可靠性和可错性的对立统一关系中提出的一个新概念，而"容错性"方法也已经成为设计工程师和生产工程师为提高可靠性、对付可错性而经常采用的一种重要方法。

4.1.3 工程问题和工程思维

工程思维不是天马行空的幻想，不是脱离现实的抽象玄思。工程思维是提出工程问题、求解工程问题的过程。工程思维的基本任务和基本内容就是要提出工程问题和解决工程问题。

4.1.3.1 工程问题

1987年，在国际第八届逻辑、科学方法论和科学哲学大会上，有学者提出应该建立和研究"问题学"。20世纪90年代以来，我国学者林定夷对"问题学"从哲学、方法论和逻辑角度进行了颇为深入的分析和研究。但他们关注的主要是"科学问题"，而在现实生活中，除科学家外，对"普通人"（特别是工程共同体）来说，必须面对和大量存在的不是"科学问题"，而是"工程问题"。

科学问题和工程问题在性质与特征上都有许多不同。在一定意义上，我们可以把科学思维、工程思维都看成是提出问题和求解问题的过程。二者的区别在于科学思维是"科学问题"的提出和求解过程，而工程思维则是"工程问题"的提出和求解过程。

科学问题和工程问题在问题的来源、性质、指向、目的、求解过程等许多方面都是迥然不同的。

如果说科学问题往往来自科学家的怀疑精神和好奇心（这种好奇心往往并没有实用的目的），那么，工程问题（工程任务）就另有来源了。工程问题的来源不是好奇心，而是主体的现实生活的现实需要和社会需求。应该承认，从语法和逻辑方面看，科学问题和工程问题确实都常常表现为"疑问句"。可是，如果细究其内容，又会发现科学问题和工程问题在具体性质和具体内容上有很大区别。例如，科学问题往往问"发生某现象的规律是什么？"。科学问题是涉及自然界的共性和共相的理论性的问题。而工程问题却常常表现为提出一项工程任务，例如"是否需要在某条河流的某个地方建一座桥梁？""应该怎样建设这座桥梁？"工程问题是涉及社会需求的具体问题和殊相问题。

从认识论和方法论角度看，"问题"不属于"朦胧的感觉"。如果仅仅停留在一般性的好奇心或仅仅有需求欲望的水平上，而没有达到一定的"认识论深度"或一定的"思维水平"，没有形成一定的信息与知识的前提和基础，那就还不能认为已经"真正"提出了一个"科学问题"或"工程问题"。

从认识论和方法论角度看，所谓"问题"绝不单纯指一个语法上的疑问句，由于"提出问题"的认识论本质是标志着一个具体的思维过程进入开始阶段，这就使得任何"真正的问题"在逻辑结构上都必须是一个具有一定结构的"问题包"，其中包括了"谁提出的问题""什么性质的问题""问题的对象如何""问题的指向如何""预设上的答案如何"等一系列子问题。

从问题性质和思维主体方面看，科学问题的性质是"无特定主体依赖性和特定时空依赖性"的"共相性"的问题，科学思维是"无特定主体依赖性和特定时空依赖性"的思维；而工程问题的性质则是"具有特定主体依赖性和特定时空依赖性"的"殊相性"问题，工程思维是"具有特定主体依赖性和特定时空依赖性"的思维。与此密切联系在一起，科学问题的答案是"放之四海而皆准"的答案，是"无特定主体依赖性和特定时空依赖性"的答案；而工程问题的答案不是"放之四海而皆准"的答案，是"具有特定主体依赖性和特定时空依赖性"的答案。于是，工程思维的灵魂表现为对于"特定主体"和"当时当地"的依赖性。

4.1.3.2 工程问题求解

如果把科学思维和工程思维都看作是问题求解的过程，那么，二者的区别就在于科学思维的基本内容是提出科学问题和运用科学思维方法求解科学问题，而工程思维的基本内容则是提出工程问题和运用工程思维方法求解工程问题。

科学问题的求解是真理定向的，其答案具有普适性，其旨就是提出一般性的科学理论，发现一般性的科学规律；而工程问题的求解是造物定向的，具有明确的目的性，当时当地性，其旨是满足主体的一定的需求。

所谓求解一个工程问题，其直接任务或思维结果往往就是要求在给定的初始状态和约束条件下制定出一个能够从初始状态经过一系列中间状态而达到目标状态的转换和运作程序。在问题求解的过程中，需要解决有关的参数确定和优化选择问题，器具、工序的选择、各种界面衔接和匹配问题，工程组织管理问题，效率、效力和功能的提升与优化问题。

科学问题求解过程中需要运用多种科学方法，例如实验、证明、归纳、演绎等。而在工程问题的求解过程中，不但需要运用归纳、演绎等科学方法，而且需要运用工程系统分析、设计、运作分析、程序编制、运行规则、工程规范制定和启发法等工程方法。

由于科学问题的答案具有唯一性，所以，从科学社会学观点看科学发现过程，就出现了科学发现的"优先权"、首创性问题。在现代社会中，只有那个最早获得该答案的科学家"第一名"才能够被承认为"发现人"，而第二名、第三名获得该答案的科学家的贡献就不被承认了。这就是科学社会学中已经有了大量研究成果的所谓科学发现的"优先权"问题。可是，在工程问题求解的过程中，由于工程问题的答案不具有唯一性，由于工程问题求解的标准是卓越性，于是，完全可能出现前几个（包括"第一个"）提出的工程方案（作为对工程问题的"答案"）被"抛弃"，而提出时间位次靠后的工程方案却被采纳的情况。

4.1.4 工程知识和工程规则

工程思维和工程知识是密切相关的。一方面，工程思维离不开一定的工程知识；另一方面，通过工程思维又可以形成新的工程知识。科学哲学中对于科学知识进行了许多分析和研究，可是，对于工程知识却少有深入的哲学分析和研究。在人类的知识宝库中，工程知识是数量最大的一类知识。

4.1.4.1 工程知识

在历史上，人类很早就拥有了许多工程知识，没有这些工程知识，人类就无法生存下去。后来，产生了科学，人类又有了科学知识。

工程知识与科学知识既有联系又有区别。工程知识有其特殊的本性和特殊的重要性，那种把工程知识"归结"为科学知识、认为工程知识比科学知识"低一等"的观点是错误的。

从知识分类和知识本性上看，工程知识是"本位性"的知识而不是"派生性"的知识。哥德曼曾经从哲学角度对科学知识和工程知识的区别进行了许多精辟分析。他认为，工程有自己的知识基础，绝不应和不能把工程知识归结为科学知识。他指出：不但在认识史上科学不是先于工程的，而且在逻辑上科学也不是先于工程的，不但古代是这样，而且现代社会中也是这样。

工程知识的具体类型和具体表现形式是多种多样的。必须特别注意的是，工程知识中不但包括大量的"显性知识"，而且包括大量的"隐性知识"（tacit knowledge，也译为意会知识）。在工程知识论的研究中，对"隐性的工程知识"的研究成为一个重要的新课题。

对于工程知识在表现形式上的特点，已经有美国学者注意到了"可视化"在工程知识中（特别是设计中）的作用。工程设计的结果常常表现为一套图纸，工程师也往往更喜欢"图示"的方法。虽然在科学知识中，也会见到"图形"形态的知识，但科学知识在表达中一般常常使用概念、定义、公式等表达方式，另一方面，虽然在工程知识的表达中，也离不开语言这种表达方式，但图形和图示方法确实在工程知识的表达中具有更重要的意义与作用。从思维方式角度看，图形和图示方法与形象思维有密切联系。在工程思维和工程知识中，图形和图示方法的运用无疑反映出形象思维方式在工程思维中发挥了重要作用。

虽然工程知识数量巨大，特别是在知识经济时代，更出现了所谓"知识爆炸"的现象，但"知识爆炸"现象的出现并没有改变知识仍然稀缺这个基本状况或事实，并且它甚至还空前严重地加剧了"知识稀缺"的范围和程度。必须清醒地认识到：不但物质资源是稀缺有限的，而且知识资源和人力资源也是稀缺有限的。所以，必须重视知识和重视人才。在工程活动中，工程知识常常是稀缺资源。

知识稀缺可分为"绝对稀缺"和"相对稀缺"两种类型。不能通过知识传播或知识共享而得到的知识称为"绝对稀缺"的知识，它包括两种情况：有关知识不存在，或是知识拥有者进行知识封锁。为解决知识"绝对稀缺"的问题，必须进行自主创新。另外一种知识稀缺是"相对稀缺"。人类可以通过知识学习、知识传播、知识共享的方法解决知识"相对稀缺"的问题。在现代社会中，知识学习、知识传播和知识共享的意义正在变得越来越重要。

4.1.4.2 工程规则

如果说关于"客观规律"的知识构成了科学知识主要内容，从而可以认为科学知识是一个"关于规律的知识系统"；那么，关于"工程活动规则"的知识就成为工程知识的主要内容，从而可以在一定意义上认为工程知识是一个"关于规则的知识系统"。

从哲学角度看，规律和规则是两个不同的范畴。（1）规律具有客观"自在性"，而规则具有"人为性"；（2）规律是被人发现出来的，客观规律在它们未被人发现的时候也是存在的，而规则是由人制定出来的，规则在它们未被制定出来的时候是不存在的；（3）自然规律是对自然界而言的，是不令自行的，是无须借助于人力就可以自然而然地发挥作用的，而规则是对人而言的，是要求人们遵守的，是只有在它被制定出来之后并且在有人执行它的时候才发挥作用的；（4）规律回答的是关于外部世界的"是什么"的问题，而规则回答的是关于人在某种条件下"应是"和怎样行动的问题；（5）科学家以发现和研究规律为己任，而管理者、工程师、工人以制定和执行规则为己任。

规则的具体类型是多种多样的，有成文的规则，也有不成文的规则。各种章程、规程、守则、规范、条例等，都是规则的表现形式。

在科学知识中，关于规律的知识是最重要的内容之一。在工程知识中，关于规则的知识是最重要的内容之一。各种工程规范、工程标准都是关于规则的工程知识。

工程规范和工程标准与工程实践和工程思维有密切的联系。工程规范和工程标准是工程知识的最重要的形式之一。一方面，工程规范和工程标准是工程实践和工程思维的产物；另一方面，工程实践和工程活动又必须把遵循工程规范和工程标准当作一个重要原则，除特殊情况外，不能违反工程规范和工程标准。在工程活动中，按照工程规范和工程标准行事是最重要的行动原则之一。

工程规范和工程标准不是固定不变的。工程知识发展的最重要的内容和方式之一就是工程规范和工程标准的修订和新工程规范、新工程标准的制定。工程思维不但要分析和研究关于应该如何遵循工程规范和工程标准的问题，而且应该在有需要的时候，思考关于修订工程规范和标准的问题，甚至是关于制定新规范和新标准的问题。

应该特别注意的是，对于工程思维和工程活动来说，能否正确处理遵循规范和工程创新的关系常常是决定工程活动成败的关键所在。

4.1.5　工程思维中的价值追求和意志因素

工程思维活动不但具有知识内容，而且它还具有价值内容和意志因素。

著名的社会学家韦伯（Max Weber）曾经把理性分为价值理性和工具理性两种类型。有人曾经认为工程师的思维主要是工具理性的思维，前文在分析工程思维的性质时所分析的工程思维的性质中有许多内容可以说都表现出工程思维具有工具理性的性质。可是，如果把工程思维仅仅归结为工具思维就错了，因为在工程思维方式中，价值理性的地位和作用是"高于"工具理性的。

工程思维的灵魂和核心在更大程度、更深层次上看是价值理性思维。

在工程思维中，确定价值目标不但在时间过程上是居先的，而且它在整个工程思维活动中、在内容"结构"上也是居于"高层"位置的，对于工程的价值思维在整个工程思维活动中的地位和作用可以一言以蔽之：工程思维是以价值目标为导向和以价值目的为灵魂的思维。工程思维和工程活动不但必然追求一定的价值目标，而且还希望这个价值目标能够尽可能地改进、改善或优化。应该强调指出，这里所说的价值目标，其含义绝不仅仅是指通常的经济价值，而是包括了"社会价值"、生态价值、伦理价值、美学价值、心理价值等多种价值在内的广义的价值。

在人类的思维活动中，意志能力和意志性活动是非常重要的。人的意志能力和意志活动突出表现在决策环节和执行环节。在工程决策时，决策者的坚强意志甚至会成为决策的决定性的因素，而意志薄弱和刚愎自用则常常导致决策失误。有了正确的决策之后，在工程的实施过程中，执行者往往必须克服重重困难，如果执行者在面对这些困难时没有坚强的意志，工程常常不可能按照决策者的预计方案顺利实施。很多工程能否成功的关键，往往不在于能否选择出一个最好的方案，而在于执行这个方案时执行者是否有足够坚强的意志。

有些人往往片面重视工程思维中知识性成分或知识性内容，而忽视了工程思维中价值和意志因素的重要性，这是对工程思维性质和特点的一种误解，特别是对于工程的决策思维来说，对工程思维中价值和意志因素的重要性无论怎样强调也不过分。

4.1.6　工程活动中的工程思维

4.1.6.1　工程决策

在工程思维中，工程决策思维是关键性、核心性的内容。在社会生活中，从个人的日常生活到企业、地区、国家的生存发展，经常要面对各种各样的决策问题。从哲学角度看，决策是人的主观能动性的集中表现。从实践方面看，决策常常是决定各种行动成败的关键环节。决策是人类各种行动的前提与指南，决策失误要导致行动的失败。《孙子兵法》十三篇以"计篇"为首。孙子说："夫未战而庙算胜者，得算多也；未战而庙算不胜者，得算少也。多算胜，少算不胜，而况于无算乎！"孙子所说的"庙算"就是今天所说的决策。

在工程活动中，决策具有头等重要的地位和作用。虽然在全部工程活动过程中，决策仅仅是整个工程活动中的一个环节，但它对工程活动的影响却是整体性、全局性和决定性的。像都江堰那样的正确决策可以造福千秋万代，而另外有些工程的错误决策也可能贻害无穷。在工程活动中，决策失误是最大的失误，对此，人们（特别是领导者）必须对决策保持高度的关注。

工程决策是工程活动的"发动环节"。由于社会制度、环境、条件、任务、目标等不同情况，工程决策的主体（决策者）可能是政府、企业或其他类型的主体。

工程决策可分为两个层面：一是工程活动的总体战略部署，二是制定和选择具体的实施方案。工程建设的总体战略部署，主要是根据问题与机会，决定在什么时间、什么地方安排什么工程。战略部署需要考虑工程的可行性，但重点在于工程总体布局的合理性、协调性与经济性。工程具体实施方案的选择，是要对多个可能的实施方案进行综合评价与比较分析，从中选择最满意的方案。工程的总体战略部署和具体实施方案选择是紧密相关的。

工程决策过程包括三个步骤：针对问题确定工程目的及目标（群）、收集和处理有关信息并拟定多种备选方案、方案选择，如图 4-1 所示。

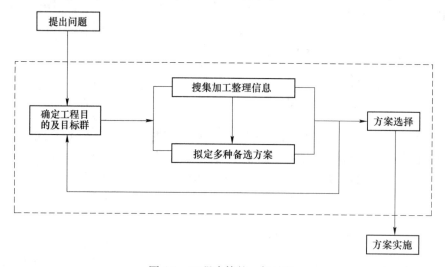

图 4-1　工程决策的一般过程

在工程决策中，确定工程目的及目标（群）是一个首要问题。对于工程决策而言，工程的总目标中应该包括以下方面：（1）功能目标，即项目建成后所达到的总体功能；（2）技术目标，即对工程总体的技术水平的要求或限定；（3）经济目标，如总投资、投资回报率等；（4）社会目标，如对国家或地区发展的影响等；（5）生态目标，如环境目标、对相关污染的治理程度等；（6）其他有关目标。

正确的决策是建立在全面、及时、准确地收集和处理各种相关信息的基础之上的。如果没有全面、及时、准确的相关信息，方案的制订就会成为无源之水、空中楼阁。在决策过程中，根据工程总体目标的要求和战略部署需要，广泛收集自然、技术、经济、社会等方面的相关信息，对这些信息进行加工整理，提出可能的工程实施方案，是一项需要花费巨大精力的工作。通常，由于工程会带来社会、经济和生态环境等多方面的影响，因此往往会提出多种可能的备选方案，这些方案各有所长，决策者必须对它们进行系统分析，权衡选择，甚至重新集成组合。

工程决策的三个阶段不是完全线性的过程，而是存在着多重反馈的过程。信息处理、运筹分析等始终存在于工程决策的各个步骤中。机会研究、初步可行性研究、可行性研究、评估与最后决策等环节是互相联系、互相作用的。甚至在决策制定后的工程实施过程中，也可能需要根据实施中遇到的实际问题的反馈，对原来的工程决策方案进行某些必要的调整。

决策是由决策者做出的。"决策者"可能是一个人，也可能是一个集体。决策者的决策活动是很复杂的，它要受到许多方面和许多因素的影响。

工程决策需要以理性为基石。对工程的初始条件与环境条件的调查与辨识，工程方案的运筹设计，方案比较与综合评价等，都是基于理性的行为。当代决策理论，包括运筹学、系统分析、最优化理论、理性选择理论等，都是理性在决策中的作用的体现。

工程决策必须要有理性，但非理性的因素，特别是情感与意志，也会在工程决策中发挥重要作用。

决策活动不但是一个理性活动过程，同时也是一个意志活动过程。一般地说，如果没有意志因素的"介入"，任何决策都是无法做出的。特别是对于那些"决定前途和命运"的决策，决策者如果在意志品质方面有缺陷，其后果常常是灾难性的。重大工程的决策要求决策者必须表现出刚毅、坚定、敢于当机立断的意志品质。反之，意志薄弱、优柔寡断会导致决策失误，正所谓"当断不断，反受其乱"。在古今中外的历史上，有许多因意志薄弱而不能及时做出决策，从而酿成"千古恨"的案例。决策果断绝不等于轻率鲁莽、刚愎自用，果断决策需要以慎重考虑和分析为前提，否则便会走向盲目决策，酿成恶果。

在工程决策过程中，还要既坚持科学化，又坚持民主化。一般说来，工程决策的民主化至少应包含如下三种含义：

第一，工程决策的价值目标应该体现最广大人民群众的根本利益，而那些损害广大人民群众根本利益的工程决策则是应该制止和反对的。

第二，从人员方面看，工程决策的民主化意味着不但要注意听取专家的意见，而且必须听取利益相关者和广大公众的意见。

第三，应该制订出符合民主化要求的工程决策程序，应该让人民知情，让人民讲话，让人民参与决策，最后做出有利于体现最广大人民根本利益的工程决策。

工程决策应该是科学化与民主化的统一，不应片面地强调某一方面而忽视或轻视另一个方面。在工程决策过程中，主张单纯遵照科学家和工程师的意见决策而完全忽视群众意见是不恰当的，但单纯强调大众直接参与工程决策而贬低专家意见也是不恰当的。我们应该清醒地看到，当面临许多难题进行工程决策时，如果片面主张一切听从"群众"的意见，那么，多种利益冲突的结果很可能会消解任何有意义的工程。因此，必须把决策科学化与民主化统一起来，把坚持决策科学化与民主化的统一看作是一个更基本的决策原则和要求。在现实工程决策过程中，妥善地处理科学化与民主化的统一性，蕴涵着决策的艺术性。

4.1.6.2 工程设计

在现代工程活动中，设计工作是一个起始性、定向性、指导性的环节，具有特殊的重要性。

A 工程设计中问题求解的非唯一性问题

可以把工程设计看作问题求解的过程。由于科学研究可以被看成是一个问题求解的过程，于是这里就出现了一个"新问题"："科学问题的问题求解"和"工程问题的问题求解"两者之间有何根本性不同呢？

这个根本性不同就是：工程设计中的问题求解具有非唯一性。

在现实中，工程设计面对的往往是一些"不确定性定义"（ill-defined）或具有"不确定性结构"（ill-structured）的问题。确定性定义或具有确定性结构的问题，比如求解一元一次方程式，通常具有清晰的目标、唯一正确的答案以及明确的规则或解题步骤，而不确定性定义或具有不确定性结构的问题则具有如下特点：

第一，问题本身缺乏唯一的、无可争议的表述。问题初步设定时，目标常常是含混不清的，而且许多约束和标准也不明确。问题产生的背景相当复杂和棘手，很难清晰地理解。在解答问题的过程中，可以先试着对问题进行一些尝试性的表述，但这些表述通常是不稳定的，会随着对问题本身了解的深入而发生变化。

第二，对问题的任何一种表述都包含不一致性。具有不确定性结构的问题通常包含内在的冲突因素，其中的许多冲突因素需要在设计的过程中加以解决，而在解决问题的过程中又可能产生新的冲突因素。

第三，对问题的表述依赖于求解问题的路径。要理解面临的问题究竟是什么，需要或明或暗地参照哪些可行的解决问题的手段和方式，对解题之道的把握影响着对问题本身的把握。尝试性地提出解决方案可以成为理解问题的重要手段。一些技术或非技术上的难点，以及可能会涉及的一些不确定的领域，只有在试图解决问题的过程中才会暴露出来，而许多先前未曾注意到的约束条件和标准也在不同方案的评估中涌现。

第四，问题没有唯一的解答。对同一个问题存在着不同的有效解决方案，不存在唯一的、客观的判断对错的标准和程序，但不同的方案在不同方面可以有优劣之分。

B　工程设计中的几个重要的关系

工程设计是一个复杂的过程，其中有许多难以处理的重要关系，可是，这些关系却又是必须努力处理好的。

a　设计中的共性与个性的关系

在工程设计中，如何认识和把握一般与个别的关系、共性与个性的关系、科学性与艺术性的关系常常是最核心、最关键的问题。在认识和处理这些关系时，任何极端化、片面化的观点和做法都是不合适、不恰当的。

一方面，人们必须承认工程设计是有一般性规律和规则可循的，应该承认必须在实战经验的基础上深入反思、概括、提炼和升华，努力发现与掌握有关工程设计的一般规律与方法，并且在工程实践中努力运用和发展这些一般原则、规律与方法。另一方面，人们也必须承认任何具体工程项目的设计都不可避免地具有自身的特殊性和独特个性，必须承认任何工程项目的设计都是具有"唯一性"和"个性化"特色的设计，这也就是为什么人们常常把设计视为"艺术"而不是科学的根本原因。

b　设计工作中创新性与规范性的关系

设计工作需要创新、必须创新，没有创新精神的设计必定是平庸的，甚至是拙劣的设计。设计又是一项必须遵循和依照有关的"设计规范"进行的工作，一般来说是绝对不允许违背有关的设计规范的，因为设计规范的制订往往都是凝结了许多试验结论、实践经验，甚至惨痛教训的结果。

在设计工作中如何有机地把创新精神与严格遵循有关规范结合起来，往往并不是一件容易的事情。在这里，一方面，必须强调严格遵循设计规范，不允许轻率地把设计规范置于脑后而不顾；另一方面，又应该在必要时，以非常严肃的态度和依照格外严格的标准"突破""现有设计规范"藩篱的约束，果断地创新。因此，更重要的是，还应该及时根据新的时代背景、新的需求、结合新的知识修订原有的设计规范。

c 设计人员相互之间以及设计人员与非设计人员的关系

工程设计通常是由一个团队而不是个别人来承担的，而设计团队的构成也是多样化的，来自不同的专业，具有不同的实践背景，设计者、管理者和客户之间存在着复杂的互动关系，包括交流、沟通和妥协，都给理解工程设计的过程特点带来了新的问题。需要将工程设计作为"社会过程"来理解。

当前，并行设计已成为工程设计的一种"新潮流"。并行设计是所谓并行工程的核心部分，它要求参与设计的不只是传统意义上的设计人员，还要包括销售、维护、资金、物流等诸多方面的管理和技术人员，设计团队在一开始就考虑产品整个生命周期中从概念形成到产品报废的所有因素，包括质量、成本、进度计划和用户要求，充分利用先进的信息技术和集成技术，将原来分阶段串行进行的设计工作在时间和空间上进行交叉、重叠编排，从而达到降低成本、缩短产品开发周期、增强产品竞争力的目的。可以看出，在这一对于设计工作的新的理解中，专业设计人员和非专业设计人员的交流、互动、对话、协调已经成为搞好设计工作的新的关键。

目前虽然从一般理论分析的角度，已经肯定了非专业设计人员参与设计工作的重要性和必要性，但在如何才能正确、恰当地处理专业设计人员和其他人员相互关系的问题上，需要继续认真和深入研究的问题还是很多的。可以预期，设计理论、设计思路、设计方法，甚至包括设计理念，都会在研究和探讨这些问题的过程有所发展，有所前进。

4.1.6.3 工程评估

在工程活动中，不但需要有决策思维和设计思维，而且需要有评估性思维。工程评估是依据一定的价值标准对工程活动进行的价值评判，它是工程决策与判断工程社会实现程度的重要依据，是工程活动不可缺少的环节。由于工程活动是价值定向的活动和过程，工程活动的目的是要形成一个更有价值的世界，因此，工程评估直接构成工程活动的重要内容与重要环节。过去，人类常常仅着重从经济角度和依据经济标准对工程活动进行评价和评估，但是，这种评估方法无法很好地把握工程、社会与自然环境之间的整体关联，已经不能全面反映工程的"真实价值"，甚至在现实中不可避免地带来了这样那样的问题。这就需要把握工程价值的多维性，突破对工程活动的传统评估方法的思维局限性，对工程活动进行全面、系统的评估，努力保证工程评估的全面性、科学性与合理性，为可持续发展服务。

4.2 工程理念与工程观

4.2.1 工程理念

目前，不但在工程界，而且在全社会范围内，工程理念问题都正在引起人类愈来愈多的关注。工程理念问题非常重要，影响十分深远。好的工程理念可以指导兴建造福当代、泽被后世的工程，而工程理念上的缺陷和错误又必然导致出现各种贻害自然和社会的工程。

4.2.1.1　工程理念的含义

"工程理念"是一个新概念。它是"理念"这个具有普遍性的哲学范畴和现实工程活动的经验和理想相结合而形成的一个新概念、新观念、新范畴。从工程哲学的角度看，真正的造物主不是上帝，世界上也没有什么上帝，真正创造世界和创造历史的是人民群众。人民和劳动者才是真正的造物主。工程活动的本质不是单纯地认识自然，而是要发挥人的主观能动性进行物质创造活动，造房子、造铁路、造计算机、造宇宙飞船等。工程活动不是自发的活动，工程活动是人类有目的、有计划、有组织的造物活动。一般地说，工程理念就是人类关于应该怎样进行造物活动的理念。

任何工程活动都是在一定的工程理念指导下进行的。在工程活动中，虽然也有"干起来再说"和在工程实践中逐渐进一步明确和升华出新工程理念的情况，但更多的情况是理念先于工程的构建和实施，甚至先于工程活动的计划和工程蓝图的设计。

工程理念是一个源于客观世界而表现在主观意识中的哲学概念，是人类在长期、丰富的工程实践的基础上，经过长期、深入的理性思考而形成的对工程的发展规律、方向和有关的思想信念、理想追求的集中概括和高度升华。在工程活动中，工程理念发挥着根本性的作用。

一般地说，工程理念应该从指导原则和基本方向上，而不是具体答案含义上，回答关于工程活动"是什么（造物的目标）""为什么（造物的原因和根据）""怎么样（造物的方法和计划）""好不好（对物的评估及其标准）"等几个方面的问题。由于人类社会是不断发展的，人类的认识是不断提高的，人的需求是不断变化的，工程活动的经验、知识、方法、材料和技术手段是不断提高的，工程师的见识、思维能力、设计方法、施工能力是不断增长的，工程活动的理念也就不可能是固定不变的，而是要随着条件、环境、时代的变化而不断变化、不断发展。

4.2.1.2　工程理念的层次和范围

如上所述，工程理念是"一般性"的哲学概念。可以简单地说，理念实际上就是理想的、总体性的观念，包含着诸多具体的观念。

由于物质世界是一个分层次的世界，同时由于人类的工程活动也是可以在"纵向"上划分出一定层次的活动，于是，在认识和概括工程理念时，人们往往需要在不同的活动层次上总结和概括出对于本层次的工程活动更有针对性的工程理念。物质世界和工程活动中，同时在"横向"上还有"范围"方面的问题。人类应该运用辩证和灵活的态度和方法，对具体问题进行具体分析，而不能采取机械绝对化的态度和方法去认识和对待这些问题。

如果把工程理念看作是一个"总体性"的概念，那么，容易看出，这个"总体性"的工程理念还可以在"纵向"和"横向"上划分出许多不同的"层次"和"范围"的工程理念。正是这些"纵""横"交错、不同"层次"和"范围"的多种多样的具体工程理念"构成"了"总体性"的工程理念。

不同层次和不同范围的各种工程理念之间存在着复杂的关系。现代社会中，可以认为"既追求人与自然的和谐同时又追求工程与社会的和谐"就是一个"总体性的工程理念"。虽然一般地说，所有其他较低"层次"和较小"范围"的比较具体的工程理念都必须同这个"总体性的工程理念"相吻合、衔接，但其他的工程理念却不是可以直接从这个总的工程理念中简单地"演绎"出来的。

任何较低层次和较低范围的工程理念的形成都不是容易的事情，不可能是一蹴而就的事情，都需要工程活动的领导者、企业家、工程师等人在踏踏实实的实践的基础上，通过深入的理性思考才能升华出一个关于某个层次或某个范围的工程理念。在这个酝酿、概括和升华出工程理念的过程中，工程哲学是可以而且应该发挥重要作用的。

4.2.1.3　工程理念的作用和意义

工程理念不同于科学理念和技术理念。科学活动的理念是要正确揭示事物和现象的本质和规律；技术活动的理念是要追求合乎事物本性的、合理的、"巧妙"的途径或方法；而工程活动的理念则是工程共同体在工程实践及工程思维中形成的对"工程活动"和"工程存在物"的总体性观念、理性认识和理想性要求。

工程理念贯彻工程活动的始终，是工程活动的出发点和归宿，是工程活动的灵魂。工程理念必然会影响到工程战略、工程决策、工程规划、工程设计、工程建构、工程运行、工程管理、工程评价等。总而言之，工程理念深刻影响和渗透到了工程活动的各个阶段、各个环节，它贯穿于工程活动的全过程。对于工程活动，工程理念具有根本重要性，工程理念从根本上决定着工程的优劣和成败。因此，工程理念的重要性无论怎样强调都不会过分。

各类工程活动都是自觉或不自觉地在某种工程理念的支配下进行的。在古今中外的许多优秀工程中，人们看到了先进的工程理念的光辉。与此相反，工程理念的落后甚至错误，必然酿成工程活动的失误或失败，危害当代，殃及后世。

当前我国正在进行大规模的工程建设活动，为了搞好我国的工业建设，实现社会进步和发展目标，不能再走发达国家传统工业化老路，需要树立新的工程理念，走出一条符合我国国情具有时代特色的新型工业化道路。

当代工程的规模越来越大，复杂程度越来越高，对社会、文化、经济、环境等方面的影响也越来越大。为了切实搞好各种类型的工程，不仅需要有工程科学、工程技术和工程经济、工程管理等专业知识，而且还需要站在哲学的高度，全面地认识和把握工程的本质和发展规律，树立新的工程理念，处理好工程与社会发展的关系，在工程活动的全过程中处理好科技、效益、资源、环境、安全等方面的关系，不但要通过工程促进经济发展，而且要努力促进我国和谐社会的建设。

4.2.1.4　工程理念的时代性及其历史发展

工程理念不是凭空产生的，它是在人类实践活动，特别是工程实践活动的基础上产生的。工程理念根源于人类的生活需要和社会需求，来自人类对未来的理想和人的创造性思维；它立足于现实，同时又适度"超越"现实。

人类的工程实践不断前进、发展，人类的需求和理想不断变化，工程活动的理念也在不断变化、发展、前进、创新。

工程理念是现实与理想的辩证统一，是可能条件与奋斗精神的辩证统一。工程理念中必须有理想的成分和理想的光辉，否则它就不能被称为工程理念。可是，单纯的幻想和不切实际的空想都不属于工程理念的范畴。我国古代有关于顺风耳和千里眼的神话，西方世界和阿拉伯国家有神靴、飞毯之类的神话，虽然这些神话曲折地反映了当时人们的愿望和幻想，但由于它们远远脱离了现实可能性的条件和土壤，它们都只能被说成是神话或幻想，而不是当时社会中实际形成和出现的工程理念。

工程理念是随着工程实践的发展和人类社会的发展而不断变化发展的。在古代，社会生产力十分低下，科学技术不发达，那时的人类没有能力同变幻无常的自然抗争，许多农民在农业生产中抱着靠天吃饭的想法，社会中普遍流行着在自然面前"无所作为"和"因循守旧"的思想。这种思想虽然还不能说是一种明确、自觉的工程活动理念，但我们有理由把这种思想观念看作是一种理念的"雏形"或模糊形态的理念。由于这种理念的"雏形"或模糊形态的理念的影响，古代的科学技术和工农业生产都只能非常缓慢地发展。

近代，随着科学技术与生产力的发展，许多人相信人类应该而且可以征服自然，于是，"征服自然"的工程理念在近现代渐行其道。对于这种"征服自然"的工程理念，虽然我们应该承认它具有一定的历史进步性和历史合理性，但经过了一段时间之后，人类逐渐发现这种工程理念所产生的副作用愈来愈明显、愈来愈严重。

早在19世纪后期，恩格斯在《自然辩证法》一书中就明确地提出了警告。他说："我们不要过分陶醉于我们对自然的胜利。对于每一次这样的胜利，自然界都报复了我们。每一次的胜利，在第一步都确实取得了我们预期的结果，但是在第二步和第三步却有了完全不同的、出乎预料的影响，常常把第一个结果又取消了。""我们必须时时记住：我们统治自然界……决不像站在自然界以外的人一样，相反地，我们连同我们的肉、血和头脑都是属于自然界，存在于自然界的；我们对自然界的整个统治，是在于我们比其他一切动物强，能够认识和正确运用自然规律。"

在总结近现代工程活动正反两方面经验教训的基础上，特别是20世纪后期以来，工程界和社会其他各界人士在愈来愈广的范围中对以往"征服自然"的工程理念进行了反思和反省，在愈来愈深刻的程度上认识到必须在工程活动中树立起追求人与自然和谐和工程与社会和谐的新理念。

回顾和总结几千年来工程理念发展的历史轨迹，可以看到在不同的历史时期分别形成和出现了"听天由命""征服自然"和"天人和谐"的不同时代的工程理念。"听天由命"的理念低估了人的主观能动性，随着生产力的发展、科学技术的进步和人类认识的发展，人类挣脱了"听天由命"，"听天由命"理念被"征服自然"的工程理念所否定。"征服自然"的工程理念高估了人的主观能动性，遭到大自然的无情报复。实践证明，只有顺应天时、地利、人和，天工开物、人工造物，才能达到"天人合一"的和谐理念。

旧的工程理念将工程视为征服自然、改造自然的工具，强调人定胜天，固然有一定的可取之处，不能全盘否定，但是到了今天，旧的工程理念必须改变更新，必须建立新的工程理念。在新的工程理念的视野里，工程不仅代表了生产和经济的高度发展，而且更应使工程成为培育和谐社会的苗圃，要通过工程实现人与自然的和谐发展，而不能使工程活动成为激发社会矛盾的温床。

4.2.1.5　弘扬和落实新时代的工程理念

工程理念不是僵化不变的，而是需要随着实践和时代的发展而不断发展的。新时代需要打破旧的工程理念，弘扬新的工程理念。

打破旧的工程理念和弘扬新的工程理念不是容易的事情，这个过程中不可能不遇到困难，不可能不遇到阻力。工程理念的"新陈代谢""更新"和"创新"往往要经历一个困难、曲折的过程。

目前，尽管那种盲目"征服自然"的工程理念的许多弊端已经暴露出来，可是，从许多现实情况和具体表现来看，"征服自然"的工程理念在当前的现实生活中仍然在不同程度上继续存在，并没有销声匿迹。追求"人—自然—社会"之间和谐的工程理念虽然已经受到人类的关注，可是，要把这种新的工程理念落到实处又谈何容易。

在工程理念的内涵中包括究竟应该如何认识有关工程合理性和工程评判标准的问题。有些工程活动，如果从当时、局部评判，可能是"合理的"，可是，如果从长远和更大范围看，就可能是"不合理的"。有鉴于此，必须树立在更长的时间尺度、在更大的空间范围、在更复杂的社会系统中分析、认识和评价工程的理念。以往的许多人习惯于从"零和"观点看工程，而现代工程活动需要树立新的工程理念，摒弃"零和"思维，树立统筹兼顾、集成优化的发展观念，从成败、利弊、轻重、缓急和风险的权衡比较评估中，优化选择，全面地认识和把握工程的评价标准，处理好工程建设与社会发展的复杂关系，达到有关各方的"共赢"。

工程理念不能被变成空洞的口号或脱离实践的空谈。新时代的工程理念从工程实践中来，它还必须落实到工程实践中去。

必须大力弘扬和落实新时代的新的工程理念。新时代工程理念的核心是以人为本，要使人与自然、人与社会协调发展。一切工程都是为人而兴建的，越是重大工程，越需要通盘考虑，看看是否真正能够造福于人民，而且是不是能够持久地造福人民。人、自然与社会，三者应在工程活动中达到"和谐"状态，一切工程的决策、规划、设计、建造和运行、管理，都要以此为出发点。

在思想和观念上，应该努力依据总体性的工程理念和高层次的工程理念结合"本层次""本企业"的工程实践而提出和升华出"本层次""本企业"的工程理念。工程共同体的成员及相关者不把工程理念看作与本职工作无关的空洞口号，而应该把工程理念视为本职工作的思想指南。

在落实问题上，更重要和更根本的方面是行动上的落实问题。如果不能把思想性、观念性的工程理念同行动结合起来，如果工程理念不能落实到行动上，那么，无论多么好的工程理念都将成为一片海市蜃楼。在行动上落实新的工程理念应该成为工程界、工程参与者以及相关人士共同努力的事情。新时代的工程理念的形成是一种巨大的精神力量，当新的工程理念落实在行动中时，它就变成了巨大的物质力量。

新的工程理念的提出、升华、创新、落实都要立足于人才，都要依靠人才。一方面，新的工程理念要求培养新型的工程人才，另一方面，要依靠新型的工程人才才能升华、推进、落实新的工程理念。

新的工程理念是我国新时期工程活动的灵魂，要以新的工程理念造就新的工程人才、工程大师和工程团队。新的工程人才需要有深厚的文化底蕴以及工程科技的素养，要有敢于突破、敢于大胆创新的能力和魄力，更关键的是新的工程人才必须树立起新的工程理念。

新时代的新型工程师不但要掌握业务知识，还必须有社会责任感，必须树立和深刻理解新时代的新型工程理念。新的工程理念不但是工程活动的灵魂，它同时也是广大工程师个人成长道路的指南。缺少了工程理念的指导，工程师的培养和成长不但缺少了动力而且会迷失前进的方向。在新时代、新形势、新条件下，工程师应该把新的工程理念作为推动自己成长的动力，应该努力弘扬和落实新时代的工程理念，努力在大力弘扬和落实新时代的工程理念的工程实践中成长为卓越的工程大师。

新时代工程理念的树立和弘扬绝不仅仅是工程界的事情，它必然深刻影响到全社会，包括深刻影响到哲学界和哲学工作者。马克思说：任何真正的哲学都是时代精神的精华，又说哲学是文明的活的灵魂。在工程理念中同样地凝结着"时代精神的精华"。一方面，我国新时代工程理念的形成离不开马克思主义哲学思想的指导；另一方面，新时代工程理念的树立和弘扬又必将丰富马克思主义哲学，为哲学在新时代的新发展增添新的动力和活力。在树立和弘扬新时代工程理念的过程中，工程界和哲学界的联盟关系必将进一步得到增强。

新时代的工程理念应该而且必须在新时代的工程实践中闪耀出自己的空前光辉。

4.2.2　工程系统观

工程是一个包括了多种要素的动态系统。在认识、分析和观察工程时，不但必须认识其组成的各种要素，更必须把工程看成是一个系统，从系统的观点去认识、分析和把握工程。

4.2.2.1　工程系统与系统论

A　概念及意义

系统这一概念来自人类长期的社会实践，包括工程实践。一般认为，系统是由两个以上有机联系、相互作用的要素组成、有特定功能、结构和有赖于一定环境而存在的整体。

工程是集成建构性知识体系使技术资源和非技术资源最佳地为人类服务的专门技术；有时也指具体的科研或建设项目。对复杂系统的创新、开发、设计等是现代工程最显著的特点要求。

工程系统是为了实现集成创新和建构等功能，由人、物料、设施、能源、信息、技术、资金、土地、管理等要素，按照特定目标及其技术要求所形成的有机整体，并受到自然、经济、社会等环境因素广泛而深刻的影响。

工程系统化是现代工程的本质特征之一，具有重大现实意义。第一，现代工程活动越来越明显地具有系统化及复杂系统特征（如：影响因素众多，影响面及系统规模庞大，结构关系及环境影响复杂，属性及目标多样，人的因素及经济性突出等），必须确立现代系统观，有效应对和解决好现代工程系统所面临的各种复杂问题。第二，各种专业工程（如电气工程、机械工程、建筑工程等）之间及其与系统工程等横断学科之间的交叉、融合程度越来越高，综合集成创新功能日益发挥，应积极推进以系统观为基础的大工程观的形成和工程科学的创新发展。第三，现代工程活动对工程技术人员（如工程师）的观察视野、知识范围、实践能力等不断提出新的更高要求，其中包括了系统思想、系统理论、系统方法论、系统方法与技术等内容。现代工程技术人员应掌握系统思维与系统分析方法，努力成为具有战略眼光、系统思想和综合素质的新型工程技术专家。

B　系统哲学思想的产生和发展

a　朴素的系统思想及其初步实践

自从人类有了生产活动以后，由于不断地和自然界打交道，客观世界的系统性便逐渐反映到人的认识中来，从而自发地产生了朴素的系统思想。这种朴素的系统思想反映到哲学上主要是把世界当作统一的整体。

古希腊的唯物主义哲学家德谟克利特曾提出"宇宙大系统"的概念，并最早使用"系统"一词；辩证法奠基人之一的赫拉克利特认为"世界是包括一切的整体"；后人把亚里士多德的名言归结为"整体大于部分的总和"，这是系统思想最早的体现和系统论的基本原则之一。

在古代中国就出现了世界构成的"五行说"（金、木、水、火、土）；春秋末期的思想家老子曾阐明了自然界的统一性；东汉时期张衡提出了"浑天说"。

虽然古代还没有提出一个明确的系统概念，没有也不可能建立一套专门的、科学的系统方法论体系，但对客观世界的系统性及其整体性却已有了一定程度的认识，并且能把这种认识运用到改造客观世界的工程实践及社会生活中去，中国在这方面表现得尤为突出。

在古代的工程建设上，中国的都江堰最具代表性和系统性。都江堰于公元前 256 年由蜀郡太守李冰父子组织建造，至今仍发挥着重要作用。该工程由鱼嘴（岷江分流）、飞沙堰（分洪排砂）和宝瓶口（引水）等三大设施组成，整个工程具有总体目标最优化、选址最优和自动分级排沙、利用地形并自动调节水量、就地取材及经济方便等特点。另外，公元前 6 世纪，中国古代著名的军事家孙武的《孙子兵法》中阐明了不少朴素的系统思想和运筹方法。该书共十三篇，讲究打仗要把道（义）、天（时）、地（利）、将（才）、法（治）等五个要素结合起来考虑。《孙子兵法》实际上是一项浩大的、系统化的军事思想。约在战国之际成书的中国古代最著名的医学典籍《内经》，包着丰富的系统思想。它根据阴阳五行的朴素辩证法，把自然界和人体看成有秩序、有组织的整体。人与天地自然又是相应、相生而形成的更大系统。《易经》也被认为是朴素系统思想的结晶。

中国人做事善于从天时、地利、人和中进行整体分析，主张"大一统""和为贵"。如中医诊病讲究综合辨证。朴素的系统思想及其工程实践和社会实践是我们传承文明的重要内容。

b　科学系统思想的形成

古代朴素的系统思想用自发的系统概念考察自然现象，其理论是想象的，有时是凭灵感产生出来的，没有也不可能建立在对自然现象具体剖析的基础上。因而这种关于整体性和统一性的认识是不完全和难以用不同的实践加以检验的。早期的系统思想具有"只见森林"和比较抽象的特点。

15 世纪下半叶以后，力学、天文学、物理学、化学、生物学等相继从哲学的统一体中分离出来，形成了自然科学。从此，古代朴素的唯物主义哲学思想就逐步让位于形而上学的思想，工程学有了最直接和最重要的认知基础。这时的系统思想具有"只见树木"和具体化的特点。

19 世纪自然科学取得了巨大成就，尤其是能量转化、细胞学说、进化论这三大发现，使人类对自然过程相互联系的认识有了质的飞跃，为辩证唯物主义的科学系统观奠定了哲学概括的自然科学基础。这个阶段的系统思想具有"通过森林、看清树木"的特点。

辩证唯物主义认为，世界是由无数相互关联、相互依赖、相互制约和相互作用的过程所形成的统一整体。这种普遍联系和整体性思想，就是科学系统思想的实质。

C 系统理论和系统工程

从古希腊和古代中国的哲学家、军事家到近、现代许多伟大的思想家，都有过关于系统思想的深刻论述。但从系统思想发展到（一般）系统论、控制论、信息论等系统理论和系统工程的科学方法，是和近代、现代科学技术及工程实践的兴起与发展紧密联系，到 20 世纪初中叶才实现的。

系统论或狭义的一般系统论，是研究系统的模式、原则和规律，并对其功能进行数学描述的理论，其代表人物为奥地利理论生物学家贝塔朗菲（Ludwig von Bertalanffy）。控制论是研究各类系统的控制和调节的一般规律的综合性理论，"信息"与"控制"等是其核心概念。它是继一般系统论之后，由数学家维纳（Norbert Wiener）在 20 世纪 40 年代创立的。信息论是研究信息的提取、变换、存储、流通等特点和规律的理论。这些理论成果也为系统工程学科在 20 世纪 50 年代的正式确立奠定了基础。

从 20 世纪 60 年代中后期开始，伴随着自然科学、社会科学及数学的发展，国际上又出现了许多新的系统理论，如：普利高津（I. Prigogine）的耗散结构理论（dissipative structure theory）、艾根（M. Eigen）的超循环理论（hypercycle theory）、托姆（Rene Thom）的突变论（catastrophe theory），以及微分动力系统理论、分岔理论、卡姆定理、泛系理论、灰色系统理论等。

我国著名科学家钱学森以其国内外的卓越科研实践为基础，对系统科学及系统理论和系统工程的发展有独到的贡献。

工程控制论（engineering cybernetics）作为控制论的一个分支学科，是关于受控工程系统的分析、设计和运行的理论。1954 年钱学森所著《工程控制论》一书英文版问世，第一次用这一名称称呼在工程设计和实验中能够直接应用的关于受控工程系统的理论、概念和方法。随着该书的迅速传播（俄文版 1956 年，德文版 1957 年，中文版 1958 年），该书中给这一学科所赋予的含义和研究的范围很快为世界科学技术界所接受。工程控制论的目的是把工程实践中经常运用的设计原则和试验方法加以整理和总结，取其共性，提高成科学理论，使科学技术人员获得更广阔的眼界，用更系统的方法去观察技术问题，去指导千差万别的工程实践。工程控制论的研究对象和理论范围在不断扩大，该学科所包含的各主要理论和方法都有了很大发展，如：系统辨识和信息处理、模型抽象、最优控制、自我进化、容错系统、仿真技术等。工程控制论虽发源于纯技术领域，但其概念、理论和方法也不断从纯技术领域溢出，涌进了许多非技术部门，派生出社会控制论、经济控制论、生物控制论、军事控制论、人口控制论等新的专门学科。

20 世纪下半叶以来，系统理论对工程科技、管理科学与工程实践等产生了深刻影响。系统工程学的创立则是发展了系统理论的应用研究，它为组织管理系统的规划、研究、设计、制造、试验和使用提供了一种有效的科学方法。1978 年，钱学森、许国志、王寿云发表了"组织管理的技术——系统工程"一文，开启了中国研究应用系统工程的新时代。其后，钱学森又进一步提出了一个清晰的系统科学体系结构，即：处在应用技术层次上的是系统工程；处在技术科学层次上的是运筹学、控制论、信息论等；而处在基础科学层次上的则是系统学，这是一门正在建立和发展的新学科；在系统科学体系之上属于哲学范畴的则是系统论或系统观。这个体系结构，刻划了系统研究中不同分支的界限，也澄清了这一领域国内外长期存在的一些混乱局面，使系统科学发展进入了一个新的阶段。

20世纪90年代初，钱学森、于景元、戴汝为发表了"一个科学新领域——开放的复杂巨系统及其方法论"，提出了复杂性系统的若干问题及从定性到定量的综合集成方法论。复杂科学是系统科学、工程科学等发展的最新阶段。

系统理论起源于对自然现象的探索，系统工程最初是对工程系统进行组织管理的方法。在近一个世纪的演变和发展中，系统理论、系统工程及整个系统科学的开发、应用领域虽然有了很大拓展（如社会系统），但对工程系统，特别是现代大规模复杂工程系统（工程与社会等的复合系统）问题的关注和有效解决，一直是其主要面向的实践领域。

4.2.2.2　工程的系统性

A　工程系统的特性

a　整体性

整体性是系统核心的特性。工程系统一般具有相对明确的结构、功能以及相对明晰的边界。具有相对独立功能的系统要素以及要素间的相互关联，能量转换，空间与时间优化，是根据系统功能依存性、逻辑统一性和技术规范性的要求，协调存在于系统整体之中。在一个系统整体中，即使并不是每个要素都很优越，但也可以通过特定的集成方式使之协调、综合成为具有良好功能的系统；反之，即使每个要素都是良好的，但作为整体由于集成协调不当却不具备某种良好的功能，这也不能称之为完善的系统。工程系统的整体性强调基于系统的综合集成创新。

b　动态性

社会的变革与发展、内外环境的变化，以及工程系统自身运行的动态特性使得工程系统的动态性和不确定性日益突出，工程系统的有效寿命周期相对缩短，管理的难度加大，与时俱进和全面创新的要求提高。市场、技术、组织等动态因素变化加快、多重转轨（计划经济→市场经济、国内市场→国际市场、粗放经营→集约经营等）时期的动态社会环境等均是现代工程系统动态性的重要来源和具体体现。

c　复杂性

现代工程系统除了属性与功能多样、系统与环境的关系紧密等特性之外，还存在着其内部结构与运行行为复杂的特性，主要表现为：众多要素具有多功能、多"层次"的结构，各组成部分（功能要素）之间有广泛而密切的联系，并常常不同质，但通过不同方式的耦合，可以形成多重互动网络结构；要素种类繁多，知识表达不同，模型各具特色；一般以人—机系统的形式存在，而人及其组织或群体也表现出固有的复杂性。另外，现代工程系统具有学习与自适应等复杂系统的特征明显。

d　普遍性

随着科技、经济、社会的发展及人的认知能力、改造客观世界能力的提高，许多现实问题系统化、工程化和工程系统化等趋势日益明显，工程理念及系统思想逐渐普及，系统方法论及工程方法大有用武之地，但也要防止现实生活中各类复杂问题的泛工程化。

　　e　目的性及多目标性

工程系统为人造系统，一般具有明确的目的和功能，力求实现系统的创新与发展。现代工程系统面临复杂的环境影响及其互动要求，通常具有多重属性，有技术的、经济的、环境的、社会的等等，因而有来自这些方面的多重目标要求，而其中又不乏相互冲突的目标，需要权衡优化，这是现代工程系统管理的难点之一。

　　f　开放性

工程系统是高度开放的系统，工程系统存在着与外部环境的物质、能量、信息的频繁交流。在工程系统开发、运行、革新的过程中，会受到来自内、外部及技术、经济、社会、管理等多领域、多方面环境因素的复杂影响，其中经济、社会及人的因素和管理因素的影响越来越明显、广泛和深刻。现代工程系统必须重视环境依赖性，注重保护生态环境。

　　g　人本性

在工程系统中，知识产品及智力资源日益占据主导地位。工程活动中人的因素凸显，人—机—环境关系是最基本的关系。这中间考虑决策者、资源提供者、建设者、运营者、各种利益相关者等多重主体，相关利益和行为主体的态度及人与人的协作状态越来越重要。工程系统中人的要素、管理要素、信息要素等日益重要，系统"软化"趋势较为明显。工程系统应为人类的长远利益和大局利益服务，应该以人为本。

　　h　战略性

现代大规模复杂的工程系统往往意义重大，对一个组织的发展，对区域社会、经济、科技、环境，甚至对国家战略，都会产生全局、稳定、持续、深层次影响。许多重大工程系统问题已从微观层次上升到了宏观层次，从战术问题上升到了战略问题。工程理念和价值正在发生变化，工程观及发展战略对工程科学、工程技术和工程管理具有支配作用。现代工程师也应具有战略眼光，其中的领军人物必须具有战略家的知识和素质。

　　B　工程系统的功能与结构

工程系统的开发、运行，或其产生、发展，均有其总体目标（目的）及具体目标，一般既有技术目标、经济目标，又有环境目标、社会目标，还有系统发展等目标，每项目标要求又可分出子目标。另外，各项目标之间通常会有相互消长的复杂关系，这给目标分析及系统设计带来了复杂性。实现工程系统目标要求的过程即工程化过程。

任何具体工程都是作为功能单元存在并发挥其作用的，具有某种系统所需特定功能的物质（资源）要素与非物质（资源）要素的相互作用和有机结合形成了工程单元系统。构成工程单元系统的（资源）要素有四类，即：（1）工程系统功能所必需的各类物质（实体）要素，包括：物料、设施、工具等（物）；（2）工程化的方法、技术，较多以知识的形态出现（技法）；（3）具有一定经验、知识、技能和创造力的人（人）；（4）为推进工程系统进化，实现系统目标，对系统中的物质流、能量流、信息流、人流及价值流进行组织、协调、评估、控制的管理活动（管理）。

为了实现工程系统的功能要求，有效地推进工程化进程，工程系统应形成以工程过程分系统为核心，以工程战略—组织协调—工程过程分系统为主线，以工程技术、工程管理、评估控制分系统为支撑的有机整体，以及以工程战略分系统为第一层次，以工程技术、组织协调和评估控制分系统为第二层次，以工程过程和工程支持分系统为第三层次的递阶结构，具体如图 4-2 所示。

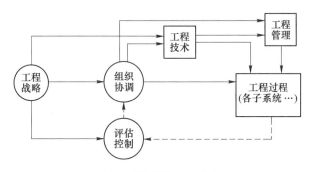

图 4-2 工程系统结构示意图

按照系统结构变化和工程系统演变的新趋势，现代大规模复杂工程系统的结构正在出现由简单结构向复杂结构、层次结构向网络结构、静态结构向动态结构、显性结构向隐性结构等新的变化，这对工程系统管理及开发、运行有重要启示，也提出了时代性的挑战。

C 工程系统的环境

工程系统环境（可简称为工程环境）是工程系统内、外影响工程化进程中各核心活动过程的各类、各种要素的集合。与工程系统相比，工程环境更具有广泛性、多样性、不确定性等特点。工程环境有自然环境、技术环境、经济环境、社会环境、管理环境等不同类型环境要素（可称之为环境类），并体现在外环境（environment）、内环境（context）和媒环境（medium）等不同环境领域（可称之为环境域）中。媒环境是对象系统（如工程项目）内外共有或经由内外环境共同作用而形成，处在内外环境交汇点、结合部或过渡区的环境因素的集合。各环境域、环境类及其组合，共同形成了实现工程系统目标、功能的必要条件，也可称之为工程系统的环境条件。

工程环境具有多种不同的环境类和环境域，但它们基于时空条件的复杂变化，具有普遍性和客观必然性。工程环境变异是引起现代工程系统复杂性的重要根源。

工程环境变异是指同类环境（或相同环境类中某要素）随着时间推移和不同环境要素因主（客）体不同而出现的性状差异。前者为纵向差异或时序差异，后者为横向差异或个体差异。它们可由施加环境影响的主体或受环境影响的客体的外部因素引起（客观或定向变异），也可由主（客）体的内部因素引起（主观或不定向变异）。工程环境变异程度的大小可用 m 个（个体数）或 n 个（时点数）环境状态信息"值"的统计特征值（如平均离差）来表征。但确定不定向变异程度有相当难度。与传统的解决变异的办法不同，应对工程环境（首先是外环境）变异的基本途径是，营造有利于实现工程系统创新发展的媒环境，改善相应的内环境条件，通过对可控资源的有效集成，实现工程系统的战略目标。

4.2.2.3 工程的新系统观

A 复杂工程系统的综合集成

钱学森等科学家于 1990 年在"一个科学新领域——开放的复杂巨系统及其方法论"

一文中，正式提出了从定性到定量的综合集成方法。作者明确指出：现在能用的、唯一有效处理开放的复杂巨系统的方法，就是定性定量相结合的综合集成方法。该方法的实质是将专家群体及其相关的知识、数据与各种信息、计算机技术等有机结合起来。

针对开放复杂巨系统问题的特点，对社会系统、地理系统、人体系统、军事系统四类系统进行了研究实践。如：在社会系统中，为解决宏观经济决策等问题，有几百个变量和上千个参数描述的模型体系及定性与定量相结合的系统工程技术的应用研究；在地理系统中，用生态系统、环境保护系统以及区域规划等综合探讨地理系统的研究和应用；在人体系统中，把生理学、心理学、西医学、中医学和传统医学等综合起来研究；在军事系统中，对军事对阵系统和现代作战模型进行研究。这些研究构成了从定性到定量的综合集成方法的基础。

现代工程系统在发展中"吸纳"或具有了社会系统、地理系统、人体系统、军事系统等不同系统所共有或独有的一些特性，或者说是开放复杂巨系统的一些基本特性。综合集成方法形成了解决复杂巨系统和复杂性问题的过程及其方法，对现代复杂工程系统问题同样具有指导意义。

复杂工程系统等开放复杂巨系统的综合集成方法从提出问题和形成经验性假设开始，这一步是专家群体所具有的相关科学理论、知识，以及判断力、智慧的结合，一般是通过研讨而形成，通常是定性的。这样的经验性假设（猜想、判断、方案、思路等）之所以是经验的，是因为还没有经过精密的严格论证，并不是科学结论。从思维科学角度来看，这一步是以形象思维为主。在研讨过程中，要充分发扬学术民主，畅所欲言，相互启发，大胆争论，把专家的创造性激发出来。精密的严格论证是通过人机交互、反复对比、逐次逼近，对经验性假设得出明确结论。在此过程中，要充分运用数学科学、系统科学、控制科学、人工智能和以计算机为主的信息技术所提供的各种有效方法和手段，如系统建模及预测、优化、仿真、评价等。

综合集成方法在实际应用中的主要特点与基本要求有：

（1）根据复杂巨系统的复杂机制和变量众多等特点，把定性与定量研究有机结合起来。在现代工程、社会、经济系统及其管理问题等复杂系统问题中，软、硬要素交织缠绕，结构化与非结构化界限变得不很清晰。问题本身的复杂性加之人的认识能力的有限性，使得单纯依靠软、硬方法任何一种都无法有效解决问题，需要遵循定性—定量—更高层次定性的螺旋式上升的思路，以全面、深入地分析和解决问题。

（2）根据系统综合集成思想，把理论与经验、规范性与创新性结合起来。在规范性与创新性相结合的过程中，以什么为主？在一般情况下，盲目追求创新性会导致过高的风险性，有时，过分强调规范性会束缚创新性。在特定的情况下，需要通过高度的创新性来实现新的规范性。为了实现创新性和规范性的结合，要把人对客观事物的各种知识集中起来，强调多学科交叉融合，如不同专业工程技术之间的交叉融合，工程技术与系统科学、信息科学、社会科学、数学等的交叉融合。

（3）根据复杂巨系统的层次结构，把宏观、中观与微观研究统一起来，将外环境、内环境、媒环境综合起来。如在工程系统创新研究中，不但需要重视技术层面系统核心部分的"原始性"创新，更要重视经济、社会和环境在内的系统总体的集成创新。

（4）根据人—机结合的特点和信息的重要作用，将专家群体、数据和各种信息与计算机技术有机结合起来。强调对知识工程及数据挖掘技术等的应用，注意不同专家的有机组合和信息前馈与反馈机制的有机结合。这恰好适应了现代工程系统信息化、"软"化、系统化的趋势。

B　工程系统与自然系统、社会系统的协调发展

工程系统有很强的环境依存性或适应性。自然系统、社会系统等是形成工程系统重要的环境超系统，工程系统与自然系统和社会系统的关联越来越强，相互依存度日益提高，它们之间的基本关系如图4-3所示。

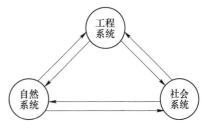

图4-3　工程系统与自然系统、社会系统基本关系示意图

按照科学发展观的要求，工程系统等任何系统的发展都必须考虑到经济社会的持续发展、协调发展和以人为本的发展，并为构建和谐社会做出贡献。工程与自然等环境的和谐友好直接关系到可持续发展，工程与社会的和谐直接关系到全体公民的福祉，工程系统与自然系统、社会系统的协调是现代工程系统化发展的必然要求，也是构建和谐社会的重要基石。为此，需要把传统的工程观转变为全新的工程系统观。

4.2.3　工程社会观

作为人类有目的、有计划、有组织的活动，工程具有社会性。在认识工程活动时，一方面，必须注意到在工程中所发生的技术和工艺现象是服从自然科学和技术科学规律的过程，从而必须从科学技术的观点去认识和分析工程；另一方面，由于工程活动绝不是一个"纯自然"的现象和过程，从而又必须从社会的观点去认识和分析工程。这就是说，在认识和分析工程活动时，不但必须认识和分析工程的自然维度和科学技术维度，而且必须认识和分析工程的社会维度。

工程的社会观是"完整的工程观"的一个不可缺少的重要组成部分。从社会的角度"观"工程，认识工程的社会性、理解与工程相关的社会问题，对于促进工程与社会发展之间的和谐是非常重要的。

4.2.3.1　工程的社会性

A　工程的自然性与社会性

工程活动关联到自然与社会，它同时具有自然性与社会性。一方面，自然因素渗透于工程中，体现在工程对象（工程活动以自然界为背景或对象）、工程手段（工程活动的手段需要符合自然规律）和工程结果（工程活动是为了依靠自然、适应自然、认识自然和合理地改造自然）之中，这就使工程活动不可避免地具有了许多自然属性。另一方面，工程的主体（人）在本质上是社会性的，社会因素要从许多方面渗透到工程中，这就使工程具有了社会性。工程的自然性与社会性关系如图4-4所示。

对于工程"社会性"的含义，在不同的情况和语境中，人们可以有不同的理解和解

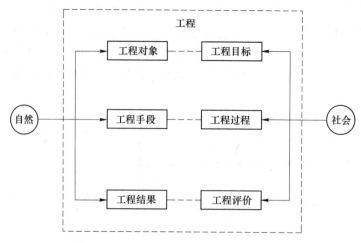

图 4-4 工程的自然性与社会性

释。当人们把社会与自然二者相对而言的时候，这个"社会"的含义是广义的。广义"社会"的含义中包含了经济维度、政治维度、社会生活维度、人际关系维度、社会文化维度、体制维度、社会心理维度、伦理维度等许多方面。可是，人们有时也会把政治、经济与社会并列，这时，"社会"的含义常常就仅仅特指"社会生活""民众""社区"等方面的内容了。

B 工程目标的社会性

如果对社会的含义作广义的理解，任何工程都是具有社会性的工程。从本性上看，那种不具有社会性的工程活动实际上是不可能存在的。每项工程都有其特定的目标。在工程的具体目标中，经济性和社会性是结合在一起的；并且工程的社会性往往是以经济性为基础的；工程的经济内涵本身在许多方面同时也体现出了一定的社会性。

工程目标的社会性在许多情况下表现为工程的社会效益。工程的社会效益和经济效益可能一致，也可能不一致。不管两者是否一致，工程都包含有经济内容，都具有经济成本。在成本和效益的关系上，有的工程以经济效益为主，有的工程以社会效益为主。许多工程，尤其是公共、公益工程，其首要目标并不是经济效益，而是增进社会福利，促进社会公平，改善生态环境等。例如，在许多城市，由政府主导建设的经济适用房，目标是为工薪阶层提供住房；国家公共卫生防疫体系的建设，目标是为民众提供公共卫生和健康方面的保障；城市修建地铁，目标是为城市提供便捷的交通条件。像三峡工程、南水北调工程这类对国家具有战略意义的大型工程，目的是为长期的经济发展、社会安定服务，而不仅仅是为了短期的经济效益。

在市场经济条件下，企业是进行工程活动的基本主体。在西方古典经济学的理论框架中，企业的目标常常仅仅被定位在为股东带来最大化利润上面，可是，随着时代的进步和认识的提高，人们愈来愈深刻地认识到企业还承担着重要的社会责任。从企业社会责任的意义上讲，以企业为主实施的商业性工程，虽然一定会考虑经济效益和企业赢利方面的目标，但企业也应该把赢利之外的社会目标包含进来，至少要考虑企业赢利与工程社会目标的相容性。实践表明，只有那些符合社会发展需求、符合可持续发展理念的工程，才是具有生命活力的工程。

现实的工程活动中，时常会出现赢利目标和社会目标之间的冲突。这种现象不但频繁发生在西方发达国家，而且也频繁发生在发展中国家。工程活动中出现赢利目标和社会目标之间的冲突，其原因是复杂而深刻的，要恰当地解决这方面的矛盾和冲突，往往不是一件容易的事情。可是，无论多么困难，都必须坚持正确的社会立场和原则。

C 工程活动的社会性

工程活动是由投资者、管理者、工程师、工人等不同成员共同参与和进行的，他们组成了"工程共同体"。这些人员在工程活动中各司其职，相互配合，每类人员都各有其自身特定的、不可取代的重要作用。在工程活动中，投资者进行投资活动，管理者实施管理活动，工程师要进行工程设计等技术活动，工人则具体进行建造和操作活动等。由此可以看出，工程活动实实在在地就是各种类型的人的社会性活动的集成或综合，是各相关主体以共同体的方式从事的社会活动，是多种形式、多种性质社会活动的集合。从这个方面看，工程是社会建构的。现代的许多大型工程，如三峡工程、阿波罗工程等，往往需要十几万甚至几十万人员的参与。工程活动，不但包含了复杂的物质性操作活动，而且包括了复杂的人员合作或协作的活动，包含了极其大量的社会行动。工程活动的社会性就集中地体现在工程共同体成员在工程活动中的合作关系上。离开了这些不同人员的合作关系，或者这种合作关系瓦解了，工程活动就无法继续下去。

虽然我们需要承认工程活动有其本身的"总目标"，但对于参与工程活动的不同人员来说，他们不可避免地还有自己的个人目标。在工程活动中，投资者、管理者、工程师和工人这几类主体的目标有共同和一致的地方，但也常常会有认识不一致和发生利益冲突的地方。在认识工程社会性时，"利益冲突"常常是一个格外突出、格外引人注目的"焦点"所在。工程活动的社会性不但集中体现在工程共同体成员在工程活动中的合作关系上，而且同时集中体现在工程共同体成员之间必然存在的各种矛盾甚至冲突关系上。在工程活动中，不但必须解决时常出现的各种技术性难题，而且必须解决工程共同体成员之间时常出现的各种社会矛盾问题。在许多工程活动中，技术性难题往往并不是真正的难题，如何才能协调好由于不同的目标诉求而来的利益冲突才是工程活动遇到的最大难题。在工程活动中，统一对工程目标的认识，最大程度地权衡协调由于工程共同体成员间以及工程共同体与社会其他成员间的不同目标诉求带来的利益冲突是工程顺利进行的前提条件。

工程活动不但是在一定的自然环境中进行的，而且是在一定的社会环境中进行的。对工程活动而言，社会环境一方面提供了可以控制和利用的社会资源，如良好的融资环境、便利的社会基础设施等；另一方面，社会环境还要作为结构性因素影响着工程活动，并通过工程活动渗透到"工程物"中。金字塔、万里长城、故宫、三峡大坝、航天飞船等，都折射出了特定的政治社会背景。

工程活动是在一定的规范指导和约束下进行的活动。工程活动需要遵守的规范不但包括各种技术规范，而且包括各种法律、伦理、社会、宗教、文化规范和许多社会习俗和惯例等。在工程活动中，管理者和工程师不但必须高度重视研究和解决各种技术规范方面的问题，而且必须同时高度重视研究和解决各种社会规范（包括职业道德规范）方面的问题。

对于工程活动来说，工程活动的社会性是其内在本性的表现。只有正确理解和把握工程作为社会活动的性质和特点，促进工程与社会之间的和谐，重视对工程中多种社会行动的有效集成，构造出良好的工程秩序，工程活动才能顺利进行。

D　工程评价的社会性

现代工程的数量、规模和社会影响都是史无前例的。既然工程活动都是有明确目标和花费了一定资源（人力、物力、财力）的活动，有些工程更是投入巨大、花费巨大的工程，于是，关于工程社会评价的问题就被提出来了。工程的社会目标是否实现，工程对社会的影响如何，这些问题都导致需要对工程进行社会评价。

在进行工程的社会评价时会遇到两个难题。首先，与经济效益可计量性相比，工程的社会效益通常是难以计量的，因此提出了如何恰当地确立科学的评价标准和评价指标体系的问题。其次，在价值观多元化与利益分化的社会中，同一项工程在不同的社会群体中可能会得到不同的价值判断，这又提出了如何才能合理地确定评价主体以及合理的评价程序的问题。

社会评价标准的科学性和程序的合理性是统一的。社会是由人组成的，社会规律具有不同于自然规律的特性，它是在人的有意识的行动中形成的。社会规律是社会中的人的活动规律，人所发现的社会规律的来源和应用社会规律的对象都是人的活动本身，就此而言，社会规律对人而言具有"反身性"。进行社会评价要以对"社会效益"的认识为前提和基础，可是，在一个利益分化的社会中，不同的人常常对"社会效益"有不同的评判标准，于是，如何才能选择和确定出合理、恰当的评价主体又成为"前提性"的条件和"基础"，这意味着在评价程序中，"选择合适的评价主体"具有特别重要的意义。但是，这并不意味着评价标准和评价指标完全依赖于特定的评价群体，人们还应该承认评价标准本身具有相对的"独立性"。社会虽然是由个体组成的，但它具有不同于个体的整体性特征。一个社会的意识形态、文化传统、价值观等，是不能简单还原为个体层次或某个群体层次的，这意味着有必要与有可能根据某种社会共识和普遍的价值观认定某种社会的整体利益。从理论上讲，评价主体和评价程序的选择如果是足够合理的，那么，其所形成的评价标准与认定的社会整体利益就应该基本上是吻合的。

4.2.3.2　工程的社会功能

A　工程是社会存在和发展的物质基础

人类社会存在和发展的基础包括物质和精神两个方面。工程的社会功能，首先体现为工程为社会存在和发展提供物质基础，满足人类生活的基本需求，并提高社会生活质量。衣食住行是人类生活的基本方面，是人类生存、发展和从事一切活动的基本保证。人类衣食住行的满足，无不依靠农业、食品加工、医药、纺织、建筑、交通等工程来实现。也正是在这一意义上，工程成了直接的生产力。工程，特别是大型工程，构成了社会发展的基本物质支撑。

B　工程是社会结构的调控变量

工程存在于社会系统中，是社会大系统中的变量之一。工程活动作为直接生产力，会影响和带来社会结构的变迁。

第一，工程会改变社会经济结构，促进产业更新。科技进步通过实施一系列工程才能对经济社会产生影响。在历史上，蒸汽机动力工程和电力工程等都有力地推进了人类社会经济结构的演进。目前，快速推进的信息工程等新兴工程领域也正在不断改变当前的社会经济结构。

第二，工程会改变人口的空间分布，带来城乡结构的变迁。例如矿业工程的兴起催生了许多矿业城镇，吸引了人口的聚集，推动了城市化进程。当代高技术产业聚集区的出现，也对人口流动产生了重要影响。

第三，工程作为社会结构的调控变量，还体现在可以作为宏观调控的手段，保持经济、社会、生态环境的协调发展，推进社会公平。例如通过环境工程来治理环境，通过投资公共工程来调控经济发展等。在我国的西部大开发战略中，主要途径就是要通过启动实施一系列工程，为西部地区的经济社会发展奠定基础，进而实现缩小区域差距，实现共同富裕的目标。引导与调控工程投资的数量、结构和区域分布对于国家、地区宏观经济的健康持续发展会起到重要作用。因此，固定资产投资的规模、结构和布局是社会结构优化的重要调控参数。

C　工程是社会变迁的文化载体

工程具有社会文化功能。优秀工程是科技、管理、艺术等要素的结晶。工程不仅具有创造物质财富的生产功能，而且在工程的结构与性状中，还凝结着特定的社会文化价值。标志性的工程还会成为其所在地和所属民族的精神纽带，有助于增进民族和国家的自豪感和凝聚力。有些历史上的工程，虽然失去了原本的生产功能，但其丰富而典型的社会文化蕴涵可能会将其造就为工业遗产。迄今为止，全球已有包括钢铁厂、矿山和铁路等在内的30多处工业遗产被列入《世界遗产名录》，中国也已有11处工业遗产被列为"国家重点文物保护单位"。因此，在工程设计以及对待历史工程方面，不能单纯考虑经济效益，还需要从工程是社会文化载体的角度进行思考，进行综合优化。

D　工程社会功能的二重性

工程对社会的影响具有二重性。许多工程在满足人类特定需求的同时，也会给社会带来负面影响。20世纪60年代美国学者卞逊出版《寂静的春天》以来，现代工业发展带来的环境、安全等问题已受到全世界的广泛关注。在世界新科技革命方兴未艾的当今时代，信息工程、生物工程、纳米工程等在展示出良好前景的同时，也带来了大量已经出现和尚未被人类意识到的社会风险。

工程带来的负面影响能否完全避免？能否完全控制技术使其只发挥正面影响？这是重要而复杂的问题。西方学者科林格里奇（D. Collingridge）认为：试图控制技术是困难的，而且几乎不可能。因为在技术发展的早期，当可以控制时，我们没有足够的关于其可能的有害后果的信息，因而不知应该控制什么；当技术的后果变得明显时，该技术往往已经广泛扩散和被使用，占领了生产与市场，对其控制将需要很高的代价而且进展缓慢。这就形成了所谓科林格里奇困境。这一原理同样适用于对工程的理解。在工程的预评价和决策中，信息不完备和有限理性，使决策者不可能完全预测到工程可能带来的社会影响。因此，从这个方面来看，从预测具有不确定性的意义上讲，工程的负效应是有一定的必然性的，是难以完全避免的。

工程负效应的必然性，并不意味着人类只能听之任之。从理论上讲，尽管结果具有不可完全预测性，但结果是由过程决定的，我们可以最大限度地优化过程。人们应该努力获取尽可能完备的信息，寻求更多的智力支持，合理协调多元的价值目标，提高决策质量、优化设计，尽最大努力减少工程的负效应。

当前，一些国家正在推行建构性技术评估（constructive technology assessment，CTA）。CTA 主张对工程进行全程动态评价，形成对工程中潜在问题或出现问题的即时反馈，动员社会公众和利益相关者对工程活动的积极参与，建立起汇集社会建议、实行社会监督的有效途径和机制。

4.2.3.3　公众理解工程

现代工程必然产生广泛的社会影响，如转基因食品、城市地铁修建等工程活动都与广大群众的生活息息相关，可是，公众对工程的理解却远远不足。针对这种状况，1998 年12 月美国工程院（NAE）首先提出了"公众理解工程计划"。2004 年在上海召开的世界工程师大会也响亮地提出应该让公众理解工程。

从理论、内容和政策层面看，"公众理解工程"与"公众理解科学技术"既有密切联系，又有一定的区别。

A　公众的工程知情权

所谓"公众理解科学技术"，主要包括四个方面的内容。在实用的意义上，人们需要对科学技术有一定了解，以适应在科技起重要作用的社会中生活。在民主的意义上，公众有权利参加公共政策和科学技术决策过程，因此需要具备一定程度的科学素养。在文化的意义上，科学是文化遗产和文化财富，对世界观具有重要影响，对科技有基本了解才能提高人的素质，促进人的全面发展。在经济的意义上，具备科学素养的劳动力对于国家经济的健康发展和繁荣具有重要意义。

如果说提高公众的科技素养，是公众理解科学和技术的核心，那么公众理解工程，更重要的是要保证公众的工程知情权。公众的科技素养是理解工程的重要基础，公众还需要知悉工程的废物排放情况以及对社会的影响等。

"知情权"（the right to know）又称"知"的权利、知悉权、了解权。知情权作为现代法治国家公民的政治民主权利，已得到各国法律的普遍确认，它也是《世界人权宣言》中确定的基本人权之一。"知情权"包括两个层次的含义：一是指权利人从主观上能够知道和了解，二是指权利人可以通过查阅来获取信息。

任何工程，无论是社会法人公共、公益投资的大型工程和公益工程，还是企业法人投资的商业性工程，公众都应享有知情权。在公共、公益工程中，公众既是投资者，也是利益相关者。在商业工程中，公众是重要的利益相关者。尽管商业工程的投资与经济收益归企业法人公司所有，经济风险也主要由公司承担，但工程对自然和社会产生的影响却是公共的。倘若工程与公众个人利益直接相关，公众在享有知情权的基础上，还享有选择权，如在转基因食品对健康影响问题尚未有定论的情况下，公众有权自主决定是否使用转基因食品。对于那些可能产生重大环境与社会影响的大型工程，公众在享有知情权的基础上，还享有表达意见的权利，甚至是某种形式的决策参与权。

公众在工程中享有知情权、选择权和参与权，并不意味着这种权利是无条件的。对于不同类型的工程和不同的具体情况，在如何具体行使这些权利以及这些权利的行使有什么具体界限的问题上有可能存在巨大的差别。人们应该针对具体问题进行具体分析，不可笼统地一概而论。

B 工程和公众参与

公众理解工程，在许多情况下需要提倡工程中不同形式的公众参与。工程决策和选择必然以工程的价值目的为导向，需要以系统评价为支撑，涉及多方面的利益和知识。工程的公众参与，一方面有利于各方利益的权衡，另一方面可为工程提供更广泛的智力支持。

在许多工程活动中，公众"既是观众，又是演员"，这体现了对公众的尊重和民主原则，可以促进多种价值观的交流，有利于工程的健康发展。公众参与工程，还有助于建立有效的监督约束机制，减少工程中的腐败行为。

公众理解和参与工程，可以扩大工程决策与选择的信息与智力基础。工程结果有时会发生异化，出现背离原目的的负效应，减少负效应的基本途径是要获得尽可能完备的信息，寻求更多的智力支持。工程的公众参与将促使决策者在更广泛的范围和更大程度上获得与工程有关的各种信息。

最大限度地获得信息，并不意味着工程决策中一定要遵循基于"多数原则"的社会选择程序。多数原则意味着应接受多数人选择的备选方案，这一貌似合理的社会选择程序，在操作上会遇到困难，而且潜伏着很大的危险性。在做出决策时，在备选对象和选民都较多的情况下，会出现难以确定最优排序的困难。倘若多数决策得以进行，一方面可能出现"集体行动的困境"，特别是在涉及公共利益与个人利益冲突时，每个人可能会为了维护个人私利而导致公共利益的损失，最终还是损害每个人的利益。另一方面也有可能出现以少数人的更大利益换取多数人的微小利益的情况，从而损害了社会公平。对此，阿玛蒂亚·森（Amartya Sen）建议，社会选择要注重在公共讨论和相互交流中形成公共价值观念（社会正义），如对弱小群体的照顾、尽量避免两极分化等，而不能简单地套用多数原则。因此，扩大工程的信息基础，并不意味着必然要遵循多数原则，而是应有利于形成科学系统的决策程序和决策标准。

C 公众理解工程的途径

公众理解工程的另一个问题是：通过什么途径使公众理解工程？获取必要的关于工程的信息是公众理解工程的前提条件，为此，应该努力做好有关的工程信息的发布、传播与普及工作。这些工程信息应该既包括有关的科技知识，也包括有关的社会方面的知识。工程师应该善于把自己的专业知识普及给大众。应该以适当方法促进社会公众的各类经验知识的相互交流和不同价值观的相互对话。这一过程可以称为工程的"知识共享"和"社会学习"，主要目的是通过不同主体的知识与价值观交流，消除对工程的信息不对称，传播已有知识，创造新知识，提高全社会的工程知识基础，使公众获得对工程更为全面的理解，并促进达成关于工程的社会共识。工程的社会学习是政府、工程师和公众的共同事务。

总之，公众理解工程不仅体现了对公众的尊重和民主原则，促进了多种价值观的交流；而且可使工程决策获得更广泛的智力支持。中国是一个工程大国，努力促进公众对工程的理解，促进公众对工程的参与，对于合理的工程决策、提高工程质量、消解社会冲突、构建和谐社会是非常重要的。

4.2.4　工程生态观

工程活动作为人与自然相互作用的中介，对自然、环境、生态都产生了直接的影响，特别是 20 世纪下半叶以来，生态环境问题已经日益突出，严重影响了人类的生存质量和可持续发展。人类意识到那种片面强调征服自然的传统的工程观有很多弊端。当人们欢呼对自然界的胜利的时候，自然又反过来惩罚了人类。人类愈来愈深刻地认识到必须树立科学的工程生态观，把工程理解为生态循环统之中的生态社会现象，要做到工程的社会经济功能、科技功能与自然、生态功能相互协调和相互促进。

4.2.4.1　传统工程观的反思和工程生态观问题的提出

自 18 世纪的工业革命以来，人类一直都把工程现象理解为是对自然界的改造，是人类征服自然的产物。这种传统工程观是建立在对工程具体技术功能和经济功能的片面认识上的，而对工程过程和运行的生态环境缺乏足够的关注，对工程与自然的辩证关系未予深刻反思。在 20 世纪后半叶，面对生态环境质量迅速恶化的现实，人类在反思传统工程观的局限性的同时，也在努力探索一种新的工程生态观。

A　生产过程的单向性与自然界循环性的矛盾

自然进化过程中一种生物与另一种生物之间，以及所有生物和周围其他事物之间都有着一种有机的联系。"一种动物的粪便成为土壤细菌的食粮；细菌所分泌出来的东西滋养了植物；植物养育了动物。"这是一种动态的、循环的逻辑。工程体的作用如果有悖于自然逻辑、破坏了正常的生态循环过程，就会出现"自然资源—产品—废弃物"的单向流动。传统的工程观强化了这样一种线性的、单向流动的逻辑：机器生产产品，产品使用后会被丢弃，成为垃圾和废物，不能进一步正常循环。所以，作为传统工程观所支配的工业技术体系在其内在逻辑上具有与自然界的循环性相矛盾的性质。

B　工程技术的机械片面性与自然界的有机多样性的矛盾

自然界的有机多样性是深层的秩序或自然生态平衡的反映。近代以来的大规模向自然索取、大规模制造和大规模消费、大规模无序化废弃，以高度受控的工业技术系统方式建造对自然系统影响强烈的人工系统，而又缺少自我调控与反馈机制，使内在功能不能适应于外在影响因素的变化，这使作为工程活动的产物或结果变成了环境与生态平衡的机械对立物。这种工程活动的机械片面性的直接后果是造成技术社会与自然生态平衡之间出现对立，而且还对生物多样性造成了严重危害，使生物物种锐减，因而直接威胁到人类的生存和可持续发展。

C　工程技术的局部性、短期性与自然界的整体性、持续性的矛盾

工程活动以满足人的需要为目的，是一种功能性较强的系统。特定的结构被赋予特定的功能，这些功能不能替代、不可置换，这就是技术的局部性。功能的实现意味着结构的使命实现，在特定的条件下，结构与功能的对应关系越严格，结构很快就被淘汰的可能性就越大，从而形成技术的短期性。人类工程活动规模愈大，往往同时导致技术的某些局部性与短期性的特征就愈多愈严重。

这个矛盾的形成是技术与市场分工两种因素协同作用的产物。工业生产的目标与生态环境系统的要求不吻合,一种柔性的功能体系被一种刚性的结构推向专门化,虚假的"目标"在市场推动下又成为虚假的"需求"。产品的"冗余功能"屡见不鲜。一些产品制成的那一刻就已经是废物,这是经济与生态的双重不合理。这不仅强化着前两个矛盾,还造成另外的社会效应——人与自然的统一被分工所打破,处于局部技术环节和特定利益链条上的"劳动者"对自身赖以生存的自然失去基本的判断。无论是作为生产者,还是作为消费者,他只能面对自然过程的某一环节。当人们生产时关心的是效益,不考虑环境代价;当人们消费时,关心的是物品的功能,无法确知该物在生产时带来的环境影响。这就导致自然界被分为两个部分——有用的和无用的,有用的"拿来",无用的"扔掉"。有些人为了"自己"的环境利益可以将污染转移,但这样做的结果常常是既增加了污染又加大了污染治理的难度。

传统工程观的根本局限是对于工程与生态的辩证关系作了"单向"的理解,片面地强调工程对于自然的改造和利用,工程的建造缺少来自生态规律的约束和对生态环境的优化,所以,传统工程观是一种脱离生态约束的工程观。在反思传统工程观的局限性的基础上,人们开始探索如何才能树立一种新的工程生态观,要求树立起一种能够正确认识和处理工程活动与生态循环辩证关联的新的工程生态观。

4.2.4.2 环境治理对工程观变革的推动

20世纪70年代开始的现代环境运动揭示出环境不再仅仅是人类生产活动的舞台,它已经成为一种需要人类理智地从事生产活动、生活活动才能维持其存在的"产品"。"环境生态问题"不再仅仅是"自然问题",而且它同时也成了经济社会问题。因为,从静态看,生产活动、生活活动的环境后果成为一种"标准";从动态看,环境的维护与改善依赖于人类理智地从事活动。这就导致了循环经济概念的产生。

循环经济是一种以资源的高效利用和循环利用为核心,以"减量化、再利用、资源化"为原则,以低消耗、低排放、高效率为基本特征,符合可持续发展理念的经济增长模式,是对"大量生产、大量消费、大量废弃"的传统增长模式的根本变革。这种理念的形成是人类长期实践、反思和探索的结果。

面对污染问题,人类曾经采取"头疼医头,脚疼医脚"的"末端治理"方法。这种方法有很大的局限性。有一些治理污染的过程还会产生二次污染,有的则只是污染的"转移"。20世纪80年代以来,兴起了旨在将污染物消除在生产过程之中的"清洁生产",这是一种克服"末端治理"局限的具有创造性的保护环境措施。经"清洁生产"模式的推动,人类的环境治理观念由单纯的污染治理转向从工艺、原料等生产环节着手的污染预防,由对产品制造与使用过程的相互孤立的考察转向关注产品生命周期的环境效应的综合考察,进而形成了对技术系统、生态系统、社会经济系统的综合考虑的循环经济新思路。

在传统的经济增长模式中,经济的合理性作为核心的因素,对技术的可行性提出要求。为了满足经济系统的要求,各种技术系统纷纷涌现,接受市场的选择,那些快速占有市场的技术战胜了其他技术。从技术系统内部看,那些最流行的技术并不一定总是最优的技术;从技术与生态的关系看,最流行的技术并不一定是符合生态要求的技术,甚至对环境危害越大的技术越有可能推广。环境生态的标准出现,改变了经济系统与技术系统的关系格局。对工程、工程技术而言,经济的合理性已不再是唯一标准,一些未被大规模推广的新技术的价值有可能被发现，而主流的技术也要在生态的标尺下被重新认识。这是循环经济带给人类的启示，也是我们探讨工程生态观的背景。

在循环经济的视野中，人类将对经济活动的经济合理性、技术可行性及生态平衡性进行综合考虑。一个工程过程，消耗资源是必然的，但能否减少；工艺流程有无其他选择、能否进行优化、方案是否唯一；废弃物的形成能否避免、有无再利用的价值等，这些在传统经济活动中被分割考虑的因素现在必须放在一起进行考虑了。

4.2.4.3　生态学的思想启示和工业实践探索

A　生态法则对工程观的启示

生态学是研究自然界中生命有机体与其生存环境间的相互关系及其作用规律的科学，它以生物个体、种群、群落、生态系统直到整个生物圈作为研究对象，将生物群落和其生活的环境作为一个互相之间不断地进行物质循环和能量流动的整体来进行研究。生态学的启示可以用巴里·康芒（Barry Commoner）在《封闭的循环》中所概括的四个法则来说明，这四个法则分别是：生态关联——每一种事物都与别的事物相关；生态智慧——自然界所懂得的是最好的；物质不灭——一切事物都必然要有其去向；生态代价——没有免费的午餐。以下分别对其进行一些简要的分析。

第一个法则是生态关联。现代系统思想通过功能分化、结构有序、动态平衡等角度来认识系统。对于生态系统而言，这意味着一个系统越复杂多样，它的功能就越完整、越容易保持平衡，向有序方向演化的可能性也就越大。稳定、平衡与功能多样的生态系统无疑是人类持续发展的基本前提。但人类目前遇到的一个严重问题是生态系统的退化，而生态系统退化的标志之一就是生物多样性的丧失。生态学家可以有根据地告诉人类在地球上每天有多少种物种灭绝。仅仅从最常见到的景象来看，农业种植结构导致的自然景观的单一性和城乡建设导致的人文景观的趋同性也突出地说明了多样性丧失的程度。生物多样性的丧失常常会减少生态系统的生产力，因而减少自然界向人类提供物质和服务的能力。生物多样性的丧失动摇了生态系统，弱化了生态系统抵御自然灾害及抵抗污染的能力。

造成生物多样性丧失的人为原因可以归结为两点：一是对事物的关联度认识不足，二是对系统行为的时滞性缺乏预见。

一般地说，笼统地认识到事物的关联性与整体性并不是一件特别困难的事情，所以，即便是在早期朴素的生态观中也已经出现了有关的论述。这里存在和出现的特殊困难在于生态系统具有特殊的复杂性和长期效应的难以预见性。一旦人们将事物分为"有用"和"无用"时，一些在"当前"不是很紧迫的关联就容易被忽略。在生态学史上，狼对于鹿的种群稳定的积极作用是在狼被大量捕杀后才为人们所认识的。人们逐渐认识到，在生态系统中，不存在无用的事物，只有用途尚未被认识的事物。这不仅是对待自然系统所应有的态度，对待不同的技术所构成的技术群也应持有这种态度——"高技术"与"低技术"的发展也应保持平衡。正如环境伦理学者利奥波德所说的"保留每一个螺丝和齿轮，是聪明的修理师的首要防范措施"。

值得注意的是，事物之间的这种关联是在一定的时间中实现的，这就是系统行为的时滞性。就如同对"狼对于鹿的种群稳定的积极作用"一样，这样一个反应过程意味着对生态系统的变化要有较为长期的观察。

第二个法则是生态智慧。生态智慧的基本含义是：生命物种，植物、动物、菌藻类都有生存的办法和自我保护的策略，都有一定的适应环境的智慧，有些智慧的精致和神秘，还远不能为人类现有的科学所破译。因而各种生命的生存策略对于各种人工系统的构建都有借鉴意义。

自然系统的复杂性是人类认识的难题，而其如何实现自身的平衡更显得奥妙无穷。自然界在进化过程中，有足够的时间和代价，可以不断试探，通过"自然选择"而留下的只能是少数——这实在是一个意味深长的"事实"。工程系统是人工设计的，其自身的复杂性原则上讲不可能超出理性的范围，但工程系统要在与自然、系统相互作用中完善，各种技术环节的匹配同样需要磨合，同样要付出时间和代价。目前的各种工程体系是在大量方案被淘汰后的产物，在这一意义上，工程系统的进化中也有"自然选择"。在这个"自然选择"过程中，有大量的尚未为人所知的因素在起作用。

第三个法则是物质不灭。该法则所强调的是，在自然界中是无所谓"废物"这种东西的。在每个自然系统中，由一种有机物所排泄出来的被当作废物的那种东西都会被另一种有机物当作食物而吸收。物质不灭是简单的道理，但近代以来工业化好像使人类忘掉了它。一个产品的形成既要消耗原材料，生产过程要产生环境排放，产品寿命终结后还要以废弃物的形态对自然界造成压力。这是一个有来处、有去处的过程。产业界采用的生命周期评价法就是把产品的环境影响从原料采集直至产品废弃整个过程进行评价的一种方法。这种评价贯穿于产品、工艺和活动的整个生命周期，包括原材料提取与加工，产品制造、运输以及销售，产品的使用、再利用和维护。当前，人们已经认识到生产者的责任不仅是应该提供产品，而且还应对产品退出使用环节后的环境后果负责。

第四个法则是生态代价。应该在分享工程带来福利的同时，对其风险和负面效应保持足够的警惕。现代工程系统在某种程度上已经超越了人类思维所能达到的范围，工程中所包含的技术进步存在着众多的技术风险。人们在发明技术和建构工程时是以对工程技术利益的预测为前提的，往往会忽视工程技术带来的环境损失。现代工程威力巨大、影响深远，充满了不确定性。而工程的不确定性又带来了对生态可持续发展的背离的可能性。工程系统日益增长的复杂性往往意味着出现误差及由此导致的失败风险增加，同时也意味着技术使用时人为错误引发的风险增加。技术发展应该为自身的调节留下余地。沿着一种技术路线发展的工程系统在环境改变后，其适应性有可能会明显降低。农业生产中，使用化肥增加了产量，但对化肥的过度依赖会降低土地的自身更新能力；对农药的依赖降低了动植物自身的免疫能力；即使是农业机械化这种看起来有百利而无一害的事物也导致了社会生活中不断有技艺失传这一文化学意义上的憾事。

B　工程界目前的实践探索——产业生态学学科的兴起

受循环经济潮流的推动，工程界积极从事体现生态法则的工业工程的工作，并形成一系列初见成效的技术措施，形成了以系统分析为核心的方法，以生命周期评价、工业代谢分析、生态设计为手段，逐步建立起以对产品在整个生命周期内的环境影响进行综合考察的工业生态学理论。

a　生命周期评价

工业生态学视野中的生命周期是以自然界生命周期的物质能量循环来考察经济系统内产品的物质能量循环的。传统经济学考察产品而不考察排放物、废弃物，考察原材料、产品的价格成本而不考察环境成本，考察工艺过程的技术可行性而忽略其生态合理性。生命周期评价的出现将考察的范围向前延伸至原材料、能源的获得，向后延伸至产品使用、回收以及废弃物的处理。

产品的形成既是物质的转化过程，又是伴随着能量消耗的过程。这个过程由原材料的采集开始，直到废弃物被自然界或者其他产品所吸收。作为一种评价方法，生命周期评价贯穿于产品、工艺和消费活动的整个生命周期。产品的形成要消耗原材料、生产过程要排放废物、产品寿命终结后还要以废弃物的形态对自然界造成压力——这是一个"有来处，有去处"的过程。通过对"从何处来"和"向何处去"的追问，使人们对产品的环境压力有了较为完整的认识。

b　工业代谢分析方法

生命周期评价方法从全过程的角度向人们展示了某个产品或者某项工程究竟有多大的环境代价，要进行有利于环境的变革还必须从工业与生态的连接循环机制上寻找出可行的办法。工业代谢分析方法就是这样的方法。

"代谢"是一个生物学概念，是指生命体吸收食物排出废物的过程。有机生命体将摄入的营养物质分解成小分子物质，以及在体内进行化学反应的同时释放能量，用于形成新的机体原料以及实现自身的生理功能。从这一原理的启发，人们发现，利用生产过程的共生关系，在不同工业部门之间建立有机联系，形成合理的工业结构，实现不同工业部门间物流、能流的优化，既能减少废物的输出，又能提高经济效益。于是就出现了将有共生关系的企业布局在集中的区域以形成生态工业园的设想和试验。

c　生态设计

真正将生命周期评价和工业代谢分析方法运用于实践的就是生态设计。生态设计（ecological design）又称为环境设计（design for environment）、绿色设计（green design），是以保护环境与资源为核心的产品设计理念和过程。就产品生命周期全过程而言，应充分考虑产品的环境属性，并将其作为设计目标，既保证产品应有的功能、寿命和质量要求，又满足环境目标要求。目前工程界从不同的层面进行探索，形成了各有侧重的设计理念。例如：以材料环境指标为依据，同时考虑材料的使用对产品生产周期全过程所带来的负面影响的面向材料设计；以方便维修，并且有利于产品废弃后的拆卸回收的模块化设计；以提高操作者工作的有效性，降低体力和脑力消耗为目标的人机工程设计。

设计理念是工业过程的长期起作用的因素，其主观性色彩浓厚，对新变化的反应速度快。设计理念的更新，有助于人类寻找出生态理想与技术现实的结合点，从而实现工艺技术的持续改进。工程师们似乎应该放弃那种过分强调产品在外观上标新立异的做法，改变把产品的基本功能与可选扩展功能生硬地捆绑在一起的设计习惯。甚至可以在一定程度上摆脱单纯的经济目标，限制那种把产品使用、安全、环境、维护和废弃成本等置于次要位置，甚至有意转移成本的行为。

产业生态学研究的核心是产业系统与自然系统、经济社会系统之间的相互关系，它考虑产品或工艺的整个生命周期的环境影响，而不是只考虑局部或某个阶段的影响，是一种整体观。产业生态学主要关注未来的生产、使用和再循环技术的潜在环境影响，其研究目标着眼于人类与生态系统的长远利益，追求经济效益、社会效益和生态效益的统一，是一种未来观。产业生态学不仅要考虑人类产业活动对局部地区的环境影响，更要考虑对人类和地球生命支持系统的重大影响，是一种全球观。从宏观看，它是国家产业政策的重要理论依据，即围绕产业发展，如何将生态学的理论与原则融入国家法律、经济和社会发展纲要中，促进国家以及全球生态产业的发展；从中观看，它是企业生态能力建设的主要途径和方法，其中涉及企业的竞争能力、管理水平、规划方案等；从微观看，则是具体产品和工艺的生态评价与生态设计。

对于工程界至少可以有以下启示：

第一，工业共生关系是客观存在的，在一定条件下，对不同工业部门的整合也是可能的。分离的工业布局存在着非生态共存和不经济的双重缺陷，合理的时空共生关系可以取得环境与经济的双赢。

第二，系统行为是整体的属性，不应该将它机械地还原为个体层次。可持续是整个经济技术系统的目标，脱离整体而求局部的可持续是不全面的，甚至有时会发生误导作用的，离开对上游原料和下游废弃物环境压力的考察对一个产品的环境影响进行估计是片面的，同样在分离的条件下确定某种产品、工艺或者某个企业是"环境友好"的也是不恰当的。

第三，预防问题比解决问题更重要。环境问题有长期性、潜在性以及认识上的专业化的特点，对于可能出现的问题，如果专业人员不能预见，一般公众更难顾及。要避免工程系统对环境造成额外的负担，必须对其各个环节进行综合评价，必须依靠专业人员的能力发现改进的机会。

第四，观念转变影响更深远、更根本。技术是一种理性的机巧，如果能够在工程中用生态价值理性指导工具理性的机巧，用之得当可以化腐朽为神奇。工程设计思路的绿色化比任何具体的单项环保措施的效应都更强。

4.2.4.4 工程生态观的基本思想

工程生态观是在人类工程活动剧烈，技术手段多样，自然环境又变得脆弱的背景下理性反思的产物，这里既有对技术滥用的担忧，也有对合理利用技术的期望，更有对工程、技术、生态一体化设计的理想追求。可以将其基本思想概括为以下四个方面。

A 工程与生态环境相协调的思想

无论工程的效果怎样，它只能是"自然—人—社会"大系统中的一个角色；无论工程的成就如何，它总不能超出规律的约束。利用工程手段改变自然，满足人类需求的同时，必须看到这种活动具有多重后果的特征。工程活动作为人与自然相互作用的中介，对自然的影响具有最直接效果。出于单纯经济利益的工程建造活动导致的生态环境问题已经严重影响人类的生存质量，也极大地影响和制约着经济、社会和环境的可持续发展。所以，工程活动的生态效应引起人类的高度注意，人类开始反思传统的工程观和工程建造的科学性和合理性问题。传统的工程观强调人类主动干预自然、征服自然，片面理解工程与生态关系，忽视人和人类活动与自然的协调共生，造成了全球性生态危机。

今天人类应该树立科学的工程生态观，对人类工程活动的后果进行多重分析，尤其是加强对工程建构的潜在后果和负面后果的分析，将其作为人类工程建造活动的约束性条件。在认识的价值取向上应将生态价值和工程价值协调起来，时至今日更应重视和强化工程的生态价值，做到工程的社会经济和科技功能与生态功能相互协调和相互促进。一方面，工程活动必须顺应和服从生态运动规律，最大限度地减少对生态环境的不良影响。另一方面，工程活动在认识生态运动规律的基础上，通过利用生态运动规律去改善和优化生态环境。

总之，工程生态观的最基本的思想就是尊重自然，承认自然存在的合理性和价值，在工程活动中把工程事物作为自然生态循环的一个环节。

B　工程与生态环境优化的思想

既然人类工程活动会对环境造成后果，人类就应当以对这些后果负责的态度，形成新的工程观，去指导工程活动，进行环境优化和环境再造。工程活动对环境影响最为直接，所以，工程活动的参与者应自觉负起环境改变的责任。这不仅包括了对环境破坏的责任，更多和更重要的是对环境重建和环境优化的期待。

从自然生态系统自身循环来看，任何工程活动都会干扰和影响自然生态自我运行。然而，这种干扰和影响并非在任何情况下都是破坏性和负面性的。一方面，在深入研究和分析认识生态系统的运行规律和约束条件的基础上，进行符合生态循环规律的工程活动，将工程活动的负面影响控制在自然生态系统可以吸收消化的自我调节的限度之内，从而保证自然生态系统的良性循环。例如，依山而建的生态野生动物园，既满足了人类的观赏需求，又保证了动物的天性和环境的自然状态。另一方面，人类工程活动经过与自然生态互动，可能破坏生态环境的同时，也会使人类积累起对生态的知识和利用生态规律调整和保护自然生态环境的理念、方法和途径，不仅可以利用新的理念和技术去改善和消除人类工程活动已经造成的破坏，也可以通过工程活动对自然生态系统自身的盲目性、破坏性加以因势利导，为我所用，从而使工程活动在追求经济、社会利益的同时能和自然生态系统良性循环之间保持恰当的协调，有目的地将工程活动融入自然生态循环中，以改善和优化生态环境。

在工程活动中，工程师的主体性最为突出。在生态观的指引下，他们能在工程受益者的需求与环境承载力之间、在经济效益与环境成本之间、在环境现状和环境优化之间进行权衡，也能以专业的眼光寻求解决工程与生态环境优化问题的出路。

C　工程与生态循环技术思想

在工程能否为人类营造一个可靠的未来这一问题上，向来有乐观主义与悲观主义的分歧。而比较科学的态度应当是相信技术并依赖工程的力量重建人与自然关系的和谐，相信随着科学技术的发展进步、不断的工程创新能解决工程带来的问题。同时，对技术的作用要具体分析。技术作为解决问题的方法、程序和手段，在各种外界条件的约束之下会有多种实现工程目的的路径选择，生态循环技术要求在进行工程活动的技术选择过程中，考虑并吸收生态环境要素，技术路径的选择和工艺流程的开发一定要符合生态环境的要求，开发出能与生态环境相和谐的技术成果。人类的工程活动应该是各种绿色循环技术的集成，从要素上体现工程活动的生态性，真正实现工程活动是自然生态循环的一个环节，并符合生态环境自我运行规律。

当然，技术范式的转换是一个复杂的过程，此处只是表明：对习惯了的技术路线不可以采取盲目的乐观态度，在选择和开发技术时，对使用的技术的合理性必须进行生态化反思，尽可能使工程活动在技术环节上就注重和体现生态循环的价值。

D 工程与生态再造思想

一般来说，工程活动既会造成社会生态环境的正面效应，也会带来负面效应。工程活动改变了当地的自然生态和社会结构，进而带动了区域经济社会的发展。同时，工程活动也改变了区域的自然生态的原本状态，例如建造大坝、水库、涵闸切断了河流的连续性，这些人为的工程建构物有可能干扰了自然生态结构的良性循环。因此，工程规划与设计应将工程活动的工程效应与生态效应和环境效应综合考虑，不仅使工程避免负面效应，而且进一步通过工程建造优化生态环境，实现生态良性循环的工程再造，是面向 21 世纪的工程观。

工程活动和人类生活息息相关，现代社会人类不可能摆脱工程，特别是工程建造。非人类中心主义和反人类中心主义者对工程活动试图采取取消主义的态度，他们为人类文明设计了一条自然主义的图景，主张不要干扰和影响自然生态循环，事实上这在某种意义上看是要取消人类工程活动的自然浪漫主义。问题是没有工程活动便等于取消了人类存在和文明进步的基础及价值，一有工程活动便会干扰和影响自然生态，那么工程活动能否做到避免生态破坏、优化生态环境，并且实现生态再造呢？工程活动是人类最基本的实践活动，是人类的存在方式，是人类生活的本质特点。人类的工程活动在引起自然环境破坏的同时，也在孕育着保护环境的理念，会创造出优化环境和获得生态再造的新理念和新方式，因为这些新的理念和方式与人类的可持续发展要求密切联系在一起。当人类创造的对象威胁到人类生存、进步的时候，人类的智慧一定会选择更好的方式。

4.2.5 工程文化观

工程与文化具有密不可分的内在关联性。一方面，人类的工程活动离不开一定的文化背景；另一方面，工程活动直接影响到整个社会文化的面貌。可以认为，工程活动已经形成了一种特殊的亚文化——工程文化。

工程文化观是工程哲学（特别是"工程观"）的重要内容之一，目前，有关的研究工作还处于起步阶段。从构词法来看，"工程文化"由"工程"和"文化"这两个概念"组合"而成。"工程文化"既不全等于"工程"，又不全等于"文化"，它是"工程"和"文化"的交集。工程文化是一种特定的文化类型和文化现象。为了理解和阐释工程文化，首先需要对文化这个概念进行一些一般性的分析和解读。

4.2.5.1 文化概念简析

什么是文化？要说明这个问题颇费周章。英文 culture 一词具有"文化""耕种"等多种含义。1690 年，安托万·菲雷蒂埃说："耕种土地是人类所从事的一切活动中最诚实、最纯洁的活动"。文化是"人类为使土地肥沃、种植树木和栽培植物所采取的耕耘和改良措施"。

对于"文化"的定义，不同学者从不同观点、视野和语境出发，给出了形形色色的定义。有人说，这些不同的定义已经达到了数百种之多。在这些纷纭的定义中，爱德华·伯内特·泰勒在《原始文化》一书中给出的定义是值得特别关注的。泰勒认为：文化"是人类在自身的历史经验中创造的，包罗万象的复合体"。

在研究文化问题（包括工程文化问题）时，虽然也应该关注文化的定义问题，但切不可过分拘泥于定义问题，而应该更注重分析和把握文化的本质、内容以及使用文化概念的具体语境问题。

A　关于文化的主体和主体性原则

在分析和认识文化时，认识"文化的主体"和主体性原则具有头等重要的意义。

文化的本质是属人的。换言之，文化的主体是人，没有人便无所谓文化。在这里，作为文化主体的"人"指"人们""人群"——各种特定类型或特定范围的人群。划分群体的标准可能是多种多样的，例如，时代、区域、民族、职业、年龄、性别等都可以作为划分的标准，于是，便划分出了诸如古希腊文化、中国文化、壮族文化、工程师文化、青少年文化、女性文化等不同的亚文化。通过对不同文化主体的"主体性特征"的分析，可以了解不同社会群体自身的文化特性，还可以认识其与"其他亚文化"的差异。不同群体拥有不同的文化，不同群体通过不同方式表现自身的文化，这就是文化的主体性原则。

B　关于文化的内容

文化的内容纷繁复杂，为了更具体、深入地认识文化的内容，可把文化的内容分为五个层面：

第一层面，精神、理念。主体的精神和理念包括主体的思想、情感、意识、观念、信仰、道德、意志等，这是文化的精髓和灵魂，往往决定了其他层面的文化内容。

第二层面，技能、知识。技能包括技艺、经验。最早的文化概念明确表征为耕种"所采取的耕耘和改良措施"是有道理的，因为这些内容是人类特有的技能。这里所指的知识是广义知识概念，既包括系统知识（如自然科学知识、社会科学知识），也包括常识和艺术（包括美术）成果，它们是人类创造的精神财富，是文化内容中得以生长、扩充和交流的核心部分，涉及主体的文化存量。

第三层面，制度、法规。制度、法规是人类社会秩序化的标志，是人类为自身得到发展而制定、设立的约束人类活动的规定。在以往的文化研究中，许多学者没有把这一层面纳入文化的范畴。

第四层面，礼仪、规范。这一层面的文化内容是对人类日常行为的要求。许多礼仪形式，在文化变迁或时过境迁之后，往往被视为是微不足道的东西，可是，对于身处其中的人们来说，一些礼仪形式本身往往就是文化内容的有机组成部分，并具有丰富的文化意义。

第五层面，习俗、习惯。这是主体约定俗成、沿袭的行为。例如，中国人用餐使用筷子、欧洲人用餐使用刀叉的习俗都是相应主体亚文化内容的重要组成部分。

对文化的内容进行分层的目的在于深入认识和理解文化的本质。明确、厘清文化内容将有助于界定文化与非文化，拓展对文化的研究。需要注意的是，不同层次的文化内容并不如油水一样截然分离，而往往是水乳交融的关系。还要注意，文化内容是无形的，需要附加在一定的物质载体上才能得以体现。有人因此而把文化视为一种"软实力"。

C　关于文化的生成、传承和变迁

文化可以生成、传承和湮灭，可以被不断创造，也随时在变迁。这个过程虽然因人而定，但不是依靠个体人的生物性遗传，而是依赖于人类群体的社会性，即"社会遗传"方式。文化是通过言传身教、文字记载、知识讲授、工艺制作、工程建造等方式和途径来传承和表达的。文化传承和表达的方式和途径构成"社会遗传"的"场境"。"场境"直接影响文化"社会遗传"的含量、方向和力度等。虽然在人类"四大古代文化"中，中华文化是唯一延续数千年流传至今而没有湮灭、没有断裂的文化，可是，"现代中华文化"并不完全等同于"古代中华文化"。"现代中华文化"在继承"中华优秀传统文化"的同时又吸收了人类其他文化的成就。在认识和谈及文化时，必须注意文化的变迁性和场境性。文化依着主体的改变而变迁，文化伴随着"场境"的变换而变化。

4.2.5.2 "文化"与"工程"的关系

"文化"与"工程"既有共同性又有差异性。二者都是属人的，都以人为主体，都是人类创造的财富，这是二者的共同性。以下着重分析二者的差异性。

（1）文化的主体既可以指人类全体，也可以指某个社会群体；而工程的主体仅特指社会中特殊的社会群体——工程共同体（包括工程的决策者、投资者、管理者、实施者、使用者等利益相关者）。

（2）文化概念中的主体行为广泛；而工程主体的行为相对集中，一般限定在"以建造为核心"的生产、实践活动范围之内。

以往人们在谈文化的时候，通常强调其无形的精神的内涵，而谈工程的时候，则更强调其有形的物质的层面。在工程文化的讨论中，文化始终渗透在工程活动的全过程，又凝聚在工程活动的成果、产物中。工程活动也在不同程度上生成文化、形塑文化、传承文化。

工程与文化的交集构成新特质的文化类型——工程文化。可以把工程文化理解为"人类在从事工程活动时创造并形成的关于工程的思维、决策、设计、建造、生产、运行、知识、制度、管理的理念、行为规则、习俗和习惯等"。

广义文化包含着工程。文化既作为社会环境承载着工程，又像空气一样弥散在整个工程活动中；工程活动则作为一种"独立类型"的社会活动在广义文化中拥有自己独特而重要的位置和作用。

4.2.5.3 工程文化的内容

上文谈到文化的内容可从精神—理念、技能—知识、制度—法规、礼仪—规范、习俗—习惯五个层面进行分析。依照这个思路，工程文化的内容也就相应地可以划分为理念层、知识层、制度层、规范层和习俗层五个层面。

工程文化的理念层涵盖了工程思维、工程精神、工程意志、工程价值观、工程审美和工程设计理念等内容。工程文化理念层内容决定了工程项目的目的、设计方案、施工管理水平、工程的后果和影响。

工程文化的知识层内容非常丰富，其中既包括工程共同体积累的经验性技能、技巧，也包括经过系统研究和总结而形成的工程科学知识、工程技术知识、工程管理知识等。

工程文化的制度层内容涉及保障工程顺利进行的工程管理制度、工程建造标准、施工程序、劳动纪律、生产条例、产品标准、安全制度、工程建成后的检验标准、维护条例等。

工程文化的规范层内容主要包括工程技术性规范和伦理行为规范等。诸如工程设计规范、操作守则、业务培训计划、工程单位的日常生活的管理及服务系统，甚至特殊的行为规范（例如着装要求等）。工程文化的规范层与制度层内容存在某些交融之处，二者都是对工程共同体在工程活动中所应具有行为的要求。不过，制度层内容往往具有"硬性"的特征，而规范层内容则更有"弹性"。

工程文化的习俗层内容既包括与地域文化、民俗文化相关联的约定俗成的一些行为方式，也包括工程共同体在工程活动过程中的行为习惯。

4.2.5.4　工程文化的特性

在认识和研究工程文化时，需要关注工程文化以下几方面的特性。

A　工程精神与民族精神的交融

在工程文化中，工程精神通常被凸显出来。工程精神集中反映了工程共同体的价值观和精神面貌。在那些具有代表性的工程项目中，工程精神又常常与民族精神融为一体，鲜明地表现出民族的精神面貌，集中突显并高扬民族的精神风格。

工程活动都是在一定的国家和民族的"地域"中进行的，任何工程都是由属于特定的国家和民族的"人"所兴建和进行的，正是"人"这个"主体性因素"把工程文化与民族精神内在地连接在一起。不同民族的民族精神由工程共同体带入工程活动中，形成具有民族特点的工程文化，通过携带民族精神"元素"的工程精神反映出来。

中华民族"艰苦奋斗""和谐友好""顾全大局"的民族精神常常渗透在中国工程建设中，形成中国工程文化特有的工程精神。例如在大庆油田建设中，"大庆精神"横空出世；在宝钢工程建设中，宝钢人力争"办世界一流企业，创世界一流水平"，培育出来宝贵的"宝钢精神"；在中国的载人航天工程中，航天人创立了"特别能吃苦、特别能战斗、特别能攻关、特别能奉献"的"载人航天精神"。这些工程精神都凝聚着中华民族"血脉"中所传承的民族精神"元素"，不仅有力地促进了中国工程的发展，而且推动了中国工程文化的建设。

对于工程文化中工程精神与民族精神的关系，必须放在经济全球化的环境和背景中去理解和把握，不能从狭隘民族主义的立场去理解，而应该在民族文化和世界文化的有机融合中认识和把握工程精神和民族精神的关系。

B　工程文化的整体性和渗透性

工程文化具有整体性和渗透性，这源于工程的整体性和文化的渗透性。

任何一项工程活动都是围绕总体目标进行的。尽管在工程中包括多样的技术、复杂的程序以及任务各异的活动主体，但是，工程中的每一个个体、每一个子项目都是整个工程中的一个环节和一个局部，都必须以完成总体目标作为前提。可以说，工程活动是一个多因子、多单元、多层次、多功能的动态系统。工程活动的动态系统性决定了工程的整体性。

工程文化的整体性不是"自然而然"地就可以得到体现，它需要通过工程活动中的各种协调性原则、协调性机制和协调性过程才能实现。工程文化的整体性特征是衡量工程项目成功与否的重要标准之一。根据这个标准，一项工程，即使它在许多局部或个别环节上都是成功的，但如果在工程文化的整体性上出问题，那么，它也不能被评价为一项成功的工程。

工程文化的渗透性是指工程文化能够无形地然而又是强有力的渗透到工程活动的每个环节，渗透到工程肌体的每个细胞。工程文化的内容是无形的，这使得工程文化的存在和工程文化的作用常常在工程活动中被忽视。但正因为工程文化的"无形"，致使它具有渗透性，又会作为"软实力"，有力地决定工程活动的"有形"结果，从而彰显出工程文化的存在和力量。在出色的工程项目中，人们会清楚地看到贯穿于其中的工程共同体的鲜明生动的精神面貌。而那些缺少精神支撑的工程项目犹如缺乏营养的患者，会表现出各种不健康的状态。同等技术含量的工程设备、同样数量的工程队伍有可能建成不同效果的工程项目，既可能创造出流芳百世的业绩，也可能成为危害社会的"豆腐渣"工程。为了达到提高工程效率、工程质量和建设优良工程的目标，不能仅仅依赖于设备和人员的数量等因素，更重要的还要依靠工程文化具有的渗透性，通过提升工程共同体的素质，发挥工程文化的力量和作用。

C　工程文化的"时间性"

任何文化都是在一定的时间和空间中存在和发展的，工程文化也不例外。

工程文化存在于具体时空中，而不是超时空的，这就决定了工程文化具有时间性特征和空间性特征。工程文化的时间性特征主要体现在以下三个方面：

（1）工程文化的"时代性"。不同时代有不同的工程，从而产生具有不同时代性的工程文化。工程文化的时代性不但通过不同时代的建筑工程反映出来（例如古埃及建造的金字塔与21世纪中国建设的国家大剧院有不同的建筑类型和建设风格），而且也体现在其他类型的工程成果中（例如西罗马帝国的道路交通网与现代社会的高速铁路网、高速公路网今昔迥异）。可见，工程文化的时代性蕴涵在具有时代特征的工程成果中并得以传承。

在认识工程文化的时代性时，必须注意工程文化的时代性不但意味着不同时代有不同时代的工程文化，任何时代的工程文化都不可避免地要打上一定的"时代烙印"；另一方面，又要注意随着时代的推移和变化，某些其他时代的工程也可能在新的时代被"赋予"新的文化含义。例如，古代中国作为军事防御工程的万里长城在现代中国被"赋予"了"中华民族精神的象征"的文化含义，这是古代长城的建造者不可能想象到的事情。

（2）工程文化的"时限性"。任何工程活动都在时间进度和工期方面有一定的甚至是严格的要求和限制。一般而言，每一项工程活动都有一定的工期要求，这是工程时限性的典型表现形式。特别是像奥运工程、世博会工程等"节日庆典工程"类型的工程项目，对于工期的要求更加严格。工程的时限性源于政治、经济、军事、自然环境等各方面的原因（例如汛期到来对河流大坝合龙工期限制），由此生成具有时限性特征的工程文化（倒计时规则就是一个典型例子）。

（3）工程文化的"时效性"。工程活动是人类有目的的建造行为。每项工程都要在一定的时间内发挥其作用和影响。每项工程在设计时，都有其一定的"时效"要求和"时效"规定。由于不同的工程项目在目的和性质上各不相同，其"时效"情况也有很大不同。有些工程是"暂时"性的工程，其"时效"很短，也有一些工程是"百年大计"的工程，其"时效"很长。虽然不能把工程的"时效性"机械地理解为无论对任何工程而言都是其"时效"越长越好，但也要承认，工程项目的"时效性"越长，则其工程文化的持久力和影响力便越大。所以，工程文化的"时效性"特征既是检测工程项目、工程活动质量水平的一个重要标准，同时也是文化的存在、传承乃至传播的根本需要。古代埃及的金字塔历经四五千年的岁月风霜至今仍屹立在尼罗河畔，中国的都江堰水利工程历经两千多年仍然发挥灌溉效益，成为世界水利史上的奇迹。它们都反映了其"建设者"的工程建造水平，体现了光辉灿烂的工程文化。

总而言之，工程建设者在进行每一项工程活动时，都需要从"时代性""时限性"和"时效性"三个维度综合考虑工程活动中时间因素的作用和影响，要重视工程文化的时间性特征，创造出合乎工程目的要求的特定的工程成果，形成具有特色的工程文化。

D　工程文化的"空间性"

工程文化的空间性特征不但是指任何工程活动都要在一定的"地质地域"和"地理范围"内进行和发生影响，而且也指在工程活动和工程文化中往往会体现出一定的"地域性"和"地理性"特征。从世界的眼光来看，任何国家都是在一定的"地域"中存在的，许多民族的分布也常常带有其特定的地域性特点。"空间性"即"地方性"特征不但可以表现为"某个河谷"或"某个地区"，也可能表现为"某个国家"或"某个民族"。

工程文化的"地方性"特征是很明显的。同类的工程活动在不同地方实施会形成不同的"地方性"工程文化。有些城市建筑成了所在城市的"地标"。北京、上海、纽约、华盛顿、莫斯科、伦敦、巴黎、悉尼有截然不同的城市地标建筑，这就是工程文化空间性和地理性的一种典型表现。同一个工程共同体在不同地方从事工程活动，有可能创造出很不相同的工程文化的空间性特征。所以工程共同体成员在进行工程活动时要因地制宜，要根据地域空间特点调整"原有"的工程文化，创造出适应新地点的"新"工程文化。

E　工程文化的审美性

人类在工程中对美的不断追求反映了工程文化的审美性特征。

有人认为，美是高深虚幻的东西，似乎仅与美术家、艺术家相关，而与现实生活或工程无关，至少关联不大；也有人认为，美是外部形式上的东西，与内在功能无关。这些都是对美的认识上的误区。在工程活动中，美不但存在并表现在工程物和产品外观的"形态美"和"形式美"上，更存在并表现在工程的外部形式与内在功能有机统一而体现出的"事物美"和"生活美"上。

工程活动的目的是通过造物和其他相关的生产活动使人类生活得更舒适、便利、安全。工程活动不仅仅是为了满足人的基本生存需要，同时也应该满足人类追求美的精神需要。工程活动一开始便肩负着创造美的使命，工程活动始终贯穿着审美性原则，工程与美具有本源性的内在联系。工程美是在工程活动以及工程成果中所包含的那些和谐、有序、稳定的因素。工程美能够给工程共同体乃至工程项目使用者带来"和谐、愉悦的感受"。工程美不应该仅仅是工程设计师追求的目标，而且也应该成为工程共同体全体成员的追求目标。工程美需要在工程活动中的各个环节加以体现，因此，审美性也就必然成为工程文化的重要特征。

工程文化的审美性特征通过工程的各个环节表现出来。

在工程设计阶段，工程设计应该有较高的审美标准。工程设计中应该体现出工程项目的整体性、协调性、秩序性和工程审美要求的设计精神和原则。工程设计方案不仅应该考虑和满足工程项目的物质功能和经济性方面的要求，而且应该考虑和满足有关审美等方面的要求。

在工程施工的过程中也会体现出工程文化的审美性特征。施工过程的有序性、施工场地和环境的整洁性以及工程共同体成员在施工过程中的协调配合性等方面都包含着与"美"有关的因素或要素。必须摒弃和改变那种在工程施工中常常出现的"脏、乱、差"现象和状况。工程的审美要求不但应该表现在设计环节和工程的最终成果中，而且也应该表现在施工环节和过程中，应该把施工环节和过程中的审美标准和要求作为工程文化审美性特征的重要表现之一。

应该注意：工程文化的审美性特征不可避免地要渗透在工程活动的全部环节和过程中。审美性是检验工程成果的一个重要视角、重要方法。工程的审美特征不但表现在工程的功能美、结构美方面，而且也表现在工程的形式美、环境美方面。工程活动应该努力追求卓越，而所谓卓越，其重要内容之一就是需要正确处理工程的技术要求、经济要求、社会要求和工程审美要求的相互关系，把对工程的技术要求、经济要求、社会要求和审美要求有机结合和统一起来。

随着审美观的变化，人类对美的需求不断彰显，工程的审美性标准也不断提升。加强工程美的教育，强调工程文化审美性的重要意义对于提高工程共同体成员的全面素质具有重要作用。目前，还有许多工程决策者、建设者（包括工程技术人员）没有认识到"工程中存在美"，缺乏"工程创造美"的意识，这势必严重影响新的工程理念的提升和工程建设水平的提高。

必须深刻认识到，工程活动不但是一种造物过程，而且也是创造美的活动，更具体地说，是创造工程美的活动和过程。马克思说："诚然，动物也生产。它也为自己营造巢穴或住所，如蜜蜂、海狸、蚂蚁等。但是，动物只生产它自己或它的幼仔所直接需要的东西；动物的生产是片面的，而人的生产是全面的；动物只是在直接的肉体需要的支配下生产，而人甚至不受肉体需要的支配也进行生产，并且只有不受这种需要的支配时才进行真正的生产；动物只生产自身，而人再生产整个自然界；动物的产品直接同它的肉体相联系，而人则自由地对待自己的产品；动物只是按照它所属的那个种的尺度和需要来建造，而人却懂得按照任何一个种的尺度来进行生产，并且懂得怎样处处都把内在的尺度运用到对象上去；因此，人也按照美的规律来建造。"从工程文化和工程美学观点来看，马克思的这个论断是极其深刻的工程美学论断和工程文化论断。马克思在这段话中告诉人们，工程活动不但是一个技术创造过程、生产创造过程、经济创造过程，而且也是一个创造美的过程。工程活动必须成为创造工程美的活动，必须摈弃那些破坏美、制造丑的工程活动。

4.2.5.5　工程文化的作用和影响

工程文化是工程与文化的融合剂，是促进工程活动健康发展的重要因素和力量。工程文化在工程活动中所起的作用是广泛而深刻的，且随着人类文明的进步愈来愈重要、愈来愈突出。工程文化贯穿于工程活动的始终，对工程活动的各个环节乃至工程的发展图景都发挥着重要作用和影响。

A　工程文化对工程设计的作用和影响

工程文化的作用和影响首先强烈而鲜明地表现在工程设计上。在直接的意义上，工程设计是设计师的"作品"。工程设计的"质量"如何，是否卓越，不但取决于设计师的技术能力和水平，而且取决于设计师的工程理念和文化底蕴，取决于其工程文化修养。

工程设计师不仅需要掌握一般的基础科学知识、技术科学知识和工程科学知识，还需要拥有丰富的经验，掌握有关工程项目的地方性知识、民族习俗，还需要准确把握时代特点，拥有较高的审美品位等等，这些都属于工程设计师的工程文化能力或工程文化素质的内容。另外，工程设计师个人的兴趣、爱好、心理素质，甚至包括性别、民族、生活条件、宗教信仰以及社会环境等也构成了设计师文化底蕴的特殊因素。工程设计师在进行具体工程设计时，不仅仅是展示工程知识，而且要把其对决策者思想的理解、对知识的把握、对特定条件的考虑以及对工程的诸多特定需求加以集成后在工程设计中综合呈现。工程文化的作用和影响首先会通过工程设计师的设计过程和设计成果得以表现。

B   工程文化对工程实施的作用和影响

在工程实施过程中，工程文化会以建造标准、工程管理制度、施工程序、操作守则、劳动纪律、生产条例、安全措施、生活保障系统等体制化成果通过工程共同体内部不同群体的行为而得以表现。

投资者、决策者、领导者是否有先进的工程理念；工程师是否制定了行之有效的建造标准和工程管理制度；工人是否遵循了操作守则、劳动纪律、生产条例；后勤人员是否提供了安全措施和生活保障；整个工程团队是否具有凝聚力，是否具有团队精神等。这一切都是工程共同体特有的工程文化的表现。创造这一文化、拥有这种风格的工程共同体自然会做出高质量的工程。

从工程文化的角度来看，所谓施工过程、施工质量、施工安全等等，不但具有技术、经济内涵和"色彩"，而且具有工程文化方面的内涵和"色彩"。在施工环节中，"野蛮施工"的深层原因是工程文化领域的问题。在工程施工中，事故频发的深层原因往往也不是技术能力问题，而是是否树立了"以人为本"的工程理念、工程文化观念和传统方面的问题。工程中的许多问题归根结底都是工程文化素质和传统方面的问题。工程界和社会各界都应该高度重视工程文化对工程施工的作用和影响，应该努力从根本上提高工程共同体的工程文化素质。

C   工程文化对工程评价的作用和影响

工程文化对工程的作用和影响还渗透到和表现在工程评价环节中。任何工程评价都是依据一定的标准进行的。由于工程活动是多要素的活动，所以，工程的评价标准也不可能仅有只针对"单一要素"的评价标准，而需要有内容丰富、关系复杂的多要素的综合性的评价要求和标准。在进行工程评价时，人们不但需要进行针对"个别要素"的工程评价，而且更需要注意"立足工程文化"和"从工程文化视野"进行的工程评价。人们应该站得更高，在更广的视野下看待工程评价问题。任何工程标准都体现或反映着特定的文化内涵，它是不同文化观念投射到工程标准上所形成的工程观念的产物。立足于工程文化，在掌握工程评价的标准时应该综合考虑时代性、地方性、民族性、技术经济标准和审美标准的协调等问题。工程是必须以人为本和为人服务的。任何工程，无论规模大小，都应该体现功能与形式的完美统一。在工程评价时片面强调使用功能而忽视外形美观以及片面强调形式美而忽视功能都是不合理的。

D   工程文化对工程未来发展图景的作用和影响

工程文化不仅影响着工程的集成建造过程，还决定着工程未来的发展图景。可以预言，未来的工程在展示人类力量的同时，会更多地注重人类自身的多方面需求、注重人类与其他生物、人类与环境的友好相处；未来的工程既应该体现全球经济一体化趋势，又应当体现文化的多元性特点。未来工程的发展方向、发展模式以及发展水平在某种程度上都将由其所包含的工程文化特质决定。只有充分认识工程文化的这种功能，才有可能使未来的工程设计充满人性化关怀，使未来的工程施工尽可能减少对环境的不良干扰，使未来的工程更好地发挥其社会功能和人文功能。

工程文化非一朝一夕所能形成，它要经过千锤百炼，精心培育才能形成和逐步成长、丰富起来。它需要通过制定管理规章、制度、共同体行为规范等形式加以培养、塑造、表现。它既能被发扬光大，被转换更新，也可能被消磨腐蚀，衰败蜕化。能否树立独特的工程文化特征，究竟会形成什么样的工程文化，在一定程度上取决于工程领导人对工程文化的认识及其领导风格、战略思想、个人修养、管理方法等因素。所以，工程领导人对工程文化的认识就成为在工程文化形成和发展中的一个关键因素。另一方面，我们又要看到，工程文化绝不是而且也不可能是少数人的事，必须重视全面提升每位职工的全面素质，这才是提升工程文化的关键所在。

工程活动随着时代发展而不断演化，工程文化的具体内容和形式也必然不断更新和变化。工程文化与工程活动息息相关，是工程活动的"精神内涵"和"黏合剂"。在工程活动中，如果工程文化内涵深刻、形式生动，那么工程活动必然生机盎然；反之，如果工程文化方面内容贫乏，甚至方向迷失、形式僵化，那么这样的工程必定充满遗憾，难免成为贻害人类和自然的工程。雨果说"建筑是石头的史书"，歌德感慨"建筑是凝固的音乐"，这些大师从文化视角看待建筑，看到了建筑的历史作用，看到了建筑的审美功能。其实，人类的其他工程也具有同样的作用和功能，只要我们能立足于哲学的立场，从工程文化的高度重新审视工程，便会获得新的认识、新的体验，便会在工程活动中更好地进行"新文化"和"工程美"的创造，使生活更美好，使世界更美好。

4.2.6　工程伦理观

工程活动是人类一项最基本的社会实践活动，其中涉及许多复杂的伦理问题。作为一个哲学分支，伦理学集中研究人的行为和价值的道德领域，它要回答"一个人应当怎样生活"或"一个人应当怎样行动"这样的问题。工程活动内在地与伦理相关，或者说，伦理诉求是工程活动的一个内在规定。今天，我们已经生活在一个人工世界中。工程和科学、技术一起，使人类具有了前所未有的力量，它们在带来巨大福祉的同时也使人类遇到了众多的风险和挑战。工程伦理问题实际上已成为人类当前面临的诸多重要问题之一。

4.2.6.1　工程中的伦理问题

A　工程与伦理

工程体现了人类的设计和创造。在工程活动中必然包含着一系列的选择问题，例如工程目标的选择、实施方法和路径等的选择等。应该选择什么？怎样进行选择？这些都是需要在价值原则指导下进行思考和给予解决的问题。对于工程活动，人们不但要进行科学评价、技术评价、经济评价，而且必须进行伦理评价。在对工程进行伦理评价时，工程的目的、期望、手段等是好是坏、正当或不正当就成为头等重要的问题。

工程是"造物"活动，它把事物从一种状态变换为另一种状态，创造出地球上从未出现过的物品，乃至创造出了今天的人类生活于其中的世界。工程活动深刻地影响着人们的生存状况，这是工程活动的意义所在，也是它必须受到伦理评价和接受"伦理性目标"导引的根据。

工程造物活动不但是科学技术性质的活动，而且也是社会性的活动。工程是一个汇聚了科学、技术、经济、政治、法律、文化、环境等要素的系统，伦理在其中起了重要的定向和调节作用。

目前，工程活动已经成为塑造现代社会物质面貌、决定人类祸福的最重要的因素之一。在决定工程向哪个方向发展和究竟怎样进行工程活动时，在预测工程活动可能产生的后果时，人们不可能对其抱"中性"的立场或态度，而是必须要求对工程活动进行伦理分析和伦理评价。

在工程活动中存在着许多不同的利益主体和利益集团，诸如工程的投资方、工程实施的承担者、设计者、施工者、管理者、运营者和产品的使用者等。应该如何公正合理地分配工程活动带来的利益、风险和代价，这是当代伦理学所直接面对和必须解决的重要问题之一。

在讨论工程的伦理问题时，一些人常常把产品的设计、制造与使用分开，并认为伦理问题只产生于产品的社会使用中。这种看法是片面的，事实上，伦理问题的考量和伦理关系的冲突在整个工程过程中都会出现。例如，在设计阶段会出现关于产品的合法性、是否侵犯专利权等问题，在订合同阶段会出现关于"恶意压低标准和价格"的问题，在生产运行阶段出现关于工作场所是否符合安全标准的问题，在产品销售阶段可能存在贿赂、广告内容失实等问题，在产品的使用阶段可能存在没有告诉用户有关风险的问题，在产品回收和拆解阶段可能存在关于是否对有价值的材料进行再利用和对有毒废物进行正确处理的问题，等等。

还应该特别强调指出，在工程活动中，决策是一个关键环节，它必然要涉及伦理的思考和利益的权衡，于是，深入研究工程决策中的价值问题就成为工程伦理考量的最重要的内容和方面之一。

B　工程伦理观的发展

工程活动直接关系到人们的福祉和安全。在工程和伦理发展的进程中，无论是在东方还是在西方，早在古代，工匠的活动就开始受到伦理和法律的约束了。例如在著名的巴比伦法典中，已有对造成房屋倒塌事故的工匠进行严厉处罚的规定。中国古代的匠人们把道德良心当作发挥工艺技能的基础或前提。

在近现代时期，在私有产权条件下，许多工程师都是受雇于人，为雇主服务的。在这种社会条件和社会环境中，服从和忠诚于雇主便成为工程师的主要义务和对工程师的主要要求。尽管也有服务于政府或公共事务的工程师（在 18 世纪，工程师已经参加到许多公共设施的建设中），但这些都未能改变社会和工程师自身对工程师义务和责任的认识和要求。

20 世纪初，在西方一些国家中，随着各工程师专业学会的建立，人们对工程伦理和工程师职业伦理问题有了新的认识和思考。例如 1912 年美国电气工程师学会（即电气电子工程师学会 IEEE 的前身）、1914 年美国土木工程师学会（ASCE）都制定了自己的伦理准则。尽管这些准则开始时还只是比较狭隘的行为规范，并且主要强调的仍然是对雇主的义务，但它们却标志着工程师本身对工程伦理认识的新自觉和工程伦理在"体制化"方面的重大进展。

在第二次世界大战之后，人类对工程师伦理准则的认识发生了一些重大的转变。之所以发生这个转变，一个重要契机是对原子弹毁灭性后果的反思和对纳粹医生罪行的反思。在这一背景下，"美国工程师专业发展委员会"（后来成为"工程和技术认证委员会"）在1947年起草了第一个跨学科的工程伦理准则，其中明确地对工程师提出了应该"对公众福利感兴趣"的要求。

20世纪七八十年代起，工程伦理作为一个新学科或跨学科研究领域蓬勃发展起来。当代工程实践正在发生深刻变化，带来了过去未曾考虑的针对工程共同体而言的宏观伦理问题，从而要求工程共同体和伦理学家共同体必须参与对话，共同解决现代工程技术带来的伦理问题。

4.2.6.2 工程伦理的性质和范围

A 工程伦理是一种实践伦理

在工程伦理学中，最常用到的伦理学理论和方法有两类：目的伦理学和义务伦理学。这两种方法各有其优点和缺点。

目的论又称后果论。后果论的优点是关注效果和功利，它能够顺应现实，要求对人的行为本身有正确的认识。工程学中常用的成本—效益分析就是一种典型的后果论方法。后果论存在的问题是，往往缺乏可用来权衡一种结果胜于另一种结果的适当标准。此外，如何才能尽量全面、正确地发现并确定我们的行为可能产生的结果也是一个困难的任务。

义务论的优点是它的出发点清晰明确，这种伦理理论认为应当把每个人都作为一个相互平等的道德主体来尊重。义务论的主要问题是对于结果"不敏感"，这使它在分析许多现实问题时会显得有些不切实际，给人有点像"空中楼阁"之感。

在当代的经济和社会生活中，后果论方法受到了更多地注重，然而我们也必须用义务论来补充后果论的不足，否则就难免出现许多弊端，反之亦然。目的伦理学和义务伦理学各有其适用的情境与限度。人们在解决现实伦理问题（包括工程伦理问题）时，往往需要把它们结合起来。

工程伦理是实践伦理。工程实践中的伦理难题不是简单地搬用原则就可以解决的。实践伦理开始于现实问题，特别是那些在生活、实践中提出的而以往的伦理原则所不能直接回答的问题（包括不同"原则"之间的冲突与对抗的问题），其目的首先也是要解决问题。

实践的判断和推理不同于理论领域的判断和推理，它不是简单的逻辑演绎，而是包含着类推、选择、权衡、经验的运用等的复杂过程；其结果不是指向抽象的普遍性，而是指向丰富的具体的个性，是针对问题情境的"这一个"。"实践推理"是综合的、创造性的，它把普遍的原则与当下的特殊情境、事实与价值、目的与手段等结合起来，在诸多可能性中做出抉择，在冲突和对抗中做出明智的权衡与协调。

在工程伦理中由于面对的是新的现象，在实践推理中，在对情境的理解和对原则的理解之间存在着复杂的互动关系，必须根据当下的情境来理解原则，同时又需要依据原则来解释和处理这些情境，这就要求灵活地运用实践的智慧而不仅仅是机械地搬用某些已有的规则和方法。

上述过程并不只是"思"，同时也是"做"，是行动。实践推理（或实践的伦理）不但是导向行动的，而且是"行动中的"。当代的许多伦理学家都十分强调进行对话。努力促进不同的社会角色、各种价值和利益集团的代表乃至广大公众的参与、对话并力求达到共识，这是解决工程伦理问题的一个重要方法和重要环节。

B　微观工程伦理问题和宏观工程伦理问题

正像经济学领域既有微观经济学问题又有宏观经济学问题一样，在工程伦理学领域，也既存在微观工程伦理问题又存在宏观工程伦理问题。微观问题涉及个人和公司做出的各种决策，而宏观问题则是所涉及范围更加广泛的问题，例如技术发展的方向问题，是否应该批准有关法律以及工程师职业协会、产业协会和消费者团体的集体责任问题。在工程伦理学中微观问题和宏观问题都是重要的，并且它们常常还是交织在一起的。国外一些学者在进行工程伦理学研究时，往往更专注于研究微观的工程伦理问题，很少研究宏观的工程伦理问题，这是工程伦理学研究中的一个薄弱环节。我们在研究和分析工程伦理时，不但要关注微观的工程伦理问题，更要关注宏观的工程伦理问题，特别是要关注和研究与集体决策、集体责任联系在一起的伦理问题。

4.2.6.3　工程师的职业伦理规范

在工程伦理学中，工程师的职业伦理问题是一个很重要的问题，是工程伦理学的一个基本内容。

A　对工程师的职业伦理问题的一些基本认识

所谓职业伦理是指职业人员在从业的范围内所采纳的一套行为标准。职业伦理不同于个人伦理和公共道德。对于工程师来说，职业伦理规范表明了他们在职业行为上对社会的承诺。同时，职业伦理也标志着在职业行为方式上社会对他们的期待。对于公众来说，即使他们并没有关于职业人员人格道德的知识，因为有了职业伦理规范，那么他们也就可以据此对从业者的职业行为寄托信任和合理期待。

工程师的职业伦理规定了工程师职业活动的方向，它还能够培养和提高工程师在面临义务冲突、利益冲突时作出判断和解决问题的能力，以及前瞻性地思考问题、预测自己行为的可能后果并作出判断的能力。

在工程活动中，自觉地担负起对人类健康、安全和福利的责任，这是工程伦理的一个基本主题。工程师对此负有特殊的责任。世界工程组织联合会（WFEO）把承担可持续发展的责任，寻求人类生存中所遇到的各种问题的解决作为自己的基本宗旨。2004年第二届世界工程师大会的《上海宣言》宣布"为社会建造日益美好的生活，是工程师的天职"。《上海宣言》把"创造和利用各种方法减少资源浪费，降低污染，保护人类健康幸福和生态环境""用工程技术来消除贫困，改善人类健康幸福，增进和平的文化"作为自己的责任和承诺，以及工程技术活动的目标。显然，这是一种扩展了的、普遍化的也是更为积极的责任观念。超出了那种只是把伦理责任看作一种担保责任和过失责任，并仅仅指向对少数过失者或责任人的追究的狭隘理解。

科学技术和工程活动影响深远，它们的发展以及后果具有不确定性，使我们置身于巨大的风险之中，这就是提出责任伦理的根本原因之一。人类日益生活在一个人工的世界中，人工安排（包括按照技术理性和方法设计的社会环境）以及人类活动影响下的自然已取代原有的自然构成了我们生存的基本环境。这样的环境系统具有某种脆弱性和易受攻击性。这些因素和其他一些因素共同使现代社会成了一个"风险社会"。这就要求我们超越与科学技术负面作用的纠缠，以一种更为积极、主动和前瞻性的态度，去解决当前人类面临的诸多重大问题。

B 工程师职业伦理中的若干重要问题

关于工程师的职业伦理，以下几个方面的问题需要引起特别的关注。

a 质量和安全

质量是工程和技术产品发挥功能、实现其内在和外在价值的基础。几乎所有的工程规范都要求把公众的安全、健康和福祉放在优先考虑的地位，保证良好的工程质量是实现这一目标的基本条件。反之，劣质工程和产品则会给国家和人民的财产和健康、生命安全带来巨大的危害。世界上多个国家在大地震后研究和分析造成人员伤亡原因时发现，放宽建筑标准和未按规定进行检测常常是许多建筑物倒塌的直接原因，而在其"深层"则存在着伦理观念、伦理责任方面的原因。

影响工程质量的原因是复杂的、多方面的，在工程活动的每个环节都有不同机构和人员参与其中并承担着不同的责任。虽然工程师通常并不掌握工程的决策权，然而，由于工程师直接参与了工程活动，并且掌握着专业知识，他们了解更多的具体情况，可以有更多的"发言权"，因而理应比"外行人"承担更大的伦理责任。

安全与风险是有密切联系的。工程必然涉及风险。日益复杂的技术系统会产生意想不到的后果甚至失败；某些过去曾经被认为是安全的产品、化学物质和生产过程，后来会发现其实并不安全。许多出人意料的事例告诫人类，现代社会正面对着空前巨大、复杂的风险。

由于风险在原则上是不能完全消除的，在工程实践中，一种实际的做法是要对风险进行评估和确定什么样的风险是可接受的。"风险评估"就是对风险带来危害的大小和可能性的预测和评价。由于难以考虑到所有因素和精确地做出预测，所以这种评估是非确定性的，特别是，由于人们对什么是"可接受的风险"往往有不同的认识和观点，这就给"风险评估"带来了更大的困难。

工程规范要求工程师把公众的安全、健康和福祉置于优先考虑的位置。这就意味着，工程师必须保护公众免遭不可接受的风险。但是，工程师在履行这一职责时要面临很多的挑战，工程师必须和其他有关人员一起接受这个严峻的挑战。

b 诚信

诚实，或更严格地说，诚信（trust）是保证人际交往和社会生活正常运行的一个重要条件。在科学和工程活动中，诚信（包括诚实、正直、严谨）是基本的行为规范，也是科学家、工程师、医生所必须具备的一种基本道德素养。具体到工程活动，很多行业的工程伦理章程都要求工程师必须"诚实而公正"地从事他们的职业。

为什么诚信会成为工程伦理的最基本的要求？这首先是因为工程活动是一种自觉地运用客观规律和物质、能量、信息改造客观事物的过程，严谨、求实的态度必然是它的内在要求，特别是，工程活动影响到千百万人的祸福，这更使诚信成为对工程活动的一个基本伦理要求。分工日益精细化和愈来愈知识化和专业化的现代社会是建立在诚信关系基础之上的。

诚信的反面是欺骗。蓄意欺骗常常导致严重的后果。诚实的工程师应当努力找出事实，而不仅仅是避免不诚实。这种积极意义上的诚实是负责任的工程师应该具备的。这就是说，工程伦理学中所说的诚信包含了比"不说谎"更广泛的内容，它不但要求"不说谎"，而且还进一步要求工程师努力以诚信的态度去"找出事实"。

c　利益冲突

工程师在自己的职业判断中必须保持客观和公正，因为其常常是在代表职业和其他人（客户乃至公众）做出判断。

工程活动是在社会的多种合力的驱动下进行的，由于工程师在社会中有着多种角色，承担着多种责任，因而也经常处于利益冲突的境况中。利益冲突是一种情景，它的存在本身并不意味着一定会导致人们犯错误，但它确实是一种可能以多种方式对人们的正常职业判断力产生影响的因素。

利益冲突的影响也可能是潜在的或未被意识到的，这些冲突对个人、群体、单位、社会往往都会产生不利的影响。中国当前正处在一个经济迅速发展和急剧"社会转型"的时期，全国各地都在进行规模空前的工程活动。在当前的社会环境和条件下，工程活动中的多种多样、形形色色的利益冲突往往更加突出和引人注目，面对这些复杂的利益冲突，特别是面对经济利益的引诱，企业家、管理者、工程师等各种"社会角色"都必然要经常不断地接受伦理和"良心"的考验。在这些伦理考验面前，有的人给出了令人赞赏的回答，也有人在这些考验面前倒了下去。为避免产生不利的影响，通常所采取的对策有：回避、公开、制定有关规则、审察和教育。

d　工程师与管理者

一般来说，工程师都服务于（或受雇于）一定的组织，在古代是军事机构，在现代主要是公司和企业。工程师的职能就是运用他们的技术知识和能力来提供对组织及其"顾客"有价值的产品和服务。由于近代工程自诞生之日起主要就是与企业联在一起，于是，"对雇主（或委托人）的忠诚"在很多国家都成为工程师职业伦理的一个基本原则。

作为专业人员，工程师不但必须忠诚于雇主（或委托人），他们还必须坚持其专业所要求的道德准则，这首先是对公众和社会负责。而这两种要求并非总是一致的，相反，常常可能发生冲突。

在发生矛盾冲突时，究竟应该服从于公司的决定，还是服从于自己的职业良心和坚持自己"忠诚于社会"的义务？这是工程师常常会遇到的问题。工程伦理学把这种处境称为"义务冲突"。工程师由于身兼两种（或两种以上）职业角色，他们常常难以避免地陷入这种"义务冲突"的困境之中。

当然，人们可以说，企业本身的利益与对社会的伦理义务在根本上是一致的，但现实情况往往并不这样简单。工程的社会价值目标与企业价值目标或工程的商业目标常常并不完全一致。工程的社会价值目标常常对商业价值目标中的赢利性产生不利影响，这种冲突会直接地影响到工程师和企业管理者的复杂关系。企业管理者往往更关注组织的经济效益，而这主要是用经济指标来衡量的。他们重视对投入产出关系的评价，其行为更受经济关系的支配，有时甚至是个人价值观念的支配。而工程师则往往对技术和质量问题有特别的关注。工程师具有"双重的忠诚"，工程师对社会和职业的忠诚应该高于和超过对直接雇主的狭隘利益的忠诚。

从伦理和职业的角度看，最主要的冲突围绕着这样的问题而展开：在决策过程中，什么情况应该听从管理者的意见？在什么情况下应该听从工程师的意见？特别是，有时候冲突会在同一个人身上内在化。由于多种原因，在工程活动中，有些工程师在进行技术决策时，不敢坚持正确的意见，违心地顺从"上级意见"或"领导意图"、盲目"跟风"，这种情况是并不鲜见的。

对雇主保持忠诚并不意味着必须放弃对工程的技术标准和伦理标准的独立判断。工程伦理学中倡导的是一种"批判性的忠诚"。当冲突发生时，工程师应该以建设性的、合作的方式去寻求问题的解决。但在组织内部的一切努力均告无效的情况下，在事关重大的原则问题（如违反法律、直接危害公众利益或给环境带来严重破坏）上，工程师应该坚持自己的主张，包括不服从、公开揭露和控告。这应该被视为工程师的一项基本权利。

坚持原则可能给个人利益带来损失，它需要勇气和自我牺牲精神。工程师在这样做时，应当采取适当的和负责任的方式，并寻求工程师团体和法律的支持和保护。今天，保护工程师的权利（或更广泛地，"保护雇员的权利"）越来越成为重要问题。很多工程专业团体都把"帮助工程师理解如何应用伦理规范"作为自己的任务。他们奖励有道德的工程师，帮助受到报复的工程师，并积极寻求在法律上承认和确立工程师按专业伦理标准行事的权利。

应该强调指出：工程伦理不但涉及了许多理论问题，更涉及了工程活动中的许多现实伦理问题。工程伦理的灵魂是要在工程活动的实践中体现出高尚、健全的伦理精神，摒弃道德上的丑恶、低下行为。

4.3 工程方法论

在工程哲学视域中，任何工程活动的目的都必须运用一定的方法才能实现。离开了一定的工程方法，所谓工程及其目的就只是海市蜃楼。可以说，没有人能够否认工程方法的重要性，且对于各种各样的具体的工程方法，工程从业者（工程师、工人、工程管理者等）也不陌生。目前国内外已经出版了不少关于具体工程方法的著作，这些著作展现了形形色色的具体的工程方法，其中的有些还显现出了"工程方法论思想"的光辉。然而，由于多种原因，对于工程方法论，关于工程的、规律性的一般理论和总体性认识，却鲜见专题性质的并上升到"工程方法论"层次的研究。迄今，工程方法论还是一个有待深化的领域。

4.3.1 工程方法和工程方法论

在工程方法论领域，工程方法是其首要的和最基本的概念。本节对工程方法、工程方法论以及二者之间的关系进行简单的梳理和介绍。

4.3.1.1 工程和工程方法的结构性含义

真实的工程实践中所使用的具体工程方法总是千差万别的，这与工程概念的结构性含义有着很大的关系。如果从行业视角观察工程，可以看出工程具有专业性、行业性。工程总体中包括各行各业、各种门类的工程，例如农业工程、水利工程、矿业工程、冶金工程、化学工程、土木工程等。在同一行业工程之下，又可以分为具体的工程项目，例如在铁道项目下面，又可具体分为京沪高铁工程、广昆高铁工程、青藏铁路工程、中老铁路工程等。这些铁路项目，除了行业性、专业性特征外，还具有当时当地性等特点。

从对工程的结构性内涵所进行的分析中可以看出，在认识和把握工程的概念时，除了从工程与科学、技术相比得出的三元论概念外，还必须从工程本体论来深化对工程概念和工程方法的认识。工程本身是有结构性的，有层次性的；是可分类，具有专业性的；工程活动（特别是具体工程项目）是具有当时当地性的。理清工程概念的结构性内涵对理清工程方法论、工程方法的研究思路具有重要意义，否则，将引起思维混乱。

总而言之，认清工程的结构性内涵，将有助于理解工程—技术—科学的特征和它们之间的关系，也有助于理清研究工程方法论和具体工程方法的研究基点和研究进路。

4.3.1.2 "工程方法"及其演化

在人类历史上，工程方法早已存在，而且人类社会中所使用的工程方法也一直在不断变化、演进和发展。一部工程史可以说也是一部工程方法演化的历史。例如，不但铁器时代所使用的工程方法与石器时代相比有了天翻地覆的变化，就是新石器时代所使用的工程方法与旧器时代相比也发生鲜明的演变。到了第一次工业革命，人类掌握和使用的工程方法空前丰富。在第一次工业革命后，又发生了多次产业革命，而每次产业革命都与工程方法的革命性演进有关。不过需要注意的是，虽然必须承认早在原始社会中人类就掌握了一些原始的工程方法，而且古人也形成了概括广度和认识深度不等的"工程方法论思想"，特别是关于特定类型的工程（如建筑工程）的方法论思想，但却不能就此说古代社会已经有了明确的、系统的理论形态的"工程方法论"。

工程方法的演化有着不同的方式。一般而言，在发展过程中，大量的工程方法都是按照渐进的、量变的方式进行演化的；不过有的时候也可能出现革命性的进化方式。历史上那种在新的重大方法或通用方法得以发明并且迅速发展后，推动新产业、新工厂、新装备诞生的现象屡见不鲜，而且这种现象不仅发生在过去，在未来也将不断发生。

事实上回顾历史可以看到，不但"工程方法"在不断演进，"工程方法论思想"也在不断演化。回顾工程活动的历史进程，从宏观和长时段来看，工程方法论思想经历了三个大的发展阶段：最初是模糊整体论框架中的方法思想，后来发展为还原论框架中的以机械方法论为主的方法论思想，目前正在进入开放的、系统的、动态的整体论思想，正在把现代的工程方法论"思想"发展为整体的、系统的"工程方法论"的理论。

当代工程方法论应该在继承、扬弃和发展以往方法论思想成就的基础上，总结当代工程方法的实践，深化和升华为开放的、动态的、系统的整体方法论。现代工程方法论应该从整体结构、整体功能、效率优化和环境适应性、社会和谐性等的要求出发，特别注意研究工程整体运行的原理和过程、工程的整体结构、局部技术/装置的合理运行窗口值和工序、装置之间协同运行的逻辑关系，研究过程系统的组织机制和重构优化的模式等复杂性的多元、多尺度、多层次过程的动态集成和建构贯通。

4.3.1.3 工程方法论的内涵

工程方法论是以工程方法为研究对象的"二阶性研究"，是"关于工程方法"的总体性认识；在工程方法论的理论体系中，"运用工程方法的基本原则"是核心性的内容。

工程活动就是通过选择—集成—建构等进而实现在一定边界条件下将要素合理配置转化成结构—功能—效率优化的人工存在物。工程活动的这些过程及其结果，都是通过工程方法而实现的，工程方法论的基本任务就是要在工程方法与工程过程、工程结果、工程意义等的相互作用中研究关于工程方法共性的诸多问题，并得到关于工程方法的总体性认识。从工程方法论的角度上看，要素选择、配置合理化、结构化、功能化、程序化、协同化、和谐化等对各类工程的方法都是必须共同遵循的规律。

4.3.2 工程方法论的研究对象和结构性含义

对于每一个学术研究领域来说，首先都必须有明确的研究对象，工程方法论研究自然也不例外。

4.3.2.1 工程方法论是以工程方法为研究对象的"二阶性研究"

简单地说，"工程方法论"是以"工程方法"特别是其共性特征和应遵循的原则和规律为研究对象的"二阶性研究"。"工程方法论"不等于"具体的工程方法"，也不是"工程方法本身"，而是关于"工程方法的总体性认识"。更具体地说，工程方法论是以"具体的工程方法"为"研究对象"而形成的"关于工程方法的理论性抽象和关于工程方法的共性特征研究"。如果把具体的工程方法看作是"一阶的方法"（例如修建一座桥梁的方法、建设一座钢厂的方法、修建一条铁路的方法等等），那么，在"工程方法论"这个概念中，除了包括"关于工程方法的一般理论（例如关于工程方法的分类、基本特征、演化规律、运用原则的理论）"这个方面的内容外，它还包括可以泛称为"关于工程方法的共性特征及其应遵循的原则和规律"方面的内容，为了将其与"具体的工程方法"相区别，可以将其称为"二阶性方法"，即关于"运用各种具体工程方法"的"更高层次方法"（例如集成各种要素的"结构化方法"、制定工程设计规范的程序方法、制定工程运行规则的协同化方法、对各种工程活动过程所涉及的有关问题进行协调的和谐化方法等）。

总而言之，工程方法论是以各种各类工程方法为研究对象和研究素材的"理论体系"，其核心内容是发现和阐明各种各类工程方法的共性特征和应遵循的原则和规律。在这个理论体系中，既包括关于同产业、专业工程方法（集）的性质、特征、结构、分类、发展规律等问题的研究，也包括对各类产业、专业的工程方法论具有普适性的共性特征的研究。

应该注意的是，在进行工程方法论研究时，由于目的和对象范围的不同，不同的人可以在不同的层次上进行"共性抽象"和"共性概括"研究。当在某个层次的共性研究得出结论后，人们还可以进行更高层次的共性概括和共性研究。在这时，原先那些"下位层次"的结论就成为相对"个性水平的东西"了。以设计工作为例，当人们以许多座具体桥梁设计方法为研究对象，总结和概括出"关于桥梁设计的一般方法（即桥梁设计的共性特征）"的理论时，应该承认这是属于桥梁工程方法论领域的研究工作和成果。在更高层次上，人们还可以总结、概括出"土木工程设计方法论""化工设计方法论""机械设计方法论"等行业性设计方法论，这些都是属于工程方法论领域的研究内容。当然，人们还可以不局限于研究单个行业的设计方法问题，而放眼更广领域，探求其共性特征，试图概括出具有更大普适性的关于工程方法理论的一般工程方法论。

工程方法论以工程方法为研究对象。在研究工程方法论时，一方面，要面向和总结工程实践经验，更具体地说是形形色色的工程方法的实践经验，努力从具体工程方法的实践经验中进行理论总结、逻辑抽象、观点提炼、认识升华；另一方面，必须借助于哲学思维和工程哲学的基本理论研究和分析各种各样的工程方法。前者是"自下而上"的研究进路，即从具体工程方法概括、总结出关于工程方法的一般性理论的进路；后者是"自上而下"的研究进路，即在工程哲学一般理论以及一般性方法论的理论指导下分析具体工程方法的研究进路。这两个研究进路应该紧密结合起来。

　　大体而言，工程方法论是研究工程方法的共同本质（如结构化、功能化等）、共性规律（如程序化、协同化等）和一般价值的理论（如组成单元/要素选择合理化、和谐化、效率化、效益化、优质化等），旨在阐明正确认识、评价和指导工程活动的一般原则、步骤及其规律，其核心和本质是研究各种工程方法所具有的共性和工程方法所应遵循原则和规律，是关于工程方法的总体性认识。

4.3.2.2　工程方法论的结构性含义

　　在工程方法论研究中，既可以采用"两层次划分"及相应的研究进路，也可以采用"三层次划分"及相应的研究进路，如图4-5所示。二者的主要区别在于对具体工程方法进行"共性分析和研究"时，前者"一次性"地抽象和上升到"一般工程方法论"的层次，而后者则在对具体工程方法进行分析和研究时，主要着眼于抽象和上升到"中间层次"的"行业性工程方法论"。

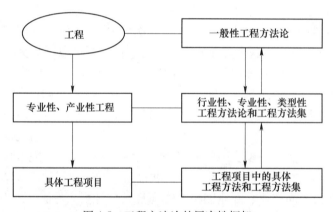

图4-5　工程方法论的层次性框架

　　"行业性工程方法论"具有更强的产业针对性和工程实践性，能更切合本行业的工程现实，具有指导本行业工程实践的重要作用意义。"一般性工程方法论"具有更高层次的抽象性和更广范围的普适性，具有工程哲学研究的价值和跨行业视野的特征。所以，"行业性工程方法论"和"一般性工程方法论"各有所用，二者都是不可缺少的。

4.3.3　工程方法的基本性质和特征

4.3.3.1　工程方法的基本性质

　　工程是现实的、直接的生产力。工程方法的基本任务、基本性质和根本意义就在于它是形成和实现"现实生产力"的途径、手段和方法，这就是工程方法最本质的灵魂，是工程方法最基本性质之所在。

把握住这个对工程方法的最基本性质的认识，人们（工程从业者和社会各界）就可以更深入地认识和把握工程方法与其他方法（包括科学方法、法律方法、艺术方法、行政管理方法等）的区别与联系，可以更深刻地认识工程方法的具体内容、具体特点和万象表现深处的真正本质。一方面，我们由此可以看出工程方法与科学方法、法律方法、艺术方法等其他方法之间所存在的根本区别；另一方面，又可以由此而认识工程方法与科学方法、法律方法、艺术方法等必然存在的密切联系。

4.3.3.2 工程方法的基本特征

工程方法存在着如下基本特征。

A 工程方法的选择性、集成性和协调性

（1）选择性。工程的本质是利用各种知识资源与相关基本经济要素，构建一个新的人工物的集成过程、集成方式和集成模式的统一，其目的是形成直接生产力，构建新的人工物是工程活动的基本标志。不论是从历时性的角度来理解工程活动，还是从共时性的角度来理解工程活动，每一个工程都有其特殊性的特征，因此，工程方法必然也呈现出相对多元性的基本性质特征。由此，对构成工程系统的组成单元和工程推进方法的选择性就凸显出来了。

（2）集成性。在具体的工程实践中，工程方法是以"工程方法集"的形式发挥作用，而不是以单一方法的形式发挥作用。因此，对"单一工程方法"进行集成就成为工程方法的一个基本特征。具体的工程方法很多，而能够最终进入工程系统并形成"工程方法集"的那些方法是被选择出来并集合而成的，集成性是工程方法最显著的基本特征之一。

（3）协调性。工程活动中存在着许多矛盾和冲突，当采用工程方法分析解决这些矛盾和冲突时，工程主体必须依据一定的协调原则进行协调工作，协调性因此而成为工程方法的又一个基本特征。在一定意义上，可以认为，工程方法之间的协调决定着工程活动能否顺利进行。

B 工程方法的结构化、功能化、效率化和和谐化特征

工程方法是以集成、建构为核心内容的手段和方法，必然表现出如下重要特征：

（1）结构化。既然工程是以集成、建构为核心的人类活动，就必然要求工程系统能形成一个结构并进一步实现整体结构优化，这关系到工程的质量、市场竞争力和可持续发展。因此，有必要强调工程方法的整体性思维进路与"要素—过程"结构性思维进路相结合。这种结合意味着要以工程体系结构的整体优化为主导，通过"解析—集成""集成—解析"的方法，进而形成一个结构优化的工程体系，以实现工程应有的、可靠的与卓越的功能。

（2）功能化。功能化是工程方法的重要特征。结构和功能是对应的概念。可以认为，深入分析、认识和把握结构与功能的辩证关系是工程方法论的关键内容之一。工程的整体性功能的实现，源于不同类型的工程方法在不同时空条件下的恰当运用，相互配合，进而实现硬件、软件和斡件（orgware）的相互渗透、相互结合和相互促进，实现工程系统的基本功能目标。

（3）效率化。工程活动不仅包括技术群的集成（工程设计、工程建造、工程管理等），还包括技术与经济，技术与社会，技术与文化等其他要素的集成过程。在工程的多种技术性要素与非技术性要素的非线性相互作用和动态耦合中，效率化是一个很重要的价值取向。追求效率，实现卓越，是工程活动动态、有序、协同、连续运行的基本特征，也是工程整体目标实现的价值遵循。

（4）和谐化。工程作为以集成、建构为核心的人类活动，既要求工程内部诸要素之间的和谐，又要求工程与人、社会、自然之间的和谐。工程活动涉及自然、社会和人文的方方面面，包括资源、能源、劳动力、市场、环境、伦理、时间、空间等各类信息，这些因素影响着工程的质量、市场竞争力、合理性、可行性与可持续性。基于此，从方法论的视角来看，工程活动要与自然、社会和人文相适应、相和谐，这是工程方法的基本特征之一。

C　工程方法的过程性特征和产业性特征

由于多种原因，以往许多人常常只关注工程活动的设计和建造阶段，而忽视了工程活动的"退役阶段"，实际上也就是在考虑工程的"生命过程"时只关注了工程的"诞生过程"而忽视了某一或某些工程活动必然还有"生命结束过程"，把工程活动等同于工程活动的建设，以工程活动的"建设活动周期"概念取代了工程活动的"全生命周期"概念。在这样的认识背景下，与工程活动的退役阶段有关的许多问题就严重地被忽视了，例如关于工程产品成为废品后的处置问题、矿山工程在资源枯竭后的善后处理问题等。这些问题的忽视又不可避免地导致了一系列其他严重的社会问题和环境问题。在认识、分析和处理这些问题的过程中，人们越来越明确、越来越深刻地认识到必须从"全生命周期"的视野来认识工程活动的过程性特征，必须把工程理解为一个包括决策、规划、设计、建造、运行（运营）、退役等阶段在内的"全生命周期过程"，而不能把工程活动的维护、运行、退役阶段"置之度外"，不能使之成为认识工程活动阶段性、过程性时的"盲区"。

工程方法的另外一个显著特征是工程方法具有产业（行业）特征。工程活动总是隶属于特定产业（行业）的工程活动，相应可划分出通信工程、土木建筑工程、机械工程、交通运输工程、冶金工程、化学工程、矿业工程、水利工程等。各类工程的行业性特点就决定了与之相对应的工程方法也呈现出相对不同的产业特征。

4.3.3.3　工程方法与科学方法的联系和区别

A　工程方法与科学方法的联系

a　工程方法与科学方法的相互渗透和相互影响

科学方法是认识世界的方法，工程方法是改变世界的方法。由于认识世界和改变世界不可能截然分开，这就使工程方法与科学方法的相互渗透和相互影响成为顺理成章的事情。

科学方法向工程方法领域的渗透表现在许多方面。例如，在工程活动中，往往要使用属于"科学方法范畴"的归纳法和演绎法，在这个意义上，我们甚至必须承认它们也是"工程方法群"的组成部分之一。另一方面，在现代社会中，工程方法向科学活动的渗透也是显而易见的。例如，现代科学活动中使用的许多科学仪器和科研设备都是工程活动的产物，其中渗透着许多工程方法。

b　"工程科学"与基础科学和工程实践的关系

在现代社会中，工程科学的形成和发展引起科学界和工程界的共同关注。从构词法上看，"工程科学"是"工程"与"科学"的"合成词"；从相互关系上看，"工程科学"一手拉着"工程"而另一手拉着"（基础）科学"，成为（基础）科学与工程相互联系与相互转化的"中介和纽带"。

关于基础科学方法与工程方法的相互渗透、相互影响是一个复杂的问题，其表现形式多种多样，涉及许多内容，但工程科学的中介和纽带作用无疑是最重要的表现形式之一。工程科学既体现了基础科学的方法，又直接引导着工程活动的方法，引起方法上的渗透和交叉。

c　"高科技工程领域"中的工程方法与科学方法的关系

在现代社会中，出现了一些"超大型工程""高科技工程""航天工程""深海探测工程""新航空母舰研制工程"等所谓高科技工程领域。在高科技工程领域必然要遇到许多工程问题与科学问题纠缠在一起的问题。一般地说，这些问题都不是只运用（基础）科学方法或工程方法就可以解决的问题，而是必须以工程方法与科学方法相互渗透、相互交织的方式才能解决的问题。

B　工程方法与科学方法的区别

在认识工程方法与科学方法的关系时，不但需要关注二者的相互联系，更要关注二者的鲜明区别。

a　工程方法与科学方法在基本性质上的根本区别

从终极目标上看，科学方法的本质是认知（集中地体现在对客观事物的探索、发现），是要不断逼近真理，科学始终是以"发现真理"为导向的。作为真理导向的科学理论，有些是具有重大"实用意义"的，但还有一些科学理论并不具有"实用性"。与此不同，工程方法的本质是"价值与实践"导向的。工程共同体在工程活动中运用各种各样的工程方法的目的是要形成直接的、现实的生产力，并产生价值。在工程方法中，不但包括处理有关人与自然关系的种种方法，而且包括处理有关人与社会关系的种种方法。

科学的"求真"导向和真理标准与工程的"求效"导向和生产力标准使得对工程和对科学的检验方式、评价标准以及这两个领域中对错误的"容忍程度"和"对错标准"出现了一些鲜明区别。工程活动是实践活动，工程中出现了错误就意味着实践的失败或出现不良后果。如果是重大工程，其失败更会出现灾难性后果。所以，人类要求工程方法必须要保证高度的可靠性。特别是对于像三峡工程、港珠澳大桥这样的工程项目，人类是不允许其失败的。就此而言，可以在某种意义上说，科学方法往往更重视"实验性、探索性"的方面（可以容忍失败），而工程方法往往更强调"可靠性、效益性"的方面。

b　与科学方法相比，工程方法更具多元集成性

对于物理学方法、化学方法等以及更低一级层次的力学方法、光学方法、电学方法、磁学方法等来说，其方法是尽可能地通过简化、抽象，概括出一般规律，其涉及的领域是相对单一的；而对于机械工程方法、化学工程方法、冶金工程方法等以及更低一级层次的铁路工程方法、公路工程方法乃至京沪高铁工程方法来说，其性质是相对多元的。例如，在青藏铁路工程方法中，不但必须在车站建筑、机车制造、线路施工中运用机械工程方法、土木工程方法、电学方法、信息工程方法等，而且涉及了与冻土等有关的地质学方法，这就使工程方法具有了多元的性质和特征。特别是工程活动还涉及复杂的社会环境和条件，这就使以行业性为特征的工程活动在方法上一般都是多元的、多层次的、复杂的，

显现出综合集成特征。

　　c　工程方法更强调现实性和协调性的特征

　　科学方法的特点常常是要对事物进行"抽象化""纯粹化""简化"。例如，物理学提出的"质点"概念并非真正的现实存在，但绝不能否认它是运用追求纯粹性的科学方法的结果。许多科学实验的难点和关键点也都是如何才能创造出"纯粹性的实验条件和环境"（如高真空环境、无菌环境等），使之免受真实环境中必然出现的其他因素的"影响"。而工程方法则正好相反。工程活动是在现实生活中进行的现实活动，开展工程活动必须面对现实，工程师需要把在试验条件下取得成功的"样机"放置到真实的"现实环境"中进行检验，努力取得真实环境中的成功。由此，工程方法也就出现了更强调现实性和协调性（包括社会协调、伦理协调、生态协调等）的特征。例如，科学方法已经证实使用氟利昂可以有效制冷，然而由于臭氧空洞的出现，工程师在制造冰箱时为了使环保要求和制冷手段相协调又弃用了氟利昂制冷方法。

　　4.3.3.4　工程方法与技术方法的联系和区别

　　A　工程方法与技术方法的联系

　　a　工程方法与技术方法的相互渗透和相互影响

　　工程活动是技术要素和非技术要素的集成，从而，技术方法也成了工程方法的不可缺少的组成部分之一。人们说，没有无技术的工程，实际上也是承认了工程技术方法已经内在地渗透、包含在"工程方法集"之中。

　　如果从历史演化的角度考察技术方法和工程方法的相互关系，人们常常可以看到先进技术促进和引导工程发展，甚至导致形成"新工程类型"的情况。例如，蒸汽机发明后，它作为新型动力机得到了广泛运用。把蒸汽机运用到交通运输设备上，促使交通运输工程出现了新形态和新面貌；后来又发明了发电机和电动机，在新技术的引导下，电机工程很快就应运而生了。另一方面，工程也绝不仅仅是被动的方面，因为在现实生活中，往往要出现"工程选择技术"的情况。在工程活动中，往往需要以"工程的需求"为准则来"选择和集成"有关的各种技术。可以说，在具体的工程活动中，先进技术"被弃用"的情况也不是罕见的事情。这些都是技术方法和工程方法相互影响的具体表现。

　　b　工程方法与技术方法在价值目标和价值创造中的统一性

　　如果说科学方法以追求真理为目的，那么，技术方法和工程方法都以追求价值创造为目的。与科学方法主要涉及真理论问题不同，技术方法和工程方法主要涉及价值论问题。

　　从哲学角度看，可以认为，技术方法主要在可能性范畴和意义上涉及价值创造问题，而工程方法主要在现实性范畴和意义上涉及价值创造问题。对于技术方法和工程方法的关系而言，二者又可能和需要在价值目标和价值创造的过程中实现其统一性。

　　B　工程方法与技术方法的区别

　　a　技术方法的发明以"争第一"为特征，而运用"工程方法集"的工程项目以"唯一性"为特征

　　发明是技术活动的重要形式之一。从技术社会学和专利法的角度看，技术发明的一个最突出、最关键的特征是只承认首创性工作，只承认第一个做出了该项发明的人是真正的发明者，第二个做出该项发明的人，即使是"完全独立"地"实现"了该项发明，这个人也不被承认是发明者,不能被授予专利。这就是说,在技术发明的竞技场上,只承认"冠军",而取消了"亚军""季军"和"其他席次"的"名誉授权"。在发明权特别是专利权的意义上,第二次、第三次的"重复发明"是不被承认的,是无意义的。可是,对于运用"工程方法集"而完成的工程项目来说,却以"唯一性"为其本性。由于每一项工程都各具个性,都是"唯一"的工程,这就使第一百条铁路、第一千条铁路也都有自身独特的价值和意义。这种评判标准与评价结论与技术发明领域只承认"第一发明者"的意义形成了鲜明的对比。

b　技术效率和效能与工程效率和效能在含义及评价标准上的差别

虽然技术方法、工程方法都注重和追求效率与效能的提升,可是二者在效率和效能的具体含义与评价标准上却大有不同。一般地说,技术方法的效率和效能都是要"就技术谈技术",其技术含义和评价标准都是十分明确的。可是,对于工程活动和工程方法来说,其效率和效能就不但需要考虑技术领域的效率和效能问题,而且需要考虑经济、社会乃至人文领域的效率和效能问题,在"引申义"和隐喻的意义上,还需要考虑管理学、社会学、生态和环境等诸多方面的效能和影响问题,于是,工程活动和工程方法的效率和效能问题就成了多含义、多侧面的综合性的复杂问题。技术效率高而经济效率低的情况在工程实践中并不鲜见。许多人都熟悉经济学和管理学中谈到的"木桶效应",这个"木桶效应"对于我们认识技术方法的效率和效能与工程方法的效率和效能的关系也是可以提供许多借鉴和启发的。

c　工程方法的适用性取向与技术方法的先进性取向

技术创新的最终目标是要将可能的生产力转变为现实的生产力,能否通过技术创新占领技术制高点,进而实现工程化、产业化。将可能的生产力转变为现实的生产力是技术目的性的重要体现。这就是说,通过技术方法的发明、创新,实现技术先进性是技术方法的重要特征。而工程创新与技术创新既有联系又有区别。技术创新常常成为工程创新的基础,直接影响着工程创新的程度与水平,但这并不是说越先进的技术创新对工程创新就越有利。工程创新以造物或改变事物为主要目的,工程的适用性、可靠性、有效性往往比工程的局部技术先进性更具有竞争优势,因此,在工程创新过程中,在许多情况下,都要选择适用的、成熟的技术,而不是贸然选用最先进的创新性技术。如何选择,在什么时候和什么条件下选择最新技术对于工程创新至关重要。由于工程活动的自身本性,由于社会文化环境、国家政策法规等外界环境的影响,选择符合社会经济效益、社会效益、生态效益的适用技术往往是工程创新的优先价值取向。

d　工程方法的集成性与技术方法的嵌入性

工程活动和工程方法高度重视其集成性。与工程活动和工程方法的集成性、包容性相对应、相呼应,技术活动和技术方法应具有可集成性、嵌入性特征。在工程活动中,技术活动是为了将某一或某些技术有效地嵌入工程系统中并发挥功效的活动,两者的互动促进了工程与技术的共同进步,直接推动着经济、社会的发展。新技术的嵌入,可以增强工程发展竞争力,扩大工程影响的范围。

如果没有工程对技术的集成和包容,技术就只能停留在潜在的价值形态,就像一匹野马在草原上奔驰,不能拉车耕地,不能变为现实生产力。认识这种集成与嵌入的关系,对工程哲学与技术哲学的发展都是非常重要的。

技术哲学与工程哲学都要研究技术创新，但两者的研究目标、研究路径、研究方法并不完全相同，二者有各自的本体论出发点。从技术哲学的角度来研究技术创新，是在研究技术如何创新，研究技术的不同形态及其相互关系，研究技术工程化、产业化问题。从工程哲学的角度研究技术创新，是要把技术创新作为嵌入一个工程系统中的重要手段、重要方法来研究，即如何实施技术创新的嵌入集成，为此要研究技术创新对工程规划、决策、实施、运行和评价等方面的意义和价值。

4.3.4 工程方法通用原则

4.3.4.1 工程方法通用原则的概念和意义

由于工程方法是为了某些功能、某些目的而运用于工程实践之中，而各种相关的工程方法的"运用"必然是在一定原则指导之下的运用，而不是各自为战、杂乱无章的运用。于是，工程方法的运用原则就成为工程方法论理论体系中具有头等重要意义的内容和组成部分。前面已经指出，工程活动是划分为不同类型、不同行业的，应该承认对于不同类型、不同行业的工程活动来说，它们都各有本类型、本行业的关于工程方法运用的"类型性或行业性原则"，但在另一方面，我们也应该承认还有普遍适用于各类工程和多种行业的关于运用工程方法的共同原则，以下将其称为工程方法的通用原则。

工程方法的通用原则是从工程活动的实践经验（包括正、反两个面的经验）中总结出来的。工程方法通用原则的基本内涵或主要内容是要回答和阐述三个方面的问题：一是阐明工程方法通用原则的理论基础、基本功能和社会意义；二是分析和阐明工程方法在实际运用中的结构性、操作性、目的性方面的问题；三是分析和阐明工程方法在实际运用中的可能性、条件性、演进性、准则、导向等方面的问题。

工程方法论不但要在操作水平上分析和研究工程方法的运用问题，而且必须在理论水平上分析和研究工程方法的运用问题；不但要回答有关工程方法运用中的"是什么"和"怎么办"的问题，而且要回答有关"为什么"和"价值论"方面的问题。

4.3.4.2 运用工程方法的几个通用原则

A 工程方法和工程理念相互依存、相互作用的原则

在工程活动中，工程理念发挥着根本性的作用。在研究工程方法论时绝不能忽视工程理念的这种根本性作用，各种工程方法在具体运用时绝不能脱离工程理念的指导。

在讨论工程方法"能否运用"和"如何运用"的问题时，虽然必然要以对"工程方法自身"的认识为基础和前提，但又要承认这绝不是一个孤立的"工程方法自身"的问题，绝不是一个可以单纯囿于工程方法自身进行讨论的问题，而是一个必须将其与工程理念和工程观结合在一起进行分析和认识的问题，于是"工程方法和工程理念的相互作用和相互渗透"就成了关于工程方法运用的第一个原则。在贯彻这个原则时需要注意以下几个问题。

第一，工程理念要对工程方法的运用发挥指导、引导和评价标准的作用。工程方法的运用要服务于实现工程理念所设定的工程活动的目的，在实际运用中，工程方法不能脱离工程理念的指导而成为脱缰的野马或迷途的野马，迷失方向，乱奔瞎跑。

第二，工程理念和工程方法是相互依存、不可分离的，如果工程理念不能"落实到"

和"落实为"一套具体的工程方法，工程理念就要成为空谈、空话，成为海市蜃楼、空中楼阁。

所谓工程观与工程方法的相互依存，一方面是指工程观必须落实到具体工程方法上，避免工程观在工程实践中成为被架空的工程观；另一方面是指工程方法必须体现工程观的导向，避免工程方法成为脱离工程观指导的盲目、失控的工程方法。

应该注意，工程理念、工程观和工程方法都是不断发展变化的。于是，工程理念、工程观和工程方法的相互渗透也就成为在变化发展中动态地体现相互渗透的关系及过程。

第三，必须特别注意工程理念和实现工程理念的工程方法之间的相互关系的复杂性、多样性、多变性，绝不能在认识和处理工程理念与工程方法的相互关系时犯机械论、简单化、教条化、脱离实际、纸上谈兵的错误。

关于二者相互关系的复杂性、多样性、多变性问题，这里着重讲两个问题。

其一，工程方法在落实工程理念时具有的主动性和灵活性问题。前面谈到了工程理念和工程观对工程方法的指导作用，但在认识工程方法和工程观的相互关系时，绝不能认为工程方法仅仅是被动性的方面和只能发挥被动性的作用。实际上，工程方法在与工程观的相互作用中，也会发挥其主动性和创新性的作用，即不应忽视工程方法在落实和促进工程观发展方面可能发挥的主动性影响与作用。

一般来说，对于任何工程活动来说，虽然其指导性的工程理念和工程观是明确的，但却不可能出现具有"唯一性"的工程方法，而是必然存在着多种可以选择的工程方法。这就是说，在工程理念（工程观）和工程方法之间不可能存在"一一对应"或"唯一对应"的关系。换言之，在同样的工程理念和工程观之下，仍然有可能选择和采用不同的工程方法，这就出现了工程方法运用中的恰当性和灵活性问题。

工程理念和工程观是工程活动的灵魂，必须树立工程方法服务于、从属于工程理念和工程观的意识，不能使工程方法脱离工程理念和工程观的指导和约束。但这绝不意味着工程方法的运用中没有主动性、灵活性。相反，在许多情况下，只有充分发挥选择、集成工程方法（群）的主动性、灵活性，才能更好地贯彻和落实工程理念及工程观。绝不能教条主义地理解工程理念和工程方法的相互关系。

其二，工程方法运用时可能出现异化现象和危害性后果的问题。所谓异化现象，一般来说，指的就是那种"搬起石头砸自己的脚"的现象。工程活动的目的本来应该是造福人类的，可是，在出现异化现象时，工程活动反而成了危害人类的活动。工程异化现象的具体表现是多种多样的。在分析形形色色的工程异化现象时，人们会发现许多工程异化现象都要归因于和归结于运用工程方法时脱离和背离了正确工程观的指导与引导，在工程观上出现了错误。

B "硬件""软件""斡件"三件合一，相互结合、相互作用的原则

在工程实践活动中，必须运用一定的机器设备、物质性工具和器具（如发动机、电动机、推土机、水压机、起重机、筛子、锤子、刀子等），如果没有一定的物质设备，工程活动就无法进行，可以把这些工程活动中必须运用的机器设备、物质性工具和器具泛称为工程活动的"硬件"。正像计算机的硬件必须和相应的软件相配合才能发挥计算机的功能一样，任何机器设备要发挥其功能，其使用者、操作者也都必须掌握与其相应的操作程序、使用方法、器具结构和功能的有关知识，可以把与"工程硬件"相关的操作程序、使

用方法等泛称为工程活动的"软件"。

除硬件和软件外，国外有人又提出了"orgware"这个概念。钱学森先生建议把orgware 翻译为"斡件"（来自"斡旋"一词），我国许多人都接受了这个意见。因为工程活动特别是现代工程活动都是有组织的集体活动，如果没有一套组织管理的方法，如果工程活动缺少了组织管理，工程活动必然陷入混乱之中，工程活动不但不可能顺利完成，甚至连正常进行也是不可能的。一般来说，斡件不但包括宏观范围的有关工程活动的制度，而且包括中观和微观领域的组织规范、各种有关制度等。

在工程活动中，硬件、软件和斡件三者任何一个方面都是不可缺少的。盲目地迷信设备，陷入"唯设备论"是错误的；反之，认为设备无关紧要，陷入"轻视设备论"也是错的。如果有了必备的机器设备，有了好的硬件条件，同时又有了好的配套软件，但在工程组织管理上出现了疏漏，那么，良好的硬件条件和软件条件也都无所施其技，不但"空有了一身好功夫"，甚至可能走向反面，"好设备"起到"坏作用"，甚至导致工程失败。

总而言之，在工程实践中和工程方法的运用中，必须把工程方法整体中的软件、硬件和斡件结合起来，使三者相互渗透、相互结合、相互促进才是正确的工程方法运用原则。

C　工程方法运用中的选择、集成和权衡协调原则

a　工程方法运用时的选择和集成

在工程实践中，工程方法不是以"单一方法"的形式发挥作用，而是以"工程方法集"的形式发挥作用的，于是，对诸多"单一工程方法"的"集成"就成为工程方法运用中的一个基本原则。这个"集成原则"是工程方法运用中的一个具有普遍性和关键性的原则。

工程方法运用中的选择原则和集成原则是密不可分的。具体的工程方法，千千万万，数不胜数，而最终能够进入工程系统并形成"工程方法集"的那些方法都是被"选择"出来的方法。需要注意，"选择"这个概念中必然同时包含"选中"和"弃选"这两个方面，换言之，在出现某些工程方法"被选中"的同时必然还有许多方法"未能中选"而"被弃选"。于是，"选中"和"摒弃"就成了同一过程的两个方面。

应该注意，在工程活动和工程方法论中，这个选择原则或选择操作不是仅仅在一个层次上运用，而是要在多层次上运用和使用的。特别是在最高层次上，有关于"多个总体层次的备选设计方案"的"选择"问题，而每个"总体层次备选方案"中又都存在和进行了多个亚层次的对诸多工程方法的"选择"。"选择"是"集成"的基础，而"集成"则是"选择"的协同效果。

b　权衡和协调原则及其重要性

上文谈到了选择和集成的重要性。那么，应该如何进行选择和集成呢？这就又引出了"权衡和协调"问题。

所谓权衡，不但包括技术领域的权衡，而且包括经济、政治、社会、伦理、生态领域的权衡，特别是综合性的权衡，这就大大增加了工程活动和工程方法运用中进行权衡与把握权衡原则的难度。

在工程活动和工程过程中，"选择和集成过程及原则"与"权衡和协调过程及原则"

是密切联系的。其中，选择与权衡往往有更加密切的联系，而集成与协调往往有更加密切的联系。

工程活动中必然面临许多矛盾和冲突，在处理这些形形色色、千变万化的矛盾冲突时，有关主体必须依照一定的协调原则进行协调工作。如果协调失败，工程活动往往就难以顺利进行。这意味着在许多情况下协调原则及其执行情况往往就是工程活动能否得以顺利进行和能否成功的关键环节。

作为一个原则，在协调的含义中无疑地包含着某种妥协或让步的成分，当然也包含了使之更好地协同的目的，这就使协调原则与数学中的所谓最优化和伦理学中的所谓"绝对命令"有了含义上的差别。

上文谈到"协调"的含义中包含着某种程度和某种含义的妥协与让步的因素，但这绝不是说可以把协调原则与无原则的妥协混为一谈。对于现实生活中出现的形形色色的权钱交易、偷工减料、降低标准等丑恶、违法、不道德的行为和现象是绝不能妥协的。

必须强调指出，贯彻协调原则的根本目的是实现和落实工程理念及正确的工程观，必须使协调过程在工程理念和正确的工程观的指导下进行，必须避免和反对那些以协调名义而进行的假公济私、因小失大、以邻为壑等错误行动及错误方法。

需要注意，对于科学活动、科学方法和科学目标来说，在硬性的真理标准面前，不能讲妥协，不能讲协调，不能让真理委曲求全，因为委曲求全的真理便不再是真理。可是，在工程活动中，各项矛盾的事物往往是需要进行妥协和协调的，要通过妥协、协调达成协同。对于工程活动来说，必要的妥协、巧妙的协调、高明的权衡往往是工程成败的关键所在，而在协调和权衡上的失败往往就意味着工程实践过程受阻。

D 工程方法运用的可行性、安全性、效益性原则

在工程方法的通用原则中，可行性、安全性和效益性原则的意义和重要性是显而易见的。

工程活动是实践活动。在工程方法的通用原则中，工程实践者（包括工程领导者、管理者、投资者、工程师、工人等）无不承认可行性的重要性，特别是那些具有丰富经验的工程实践者更对这个可行性有深刻的认识和体会，而脱离实际的人和某些初出茅庐、自以为是的人却往往忽视可行性，乐于纸上谈兵。纸上谈兵的方式和习惯有时会在口头上、纸面上很吸引人，但因为背离了工程的可行性，其危害性常常是很大的。

在认识可行性时，还应该注意，随着环境和条件的变化，有些原先不具有可行性的方法有可能在新环境中成为具有可行性的方法。当然，也可能出现相反的情况。

对于工程方法运用中的安全性，以往由于多种原因往往没有受到足够的重视。忽视安全性的原因是多种多样的，但无论是什么原因，那些忽视工程安全性的想法和做法都是错误的，而且是危险的。

工程是讲究效益的，于是效益性就成为工程方法的重要原则之一。对于工程活动来说，不但需要衡量其技术效率、经济效益，而且必须衡量其伦理意义、生态效果、社会影响、文化影响等广泛的方面，总而言之，必须从综合性和广义理解中认识与把握工程的效益性。

E 遵守工程规范和进行工程创新辩证统一的原则

工程规范往往是根据工程活动经验和相关标准，为了保证工程活动的成功，避免失败，而制定的。古代社会中，工程规范往往采用约定俗成、行业传承、代代传承的方式。到了近现代时期，工程规范逐渐更多和更明确地采取明文规定的形式。工程规范可由行业、有关机构、企业颁布，也可由国家颁布。在现代工程活动中，工程活动和工程方法的运用必须遵守有关规范已经成为公认的准则。

在运用工程方法时，不但必须注意遵守工程规范的原则，而且要努力在工程实践中勇于创新——包括对原有工程方法的创新性运用和新工程方法的发明。

在工程实践中，遵守工程规范和勇于工程创新是对立统一的关系。一方面，必须遵守有关的工程规范，不能蛮干，不能心存侥幸；另一方面，必须勇于创新，必须在必要时勇于破除陈旧过时规范的限制和约束，必须敢于以严肃、严格、严谨的态度大胆创新，并且在总结新经验的基础上，及时把新经验和新方法规定为新的工程规范。而在新经验、新认识、新方法成为新规范后，墨守旧方法就成为不合规范的事情了。

F 约束条件下满意适当、追求卓越与和谐的原则

在研究工程方法论时，应该高度重视哲学中的"有限理性"概念与"和谐"概念在工程方法通用原则中的表现及影响。

从方法论角度看，和谐理念不同于斗争哲学。和谐理念指导下的工程观不同于近代形成的"征服自然"的工程观。在现代管理学中，有学者提出了有限理性这个概念。这种理论不承认有什么"全知全能"的理性。依据有限理性理论，任何现实的工程活动和工程方法在现实生活中都不可能达到绝对的尽善尽美。可是，有限理性理论也绝不是为平庸和无进取心进行辩护的理论。工程从业者必须大力发扬"追求卓越"的精神，努力达到"约束条件下的满意适当"。

从哲学分析的角度看，工程方法论领域中的"约束条件下满意适当、追求卓越与和谐原则"就是和谐概念和有限理性理论的具体反映及具体表现。

应该强调指出，所谓"约束条件下满意适当"绝不等于降低标准，绝不是抛弃理想，工程从业者必须把坚持"约束条件下满意适当"的原则和"追求卓越与和谐"的原则统一起来，而不是把二者对立起来。

工程活动是现实性和理想性的统一，如果说"约束条件下满意适当"的原则更多地反映和表现了工程活动中现实性的方面与现实性的要求，那么"追求卓越与和谐"的原则就更多地反映和表现了工程活动中理想性的方面与理想性的要求。工程活动正是在这两个方面的对立统一中不断演化、不断发展、不断前进的。

以上就是对工程方法通用原则的简要阐述。应该强调指出，工程方法的通用原则绝不是可以"不令自行"的。为了使工程方法的通用原则得以顺利贯彻和实行，不但需要培养和形成对于工程方法通用原则的正确认识，还需要在此基础上进一步形成有关的"制度"，通过制度的方式保证工程方法的通用原则得以顺利贯彻实行。事实证明，必须把思想认识、心理态度和有关制度的方式及力量结合起来，才能形成更加有效的措施和力量来保证工程方法通用原则得到切实的贯彻和实行。

习题与思考题

4-1 简要介绍思维活动的分类。

4-2 工程思维的最基本的性质是什么？工程思维的主要特征有哪些？

4-3 简述工程思维与科学思维的关系。

4-4 简述科学问题和工程问题的区别。

4-5 "工程问题的答案不具有唯一性"，如何理解这句话？

4-6 认为工程知识比科学知识"低一等"的观点对吗？为什么？

4-7 "在工程知识中，关于规则的知识是最重要的内容之一"，如何理解这句话？

4-8 简要介绍工程思维中的价值追求和意志因素。

4-9 工程决策过程包括哪些步骤？

4-10 "决策活动不但是一个理性活动过程，同时也是一个意志活动过程"，如何理解这句话？

4-11 工程决策应该是科学化与民主化的统一，如何做到这一点？工程决策民主化包含什么含义？

4-12 "工程设计中的问题求解具有非唯一性"，如何理解这句话？

4-13 如何处理好工程设计中设计的几个重要的关系？

4-14 如何做好工程评估？

4-15 工程理念的含义是什么？如何理解工程理念的层次和范围？

4-16 简要介绍工程理念的作用和意义。

4-17 如何理解工程理念的时代性？

4-18 简要介绍工程的系统观。

4-19 工程系统化的意义是什么？

4-20 简要介绍工程的系统性。

4-21 简要介绍工程的新系统观。

4-22 简要介绍工程的社会观。

4-23 简要介绍工程的社会性。

4-24 简要介绍工程的社会功能。

4-25 如何才能保证公众理解工程？

4-26 简要介绍工程生态观。工程生态观的基本思想包括哪些内容？

4-27 生态法则的内容是什么？对工程观有什么启示？

4-28 简要介绍产业生态学学科的兴起情况。

4-29 简要介绍工程的文化观。工程文化的内容有哪些？工程文化有什么特性？

4-30 工程文化的作用和影响是什么？

4-31 简要介绍工程伦理观。

4-32 "工程伦理是实践伦理"，如何理解这句话？

4-33 工程师职业伦理中的重要问题有哪些？

4-34 简要介绍"工程方法论思想"的演化过程。

4-35 "工程方法论是以工程方法为研究对象的'二阶性研究'"，如何理解这句话？

4-36 工程方法的基本性质是什么？工程方法的基本特征有哪些？

4-37 简要介绍工程方法与科学方法的联系和区别。

4-38 简要介绍工程方法与技术方法的联系和区别。

4-39 运用工程方法的通用原则有哪些？

5 工程师的职业能力与职业道德

工程师是对负责某种工程活动的设计、管理、操作等环节的技术人员的总称。工程师在民用与军事领域的很多方面发挥着重要作用，例如，1909 年中国第一条自主建造的铁路——京张铁路修建成功；1960 年中国第一枚导弹东风一号成功发射；1970 年中国第一颗人造地球卫星成功升空等工程活动都离不开工程师的身影。

正因如此，对工程师的职业道德要求和约束也不可忽视。苏联教育家苏霍姆林斯基说："把自己培养成为人，这是头等重要的事。五年寒窗固然能培养出工程师，但学会做人，则需要一辈子。要培养自己具有人的心灵。"作为工程师，"人的心灵"就体现在其职业道德，包括社会主义职业道德以及工程师职业所要求的道德规范。

5.1 工程师职业伦理

"伦理"一般主要指人类进行社会行为时所依靠的原则，社会道德规范以其为指导。"职业伦理"指的是从事某种特定职业的人员在工作中必须遵循的行为准则，是人与人间的一种职业道德规范。工程伦理素养、社会责任感是成为一名优秀工程师必不可少的条件。

5.1.1 工程师与科学家的区别

20 世纪最伟大的航天工程学家冯·卡门曾有句名言："科学家研究已有的世界，工程师创造未来的世界。"工程师与科学家是从事不同类型社会实践活动的两种团体，科学家从事科学研究，工程师从事工程建设。科学研究要求研究者在现有基础上探索人类尚且未知的客观规律，使人可以进一步认识客观世界。科学家可以不顾现有条件，努力探求真理，结果是未知的，或者说是发散的。而工程师的工作是在现有科学理论和工程条件的支持下，以实现某种结果或达到某种目的为方向，设计合理的方案以及开展相关工作。工程师的工作结果是事先预设好的，结果是已知的，或者说是收敛的。因此，工程师与科学家是有区别的（如图 5-1 所示）。

首先，两者工作性质不同，出发点和对结果的预期也不同。科学家在做科学实验时以发现不同为荣，如果在实验中出现特殊的数据，也许一个新发现、新理论就此诞生！但工程师在做工程试验时，最理想的情况应该是所有观测、计算结果均符合预期，如果出现特殊的值，可能还需要人为过滤。因为特殊的值意味着"不可控""随机"，这与工程要求的精确、可控是相悖的。

其次，科学研究和工程建设对工作者的要求也不同。实用性、成本是工程师不得不考虑的问题，但却不一定是科学家要考究的。这要求工程师在整个工程设计、建设的过程中把握，要把科学技术通过最经济的手段做成市场可接受的产品，而不是不计代价做不实用

(a)　　　　　　　　　　　　　　　(b)

图 5-1　工程师与科学家的区别
(a) 科学家；(b) 工程师

的产品。科学研究却要求科学家具有探索精神、冒险精神，一句攀登爱好者的名言可以很好地诠释这种精神："为什么要攀登珠峰？因为它就在那里"。除此之外，工程建设还要求工程师拥有一定的表达能力、人际交往能力甚至领导力，这与科学研究对科学家的要求不尽相同。理论物理学家爱因斯坦是 20 世纪科学家的典型代表，他在思考相对论理论时也许无暇顾及它的实用性。任何科学理论将来一定有其发挥作用的地方，但这不是当前必须考虑的问题，这体现了科学注重探索的特点。桥梁工程师茅以升在修建钱塘江大桥后，为了避免大桥落入敌人之手，在建成后仅 3 个月就将其炸毁，一项浩浩荡荡的伟大工程瞬间付之一炬；铁路工程师詹天佑设计京张铁路之时，根据特定地形环境条件，采取人字形展线等一系列创造性措施，最终在较短时间内用经济的方式顺利完成了全线的修建任务。这些事例均反映出了工程师的特点：注重实用性，从实际出发，用最节省成本的手段达到效益最大。

在立场方面，科学家需要的是自由的思想，这样利于他们探索世界的规律，为创造未来的生产力打基础，利于人类的发展，因此经费往往十分庞大，一般只有特大型企业或者政府才能承担，但对于科学成果带来的生产力回报来说，这些投资往往显得微不足道。工程师相比科学家来说则更多的立足于市场，他们要学会关注市场，找到需求，还要学会如何用最少的钱，最快的速度去满足一个市场需求。科学研究有时候仅仅是为了满足科学家个人的好奇心，当然也可以是非常有实用价值的科学探求，科学发现离实际应用都有长长短短的距离，其研究成果是否能得到经济回报则永远是一个未知数；工程师们则不同，他们必须使制造出来的物体在经济上是可行的，否则没有任何用处，如果一件产品的成本高于其市场价值无人光顾，这种产品就无法生产，所以对工程师来说，经济观念是必备的。

除此之外，二者思维的方向也存在很大差异。科学家的研究课题不会具体到生产成果，可以认为是发散的。他们会建立各种理论模型，做大量计算和试验，验证理论成果，尝试各种道路去寻找最佳解释，科学家事先并不知道最终结果，因此不得不广开思路。比如研究最佳飞行路线的算法，研究替代能源的制备方法。但这些结论还不能直接应用，比如研究出了一个性能非常好的能源获取方法，但是成本非常高，或者现有技术根本不能达到那样的条件（可控核聚变的理论条件），这里有两条路走，一是科学家继续研究更好的方法，二是等待新技术出现。就算这项成果已经能实现（氢能源汽车），仍不能马上应用，这需要工程师把这项技术和科学家合作，使得成果得以应用。到了怎么把这个技术应用到产品，这就是工程师的专场了。而工程师的工作方式和思维方式可以说是收敛的。一个科研成果来了，工程师需要把它实用化，那么工程师是大致知道最终的结果。如工程师知道设备最多能做多少东西，预算大概多少，可行性，工程需要什么要求，法律的规定，产品的安全性，最长能接受的制作周期等等。所以工程师需要充分考虑实际情况。

科学是工程的前提与基础，工程是科学的发展与实践。没有科学作依据，再多的计划最终也只是沦为无本之木、纸上空谈，这也是发展基础科学的重要意义。而研究基础科学，最终也是为了人类的实践活动服务，"从实践中来，到实践中去"。然而，在实际的工程建设中，科学家会变身工程师。在尖端领域，工程师有时候也会无能为力，这时候科学家就要从理论推导参与到工程设计中了。比如花费高昂的航天发射，引力波探测，大望远镜（如图5-2所示）等。严格来讲，这些工程应属于科学研究范畴，成本一般由国家或者大型企业承担，因此预算往往十分巨大。而且，这些工程不用面对消费客户，因此不太考虑稳定性等。而商业工程不仅讲究的是基本科学原理正确，而且要求产品的稳定性及可操作性。比如中国航天承担的商业发射项目，都是采用十分成熟的火箭，而且成本相对低。也有不少工程师遇到难题时直接变身科学家研究理论的，这时候工程师变身为科学家。

图5-2　天眼

值得一提的是，工程活动与科学研究虽然差距甚远，但工程师与科学家却并不是界限分明的。一个伟大的科学家同时也可以是一个工程师，一个优秀的工程师也可以在实践过程中发现、掌握新理论。例如"两弹一星"元勋钱学森既是享誉海内外的杰出科学家，又在导弹、原子弹事业上担任负责工程师，为国家国防航空工业做出不可磨灭的贡献。

5.1.2　工程伦理学背景

工程伦理作为工程活动的一部分，随着工程和工程师的出现便已产生。任何工程都不仅仅是科学技术通过一定手段的简单实现，这其中还蕴含社会、道德等诸多因素。在工程道德伦理的制约下，工程活动会给社会带来福祉，若忽略工程伦理在其中的重要作用，其工程结果可能会带来巨大危害。二战时期德国计划研究核能用于战争，率先提出核能的构想，其关键技术也领先于其他国家。可直到 1945 年才修建成临界反应堆，比美国足足落后 3 年。这其中有诸多因素，但不可忽略的是包括德国在内的无数科学家的努力，这就反映出了作为工程师在进行工程活动时，不仅要考虑工程本身，还应当有社会责任意识，有明辨是非的能力，不仅知道如何做，更要想明白为什么去做。

虽然工程伦理伴随工程活动就应出现，但早期并未取得人们的足够重视，古埃及的工程师们在修筑金字塔时也许并不知道工程伦理学的重要意义。从 20 世纪后期开始，工程伦理学才开始在西方发达国家兴起。1818 年，第一个被官方承认的土木工程师协会在英国创立，此时现代工程师职业和工程伦理才算正式出现在世人面前。随着工程技术的发展，人们愈来愈认识到工程师在社会发展中扮演的重要角色和其手中掌握的巨大力量，为了让工程师的巨大力量作用在促进社会进步上，要求工程师承担的社会伦理责任与义务便随即提出。但在现代工程发展初期，这种责任与义务并未以具体条文的形式出现。此时的工程伦理尚在萌芽阶段，社会上的工程师和工程团体只依照一定的社会公约进行活动，工程伦理以经验的形式口口相传。

到了 19 世纪末，这种道德价值逐渐出现明文规定，最初的工程师伦理道德要求工程师"忠诚"，忠诚雇主，忠诚权威，被称为忠诚理论；到了 20 世纪上半叶，在世界战争与经济大萧条的历史背景下，工程伦理要求工程师发展完善工程技术，侧重点转移到了提高效率上，即效率伦理；20 世纪下半叶，工程伦理开始强调社会责任、公共服务。经过数十年的探索与发展，到了 21 世纪的今天，工程伦理逐渐引起世界范围的关注，其要求工程师在用专业技术进行工程建设的同时，为社会谋福祉，为民众安全、健康负责。

相较于西方资本主义国家，中国在工程伦理的发展较慢。作为一个发展中的工程大国，要跻身世界前列，实现建成社会主义现代化国家的目标，加快对工程伦理学的研究有重要的理论与现实意义。

5.1.3　工程师的职业伦理规范

所谓职业伦理规范是工程师从事工程活动时的约束与标准。职业伦理不同于个人伦理与社会伦理，它是一种实践要求。作为工程师，除了时刻遵守国家法律法规外，以下几项是最基本的标准（如图 5-3 所示）。

第一点是诚信。诚信是社会关系中人际交往的最基本条件，在科学和工程活动中，诚信甚至影响着工程质量和社会安全。对待雇佣者诚信，对待同事诚信，对待社会诚信，以及对待工程诚信。对待雇佣者诚信是指承办业务时对待用户做忠实的代理人，自觉履行规定义务，维护委托人的合理权益。首先，自觉保守用户秘密。在工程合作中，不免会涉及许多对方的行业机密或个人秘密，作为合格的承办人，应主动保守机密，维护工程信息安全。其次，作为承办者有责任为委托者规避风险。工程活动不一定会始终为社会带来便宜，在工程对他人权益造成损害之前，工程师要及时调整工程活动，避免危害他人、社会的情况发生。作为专业工程人员，不应"明知山有虎，偏向虎山行"，更不能主动给工程制造麻烦来渲染工作，这种行为是不道德、不诚信的。在工程活动中，工程师应评估各类方案，合理、安全地进行工程活动。最后，拒绝与委托人利益冲突的活动。工程师在自己职业中必须保持公平正义，自己在工程活动中做的一切都应符合社会公德和合约条款。因

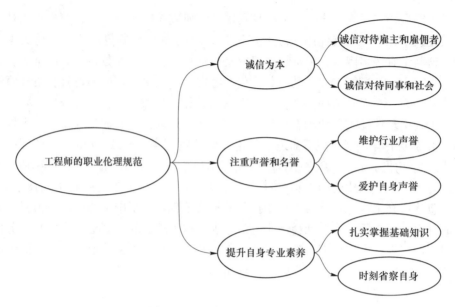

图 5-3 工程师的职业伦理规范

为工程活动是多方驱动的，个体行为通常会代表某一团体，同时对其他相关人产生影响。不能"私下行事"，阳奉阴违，不能回避某些规章制度，更不能从事与委托人利益冲突的活动而损害工程安全。

值得一提的是，对待雇主诚信并不意味着知无不言。与雇佣者没有利益相关的工程信息应持不透露原则。因为一项工程会涉及多个人、群体，最终甚至会为某个团体或整个社会服务，所以在保持诚信时还应坚持社会道德准则，对其中的信息保密是对委托人在内的所有人负责。对待同事诚信，是指在工程活动中自觉维护他人知识产权，不侵犯同行业者的合理权益。其次，在进行培训活动时，有责任悉心传授相关技术知识与工程经验，有义务对被培训者的培训结果负责。最后，在对同行业者进行专业评价时，当秉持客观原则，不贬低，不夸大。对待社会诚信是要求工程师对社会负责，不回避或隐瞒工程问题，不夸大或回避工程影响。现代工程必会产生广泛的社会影响，公众是工程的投资者，也是工程结果的承受者，不论工程的直接服务对象或者经济受益者是谁，其造成的社会影响却是公共的，所以公众应当有工程的知情权。如图 5-4 所示，没有信用的人会处处受限。公众有权利知道工程的废物产生、排放及处理情况，也有权利知悉其他会对公共生活带来影响的情况。

第二点是努力维护行业声誉，爱护自身名誉。名誉是对特定的公民和法人的人格价值的一种社会评价。具体地说，名誉是指社会对特定的公民的品行、思想、道德、作用、才干等方面的社会评价。荣誉是一定社会或集团对人们履行社会义务的道德行为的肯定和褒奖，是特定人从特定组织获得的专门性和定性化的积极评价。个人意识到这种肯定和褒奖所产生的道德情感，通称荣誉感。孟子最早从伦理方面使用荣辱概念："仁则荣，不仁则辱。"荣誉是社会历史范畴。不同的社会或不同的阶级对同一行为的褒贬不同甚至相反，如历史上，对体力劳动，剥削阶级以劳动为耻，劳动者则以辛勤劳动为荣。荣誉的获得与履行道德义务密切相关，忠实履行对社会、阶级或他人的义务是获得荣誉的前提。荣誉可

图 5-4　工程要诚信

分为集体荣誉和个人荣誉，在社会主义时代，这二者从根本上来说是一致的：个人荣誉是集体荣誉的体现和组成部分，集体荣誉是个人荣誉的基础和归宿。不从事有损他人权益的业务，拒绝从事有损行业公平公正的活动。行业的声誉代表着它的社会形象，要依靠每个工作者自觉维护，在雇佣者看来，工程师的行为可以体现这个行业的习惯。所以在特殊环境下，个人的行为甚至会影响行业的声誉，从而给该行业与同行业工作者带来困扰，这就对工程师的素质有较高要求：工程师在工程活动时，应当规范个人行为，积极承担工程责任，不损害公众权益，尊重自身职业，爱护行业声誉，维护社会对行业的客观良好印象。对社会负责就是维护他人和社会整体利益，这是工程师进行职业活动时应负的社会责任。但公众具有知情权不是无所限制的，为了工程的安全性，甚至特殊工程的机密性，对公众的知情权处理应把握必要的分寸。对待工程诚信其实也就是对其质量负责。作为工程活动的设定或实施者，要牢牢把控工程质量，不能自欺欺人，应实时维护工程进展、工程安全、工程活动和活动参与者的声誉。

　　第三点是掌握扎实的工程技术基础知识，时刻省察自身，及时主动提升自身专业素养（如图 5-5 所示）。中国古代很早就提出了选才用人的管理思想，认识到"知人善任，礼贤下士"的重要性。古人治国用人的聪明智慧，足以让后人从中受到"知兴替"的有益启发。"任人唯贤，德才兼备"，作为工程师选拔的标准和原则，现在已是众所周知、耳熟能详的事情。但这一用人思想，并不是现代才有的，而是古已有之。从先秦开始，古人在论述人才的素质条件时，就已注意从品德和才能两方面来考虑问题了，并相继提出了"既知（智）且仁""才行俱兼""才行兼备""才德兼优"等概念。不仅如此，古人还非常明确，并相当科学地论述了"德"与"才"之间的关系，先后提出了"德"为"才之帅"，用人以"德行为先""德行为首""以德为本"等概念。春秋时的思想家、教育家孔子说，君子之道有三；"仁者不忧，知者不惑，勇者不惧"，这三项行为标准里面，"仁"属于德，"知""勇"属于才智能力。到了战国末期，荀子对用人标准是这样论述的："对那些虽然才智出众而品德不好的人，绝不可重用；对品德虽好但缺乏才智的人，也不可重用；那些既有才智而且品德又好的人，才是君主之宝啊，他们能辅佐君主成就王霸之业。"这段话已经把德才兼备的用人思想表达得十分清楚，其中"既有才智而且品德又好"

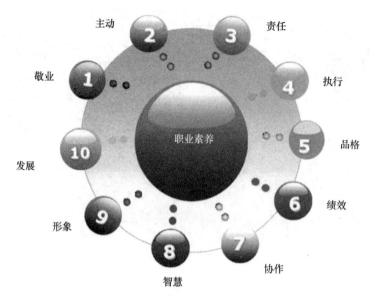

图 5-5　全面提升自身专业素养

（"既知且仁"），应该就是"德才兼备"这一概念的源头。《汉书·李寻传》中有言："马不伏历，不可以趋道；士不素养，不可以重国"，指的就是作为国家建设者，最重要的是有真本事，否则是难以胜任的。而工程师作为工程项目的负责人，也必须"才德兼备"，才能"担当大任"，否则极易沦为尸位素餐之徒。这就要求工程师严格要求自身，努力掌握专业知识和技能，在进行工程活动时才能有的放矢，游刃有余。同时，随着社会、科学的进步，工程技术也在不断发展，一名合格的工程师还要与时俱进，在技术上不能墨守成规，甚至主动革新工程技术。

　　良好工程目标的实现固然离不开工程师"遵行责任"开展工程活动，但其最终的真正实现还是依赖于工程师是否能在整个工程生活中践履各层次责任并始终彰显卓越的力量。因此，工程师要按照伦理章程的规范要求遵循职责义务，根据当下的工程实际反思、认识、实践规范提出的道德要求，变通、调整践履责任的行为方式，不断探索和总结"正确行动"的手段、途径。

5.2　工程师职业能力

　　作为工程活动设计、监督者，工程师行业要求从业者掌握基本职业技能，拥有应有的职业素质与能力。

5.2.1　工程师的分类

　　从早期人类活动萌芽阶段开始，随着工程活动的发展，工程管理的概念也在不断发展。但在早期的简单实践活动中，人们并没有对工程和工程师进行严格的定义。后来随着工业水平的提高，逐渐出现了各类工程的主要负责者，即专门对工程活动或其中某环节负责的特定技术人员，并逐渐衍生出工程师的概念。

工程师是指具有从事工程系统操作、设计、管理、评估能力的人员，我国的工程师按职称有助理工程师，工程师，高级工程师，以及教授级高级工程师之分（如图 5-6 所示）。一般评价的标准是进行学历情况和工程实践经验的考察，并由此来进行相应职位的评价。

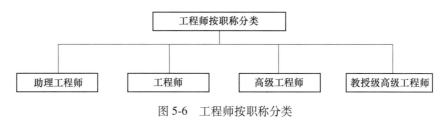

图 5-6   工程师按职称分类

助理工程师要求可以处理本专业范围内一般性技术难题，并具备硕士学位或第二学士学位；或拥有大学本科学历或学士学位且在工程技术岗位见习 1 年期满，之后进行考察并合格；或大学专科学历且取得技术员职称后从事相关工作满 2 年；或中等职业学校毕业后取得技术员职称，之后从事行业技术工作满 4 年。助理工程师是工程师职业门槛的第一步，需要掌握本专业的基础理论知识和专业技术知识，并且具有独立完成一般性技术工作的实际能力；还应具有指导技术员工作的能力。

工程师是指具有一定技术研究能力，且可以撰写研究成果或报告以解决当前技术问题的工程师。该职称要求工程师拥有博士学位；或具备硕士学位或第二学士学位，在评定助理工程师后在相关行业工作达 2 年时间；或大学本科学历或学士学位且取得助理工程师职称后满 4 年时间；以及拥有专科学历且取得助理工程师职称后，从事行业技术工作达 4 年时间。相比于助理工程师，工程师需要熟悉本专业相关技术标准以及通用工程术语，对本方向出现的前沿技术、前端工艺、新型产品等发展现状有一定的了解，对本专业发展趋势拥有一定认识。同时，需要取得过一定的本专业技术成就，可以独立承担比较复杂的工程项目，有解决专业范围内较复杂的工程或技术问题的能力。

高级工程师的评定，需要拥有博士学位，且在取得工程师职称后，至少拥有 2 年工程经验；或其他硕士学历、本科学历工程师在评定工程师之后进行相关工程技术工作达 5 年且满足一定工程业绩及科研成果方可评定，例如：

（1） 主持或承担研制开发的新产品、新材料、新设备、新工艺等已投入生产，可比性技术经济指标处于国内较高水平。

（2） 作为主要发明人，获得具有较高经济和社会效益的发明专利。

（3） 参与的重点项目技术报告，经同行专家评议具有较高技术水平，技术论证有深度，调研、设计、测试数据齐全、准确。

（4） 发表的本领域研究成果，受到同行专家认可。

（5） 作为主要参编者，参与完成省部级以上行业技术标准或技术规范的编写。

同时，高级工程师还需要业绩突出，能够独立主持和建设重大工程项目，能够解决复杂工程问题，并取得了较高的经济效益和社会效益。

教授级高级工程师能够有效指导高级工程师或研究生的工作和学习，需要在取得高级工程师职称后 5 年才可进行申报。在取得高级工程师职称后，业绩、成果仍要符合下列条件之一：

（1）主持研制开发的新产品、新材料、新设备、新工艺等已投入生产，可比性技术经济指标处于国内领先水平。

（2）作为第一发明人，获得具有显著经济和社会效益的发明专利。

（3）承担的重点项目技术报告，经同行专家评议具有国内领先水平，技术论证有深度，调研、设计、测试数据齐全、准确。

（4）发表的本领域研究成果，经同行专家评议具有较高学术价值。

（5）作为第一起草人，主持完成省部级以上行业技术标准或技术规范的编写。

此外，由于各行各业的情况和环境都不尽相同，工程师的分类按照行业的不同也可以分为电气工程师、建筑工程师、软件工程师等。同时根据不同的行业，不同类型的工程师也具有不同的职称评价标准。

5.2.2　工程师的职业能力

由于工作环境和工作内容的不同，各行各业的工程师对于所需职业能力的评价标准也不尽相同。如研究型工程师应该具有扎实的科学理论基础、熟练的实验及分析能力，开发工程师需要具有对新技术及方法的敏锐的捕捉能力，而项目管理工程师需要具有杰出的领导、沟通及组织能力。

尽管不同类型的工程师对于其所必需的职业能力的侧重点不尽相同，但是工程师作为工程项目的重要负责人和专业技术人员，拥有坚实的科学理论基础、基于理论和实践创造新的技术和方法以及拥有人际交往能力是工程师职业能力的重要组成部分。

首先，坚实的科学理论基础是工程师的首要能力。工程师面向实际的工程问题，探索新的方法以解决现实存在的问题，强大的知识储备和动手实践的能力是顺利解决问题的基础和关键。我国共和国勋章获得者、中国工程院院士、杂交水稻之父袁隆平通过视频给母校西南大学 10 名学生回信时，谈到了自己 8 个字的成功秘诀：知识、汗水、灵感、机遇（如图 5-7 所示）。在这八个字中，首要的就是知识。他在农校试验田中意外发现一株特殊性状的水稻时，他立即利用该株水稻进行试种，并凭借多年的知识储备和实践经验，

图 5-7　袁隆平潜心科研

他推测这是一株"天然杂交稻"。随后他尝试把这株变异株的种子播到创业试验田里，结果证明了发现的那个"鹤立鸡群"的植株正是"天然杂交稻"，这使得他在科研的征程中取得了重大进展。正是在长期的学习和工作的积累下，袁隆平有了扎实的知识储备和熟练的实验技能，这为他在科研道路上不断创新、不断进取打下了坚实的基础。作为现代工程师，书本知识和电脑技术都很重要。只有在扎实的知识储备下，实干苦干才能实践出真知。

其次，基于理论和实践创造新的技术和方法也至关重要。创新是中华民族的优良品性，是国家兴旺发达的不竭动力。创新是科学发展的必由之路，也是解决新问题和产生新思路的关键所在，因此工程师需要具备创新的职业能力。现代工程师往往面对的是一个个具体的工程性难题，因此解决新问题，就需要拓展新思路和新方法。我国首位科学类诺贝尔奖获得者屠呦呦在研究抗疟药这一全世界重大课题时就曾系统地查阅古代文献，寻找思路（如图5-8所示）。终于，《肘后备急方》中的"一握青蒿"为屠呦呦带来了灵感，打开了研制抗疟特效药的新思路。正是在两千年前的古法中，屠呦呦从这里面得到灵感，创新提取方法，终于研制出"青蒿素"这一抗疟特效药，挽救了全球数百万疟疾患者的生命。工程师面向新的工程问题，对新问题进行剖析，在大量调研文献的基础上寻找灵感，寻求新的解决办法。此外，在工程需要的情况下，也应在现有知识及技术的基础上开发新设备、新系统以及相应的制造工艺，用来解决新的问题。

图5-8　屠呦呦在古籍中寻求创新灵感

此外，人际交往能力也是优秀工程师需要具备的职业能力。人际交往能力是指妥善处理组织内外关系的能力，包括与周围环境建立广泛联系和对外界信息的吸收、转化能力，以及正确处理上下左右关系的能力。现代工程一般都是具有多学科交叉性和复杂性的，需要多人完成一项产品的开发和设计任务，工程师在进行工作时必须与同行甚至不同专业背景的人进行合作。单丝不成线，独木不成林。雷锋同志也曾说："一滴水只有放进大海里才永远不会干涸，一个人只有当他把自己和集体事业融合在一起的时候才能最有力量。"

因此，如果一个工程师可以顺利地协调组织好相关的项目人员，并且可以调动所有人员的工作积极性是顺利完成项目的重要基础。

5.2.3   工程技能

技能是指掌握并能运用专门技术的能力。由于不同类型的工程师所面临的工作环境和工作任务千差万别，因此须掌握的工程技能也不尽相同。面对不同的工程项目，专业知识技术储备只是辅助能力，解决实际问题的能力才是最重要的。

工程师面对不同的工程项目，需要解决相应的问题。首先，需要有开阔的解决问题的思路和方法。发散思维又称辐射思维、放射思维、扩散思维或求异思维，是指大脑在思维时呈现的一种扩散状态的思维模式，是创造性思维的最主要的特点。它表现为"一题多解""一事多写""一物多用"等方式。因此，面对一个工程项目，发散性的思维和不同的解决问题的思路是解决问题的起点，对所有的思路和方向进行科学合理的评估，最后选择出一条光明正确的道路至关重要。进而在清晰思路的指引下，工程师再将任务进行合理的分解，按照轻重缓急和各项工作的先后顺序对所有任务合理安排好相应的时间节点，分布进行工作。在此基础上，所有工程项目人员分工协作，协调推进进度，按照项目的时间节点齐心协力，共同完成好工程项目要求。

5.2.4   提高职业能力

当今社会人才济济，竞争激烈，各行各业的工程师都应保证自己在激烈的竞争中持续占据优势。因此，职业能力持续快速的提高是很重要的。

首先作为具有相关专业技能的工程师，最基本的就是要有终身学习和持续学习的能力。俗话说："活到老，学到老"，职业规划师古典（新精英生涯创始人）也曾说："未来的职业发展大概以 3~5 年为一个阶段，每个阶段之间需要系统地学习新的领域。"因此，走出校园进而步入工作岗位后也要进行持续不断的学习。当今时代，知识逐渐变得很廉价，不断学习新的知识可以不断增强自己的职业能力。同时，遇到难题切勿骄傲自大，要虚心请教优秀的人，快速解决问题。此外，应把高效地完成工作任务作为自己的追求，能够高效地将工作做好也是提高职业能力的重要方面。

其次，要有敬业精神。敬业是一个人对自己所从事的工作负责的态度，是一个人对自己工作的基本尊敬（如图 5-9 所示）。《尚书》中曾有名言"功崇惟志，业广惟勤"。诸葛亮治理蜀国，鞠躬尽瘁的品德也青史留名。热爱自己的职业和工作岗位本身就是一种崇高的品德。因此，任何工作能力的提升，技术的不断增强，都在于努力的提升自己的职业修养。然而，工作中经常会遇到很大的问题和技术瓶颈，这时一定要放平心态，以平静的心态去面对问题，努力去突破自己的瓶颈，努力去提高自己的能力。

此外，要有团结协作的精神。俗话说："千里之堤，溃于蚁下。"蚂蚁虽小，可因他们众志成城，目标一致，重于团结，便使得比自我大千百倍的河堤蛀垮，"人心齐，泰山移"说的也是同样的道理。任何一个有基本业务能力的职业人都需要有沟通交流的能力，需要能够与领导和同事有一个良好的关系，这样才能紧密团结，齐心协力。

图 5-9　培养敬业精神

5.3　工程师职业素养

工程是联系科技与社会经济的渠道，为了确保工程活动安全性、合理性，以及其确实为社会创造实用价值，其对工程师不仅有伦理性要求，还有更加严格的职业规范。

5.3.1　工程师的职业素养

"素养"一词早在《上殿札子》中就有提及："气不素养，临事惶遽"，这里"素养"指的就是一个人通过训练、实践而逐渐形成的积极、稳定的个人品质，体现在思想、道德、行为等方面。职业作为复杂社会结构的一部分，对从业者在进行职业行为时的综合品质也有符合职业特色的具体、特殊要求。

这种要求首先是职业的。教师的职业素养和科学家的职业素养不会完全相同，也就是说这种素养要求对职业有很强的依赖性。其次，它是积极的。任何理论结果要有强大的生命力，就必须经得起实践的检验，必须能得到实践者的认同，必须产生良好的社会效益，这就是其积极性。然后，它是相对稳定的。一个具体的人所具有的职业素养是经过前期学习、训练逐渐完善和成熟的，在这个过程中，素养逐渐成为一种行为习惯，在今后的工程活动中稳定地发挥作用。另一方面，对于行业整体来说，职业素养是全体成员所接受和适用的，它不以个体的变化而发生改变，不随环境、时间的推移而发生根本性改变。最后，职业素养是发展的。从业者在学习实践中形成的职业素养不是一成不变的，随着社会和经济的发展，某些旧条款今天已不再适用，现在的社会要求将来也一定会发展变化，但其中根本性伦理规范是不会被舍弃的。

工程师的职业素养首先要求从业者在掌握基本专业知识与技能的基础上，能够对已有知识进行理解与应用。学习理论知识的重要性是不言而喻的，"君子藏器于身，待之以动"，但只经过学校的学习，不能理解运用、不参与社会工程实践活动，是无法成为成熟的工程师的。当年赵括若明白此道理，也不至于落下纸上谈兵之名。"学而不思则罔"，要深刻理解已有知识，必须要养成主动思考的习惯。而"不登高山，不知天之高也；不临深溪，不知地之厚也""不闻不若闻之，闻之不若见之，见之不若知之，知之不若行之。学至于行止矣"则强调实际应用的重要性。

其次，工程师在进行工程实践活动时，常参与到工程的设计、管理、决策等关键环节之中，必须有良好的工程意识，即在实践中的情感倾向，包括工程安全、工程质量、工程成本。安全就是至高无上的法律，是工程活动最基本要求。在工程习惯上，"按图索骥""照图施工"早已成为规定，这也是确保工程过程安全的基础。但是，作为人的实践活动，任何工程都不会在所有细节方面做到完美，工程师在这个过程中，有责任实时关注工程安全，及时停止和更正不当的工程方式，提前避免工程活动出现严重损失。其次，质量是产品具有市场生命力的第一关。工程活动要对他人、团体或社会有价值，在一定条件下可以很好地解决需求，甚至具有一定的鲁棒性，这都要求工程结果有良好的质量。而工程成本是经济活动首先要考虑的问题。一项工程活动是否可行，如何开展实施更加可行，怎样合理进行资源规划，降低成本，提高收益，是方案设计最基本的出发点。

最后，在"一切求快"的工业时代，工程师应当有精益求精、细致入微的工匠精神（如图 5-10 所示）。庖丁解牛，刀不卷刃；现代航天发动机焊接工作者做工序时，为避免闪失可以十分钟不眨眼；大国工匠钳工胡双钱工作 30 多年，打磨出的零件没有出现一次次品，这就是工匠精神。工程师利用科学技术通过工程实践活动为社会创造价值，同样不能缺少这种精益求精的工匠精神，因为工匠精神其实就是一种敬业精神，要求工作者不断提升对质量的要求，不断改善实现方法和技术，甚至追求完美，这样才能使自己做出的工作具有高品质。

图 5-10　精益求精的工匠精神

未来工程师应具备高水平思维能力，健全的人文价值观念，熟练的职业知识技能应用水平，以及良好的综合素质。

5.3.2 优秀工程师的素质

"工程素质"是指工程活动中个人的要胜任专门技术任务而应具备的品质，优秀工程师为了使工程活动过程具有更高质量，结果达到更高标准，也应相应提升自身知识、能力以及思维习惯等其他非才智因素的水准。在这个过程中，除了基本知识和技术，优秀的工程师还能够考虑经济、环境甚至政治因素，有目的性的解决问题。值得注意的是，工程素质不是简单要素的叠加，而是在实践过程中品质的融合与内化，最终成为个体积极的意识与习惯。

"创新是科学房屋的生命力"，实际上也是各行各业的生命力，面对以知识应用和创新为特点的知识经济时代，任何职业都需要创新型人才。丹尼斯韦特莱说："创造力是最珍贵的财富，你有这种能力，能够把握生活最佳的时机，缔造伟大的成就。"同样，在参与工程的制定、规划、管理等过程时，能够拥有工程创新思路、掌握工程创新方法将会对社会经济发展产生巨大影响。工程创新发生在工程活动的不同环节、不同时期。

优秀的工程师应当具有一定的危机处理能力。虽然工程实践过程是按图索骥的过程，但危机和偶然事件是永远无法彻底避免的，所以任何规划都应留有一定裕度，以应对突发事件。这些突发事件会造成工程停滞，影响工程质量，甚至危害个人生命、环境安全和社会安全。

工程师要有"为民"的社会情怀，要将公众利益置于个人利益之上。"苟利国家生死以，岂因祸福避趋之"的英雄情怀是值得肯定的，作为现代工程师，不仅要对雇主忠诚，更重要的是对社会、公众忠诚。如今，工程师在社会进步过程中所承担的社会责任和道德规范已愈来愈规范化、明确化，但是依旧没有完全确立下来，但其核心是保护公众利益。

最后，优秀的工程师应该有较好的情绪控制能力，在工程活动和创新实践过程中，时刻保持情绪积极性。在工程决策、设计、管理、实现的各个环节，良好的积极性都会对工程活动的有效实施产生强大推动力。对于个人来说，情绪积极性可以让自己享受工作的同时充满动力，从而能够更好地提升自身能力，为自身带来更好的发展进步空间。另一方面，在工程活动的各个时期，都需要团队协作、沟通，团队成员的积极性就是团队的积极性，只有每个成员积极奋进，团队才是一个不断进步的整体。情绪积极性从哪里来呢？一个为社会服务的工程师应怀有社会理想，除了满足委托方的需求以收得经济回报外，应最大限度为公众谋福利，甚至为社会谋发展，这应是工程师积极性的源泉。

5.4 工程师职业道德

工程活动是一个从科学理论到现实应用的复杂实践过程，其过程拥有社会赋予的文化约束，即其职业道德要求。职业道德对工程师的发展起到引导、促进作用，影响行业形成特定、积极的职业精神。与公务员、律师、医生和药剂师一样，工程师的工作会对人类和社会的生存和发展产生巨大的影响。所以，工程师应具备诚实、守信、敬业、对科技进步永远充满信心和勇于攀登的品质。

5.4.1　社会主义职业道德

职业道德作为一种特定的社会文化要求，归根结底在于其社会性、民族性。一切工程活动都是特定国家的活动，是特定人群的社会实践行为，这种主体性直接决定了该活动的立场。因此，工程职业道德和中华民族精神是密不可分的。

中华民族精神首先要求维护祖国团结统一与爱好和平，这也是历史变迁中中华民族从不缺少的优秀品质。《史记》中记载廉颇不忍为蔺相如之下，欲辱之，而蔺相如却以国家利益为出发点，"顾吾念之，强秦之所以不敢加兵于赵者，徒以吾两人在也。今两虎共斗，其势不俱生。吾所以为此者，以先国家之急而后私仇也。"从而与廉颇成为刎颈之交，也留下一段佳话。这就是维护国家团结统一重要性的体现。在现代经济全球化和多国竞争的背景下，国家安全仍是在世界之林立足的基本问题。作为社会主义建设的重要参与者，维护国家统一是最基本的职业道德要求。其次，工程活动都具有具体的社会目的、经济目的，但工程师的要求不应止步于此，要使工程活动对社会发展起促进作用，工程师应树立正确的社会主义世界观、人生观、价值观，用安全、积极的方式实现工程要求。

此外，中国机械学会制定的《规范》是所有工程师都值得遵守的道德行为准则：

（1）要以国家现行法律，法规和中国机械工程学会规章制度规范个人行为，承担自身行为的责任。

（2）应在自身能力和专业领域内提供服务并明示其具有的资格。

（3）依靠职业表现和服务水准，维护职业尊严和自身名誉。

（4）处理职业关系不应有种族，宗教，性别，年龄，国籍或残疾等歧视与偏见。

（5）在为组织或用户承办业务时要忠实代理人或委托人。

（6）诚信对待同事或专业人士。

5.4.2　工程师的职业道德

除了社会性的道德要求外，工程师职业还要求工程师具有社会生态观念、爱岗敬业观念、勇于承担社会责任、自我牺牲精神等品质。上层建筑会反作用于经济基础，工程师的良好的道德规范也会为工程结果带来一层保障。因此，工程师还应勇于承担责任，保护公众的健康，安全，促进社会进步，环保和可持续发展的意识让职业道德之花绽放（如图5-11所示），服务于公众、用户、组织及与专业人士协调共事的能力。

作为一名工程师，职业道德是一种职业规范，受社会普遍的认可的长期以来自然形成的没有明确形式，通常体现为观念、习惯和信念等。它是对员工义务的要求，大多数没有实质的约束力和强制力。而科技是应该受控制的力量，必须受人类价值的控制，必须有人文精神的约束，受人类理智，情感乃至常识的制约，才能成为人性化的，能够真正促进人类幸福的力量。美国学者曾说：工程师在组织化社会中的基本作用是一种整合作用，工程师的作用是构建整体。这充分说明了工程师的作用及责任。作为一名合格的工程师，应在掌握科技的基础上为人类进步做出自己的一份力量，而合格工程师的真正道德应当是人人可为，人人可做，人人可行的平常行为，是可以摸着自己良心做自己该做的事，对得起社会赋予自己的一切。

人们把建设家园的重大任务交给工程师们，他们也在尽职尽责的完成着这份重大的责

图 5-11 职业道德

任。在可持续发展的历史背景下，人类的观念已经从"征服自然"转变为"人与自然和谐共生"，在进行工程活动时也必须树立健康、科学的生态观念。工业废气、废水、废渣、噪声都会给自然带来环境压力，工程师有责任在促进自然发展，改善生态环境上面下功夫。

但是，工业活动对环境带来巨大灾害的事例并不罕见，1984 年印度联合碳化物公司农药厂氰化物泄漏，2.5 万人直接致死；1986 年切尔诺贝利核泄漏的影响至今都没有完全消除；1989 年"艾克森·瓦德兹"号油轮触礁，致使原油覆盖一千三百多平方公里海面，数十万生物就此丧生等等。此外，诸如哈尔滨阳明滩大桥垮塌事件（如图 5-12 所示）、韩国首尔桑苏大桥坍塌、美国康涅狄格格林威治镇米勒斯大桥坍塌等事件都在用生命向我们讲述一个事实：工程师的责任是重大的，他们的设计都要经过深思熟虑，确保每一部分都能符合实际，可以经得起世人的托付，经得起时间的考验。工程活动以满足人类需求为目的，但稍有不慎，就为人类社会和自然带来巨大伤害，这是为工程师敲响的一次次警钟。在经济活动中，一定要以安全为第一要义，以保护自然生态环境为己任。当然要想做到这一点也不是那么容易的。所以工程师要时时把自己放到正确的位置，时时检验自己的行为是否符合自己的责任，这才是作为一个职业的工程师所应该做的事情。

其次，在工程活动中，工程师应秉持公平公正，勇于承担责任。作为经济社会中的活动，不可避免的以获取最大经济收益或间接利益为主要目标和动力，但如果无法以积极的职业道德为引导，就往往会陷入利益冲突之中。除了社会、机构团体的制约，更重要的是工程师本身的自我约束力，不被金钱、名誉、声望、地位、影响力等蒙蔽理性的双眼是工程师基本的素质。在新时代社会主义现代化进程中，社会行业日益进步，其中各类利益冲突也愈来愈复杂与激烈。一个工程的管理者、活动的制定者、施行者等都或多或少地存在经济关系，其中一旦产生利益冲突，也必牵涉多方，在面对这种复杂的冲突时，如何处理、解决是对工程师职业道德的一次考验。公正不是指没有能力侵犯他人权益，而是指有伤害他人的机会但依旧选择坚持底线，维护社会公平。

图 5-12　哈尔滨阳明滩大桥垮塌事件

习题与思考题

5-1 简述我国工程师的分类。

5-2 工程师与科学家之间最大的区别是什么？

5-3 简述工程师职业伦理规范的主要内容。

5-4 工程师的职业能力主要包括哪些内容？应如何提高职业能力？

5-5 简述工程师职业道德规范的主要内容。

5-6 工程师应如何提高职业道德和职业素养？

6　工程的过程

本章介绍工程的生命周期全过程，涉及创造性问题求解的过程与方法、工程设计与设计过程、工业化和信息化时代生产方式的变迁，以及现代工业进程开拓的新的工程活动领域。在引入这些概念性内容的同时，着重讲授工程的设计、制造和服务三大过程和工程设计过程的 10 个步骤，可以使学生对作为工程核心的设计过程有一个理性认识，而且让他们清楚地认识到：工程的三大过程不仅是一个改变物质形态的技术过程，同时也是充满信息流动的管理过程，以及附加不同价值的流通、经营过程；工程师应当成为技术高手和专家，但绝不应沦为廉价的"技术打工仔"，更要理所当然地成为现代工程活动的领军人物和主力。

我们经常说工程项目，工程是一项大的活动或事务，项目和工程有什么区别？项目的定义很广泛，我们会在很多领域提到项目，根据 PMP 认证的知识体系，《项目管理知识体系指南》中对项目的定义："项目是为创造独特的产品、服务或成果而进行的临时性工作"。由此可见，工程就是一种项目。因为工程就是为了创造独特的产品，比如建筑工程是为了建造房屋或其他建筑物产品；水利工程是为了建造水利设施；软件工程是为了开发软件产品；甚至说一些商业工程或文化工程，这样的服务性的虚拟产品也是一种工程。然而，项目还有其他的含义，比如奥运会中的比赛项目；还有我们的创业项目等都是具体的项目，但这些项目就不是工程。本章介绍的工程的过程主要介绍工程建设的全部过程。

6.1　工程的生命周期过程

工程的生命周期是描述工程从开始到结束所经历的各个阶段，包括从设想、选择、评估、决策、设计、施工到竣工验收、投入生产或交付使用的整个过程。所有工程都可分成若干阶段，且所有工程无论大小，都有一个类似的生命周期结构。其最简单的形式主要由四个主要阶段构成：概念阶段、开发或定义阶段、执行（实施或开发）阶段和结束（试运行或结束）阶段，如图 6-1 所示。阶段数量取决于工程复杂程度和所处行业，每个阶段还可再分解成更小的阶段。最一般的划分是将工程分为"识别需求、提出解决方案、执行工程、结束工程"四个阶段。每个工程阶段都以一个或一个以上的工作成果的完成为标志。实际工作中根据不同领域或不同方法再进行具体的划分。在工程的生命周期运行过程中的不同阶段里，由不同的组织、个人和资源扮演着主要角色。

工程建设通常包括以下阶段：

（1）工程前期阶段：也称为工程策划和决策阶段，主要是解决工程投资是否合理（包括投资意向、投资机会分析、工程建议书、可行性分析、审批立项等环节）等问题。此阶段的主要目标是对工程投资的必要性、可能性、可行性，以及为什么要投资、何时投资、如何实施等重大问题，进行科学论证和多方案比较。本阶段工作量不大，但却十

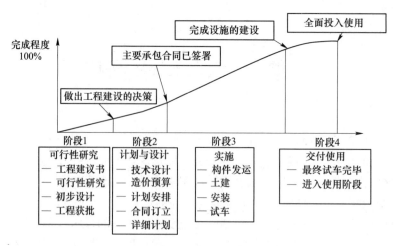

图 6-1　一般工程的生命周期示意图

分重要。古人云："兵无谋不战，谋当底于善"，其中"谋"乃指的是筹划、运筹。而在工程中"谋"往往在前期策划过程中。投资决策是投资者最为重视的，因为它对工程的长远经济效益和战略方向起着决定性的作用。为保证工程决策的科学性、客观性，可行性研究和工程评估工作应委托高水平的咨询公司独立进行，可行性研究和工程评估应由不同的咨询公司来完成。

（2）工程准备阶段：工程建设准备阶段是为工程勘察、设计、施工创造条件的阶段，此阶段的主要工作包括：工程的初步设计和施工图设计，工程征地及建设条件的准备，设备、工程招标及承包商的选定、签订承包合同。本阶段主要完成工程项目设计，是战略决策的具体化，它在很大程度上决定了工程实施的成败及能否高效率地达到预期目标。

（3）工程实施阶段：此阶段的主要任务是将"蓝图"变成工程实体，实现投资决策意图。在这一阶段，通过施工，即工程制造，在规定的范围、工期、费用、质量内，按设计要求高效率地实现工程目标。本阶段在工程建设周期中工作量最大，投入的人力、物力和财力最多，工程管理的难度也最大。

（4）工程竣工验收和总结评价阶段：此阶段应完成工程的联动试车、试生产、竣工验收和总结评价。工程试生产正常并经业主验收后，工程建设即告结束。但从工程项目管理的角度看，在保修期间，仍要进行工程管理。工程后评价是指对已经完成的工程建设目标、执行过程、效益、作用和影响所进行的系统的、客观的分析。它通过对工程实施过程、结果及其影响进行调查研究和全面系统回顾，与项目决策时确定的目标以及技术、经济、环境、社会指标进行对比，找出差别和变化，分析原因，总结经验，汲取教训，得到启示，提出对策建议，通过信息反馈，改善投资管理和决策，达到提高投资效益的目的。工程后评价、工程服务等也是此阶段工作的重要内容。

一项工程的生命周期中大概可以分为启动、计划、执行、控制与结束五个过程（见图6-2），自动化控制工程的周期也要经历这五个过程。

（1）工程的启动过程。工程启动是一个十分重要的阶段，这是决定是否投资，以及投资什么工程的关键时刻，也关系到一个工程能否成功实施，能否达到项目干系人（项目干系人是参与该工程工作的个体和组织，或由于工程的实施与成功，其利益会直接或间接地

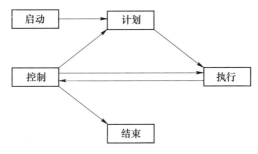

图 6-2　工程的生命周期

受到正面或负面影响的个人和组织）的期望，并能否获得项目干系人的支持。此时的决策失误可能造成巨大的损失。俗话说，良好的开端是成功的一半，重视工程启动过程，是保证工程成功的首要步骤。

（2）工程的计划过程。工程的计划过程是工程实施过程中非常重要的一个过程。通过对工程的范围、任务分解、资源分析等制订一个科学的计划，能使工程团队的工作有序开展。也因为有了计划，在实施过程中，才能有一个参照，并通过对计划的不断修订与完善，使后面的计划更符合实际，更能准确地指导工程建设工作。

计划内容包括5W1H，这个概念最早是拉雅德·吉普林于1902年提出的，可以简单理解为："何时？何地？何人？做何事？为什么？怎样做？"。

What——做什么？具体任务和要求。

Why——为什么做？组织宗旨、目标和战略。

Who——谁去做？哪个主管部门负责。

Where——何地做？地点。

When——何时做？工作开始和完成的进度。

How——怎样做？实现目标的具体措施。

在工程计划阶段应根据实际工程情况，编制不同的计划，一般需要准备的文档包括工程计划、工作分解结构、网络图、进度计划、资源计划、成本估计、质量计划、风险计划、沟通计划、采购计划等。

（3）工程的实施过程。按照计划的内容，具体完成整个工程就是工程的实施。一般指工程的主体内容的执行过程，实施过程也应该包括工程的前期工作，因此不仅仅要在具体实施过程中注意范围的变更、记录工程的信息，鼓励工程共同体成员努力完成工程，还要在开头与收尾过程中，强调实施的重点内容，如正式验收工程范围等，这部分是工程的重要部分，一般需要按工程的特点和性质划分成若干阶段，四个阶段完成特定的任务，这样才能保障工程的顺利进行，实现高质量管理。

在工程实施中，重要的内容就是工程项目信息的互相沟通，即及时提交工程进展信息，以工程报告的方式定期审核工程进度，有利于开展项目控制，保证质量。从这点来看，工程的实施过程也是一个闭环的、需要及时反馈的过程，不能一味地去做而不顾及效果。

有关工程实施，即工程制造的具体内容，将在后续章节进行论述。

（4）工程的控制过程。工程项目管理的控制过程，是保证工程向着目标方向前进的重要过程，就是要及时发现偏差并采取纠正措施，使工程的进展朝向目标方向进行。这个理论就是过程控制最精华的部分——反馈，没有反馈就没有控制，就达不到预期目的。

控制的目的是使实际进展符合计划，在必要的时候也可以修改计划使之更符合目前的现状，但是要保证修改计划的前提是要工程符合期望的目标，这就是智能控制。工程控制的重点有以下几个方面：范围变更、质量标准、状态报告及风险应对。倘若可以处理好以上四个方面的控制，工程的控制任务大体上就能完成了。

（5）工程的收尾过程。工程收尾包括对最终产品进行验收，形成工程档案，总结经验教训等工作。工程如何收尾可以根据工程具体情况而定，可以通过发布收尾通知、召开表彰会、公布绩效评估等手段来进行，但一定要明确，并能达到效果。

在工程的收尾阶段，最重要的就是文档的工作了，一定要做好详尽的文档记录，这会为以后的维护和保修带来极大的便利，否则将为日后的售后服务工作付出数倍的代价。很多工程，因为没有做好工程范围及变更控制，工程没完没了地往下做，工程成员看不到项目收尾的希望，实在做不下去只能跑了。到工程勉强结束，项目主要人员流失很多，因为工程人员流动频繁，没有做好详细的文档，结果在客户的控制系统出现问题时，等工程技术人员到达现场，面对复杂的线路无法下手，只能一个一个测试，浪费了大量的精力和时间。而如果能够做好文档记录工作，就不会有这么大的麻烦了。

6.1.1   创造性问题求解的过程与方法

在工程活动中，会产生疑问，遇到问题。有些问题可以利用已有的知识经验顺利地加以解决，而有些问题则是需要开动脑筋，进行积极的思维，创造性地寻找答案。解决问题与创造性是知识、技能及学习策略学习的自然延伸，是更高级的学习活动，创造性则是解决问题的最高境界。在这个快速变化发展、充满不确定性的时代，固有的经验和方法或许能解决问题，但我们更需要突破思维的禁锢具备"创造性解决问题"的能力。面对新的问题和变化，如何提升认知？如何应用创新思维去创造性地解决问题？如何打破思维定势？如何抓住问题的本质？如何做出科学决策？

杜威对问题解决的过程进行了阶段划分。杜威认为，问题解决是由五个循序渐进的环节组成的，它们分别是：呈现问题（意识到问题的存在）、明确问题（识别问题的本质和解决问题的重要条件）、形成假设（提出一个或几个似乎合理的问题解法）、检验假设（确定最可行的办法）、选择最佳假设（在权衡优劣的基础上确定最佳方案）。

人们在遇到问题时，通常会按照习惯的、比较固定的思路去考虑和分析它，表现为在解决问题过程中特定的思维方式——思维定势。思维定势有两个特点：第一，模式化，大脑对于特定的问题，形成了一套固定的思维模式和思维倾向；第二，强大的惯性，这种思维模式深入到我们的潜意识，成为不自觉的、本能的反应。思维定势的两大特点，决定了既对我们解决问题有积极影响，也有消极影响。思维定势由于其模式化的特点，可以让我们在外界条件不变的情况下，进行常规思考时，熟练快速地解决问题，节省时间和精力。但是，一旦外界条件发生变化，思维定势也会束缚我们的思考。思维定势源于模式化和惯性，会让人们在解决问题时出现呆板、机械的现象，缺少创造性。

如何突破思维定势的局限？

第一，批判性思考，敢于自我否定，不断追问。自我的批判性思考，需要我们能够接受不同的观点和意见，并且在想否定和批评别人的时候，先追问自己，其主要分为以下三步：（1）遇到观点或想法与自己矛盾时，要先问自己：我真的是对的吗？（2）主动去了解清楚问题的背景、原因等具体情况；（3）根据了解的具体情况，再做分析判断，看看有没有其他可能性。

第二，扩展知识面，避免"信息茧房"效应。法国科学家、哲学家笛卡尔曾经说过："越学习，你会发现自己越无知"。当你学习的知识越多的时候，你会发现自己其实知道的很少，有很大的知识局限，从而导致思维受限。所以，要突破思维定势，首先你的大脑中要有足够多的知识储备，不被知识所限，才有可能在面对新问题时找到新方法。当我们意识到自己无知时，有一部分人开始立即学习。但是，有的人越学习，反而越偏激、越固执，这其实是掉入了"信息茧房"的陷阱。数据科学家凯斯·桑斯坦在《信息乌托邦》一书中提出了"信息茧房效应"，指在社交媒体时代，个体只关注自己想看的信息和偏好的内容，其他信息的接触就会随之减少，从而将自己的生活桎梏于像蚕茧一般的"茧房"中的现象。随着这些相似的内容和观点不断地被重复，使人们相信那些观点就是事实，导致思想的封闭，思维会越来越狭隘。如何突破"信息茧房"呢？（1）拓展信息获取渠道；（2）有意识的拓展自我兴趣的边界。除了自己特别关注的内容外，也去探索一些弱相关的领域，逐步开拓自己的眼界和视野；（3）当遇到相反观点时，不要急于否定，多听听不同人的看法，用批判性思考，从不同角度看待问题。当你的知识越来越丰富，知识面越来越广，思维才会越来越开放，在面对问题时，会更容易突破思维定势。

第三，运用类推思维，创造性地解决问题。当我们头脑中的知识不再局限在狭窄的范围或者行业内部，而是越来越宽广的时候，就可以运用"类推思维"，寻找解决问题的创造性方法。日本管理学家细谷功在《高维度思考法》一书中提出了"类推思维"，意思是：从多个具体事物中提取出共同点（抽象化），以该共同点为基础，与过去的经验或知识结合起来，获得新领域的知识（具体化）。类推思维，可以让我们不受现状的束缚，在面对问题时，可以跨领域地产生更好地解决方案，创造性地解决问题。

6.1.2　工程设计与设计过程

工程设计，是根据建设工程的要求，对建设工程所需的技术、经济、资源、环境等条件进行综合分析、论证，编制建设工程设计文件的活动。

设计过程一般划分为两个阶段，即初步设计阶段和施工图设计阶段，对于大型复杂工程，可根据不同行业的特点和需要，在初步设计之后增加技术设计阶段。初步设计是设计的第一步，如果初步设计提出的总概算超过可行性研究报告投资估算的10%以上或其他主要指标需要变动时，要重新报批可行性研究报告。初步设计经主管部门审批后，工程建设被列入投资计划，方可进行下一步的施工图设计。施工图一经审查批准，不得擅自进行修改，若修改必须重新报请原审批部门，由原审批部门委托审查机构审查后再批准实施。

重大的工程项目技术要求严格、工艺流程复杂、设计又往往缺乏经验的情况下，为了保证设计质量，设计过程可分为三个阶段来完成，即：初步设计、技术设计和施工图设计三个阶段。技术成熟的中小型工程，为了简化设计步骤，缩短设计时间，可以分为两个阶段进行。技术既简单又成熟的小型工程或个别生产车间可以一次完成设计。

工程设计包括策划、评估、决策、设计、施工、竣工验收。

（1）策划决策阶段。决策阶段，又称为建设前期工作阶段，主要包括编报工程建议书和可行性研究报告两项工作内容。对于政府投资工程项目，编报工程建议书是工程建设最初阶段的工作。

（2）勘察设计阶段。勘察设计阶段包括勘察和设计两个过程。

勘察过程：复杂工程分为初勘和详勘两个阶段。为设计提供实际依据。

设计过程：一般划分为两个阶段，即初步设计阶段和施工图设计阶段，对于大型复杂项目，可根据不同行业的特点和需要，在初步设计之后增加技术设计阶段。

（3）建设准备阶段。建设准备阶段主要内容包括：组建工程项目法人、征地、拆迁、"三通一平"乃至"七通一平"；组织材料、设备订货；办理建设工程质量监督手续；委托工程监理；准备必要的施工图纸；组织施工招投标，择优选定施工单位；办理施工许可证等。

（4）施工阶段。建设工程具备了开工条件并取得施工许可证后方可开工。工程新开工时间，按设计文件中规定的任何一项永久性工程第一次正式破土开槽时间而定。

（5）生产准备阶段。对于生产性建设项目，在其竣工投产前，建设单位应适时地组织专门班子或机构，有计划地做好生产准备工作，包括招收、培训生产人员；组织有关人员参加设备安装、调试、工程验收；落实原材料供应；组建生产管理机构，健全生产规章制度等。生产准备是由建设阶段转入经营的一项重要工作。

（6）竣工验收阶段。工程竣工验收是全面考核建设成果、检验设计和施工质量的重要步骤，也是工程建设转入生产和使用的标志。验收合格后，建设单位编制竣工决算，工程正式投入使用。

（7）考核评价阶段。工程建设后评价是工程竣工投产、生产运营一段时间后，在对工程的立项决策、设计施工、竣工投产、生产运营等全过程进行系统评价的一种技术活动，是固定资产管理的一项重要内容，也是固定资产投资管理的最后一个环节。

6.1.3　工业化和信息化的变迁

随着时代的不断发展进步，我们已经全面进入了信息时代，各个方面的发展却离不开信息的帮助，同样工程也应该和信息化结合，才能跟上时代的脚步。

当今信息化主导着全球工业发展的大趋势，而工业化尚未完成的中国也正面临着信息化浪潮所带来的机遇和挑战。这就要求我们在日益变幻的局势当中正确地认识到二者的关系，以促进二者的共同发展。

信息化是指在现代信息技术广泛普及的基础上，社会和经济的各个方面发生深刻的变革，通过提高信息资源的管理和利用水平，培养、发展以计算机为主的智能化工具为代表的新生产力，在各个社会活动的功能和效率上大幅度提高，从而达到人类社会的新的物质和精神文明水平的过程。

工业化通常被定义为工业（特别是其中的制造业）或第二产业产值（或收入）在国民生产总值（或国民收入）中比重不断上升的过程，以及工业就业人数在总就业人数中比重不断上升的过程。

工业化和信息化之间的关系表现为以下几个方面：

（1）工业化是信息化的基础。从产业结构变迁看，工业化是农业主导经济向工业主导经济的演变过程，而信息化则是工业化主导经济向包括服务业在内的信息主导经济的演变过程。服务业比制造业更依赖于信息与信息技术。信息化是在工业化的基础上发展起来的。

作为信息化基础的工业化，其发展从以下几个方面为信息化的兴起创造了条件：

1）提供物质基础。搞信息化需要大兴信息基础设施建设，发展信息技术装备，实施重大的应用信息工程等，都不能离开来自工业的钢铁、机械、建筑、电力等的支撑做后盾。

2）扩大市场容量。信息化是以技术信息化广泛应用为主导，信息资源开发利用为核心，信息产业成长壮大为支撑的。同时信息化是为其他产业服务的产业。工业化为信息产业营造了服务对象。

3）集聚建设资金。进行信息化建设，需要投入大量资金。搞信息基础设施要投资，建设信息项目要投资，办信息产业和企业也要资金。工业化的发展为信息化积累了资金，传统产业给新兴的信息产业以资金支持，特别是通过工业化形成的资本市场及其金融创新，为信息化所需资金开拓了多种融资渠道。

4）输送专业人才。信息化以人才为依托。信息化所需的人才，既有与工业化需求共同之处，如一定的知识水平，又有与工业化的需求的不同之处，如更富灵活性和创造性。

（2）信息化是工业化的发展。从一般的发展进程来看，先有工业化后有信息化，信息化是工业化的延伸和发展。工业化培育了信息化，信息化发展了工业化，信息化对工业化的发展可以概括为以下几个方面：

1）信息技术改造和提升了传统产业，特别是传统制造业。传统的制造业通过采用新型的信息技术可以提高生产效率，以达到进一步发展的目的。

2）发展信息产业，尤其是信息技术产业和信息服务产业。

3）提高工业的整体素质和竞争力。

4）帮助工业企业降低成本，提高效率，减少污染，增加商机。

信息化对工业有三种作用：一是补充作用，信息经济越发展，越能弥补工业经济的不足，如高耗能低效率、严重污染等；二是替代作用，信息经济越发展，越能用信息资源来替代更大一部分的物质资源和能量资源；三是协同作用，信息经济越发展，越能带来工业经济发展的新机会和新途径。

信息化是当今世界科技、经济与社会发展的大趋势，信息化水平的高低已成为衡量一个国家和地区国际竞争力、现代化程度、综合国力和经济成长能力的重要标志。信息化不仅拓展和丰富了工业化的内涵，而且为解决工业化过程中的矛盾、加快工业化进程提供了难得的历史机遇。

我国是一个发展中国家，与其他发达国家不同，信息化是在工业化尚未完成的情况下进行的。工业化的发展基础也比较薄弱，发展程度也不是很高。和工业化的情况相同，我们的信息化程度与发达国家比起来也存在差距。竞争激烈的国际社会督促着我们国家的信息化的发展必须要加快步伐，追赶发达国家的工业化和信息化发展，以立足未来的国际社会。其中以信息化带动工业化意味着：在观念上使工业化不以工业经济和工业社会为终点，而在此基础上继续往信息经济和信息社会前进；在技术上要求运用工业制造技术的同时，在全社会广泛应用信息技术，信息技术由于具有极强的渗透性，可以与工业技术相结合，提高原有工业技术的档次和功能；在管理上要求改革和创新，信息化通过提升企业管理、政府管理和其他公共管理，达到带动工业化的目的；在资源上加强信息资源的开发利用，在生产、分配、交换、消费中发挥信息的作用，扩展知识的功能，使工业化扩大了可用资源的范围，并增加了知识化、智能化的特色。

实施"中国制造2025"，促进两化融合，加快从制造大国向制造强国，需要电子信息产业有力支撑，大力发展新一代信息技术，加快发展智能制造和工业互联网。

6.2　工　程　设　计

现代科技的迅猛发展，尤其是微电子、信息、新材料及集成技术的发展，使产品结构发生了革命性的变化，机电一体化、模块化已成为工程产品的发展趋势；计算机技术的飞速发展和广泛应用，深刻地影响着设计开发过程、制造过程、营销和后续服务过程，并改变着产品的结构和功能；先进工艺技术和先进制造技术为现代工程设计提供了前所未有的工艺技术手段和社会化制造体系。这些变化都深刻地影响着工程设计的发展。

工程设计是人们运用科技知识和方法，有目标地创造工程产品构思和计划的过程，几乎涉及人类活动的全部领域。工程设计的费用往往只占最终产品成本的一小部分（8%~15%），然而它对产品的先进性和竞争能力却起着决定性的影响，并往往决定70%~80%的制造成本和营销服务成本。所以说工程设计是现代社会工业文明的最重要的支柱，是工业创新的核心环节，也是现代社会生产力的龙头。工程设计的水平和能力是一个国家和地区工业创新能力和竞争能力的决定性因素之一。

工程设计的全过程就是不断建立各种模型，并不断进行综合和分析的过程，即反复地创造模型和评价模型的过程。工程设计的内容大致可分为两类：一类是数值计算型的工作，包括大量的计算、分析、绘图、编写说明书和填写各种表格；另一类是符号推理性的工作，主要是方案设计工作。在设计方法学中，前者称之为细节设计，后者称之为概念设计。概念设计主要包括功能设计和结构设计两大部分，其作用主要体现在产品设计的早期阶段，把主设计师根据产品功能的需求而萌发出来的原始构思和冲动形成产品的主体框架，及它应包括的各主要模块和组件，以完成整体布局和外型初步设计。然后进行评估和优化，确定整体设计方案。再由各责任设计师把总设计师的设计思想落实到具体设计中去，实现细节设计。可见概念设计是个创造性过程，它要求设计者能综合运用许多学科的专门知识和丰富的实践经验，并通过广泛的调查研究而占有大量的信息资料，再经过反复思考、推理和决策，才能创造出与众不同的、满足用户要求的设计方案。

三维建模技术的崛起以及虚拟制造技术的出现为概念设计和创新提供了一种极好的工作平台，设计师们可以直接从三维概念和构思入手，进行概念设计，形成产品的初步框架，然后进一步通过工程分析、数字仿真、虚拟现实等高新技术手段来分析和评价设计方案的可行性及未来产品的质量、可靠性。这种设计方法尤其能充分发挥自顶向下的设计过程中，设计者的智慧和创新能力，不必拘泥于平面图纸的限制和束缚，而把主要精力聚焦于创造性的劳动——创新。

要设计就要有创新，而创新正是设计人员进行创造性思维的结果。设计人员要打破习惯性思维，变换角度，开阔视野，才能使自己的创造力得到更充分的发挥。创造性思维是指有创建的思维，即通过思维，不仅能揭示事物的本质，而且能在此基础上提供新的、具有社会价值的产物。创造性思维有扩散思维和集中思维、逻辑思维和形象思维、直觉思维和灵感思维等多种形式。在工程设计的概念设计中，要努力发掘创造性思维的能力，充分注意扩散思维和集中思维的辨证统一，准确把握逻辑思维和形象思维的巧妙结合，善于捕捉直觉思维和灵感思维的"闪光和亮点"，这样才有可能设计出新颖、独特、有创意的产品。

创造性思维具有如下一些特点：

（1）独创性：创造性思维所要解决的问题是不能用常规、传统的方式解决的问题。它要求重新组织观念，以便产生某种至少以前在思维者头脑中不存在的、新颖的、独特的思维，这就是它的独创性。独创性要求人们敢于对司空见惯或"完美无缺"的事物提出怀疑，敢于向传统的陈规旧习挑战，敢于否定自己思想上的"框框"，从新的角度分析问题、认识问题。

（2）连动性：创造性思维又是一种连动思维，它引导人们由已知探索未知，开拓思路。连动思维表现为纵向、横向和逆向连动。纵向连动针对某现象或问题进行纵深思考，探寻其本质而得到新的启发。横向连动则通过某一现象联想到特点与它相似或相关的事物，从而得到该现象的新应用。逆向连动则是针对现象、问题或解法，分析其相反的方面，从顺推到逆推，从另一角度探索新的途径。

（3）多向性：创造性思维要求向多个方向发展，寻求新的思路。可以从一点向多个方向扩散；也可以从不同角度对同一个问题进行思考、解决。

（4）善于想象：创造性思维要求思维者善于想象，善于结合以往的知识和经验在头脑里形成新的形象，善于把观念的东西形象化。爱因斯坦有一句名言："想象力比知识更重要，因为知识是有限的，而想象力概括着世界上的一切，推动着进步，并且是知识进化的源泉"。只有善于想象，才有可能跳出现有事实的圈子，才有可能创新。

（5）突变性：直觉思维、灵感思维是在创造性思维中出现的一种突如其来的领悟或理解。它往往表现为思维逻辑的中断，出现思想的飞跃，突然闪现出一种新设想、新观念，使对问题的思考突破原有的框架，从而使问题得以解决。

技术创新在概念设计中发挥着至关重要的作用。概念设计中技术创新的本质就是要在工程设计领域中发现某种新事物、提出某种新思想，在很多情况下是因为现有的产品不能满足社会（用户）的需求而激发出的新颖构思和创见。技术创新的基础是知识的积累和灵感的迸发，是设计人员进行创造性思维的结果。创新本身就意味着不拘一格，不局限也不依赖于某种特定的模式，可以考虑从以下方面进行技术创新：

（1）多项现有技术的有机结合或综合运用往往会产生意想不到的效果；

（2）对已有知识的创造性总结和应用常常带来重大的科技突破；

（3）突发奇想但经过科学论证或实验证明所产生的新思路、新方法、新技术；

（4）新知识与现有知识的合理嫁接；

（5）产品功能上的兼收并蓄和去粗取精；

（6）学科间的交叉、融合和借鉴；

（7）新技术、新材料、新工艺的有机结合及应用；

（8）科学研究中的新发现和新成果应用于工程实践等。

由此可以进一步总结出多种行之有效的创新技法，如：

（1）智力激励法：又称集智法、头脑风暴法。即通过集会让设计人员用口头或书面交流的方法畅所欲言、互相启发进行集智或激智，引起创造性思维的连锁反应。

（2）提问追溯法：根据研究对象系统地列出有关问题，逐个核对讨论，从中获得解决问题的办法和创造性发明的设想，或是针对新开发产品的希望点（或缺点），逐点深入分析，寻找解决问题的新途径。

（3）联想类推法：通过相似、相近、对比几种联想的交叉使用以及在比较之中找出同中之异、异中之同，从而产生创造性思维和创新的方案。

（4）反向探求法：采用背离惯常的思考方法，通过逆向思维、转换构思，从功能反转、结构反转、因果反转等方面寻求解决问题的新途径。

（5）系统搜索法：从一个初始状态开始，分析影响系统的各个参量，逐步向前搜索，或采用孤立因素、更换参数等方法获取系统的多种解法并求得最优解。

（6）组（综）合创新法：将现有的技术或产品通过功能原理、构造方法的组合变化，或者通过已知的东西作媒介，将毫无关联的不同知识要素结合起来，摄取各种产品的长处使之综合在一起，形成具有创新性的设计技术思想或新产品。

（7）知识链接法：创新是一个动态的和复杂的作用过程和知识流，它包括知识的产生、开发、转移和应用，这四个阶段构成一条"知识供应链"并按照下述原则进行管理：把技术创新过程作为一个集成化的系统，只有将所有涉及该过程的伙伴捆绑在一起，才能发挥最大作用，这些伙伴都应该明确什么知识内容才能满足用户最大需求，知识转移的特征和形式是什么，最终用户是谁，他们何时需要使用这些知识？涉及创新的所有信息流和通信流对全体伙伴都是开放的，在每个知识供应者和知识使用者之间建立信息反馈，使信息交换更为有效，知识供应链中每一个伙伴能够感受到整个系统和他们自己都从中获得巨大利益，认识到自己是链中不可缺少的重要环节。该方法适于更大范围内、更高层面上的技术创新。

工程设计的信息源包括：

（1）图书馆：字典、百科全书、工程手册、教科书、专著、期刊。

（2）因特网：巨大的信息宝库。

（3）政府：技术报告、数据库、法律法规。

（4）工程专业协会和商会：技术期刊，新闻杂志，技术会议录，规范和标准。

（5）知识产权：专利，版权和商标。

（6）个人活动：通过工作或学习积累的知识或经验，专业人员个人网络，供应商合同，咨询合同，参加会议或各种展览，访问其他公司。

（7）用户：直接参与，调查，反馈。

6.3　工 程 制 造

工程制造也即工程施工，指的是工程按计划进行建造。工程制造是工程的生命周期过程中工作量最大，投入的人力、物力、财力最多的阶段。

工程制造往往涉及各项技术与不同的知识领域，产品的研制与生产不可能由单个企业独立完成，而是由总承包商、分承包商、子承包商、供应商所组成的企业联盟共同协作完成。产品研制、产品生产、产品整合与项目管理都非常复杂。

6.4 工程服务

工程服务是一项传统的服务项目，是指对项目、设备、工厂等施工、建设、提供的服务和技术协助业务。工程服务业务范围很广，包括工程项目的可行性研究、工程设计、场地测绘、土建施工、机器安装以及工程管理等。

工程服务包括实体服务，如为建设工程提供建材信息及产品、提供设备厂商信息及产品、提供施工企业信息及工程承包、提供实现工程建设的人力资源、技术服务及咨询、提供建设工程所需的机具、地材、周转材等的资源信息及相关服务，甚至包括提供柴米油盐、居住租赁等与工程相关的服务。

工程服务的基础应该是与工程有关，然后围绕其展开的相关服务。工程服务贯穿于一项工程的全生命周期，其主要阶段为可行性分析、立项、勘察、设计、建造、运营、寿命终期然后进入下一个周期。在设计前阶段的咨询服务，在勘察、设计阶段的概预算服务、招投标服务，建造阶段的工程承包、材料采购、劳务承包、工程设备租赁、甚至食宿行等各项服务，运营阶段的原材料采购、成品销售、运输物流服务等，寿命中期的维修、保养和寿命终期的拆卸和改造服务等，这些都属于工程服务的范畴。

技术服务、工程项目管理都属于工程服务。本节只介绍技术服务，关于工程项目管理将在下一章详细介绍。

技术服务是指拥有技术的一方为另一方解决某一特定技术问题所提供的各种服务。如进行非常规性的计算、设计、测量、分析、安装、调试，以及提供技术信息、改进工艺流程、进行技术诊断、检验检测等服务。

技术服务包括 7 个方面的内容：

（1）信息服务。技术服务组织应与有代表性的用户建立长期、稳定的联系，及时取得用户对产品的各种意见和要求，指导用户正确使用和保养产品。

（2）安装调试服务。根据用户要求在现场或安装地点（或指导用户）进行产品的安装调试工作。

（3）维修服务。维修服务一般分为定期与不定期两类，定期技术维修是按产品维修计划和服务项目所规定的维修类别进行的服务工作；不定期维修是指产品在运输和使用过程中由于偶然事故而需要提供的维修服务。

（4）供应服务。向用户提供产品的有关备品配件和易损件。

（5）检测服务。为使产品能按设计规定有效运转所进行的测试、检查、监控工作，以及所需要的专用仪器仪表装置。由于检测服务的工作量日益繁重，各种专用仪表也日益增多，检测服务趋向于建立各种综合性或专业性的测试中心。

（6）技术文献服务。向用户提供产品说明书、使用说明书、维修手册以及易损件、备件设计资料等有关技术文件。

（7）培训服务。为用户培训操作和维修人员。培训内容主要是讲解产品工作原理，帮助用户掌握操作技术和维护保养常识等，有时还可在产品的模拟器或实物上进行实际的操作训练。

　　随着现代科学技术的发展，产品结构日益改善，技术精度和复杂程度不断提高，技术服务已从单纯的售后服务发展为售前服务，即在新产品的设计论证阶段就将技术服务的要求列为一项重要内容，并随着设计、试制和生产阶段的进行而逐步具体化，因此在产品交付使用时就能提供一整套基本完善的技术服务。但对一些结构和使用维修比较简单的产品，一般仍采取售后服务的方式。技术服务的组织形式，视产品使用复杂程度和市场占有率而定。企业一般设立专职的或兼营的技术服务机构。对于使用复杂程度高、工作量较大的产品，还可建立服务公司或服务中心。

　　为提高技术服务质量，企业技术服务组织应及时把来自用户的各种信息反馈到设计、工艺和检查等专业部门，形成不断循环、不断提高的信息反馈系统。

习题与思考题

6-1　什么是工程的生命周期？

6-2　工程建设通常包括哪些阶段？

6-3　工程设计过程一般包括哪些阶段？

6-4　什么是思维定势？思维定势对人的影响都是负面的吗？请举例说明。

6-5　什么是创造性思维？它有哪些特点？

6-6　如何在工程设计中进行技术创新？

6-7　技术创新的创新技法有哪些？

6-8　工程设计过程中可以通过哪些渠道获取信息源？

6-9　工程服务一般包括哪些内容？

7 工程项目管理

"项目"一词在生活中并不罕见，人们常说"这个公司有个很好的项目""这是一个合作项目""今年的项目指标是…"正如前文所所述，《项目管理知识体系指南》中将项目定义为"为创造独特的产品、服务或成果而进行的临时性工作"。一般意义上，项目是指一个或多个组织、团体在一定时间周期内，为了达到某一生产活动要求或指标，而组织开展的独特性、有针对性的工程活动。

7.1 工程项目管理的概念、内容和流程

在工程活动中，并不是所有生产环节都是由某一固定的机构或者团体来实现，更常见的情况是工程管理者会将一个复杂、庞大的工程项目分割成若干子项目，然后将这些子项目分别委托于不同的执行方，在一定时期内，按照要求完成后，再将这些子项目进行融合，最终成为一个完整的系统。工程项目管理就是指执行机构受工程负责人委托，按照合同要求，在一定时间内，代理委托人实行工程项目的设计、监察、运行、服务等活动。

7.1.1 项目管理的概念

项目管理就是指一项工程的负责人在项目开始和执行过程中，对项目目标进行考究，对项目进度进行规划，对工程资源进行整合分配，对工程活动进行组织，对各部门工作进行协调管理，直到项目结束的过程。

项目是一切从现有条件出发，一切为了工程结果达到预先要求的团体活动，这就决定了项目管理也是具有针对性、目的性。其次，项目管理活动是面向整个项目活动的。完整的工程活动是项目管理的对象，即不能不顾全局影响片面地提出要求或变更指标，这体现了项目管理的整体性。同时，项目管理活动是实时的，实时性是项目很重要的特性，时间指标通常也是工程活动最基本的要求，失去了实时性，再好的工程结果可能也没有了使用价值，这就是项目管理的实时性。

由于项目结果受项目管理、项目执行等环节的影响，所以在项目结束之前，其结果是不确定的，即项目管理也具有一定的风险性质。要高质量地达成目标，也依靠管理者有一定的风险处理能力、创新思维能力，使项目管理工作具有创新性。当一个工程项目确立后，往往涉及一个企业的多个部门，以及多个企业间的协作，伴随着工业技术的发展，工程管理也由一开始的土木、建筑、机械制造管理发展到如今的航空、软件开发、金融活动、电子通信等越来越多的领域中。

7.1.2 项目管理的内容

不同的组织、协会对项目管理的内容描述不尽统一。一般来说，项目管理的内容包括

但不限于：项目融合与统一管理、项目范围管理、进度管理、成本管理、风险管理、质量管理、项目资源管理、组织管理、沟通管理、项目结果评价。工程项目管理的流程包括启动、计划、实施、维护和收尾（如图 7-1 所示）。工程项目范围管理是项目管理者在项目规划阶段对项目具体内容进行的研究与规定。例如，要按要求完成项目内容，具体需要进行哪些特定工作，分别完成什么样的任务。同时，各个任务的结果以及最终项目的产品需要有什么样的预期功能，最后要交付什么样的成品。项目开始阶段，对项目范围的管理活动是对后续工作开展的前提，要使整个项目有条不紊地展开，就需要工程范围管理的合理性。

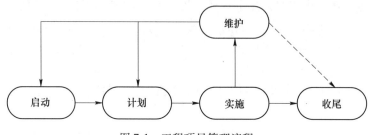

图 7-1　工程项目管理流程

工程活动是庞大的，涉及多方面、多领域的，所以这些工作常常要交由不同的公司来完成。当一个个子任务完成以后，必然需要将它们集成起来，项目融合与统一管理就是管理者最终将各个子项目的任务成功进行融合，统一成为一个完整的项目活动。在这个统一过程中，管理者要审核工作范围和结果，确保项目可交付。

项目进度管理是项目作为临时性活动必然需要的，进度管理也称时间管理，是指在项目初始阶段，对于项目范围管理之后分划出的各个子项目进行活动时间预估、安排以及控制。这其中包括项目规划阶段的时间安排，以及项目运行中的进度控制。一个项目往往是分阶段进行、不断完善的，要制定经济合理的项目进度计划，需要考察或估计每个阶段需要使用的时间、经济等资源。在拟定项目进度之后，项目管理者还需履行进度管理的职责，即控制总体或各子项目的实际进展，检查或监督项目活动运行的实际情况。总的来说，项目管理者要保证项目在额定时间内完成。

项目资源管理是指为了使项目活动更经济可行、尽量降低项目成本而对项目中的人力、技术、原料、设备等资源进行合理分配的过程。资源管理需要遵守进度管理的安排，后续项目的开展必须服从该阶段拟定的资源管理计划。

质量管理是依照拟定的项目结果，在项目运行过程中对产品的功能、应用范围等进行实时检测与监督，及时纠正偏差，以保证工程活动按正确的方向进行、工程结果满足客户的预期或者尽可能提升客户满意度。

任何工程活动都不可能绝对安全，风险管理就是指在项目活动开展前和运行中进行风险的辨识、评估，以及拟定对潜在风险的应对策略。风险管理也是为项目资源管理和质量管理服务的，对于突如其来的风险，项目活动往往要付出昂贵的代价，若是提前对风险进行了辨识和准备，则在经济和时间上都会大大降低损失。

沟通管理是指对于项目进行中与哪一个或哪些组织进行沟通合作，具体如何沟通，以及沟通是以多长时间为周期。随着社会经济的发展、工业技术水平的提高、项目范围和规格的不断扩大，项目管理的出现存在着历史必然性。为了实现庞大复杂的项目，必然需要工程管理者对其中的质量、安全、经济等方方面面进行把控。这也催生出了很多以工程项目管理为业务职能的组织和公司，这是工程活动趋于专业化、合作化的体现。

7.1.3 项目管理的流程

项目管理阶段基本分为启动、规划、施行、监控以及收尾阶段（如图 7-2 所示）。在不同的项目进行阶段，管理者会分别对应执行不同方面的项目管理活动。

图 7-2　项目管理阶段

在项目启动前和启动阶段，项目管理内容基本是工作开始前的调研和信息整合活动，包括项目应用环境、项目可行性、项目大致时间需求、资源消耗情况等。这是工程项目开展的基本环节，是后面工作进行的基础。信息越完备，项目过程遇到的困难可能就会越小。在军事应用中，行动前的某些关键信息可能直接影响军事活动的成功与否，这就是在活动开展前信息搜集的重要性。在工程活动上，先前的调研和信息搜集同样发挥着不可低估的重要性。

规划阶段是整个项目中最重要的阶段，也是工程项目管理工作量最大的时期。进入规划阶段，说明项目通过前期调研已经基本确立，所以接下来要制定具体的施行方案。

在对项目活动进行深度规划中，管理者首先要确定的是项目范围，直观来说，项目活动的具体目的是什么，要在什么条件限制下，实现一些什么样的具体功能或达到某些指标。这是项目的范围管理内容。

其次，管理者必须要考虑的问题是资源的规划，一切实际的项目活动必定是立足于具体的现实环境中的，必定是在具体的环境限制中进行的。所以，现有资源是工程活动开展首先要考虑的问题。对项目活动进行成本估计、实际施行成本预估是基本的要求。

第三，对项目进行时间估计以及进度安排。由于项目的实时特性，必须保证项目在规定时间内完成，所以在项目规划阶段，要对整个项目进行评估，将其分解为各个特定子项目。然后对各具体环节进行完成时间预估和确定。

第四，在规划阶段，需要对工程活动进行风险测评。对于项目活动中可能存在的问题，希望尽可能提前做准备，以减少经济损失。在该阶段，工程项目管理者要参考已有的同类型项目活动过程，分析曾出现过的和潜在的风险，制定相应的应对策略。

第五，对整体项目进行成本管理。即在初始阶段进行资源的预算，以及对不同子项目确定成本的分配。任何好的项目都必须在合理预算之内进行，成本管理确立了活动过程中经济等物理资源的分配以及相应额度。成本管理不只是规划阶段的任务，在项目运行过程中，项目管理者还要实时进行成本检测与控制。

除了项目范围管理、资源管理、时间管理、成本管理、风险管理这些基本管理环节外，在项目规划阶段，还要进行相应沟通管理策略制定、采购计划等管理活动。项目的施行阶段即在项目规划之后正式执行拟定的工程活动。在该阶段，接到任务的组织团体会对项目内容进行再分配，以开展具体活动。此过程中，需要管理者继续进行质量把控，实时检测项目进行情况，预估项目结果，推测产品质量情况，及时调整工程活动，以保证产品质量。其次，在项目施行阶段，需要进行人力资源的管理，例如技术人员的分配、团队的组建、团队的建设等。在项目施行阶段，要遵守规划阶段拟定的各条款，依照沟通管理计划、采购管理计划的内容进行信息交流与搜集以及产品采购。

项目监控是指管理者依照项目规划的各绩效目标，在工程活动进行时，对各指标进行控制。包括项目范围监控，实时考察各子项目的预估结果，及时调整或变更活动方案；进度监控，这是最基本的管理活动，一般的管理形式是做定期工程结果汇报和核验，督促项目进度；成本监控，在工程活动过程中争取资源利用率最大化，避免项目资源的浪费，保证项目利润；质量监控，这是该阶段最重要的管理活动，工程的一切活动最终目的创造独特的产品，令产品拥有预期的功能范围，产品质量问题是项目活动的基本问题；风险监控，在项目规划阶段已经对工程活动风险进行了预估，以及拟定相应应对方案，但仍不能保证工程的万无一失，在项目开展过程中，管理者需要实时监控项目活动，提前预测、避免或应对项目风险。

项目收尾阶段是项目管理的最后阶段。项目活动要完整结束，需要对其结果进行考察验收，在此之后，管理者需要负责质量的监察、产品的交付、项目的关闭、合同的收尾、财务的结算，以及最终对项目结果反馈情况的处理。

7.2　工程组织管理和团队建设

工程项目团队是由项目团队管理者和团队成员共同构成，以完成工程项目合同约定内容、追求效益最大化为目标，确保工程项目有效协调实施而建立起来的组织群体。工程组织管理在管理体系、技术、计划、组织、实施和控制、沟通和协调、验收等各个环节都应与其特征相匹配，推行并加强团队组织建设，才能保证达到项目的最终目标。高效的工程组织管理和团队建设不仅可以提高凝聚力，更能不断提升项目的经济效益和社会效益，保证项目目标任务的顺利完成。

7.2.1　组织管理

组织管理是指通过建立组织结构，规定职务或职位，明确责权关系等，以有效实现组织目标的过程。通过进行有效的组织管理，应该使团队中的每个成员明确组织中有什么工作，谁去负责做什么，自己需要承担哪些责任，具有哪些权力，与组织结构中其他人员的关系是怎样的。

有效的组织管理对于工程项目的顺利实施十分重要，高效的组织管理应使得团队具有以下5个特点：

（1）团队成员具有共同的目标：项目团队工作要想有效，就必须明确项目目标，并通过对项目指标的激励，使项目团队成员凝聚在一起，形成合力，共同努力。

（2）团队成员合理分工与协作：每个成员都应明确自己的责任、义务和权力，并为之努力工作；同时建立和健全组织结构中纵横各方面的相互关系，注意团队成员之间的相互协作，实现真正意义上的团队协作。

（3）团队具有高度的凝聚力：凝聚力是指集体或某一社会共同体内部各成员因共同的

利益和价值目标结为有机整体的某种聚合力。团队成员之间通过团结互助而形成团队的向心力和吸引力，团队对成员的吸引力越强，成员的创造性和积极性就越能得到更充分的发挥。此外，团队的凝聚力来源于团队成员之间的有效沟通、相互合作和相互交往，更来源于团队成员具有共同的目标、共同的利益和共同的愿望。

（4）团队成员之间相互信任：在一个良好的项目团队中，成员之间应相互关心、相互信任、互相帮助，信任其他人所做的工作，信任其计划要做的任务，并要承认彼此之间存在差异性，和而不同。此外，团队成员通过定期开展交流总结会进行自由交换意见，推进彼此之间的信任。

（5）团队成员之间具有良好的沟通：高效的团队需要成员之间进行有效的沟通，项目团队应具备全方位、多层次、宽领域的沟通渠道，定期开展工作交流会，并创造开放、坦诚的会议氛围。

为了保证项目目标任务的顺利完成，项目管理团队应坚持做好基本行动准则。首先应具有明确的项目目标，确定实现组织目标所需要的工作，并按工作的专业化分工原则进行分类，设立相应的工作岗位。在此基础上，根据目标、外部环境和组织的特点划分工作部门，设计组织机构和结构，规定组织结构中职务或职位，并规定每个组织结构各自的责任，授予其相应的权力，保证责任清晰、分工明确、职责分明。进而在项目进行的过程中，相互交流沟通并召开有效会议，及时高效地反馈信息。并同时强化决策机制，健全问题处理机制，进行持续发展与不断学习。

俗话说："没有规矩，不成方圆。"一个正规的团队需要有完善的章程，这是维系一个团队正常运转的强力纽带。合理制订团队的规章制度，将管理的政策制度化，才能对全体团队成员实施可操作性的有效管理。然而，由于团队成员从事的岗位各不相同，价值观念和工作评价指标也不尽相同，因此需要一种公平的、公正的、合理的绩效考核与奖励机制，才能使团队保持高度的凝聚力，并保证团队持续的良性发展。

项目团队的绩效管理至关重要。绩效考核机制主要指对团队成员的绩效按照一定的标准进行评估考察，绩效管理是指所有成员在团队工作过程中的所有付出和最终产出的总和。评价可以是正向的，也可以是负面的，可以鼓励和表扬，也可以提醒、批评并进行处罚。无论是表扬还是批评，需要公平、公正和公开地进行，以达到鼓励先进并鞭策后退的作用。然而，对工作中出现的过失，应该考虑先提醒，让成员知道所犯的错误和要承担的后果，并使其承诺不再犯错。同时应做到处罚而不是惩罚，进行一种中性的处理，不涉及人身攻击。在团队内部引入竞争机制和绩效考核，必然会使团队内部产生竞争，实行"赏勤罚懒、赏优罚劣"，有利于打破另一种形式的"大锅饭"。通过在团队中引入竞争机制，打破了看似平等而实为压制的利益格局，这样团队成员的创造性、主动性才会得到充分的发挥，整个团队才能持续高效地发展。

激励管理是团队管理的重要组成部分。对项目团队成员中优秀的成员进行激励，可以激发团队成员工作的积极性，可以有效勉励团队成员向着期望目标不懈努力，这是项目人力资源管理的重要组成内容。大量的科学研究与现实实践表明：人的行为或工作动机产生于人的某种欲望或期望，这是人的能动性的源泉。把自己努力工作的过程看作是获取某种报酬的手段，当项目工程结束时，团队成员努力得到相应合理而公平的报酬，则满意程度会增加。这就有利于持续强化和巩固这种努力的工作，从而形成良性循环。因此，项目团队的激励管理可采用物质奖励和精神激励等多种方式共同推进，并通过定期评选优秀和差劣进行实施。在此基础上，具体到一个实施的项目中，项目团队管理者应根据不同类型人员以及员工不同的奖励需求，选择不同程度和不同时间的奖励方式，这样才能真正达到激励管理的目的。

除此之外，项目团队的冲突管理也是需要着重考虑的方面。冲突是个人、团队、组织限制或阻止另一部分个人、团队、组织达到预期目标的行为。在具体的项目实行过程中，工程项目团队内部成员之间合作越久，相互了解就越深入，彼此合作也就越默契。但是人与人之间相处过程中总是需要一定的时间进行彼此磨合，这一时期必然会存在很多方面的冲突，需要及时对这些冲突做出有效处理。在项目运作过程中，存在冲突是在所难免的，但如果仅仅是压制冲突或者是试图避免冲突，只能是对冲突进一步恶化。而且在团队工作过程中，由于个人性格、工作性质等方面存在差异，必然会发生很多原则或非原则性的冲突。所以建立优秀的团队，要有成熟的冲突管理机制。解决冲突的方式多种多样，如建立完善的方针与管理程序，让冲突双方直接沟通协调以解决矛盾，或利用集体会议讨论解决冲突。然而在所有的解决方式中都离不开沟通，在解决问题的过程中，沟通交流的方式也有很多，如面对面沟通、书面沟通、正式沟通或者是通过其他方式沟通等。这需要根据不同的项目以及不同的冲突性质而选择不同的沟通方式，以达到最高效率。因此项目团队管理者要引导冲突解决的结果向着有利的方向发展，推动工程项目持续健康的向前发展。

7.2.2　项目经理

项目经理是项目负责人，对项目实行质量、安全、进度全过程负责，保证项目的成功实施。项目经理负责处理所有事务性质的工作，在项目及项目管理中扮演着重要角色，也称为"执行制作人"，因此项目经理需具备全方面能力。

在具体的工程项目中，项目经理有着举足轻重的作用。项目经理是项目团队的领导者，项目经理直接对客户、公司、团队员工及社会负责。项目经理组建和领导项目团队所需的全体人员。他既是团队成员的领导，也是项目团队组织的核心。项目经理的职责是领导项目小组完成全部项目的工作内容，在一系列的项目组织、计划和安排活动中做好领导工作，从而保障顺利实现项目目标。

作为工程项目的主要负责人，项目经理应是复合型人才，主要应具备并不断提高以下核心能力（如图7-3所示）。

（1）项目经理需要有卓越的组织领导能力。"一个优秀的领导者总是做正确的事情"，项目经理应该具有远大的目光和敏锐的洞察力，能够在项目进行的过程中做出正确的决策，从而引导整个工程项目团队向着正确的方向前进。与此同时，领导者要以身作则，做出表率，以保证其他人能够跟随他走向共同的目标。因此，当一个项目在中标后，担任该项目领导者的项目经理就必须对项目进行统一的组织，充分利用他的组织能力来确定组织结构设计、确定组织目标、项目工作内容、配置工作岗位及人员等。在项目实施过程中，项目经理又必须对项目的各个环节进行统一组织，充分利用他的组织能力处理项目实施过程中的人和人、人和事、人和物之间的关系，激励全体成员努力工作，使项目按既定的计划顺利进行。

（2）项目经理需要有卓越的协调能力。项目是一个复杂的整体，它含有多个分项工

组织领导

沟通协调

授权和分权

应对危机和解决冲突

交流谈判

图7-3　项目经理应具备的能力

程、分部工程和单位工程。项目经理首先需要对整个项目有整体意识，同时工程项目中不同的团队成员具有不同的知识和能力资源，包括各自完成任务所消耗的时间也是一种资源。因此项目经理必须确保项目的所有资源得到合理的配置，让资源利用最大化。此外，项目经理需要把项目作为一个整体来看待，充分认识到项目各部分之间的相互联系，理解单个项目与母体组织之间存在的关系。只有对总体资源和整个项目有清楚的认识，项目经理才能制定出切实可行的目标和合理的计划。同时，项目经理还需要调动项目组成员以及职能经理、供应商、客户、公职人员等相关人员的工作积极性，从而推动项目快速向前发展。此外，项目成员内部之间、不同部门之间存在的冲突也在所难免，因此项目经理还要规划好各个子系统间的平衡性，协调好所有的冲突与矛盾，从而保证团队内部氛围融洽，进而保证项目效益的最大化。

（3）项目经理需要有授权和分权的管理能力。实际工作中应当进行不同程度的授权，不能简单地随机分配，有能力并能够承担责任的人才能委以重任，并授予其权力。因此项目经理要明确对结果的期望、要求的进度、成本和范围，合理分配好任务和权力。但同时又不应事事都亲力亲为，指导过深，以免减弱团队成员的积极性。此外，在授予权力前，要充分对团队成员进行全方面的考核和判断，对于有能力的人应给予信任，授予其需要具备的权力，保证其工作的快速推动。通过合理的授权和分权，使项目团队成员共同参与决策，而不是传统的领导体制和领导观念。任何一项决策均要通过相关人员的充分讨论和论证后才能做出决定，这不仅可以使得决策更科学、更全面，也可以做到"以德服人"，更得民心、更具有说服力。

（4）项目经理需要具有应对危机和解决冲突的能力。项目团队组建伊始，项目经理就首先对整个项目进行全盘考虑并进行统一计划管理。然而，在项目进行的过程中，往往会面临各种风险和不确定性，如人员危机、市场危机、资源危机、疫情危机等。因此，面对潜伏的各种危机，项目经理必须要了解危机的存在风险并对其进行评判，还应对危机进行尽早预见，未雨绸缪，发现问题的隐患并随时做好应对风险的准备。此外，在项目管理的过程中，项目团队成员之间、成员与职能部门之间等存在各种各样的冲突也不可避免，只有充分解决好这些冲突和矛盾，团队才能有持续的凝聚力。

（5）项目经理需要具有沟通和谈判的能力。项目经理的主要工作方式就是监督、沟通、交流与谈判。项目进行过程中，各种各样的矛盾需要通过沟通进行调解；高层管理人员、不同的部门、合作伙伴和团队成员之间，项目经理也需要进行大量的沟通与交流，妥善安排好各项事务，协调好各方关系。此外，谈判致力于构建团队与合作伙伴之间长期的合作关系，因此在谈判过程中，项目经理需要研究好谈判对手，获得对方感兴趣的目标信息，针对核心问题积极主动地表达自己的观点和意愿，引导谈判向着有利的方向进行。同时还要识别和了解谈判过程中每个客户的需求，相互支持与合作，做出双赢的谈判方案。

7.2.3　团队建设

项目团队是指为了适应项目的有效实施而建立的团队（如图7-4所示）。高效的团队建设在项目进行过程中显示出强大的生命力与活力。团队自身要想高效的运作，在很大程度上依赖于团队内部成员的构成和团队建设。一个优秀的团队，其效率远远大于各部分简单的相加总和。

图7-4　团队建设

在项目进行过程中，项目成员是由不同领域、不同文化层次的人组成的，是柔性的、多变的。项目中人的因素是第一位的，是主观的、有情感的。同时，在所有的团队成员中，不同的人价值观不同、信仰不同、为人处世的方法和思考问题的方式都不尽相同，种种差异使得人际沟通在项目中的重要性突显出来。而团队在项目运作过程中，需要体现的是一种积极的合力，可以使得整体大于部分的总和。

一个项目的所有成员中，虽然可以获得各种优秀人才，但是如何协调好分工合作，如何使他们协同并进，就需要有一个优秀的团队建设管理组织。对于工程项目团队建设的目标，就是要使项目团队所有成员"心往一处想，劲往一处使"，形成"合力"，使项目团队形成一个整体。此外，项目团队建设应创造一种开放和包容的氛围，使所有的团队成员在团队中具有强烈的归属感，并积极为实现项目目标而持续奋斗。

高效团队建设的特征有如下几个方面：首先，团队的工作目标很明确，每个成员都清楚自己的工作对项目指标的贡献之处；第二，团队的岗位很明确，组织结构清晰合理；第三，有简明有效的工作流程，有成文的或非成文的习惯性工作方法；第四，团队有严格的组织性和纪律性，项目经理对团队成员的工作有明确的评价和考核标准，并将考察结果公平、公正、公开示出，赏罚分明；第五，团队成员之间相互学习，相互信任，团队内部善于交流和总结。

此外，项目团队建设需要配备一个合格的项目经理和一批优秀的团队成员，并设计合理的团队组织结构形式和运行规则，进行有效的人力资源管理，创造和谐、协调的工作氛围，建立与项目管理相适应的团队文化，不断提高整体素质。建设高效团队的方法多种多样，如定期进行有效的交流会议、挑选合格的项目经理进行顺畅的沟通、定期召开团队会议、形成团队惯例、管理项目激励系统及创造共同愿景等。

总的来说，团队建设在工程项目管理中非常重要，没有高效的团队建设就没有高质量的项目。因此，需要加强整个团队的建设和管理，只有建设一个团结配合、积极向上、健康发展的团队，才能创造出更加高效的价值，达到最终的工程目标。

7.3 工程成本管理与风险管理

成本是项目活动中，为了达到预期指标而需要付出的信息交流、材料购买、人工支出等花费的总和。风险是在工程活动中可能存在的不利于项目开展的事件，其可能使项目甚至企业遭受伤害与损失。风险往往由于其一定范围的随机性和不可知性而给工程活动带来危险，从而增加工程成本。所以，工程成本管理和风险管理是不可分割的一部分。

7.3.1 成本管理

项目作为经济活动的一种形式，必定是以经济效益或社会效益为目标开展的，即需要在当前的条件下通过工程活动创造更大的实用价值以获得回报，而要使最终的收益最大化，就需要在项目进行过程中对质量、成本等方面进行管理。在项目规划阶段，成本管理的目的是对将要开展的工程活动进行预估，从而合理分配当前资源，保证工程正常开展的同时避免资源浪费。在项目的施行过程中，成本管理的目的主要是监督项目活动的经济支出，调整各部门的资源消耗，以避免超出成本预算。总而言之，对于成本的管理，出发点是令资源使用效益最大化，从而使工程活动有更高的收益。一般来说，成本管理包括成本预测、目标成本、合约规划、动态成本和数据汇总。

一般来说，工程项目成本管理包括对将施行的项目进行成本预算、对成本进行计划分配、项目进行过程中对成本进行控制以及项目最后对成本进行核算。项目成本预测发生在项目规划阶段，是指根据将要开展的项目范围等指标，参考已有同类型工程活动和当前社会工程经济环境，来合理预测当前项目要达到拟定指标需要的人力、设备、经济等成本的花费情况。要提升成本管理水平，保证收益最大化，工程成本进行预测是必不可少的第一步。在进行前期成本预测时，要考虑工程周期、质量要求、项目范围要求、已有资源、社会平均难度系数、各子项目、各公司、各部门的生产条件等要素，分别预估每个环节的项目成本。之后，对各部分的成本进行统计整理，排除重复的成本支出，即得到了大致的成本预估。由于任何工程活动都会存在未知风险，所以，应当同风险管理一起确立应对风险而产生的成本支出。有时，为了应对未预测的风险，还应稍留有一定裕度，即为得到的项目预测成本。

项目成本计划与分配是指对于现有的技术、人力、财产、生产设备、场地等成本进行统计分析，并且针对项目要求而对其进行分配的过程。对于可重复利用的资源，例如生产设备，在不影响工程进行的情况下，完全可以多个部门共用，而不必重复累加成本支出。在进行成本分配时，要以工程进度、工程质量为依据，有优先级地在各部门进行针对性分配。

成本控制是指在工程活动过程中，管理人员对当前活动开展情况和费用支出进行实时跟踪监测。在该过程中，首先要保证项目按正常方向，依照既定速度有条不紊地进行。其次，需要对各子项目、各环节、各部门的费用情况进行分析。对于成本消耗太大的部门当及时指正，对出现偏差的工程活动及时修正，来避免额外消耗。有时，对于某环节实际需要的成本支持可能确实要高于预期，在进行带有未知性的项目活动时，这种情况是难以避免的，这时，需要管理者对该环节的具体情况进行考察记录，重新进行成本预估和分配。作为一个整体项目的不同组成部分，任何子项目的计划变更可能都会影响到其他环节，故在项目开展过程中对于原定计划的变更需要考虑不同部门间的作用和相互影响。

成本核算是成本管理的最后环节。经过对各子项目过程中的成本控制，在项目后期需要对全周期内的整个项目成本支出做统计，分析最终实际成本与预测成本的偏差。这也是对整个工程过程中成本管理活动的检验。最终的实际核算成本应和预测成本的差值在一定范围内，则表明项目按预估成本计划比较顺利地完成。

7.3.2 风险管理

对工程活动进行风险管理是项目安全的重要保证，包括前期风险预测、工程活动进行中的风险辨识、风险应对策略的制定与执行以及突发风险的应对。《礼记·中庸》中有言："凡事预则立，不预则废。言前定则不跲，事前定则不困，行前定则不疚，道前定则不穷。"指的就是凡事要预先做准备，做事前做足准备，就可避免困顿，行事之前对大致方略有所定夺，才不至于发生令人悔疚的事，也不至于出现无法挽回的失误。

风险管理需要前期风险预测，工程管理者参考以往同类型的工程活动进行的风险合理预计，以及从当前工程环境出发，推测出可能存在风险的工程时期、工程环节。在该阶段，管理者应尽可能全面地分析项目活动的各个环节，对潜在风险进行记录与预处理。前期的准备工作做得越到位，工程就可以越顺利地开展。

在工程过程中，要考察将来是否会发生危险、当前的施行方案是否存在隐患，这首先就需要工程管理者进行风险的辨识。这是一个贯穿项目全生命周期的管理活动。

项目的风险包括内部潜在隐患和未知环境危险。其中内部潜在隐患包括在进行特定工程活动时，就必定要面对的一些附加风险，这是项目性质决定的，管理者只能积极制定完善的应对策略，来有效应对、减小损失。这类风险与项目存在内在联系，这就说明该类型的风险比较容易预测、有迹可循。参考已有的同类工程活动就可以发现这类隐藏风险的明显踪迹。内部潜在隐患还包括由于当前施行方案的不当而给项目活动带来的潜在危险。这类风险是由于方案的设定或施行者的履行方式不当而产生，具有随机性，所以往往无法提前预估。这就要求风险管理者的实时监察，及时发现潜在的问题，并纠正工程施行方式。

而未知环境危险是指由于项目活动存在的时间背景、社会背景等环境中而要受到的来自社会环境的影响。相比于内部潜在隐患，项目生存环境中未知因素带来的危险更加难以预测，并且其对项目的伤害性往往更大。例如，由于国家相关政策的变更而使工程环节不得不做出调整，由同行业工作者的产品情况而需要调整项目细节，或者由于社会环境安全问题而使工程需要临时关闭等。这类风险作用时间是随机的，对项目影响大小不一，很难提前进行风险辨识并设定有效应对方式，只能依靠管理者的风险管理水平来尽量降低损失。

风险应对策略的制定与执行是风险管理活动的重要内容。其指管理者提前对上述分析进行预测后，依照成本预估情况，来制定相应的风险应对方案，以及在风险过程中依照预定策略进行处理。"有备"才能"无患"，只有尽可能全面、完善、合理地制定应对策略，才能保证在风险辨识后有效应对。

风险之所以为风险，就是由于其伤害性和一定的不可知性，对于那些未考虑到的危险，需要项目管理者依靠对突发风险的应对经验来进行处理。这也是风险管理中最艰难的部分，因为来自外部环境的危险情况往往是难以抵抗的，只能寻找合适的方式使项目活动减少损失并继续进行。

风险的管理是一切项目活动的生命、安全保障，其令工程活动在复杂的环境中保持生命力，使产品具有实用价值。制定的风险管理机制愈完善，对决策、生产过程的容错就愈大。

7.4　工程进度管理和质量管理

工程是以创造价值为目的的临时性的活动。这表明工程是具有实时性的、有针对性的。同样的产品如果别人先研发了出来，那当前的项目可能就直接失去了意义，这就是工程实时性的体现。但归根结底，工程实时性要求、成本分析等活动，最终都是为了产品而服务，或者说是为了产品的质量服务。这就是工程活动的目的性和针对性。

7.4.1　进度管理

进度管理是指项目管理者依据项目范围、项目难度、项目风险管理、所需的施行流程、同类工程的平均时间等要素，而对项目整体以及各子项目的完成时间进行制定，以及在工程活动过程中对其进行监察与控制的过程。某科研项目实施阶段甘特图示例如图 7-5 所示。

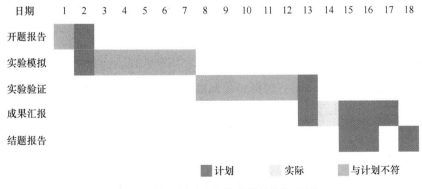

图 7-5　某科研项目实施阶段甘特图示例

进度制定是项目进度管理的第一步，其要依据科学性、整体性、重点性原则。对于实际工程活动，不可能做到万无一失的准备，所以在估计设定项目进度时，需要尽可能全面地考察工程的环境、条件、资源等情况，来设定合理的进度要求。其次，在当前的资源条件和环境背景下，大致应该以何种速度、何种流程来进行项目的各个环节，应从其他工程活动做充分的分析与参考，来保证所制定方案的客观性。要求进度分析的全面性、客观性，也就是要求其制定的科学性。

而进度制定的整体性要求是指，任何复杂的项目都会分割成若干子项目或不同阶段来进行，在项目制定时，要同时考虑不同项目、不同阶段的工程情况，以及其相互之间的影响，而不能仅仅孤立地设定某一部分的项目进度。部分项目的进度如果过于缓慢，可能导致其他环节也无法按时展开，所以对于某些暂时看似不紧急的项目，可能也需要同其他过程配合而提升工程速度。

重点性要求是指在对整个项目活动进行进度制定时，虽要全面、整体地考究工程各个方面的实际施行情况，但制定进度方案不能要求整个项目的方方面面按照计划的进行，在制定时要突出项目重点方面。并不是事前进度制定得越详细、越具体，工程就能越顺利地进行。工程进度管理是一个在实践过程中不断协调的过程，"事无巨细"地做制定有时反而会制约工程的正常推进。对于整体工程进度，要有层次、有侧重地设定。

进度监察是进度管理的第二个职能，其作用在工程开展之后。对工程进度监察就是管理者实时或定期地对各项目环节进度与制定进度进行核验的过程。一般可以通过设立进度监察系统来实现，通过监察系统跟踪工程各环节的实际进度。或者通过采购、支出费用等信息估计大致进度。如果实际进度与预期出现较大偏差，管理者应及时记录情况并进行偏差分析，针对性提升相关环节的进度。若出现制定计划不合理的情况，还需要对既定进度计划进行调整。但仅限于小部分或短时间内工程活动进度的调整，并需要与其他项目环节进行沟通，以协调各部门工作。对于整体项目进度，原则上是不能轻易变更的。进度监察是对项目进度进行控制的前提。

进度控制是指在工程活动进行中，管理者依据制定计划，对工程进度进行监察后，对需要进行进度调整的某环节或部门进行管控的过程。工程是临时性活动，特别对于一些特殊性质的项目活动，时间要求是不容变更的。所以在进度监察后，需要及时对与计划出现较大偏差的环节进行分析与调整，例如增加人力供给、协调设备分配方案、提升生产效率等。

进度管理是对项目活动时间进行的规划活动，必须根据项目实际情况，科学、统一地进行管理活动。

7.4.2   质量管理

质量管理是指在工程活动中，管理者依照既定方针，对产品范围、属性等进行策划、检验、管控的过程。项目的全部活动都是为了实现产品既定目标，即产品质量，对其的管理活动依工程活动的存在而存在。从小范围的实践活动，到国家的工程项目，都存在着质量管理活动。

全面质量管理就是团队全体人员及各个部门同心协力，把经营管理、专业技术、数量统计方法和思想教育结合起来，建立起产品的研究与开发、设计、生产作业、服务等全过程的质量体系，从而有效地利用人力、物力、财力、信息等资源，提供符合规定要求和用户期望的产品和服务。美国著名质量管理专家戴明曾提出：在生产过程中，造成质量问题的原因只有 10% ~ 15% 来自工人，而 85% ~ 90% 是企业内部在管理上有问题。由此可见，质量不仅仅取决于加工这一环节，也不只是局限于加工产品的工人，而是涉及各个部门、各类人员。

质量保证活动涉及企业内部各个部门和各个环节。从产品设计开始到销售服务后的质量信息反馈为止，企业内形成一个以保证产品质量为目标的职责和方法的管理体系，称为质量保证体系，是现代质量管理的一个发展。建立这种体系的目的在于确保用户对质量的要求和消费者的利益，保证产品本身性能的可靠性、耐用性、可维修性和外观式样等。

质量保证是质量管理的一部分，质量保证的活动，更应该是以可信性为核心。可信性是用于表述可用性及其影响因素（可靠性、维修性和保障性）的集合术语。所以，质量保证，更多的应该模拟最终顾客使用的环境、寿命以及产品的相关标准要求进行严格的试验来满足顾客信任。为保证产品的生产过程和出厂质量达到质量标准而采取的一系列作业技术检查和有关活动，是质量保证的基础。美国 J. M. 朱兰认为，质量控制是将测量的实际质量结果与标准进行对比，并对其差异采取措施的调节管理过程。这个调节管理过程由以下一系列步骤组成：选择控制对象；选择计量单位；确定评定标准；创造一种能用度量单位来测量质量特性的仪器仪表；进行实际的测量；分析并说明实际与标准差异的原因；根据这种差异做出改进的决定并加以落实。

精益质量管理的出发点是顾客的需求和体验，目的是通过管理活动使项目结果最大限度满足预期，从而使企业或团体获得经济效益和项目活动生命力。进入工业化时代以来，质量管理活动也在不断发展着。项目质量管理在项目开始阶段表现为产品质量的拟定，即给整个项目结果及各部门的活动制定一定时期内要达到的产品指标。在项目开展中，管理者需要定期对各部门生产结果进行核验与记录，其次对各环节质量进行控制，以最终满足全周期项目的质量要求。

习题与思考题

7-1　简述工程项目管理的概念、内容和流程。

7-2　高效的组织管理应使得项目团队具有哪些特点？

7-3　作为工程项目的主要负责人，项目经理需要具有哪些核心能力？

7-4　简述进行项目团队建设的措施。

7-5　工程成本管理应注意哪些方面的问题？

7-6　什么是甘特图？如何绘制甘特图？

8 工程安全

安全是没有威胁、危险和损失，人与生存环境资源的和谐、互不危害、无危、无隐患，是免除不可接受的危害风险的状态。安全是控制在可接受的水平以下的人类生产过程中对人的生命、财产和环境的损害。无危险是安全的一个特征属性，因此可以说安全就是无危险。没有危险是一种客观存在，而不是一种物质存在，即安全是一种属性，因此它必须附加到某些实体上。当安全依附于工程时，就是工程安全。安全为这类实体提供担保，即担保所附着的实体，可以说是担保的主体。安全的客观状态必然取决于某一主体。在界定安全概念时，必须反映安全是一个属性而不是一个实体这一事实。

本章主要介绍工程项目安全生产、安全生产管理、风险防范、用电用火安全、危险化学品使用安全等内容。

8.1 安全生产的定义和本质

8.1.1 安全生产的定义

所谓"安全生产"，是指在生产经营活动中，为了避免造成人员伤害和财产损失的事故而采取相应的事故预防和控制措施，使生产过程在符合规定的条件下进行，以保证从业人员的人身安全与健康，设备和设施免受损坏，环境免遭破坏，保证生产经营活动得以顺利进行的相关活动。

安全生产是保护劳动者的安全、健康和国家财产，促进社会生产力发展的基本保证，也是保证社会主义经济发展，进一步实行改革开放的基本条件。因此，做好安全生产工作具有重要意义。

《辞海》中将"安全生产"解释为：为预防生产过程中发生人身、设备事故，形成良好劳动环境和工作秩序而采取的一系列措施和活动。《中国大百科全书》中将"安全生产"解释为：旨在保护劳动者在生产过程中安全的一项方针，也是企业管理必须遵循的一项原则，要求最大限度地减少劳动者的工伤和职业病，保障劳动者在生产过程中的生命安全和身体健康。后者将安全生产解释为企业生产的一项方针、原则和要求，前者则解释为企业生产的一系列措施和活动。根据现代系统安全工程的观点，上述解释只表述了一个方面，都不够全面。

概括地说，安全生产是指采取一系列措施使生产过程在符合规定的物质条件和工作秩序下进行，有效消除或控制危险和有害因素，无人身伤亡和财产损失等生产事故发生，从而保障人员安全与健康、设备和设施免受损坏、环境免遭破坏，使生产经营活动得以顺利进行的一种状态。

安全生产是安全与生产的统一，其宗旨是安全促进生产，生产必须安全。搞好安全工作，改善劳动条件，可以调动职工的生产积极性；减少职工伤亡，可以减少劳动力的损失；减少财产损失，可以增加企业效益，无疑会促进生产的发展；而生产必须安全，则是因为安全是生产的前提条件，没有安全就无法生产。

8.1.2 安全生产的本质

"安全生产"这个概念，一般意义上讲，是指在社会生产活动中，通过人、机、物料、环境、方法的和谐运作，使生产过程中潜在的各种事故风险和伤害因素始终处于有效控制状态，切实保护劳动者的生命安全和身体健康。也就是说，为了使劳动过程在符合安全要求的物质条件和工作秩序下进行的，防止人身伤亡、财产损失等生产事故，消除或控制危险有害因素，保障劳动者的安全健康和设备设施免受损坏、环境免遭破坏的一切行为。因此，安全生产的本质有以下几方面含义：

（1）保护劳动者的生命安全和职业健康是安全生产最根本、最深刻的内涵，是安全生产的本质和核心。它充分揭示了安全生产以人为本的导向性和目的性，它是我们党和政府以人为本的执政本质、以人为本的科学发展观的本质、以人为本构建和谐社会的本质在安全生产领域的鲜明体现。

（2）突出强调了最大限度的保护。所谓最大限度的保护，是指在现实经济社会所能提供的客观条件的基础上，尽最大的努力，采取加强安全生产的一切措施，保护劳动者的生命安全和职业健康。根据目前我国安全生产的现状，需要从三个层面上对劳动者的生命安全和职业健康实施最大限度的保护：一是在安全生产监管主体，即政府层面，把加强安全生产、实现安全发展，保护劳动者的生命安全和职业健康，纳入经济社会管理的重要内容，纳入社会主义现代化建设的总体战略，最大限度地给予法律保障、体制保障和政策支持；二是在安全生产责任主体，即企业层面，把安全生产、保护劳动者的生命安全和职业健康作为企业生存和发展的根本，最大限度地做到责任到位、培训到位、管理到位、技术到位、投入到位；三是在劳动者自身层面，把安全生产和保护自身的生命安全和职业健康，作为自我发展、价值实现的根本基础，最大限度地实现自主保护。

（3）突出了在生产过程中的保护。生产过程是劳动者进行劳动生产的主要时空，因而也是保护其生命安全和职业健康的主要时空。安全生产的以人为本，具体体现在生产过程中的以人为本。同时，它还从深层次揭示了安全与生产的关系。在劳动者的生命和职业健康面前，生产过程应该是安全地进行生产的过程，安全是生产的前提，安全又贯穿于生产过程的始终。二者发生矛盾，当然是生产服从于安全，当然是安全第一。这种服从，是一种铁律，是对劳动者生命和健康的尊重，是对生产力最主要最活跃因素的尊重。如果不服从、不尊重，生产也将被迫中断，这就是人们不愿见到的事故发生的强迫性力量。

（4）突出了一定历史条件下的保护。这个一定的历史条件，主要是指特定历史时期的社会生产力发展水平和社会文明程度。强调一定历史条件的现实意义在于以下方面。一是有助于加强安全生产工作的现实紧迫性。我国是一个正在工业化的发展中大国，经济持续快速发展与安全生产基础薄弱形成了比较突出的矛盾，处在事故的"易发期"，搞不好，就会发生事故甚至重特大事故，对劳动者的生命安全和职业健康威胁很大。做好这一历史阶段的安全生产工作，任务艰巨，时不我待，责任重大。二是有助于明确安全生产的重点行业取向。由于社会生产力发展不平衡、科学技术应用的不平衡、行业自身特点的特殊性，在一定的历史发展阶段必然形成重点的安全生产产业、行业、企业，如煤矿、交通、建筑施工等行业、企业，这是现阶段的高危行业，工作在这些行业的劳动者，其生命安全和职业健康更应受到重点保护，更应加大这些行业安全生产工作的力度，遏制重特大事故的发生。三是有助于处理好一定历史条件下的保护与最大限度保护的关系。最大限度保护应该是一定历史条件下的最大限度，受一定历史发展阶段的文化、体制、法制、政策、科技、经济实力、劳动者素质等条件的制约，搞好安全生产离不开这些条件。因此，立足现实条件，充分利用和发挥现实条件，加强安全生产工作，是我们的当务之急。同时，最大限度保护是引力、是需求、是目的，它能够催生、推动现实条件向更高层次、更为先进的历史条件形态转化，从而为不断满足最大限度保护劳动者的生命安全和职业健康这一根本需求提供新的条件、新的手段、新的动力。

8.2　安全生产管理

《中华人民共和国安全生产法》确定了"安全第一、预防为主、综合治理"的安全生产管理基本方针，在此方针的规约下形成了一定的管理体制和基本原则。

8.2.1　管理体制

目前我国安全生产监督管理的体制是：综合监管与行业监管相结合、国家监察与地方监管相结合、政府监督与其他监督相结合的格局。

监督管理的基本特征：权威性、强制性、普遍约束性。

监督管理的基本原则：坚持"有法必依、执法必严、违法必究"的原则、坚持以事实为依据，以法律为准绳的原则、坚持预防为主的原则、坚持行为监察与技术监察相结合的原则、坚持监察与服务相结合的原则、坚持教育与惩罚相结合的原则。

8.2.2　基本原则

（1）"以人为本"的原则。要求在生产过程中，必须坚持"以人为本"的原则。在生产与安全的关系中，一切以安全为重，安全必须排在第一位。必须预先分析危险源，预测和评价危险、有害因素，掌握危险出现的规律和变化，采取相应的预防措施，将危险和安全隐患消灭在萌芽状态。

（2）"谁主管、谁负责"的原则。安全生产的重要性要求主管者也必须是责任人，要全面履行安全生产责任。

（3）"管生产必须管安全"的原则。指工程项目各级领导和全体员工在生产过程中必须坚持在抓生产的同时抓好安全工作。它实现了安全与生产的统一，生产和安全是一个有机的整体，两者不能分割更不能对立起来，应将安全寓于生产之中。

（4）"安全具有否决权"的原则。指安全生产工作是衡量工程项目管理的一项基本内容，它要求对各项指标考核，评优创先时首先必须考虑安全指标的完成情况。安全指标没有实现，即使其他指标顺利完成，仍无法实现项目的最优化，安全具有一票否决的作用。

（5）"三同时"原则。指基本建设项目中的职业安全、卫生技术和环境保护等措施和设施，必须与主体工程同时设计、同时施工、同时投产使用的法律制度的简称。

（6）"四不放过"原则。指事故原因未查清不放过，当事人和群众没有受到教育不放过，事故责任人未受到处理不放过，没有制订切实可行的预防措施不放过。"四不放过"原则的支持依据是《国务院关于特大安全事故行政责任追究的规定》（国务院令第302号）。

（7）"三个同步"原则。指安全生产与经济建设、深化改革、技术改造同步规划、同步发展、同步实施。

（8）"五同时"原则。指企业的生产组织及领导者在计划、布置、检查、总结、评比生产工作的同时，同时计划、布置、检查、总结、评比安全工作。

8.2.3　法规制度

8.2.3.1　安全生产责任制

安全生产责任制是根据我国的安全生产方针"安全第一，预防为主，综合治理"和安全生产法规建立的各级领导、职能部门、工程技术人员、岗位操作人员在劳动生产过程中对安全生产层层负责的制度。安全生产责任制是企业岗位责任制的一个组成部分，是企业中最基本的一项安全制度，也是企业安全生产、劳动保护管理制度的核心。实践证明，凡是建立、健全了安全生产责任制的企业，各级领导重视安全生产、劳动保护工作，切实贯彻执行党的安全生产、劳动保护方针、政策和国家的安全生产、劳动保护法规，在认真负责地组织生产的同时，积极采取措施，改善劳动条件，工伤事故和职业性疾病就会减少。反之，就会职责不清，相互推诿，而使安全生产、劳动保护工作无人负责，无法进行，工伤事故与职业病就会不断发生。

安全生产责任制是企业职责的具体体现，也是企业管理的基础，是以制度的形式明确规定企业内各部门及各类人员在生产经营活动中应负的安全生产责任，是企业岗位责任制的重要组成部分，也是企业最基本的制度。

安全生产责任制是贯彻"安全第一、预防为主"方针的体现，是生产经营单位最基本的制度之一，是所有安全生产制度的核心制度。它使职责变为每一个职务人的责任，用书面形式加以确定的一项制度。

安全生产责任必须"纵向到底，横向到边"，这就明确指出了安全生产是全员管理。"纵向到底"就是生产经营单位从厂长、总经理直至每个操作工人，都应有各自明确的安全生产责任；各业务部门都应对自己职责范围内的安全生产负责，这就从根本上明确了安全生产不是哪一个人的事，也不只是安全部门一家的事，而是事关全局的大事，这体现了"安全生产，人人有责"的基本思想。"横向到边"分为四个层面，就是：决策层，管理层，执行层，操作层。

8.2.3.2　安全生产法律

《中华人民共和国安全生产法》是为了加强安全生产工作，防止和减少生产安全事故，保障人民群众生命和财产安全，促进经济社会持续健康发展而制定的法律。

《中华人民共和国安全生产法》包括总则、生产经营单位的安全生产保障、从业人员的安全生产权利义务、安全生产的监督管理、生产安全事故的应急救援与调查处理、法律责任、附则共七个方面的内容。《中华人民共和国安全生产法》的颁布和实施，对于全面加强我国安全生产法制建设，强化安全生产监督管理，规范生产经营单位的安全生产，遏制重大、特大事故，促进经济发展和保持社会稳定，具有重大而深远的意义。

8.2.4 安全生产的相关要素

8.2.4.1 安全文化

企业安全文化建设，要紧紧围绕"一个中心"（突出"以人为本"这个中心）"两个基本点"（安全理念渗透和安全行为养成），内化思想，外化行为，不断提高广大员工的安全意识和安全责任意识，把安全第一变为每个员工的自觉行为。由于安全理念决定安全意识，安全意识决定安全行为。因此必须在抓好员工安全理念渗透和安全行为养成上下功夫。要使广大员工不仅要对安全理念熟读、熟记，入脑入心，全员认知，而且要内化到心灵深处，转化为安全行为，升华为员工的自觉行动。企业可以通过搞好站场班组安全文化建设来实施，如根据各时期安全工作特点，悬挂安全横幅、张贴标语、宣传画、制作宣传墙报、出版通讯、发放宣传资料、播放宣传片、广播安全知识，在班组园地和各科室张贴安全职责、操作规程，还可在班组安全学习会上，不断向员工灌输安全知识，将安全文化变成员工的自觉行动。还可将安全知识制作成视频、电子杂志、幻灯片、动画发给员工，让员工自觉学习。

8.2.4.2 安全法制

应加强国家立法标准和政策，变成强制性法规；加强与国际接轨的认证标准，规范行业标准。要建立企业安全生产长效机制，必须坚持"以法治安"，用法律法规来规范企业领导和员工的安全行为，使安全生产工作有法可依、有章可循，建立安全生产法治程序。坚持"以法治安"，必须"立法""懂法""守法""执法"。"立法"，一方面要组织员工学习国家有关安全生产的法律、法规、条例；另一方面，要建立、修订、完善企业安全管理相关的规定、办法、细则等，为强化安全管理提供法律依据。"懂法"，要实现安全生产法制化，"立法"是前提，"懂法"是基础。只有使全体干部、员工学法、知法、懂法，才能为"以法治安"打好基础。"守法"，要把"以法治安"落实到安全管理全过程，必须把各项安全规章制度落实到生产管理全过程。全体干部、员工都必须自觉守法，以消除人的不安全行为为目标，才能避免和减少事故发生。"执法"，要坚持"以法治安"，离不开监督检查和严格执法。为此，要依法进行安全检查、安全监督，维护安全生产法规的权威性。

8.2.4.3 安全责任

必须层级落实安全责任。企业应逐级签订安全生产责任书。责任书要有具体的责任、措施、奖罚办法。对完成责任书各项考核指标、考核内容的单位和个人应给予精神奖励和物质奖励；对没有完成考核指标或考核内容的单位和个人给予处罚；对于安全工作做得好的单位，应对该单位领导和安全工作人员给予一定的奖励。

8.2.4.4 安全投入

安全投入是安全生产的基本保障。它包括两个方面：一是人才投入，二是资金投入。对于安全生产所需的设备、设施、宣传等资金投入必须充足。同时，企业应创造机会让安全工作人员参加专业培训，组织安全工作人员到安全工作搞得好的单位参观、学习、取经；另一方面，可以通过招聘安全管理专业人才，提高公司安全管理队伍的素质，为实现公司安全和谐发展打下坚实的基础。

8.2.4.5 安全科技

要提高安全管理水平，必须加大安全科技投入，运用先进的科技手段来监控安全生产全过程。如安装闭路电视监控系统、消防喷淋系统、X 射线安全检查机、卫星定位仪（GPS）、行车记录仪等，把现代化、自动化、信息化全部应用到安全生产管理中。

8.3 安全生产与风险防范

8.3.1 安全与生产的矛盾

工程安全是工程的基本也是首要的要求，是工程建设和使用的内在要求和重要保证。在工程建造和使用过程中，安全事故时有发生。一般有以下两种情况：

（1）难以完全避免的安全问题。工程必然涉及风险，只要进行生产，就可能出现意外不可控的自然因素而发生事故，例如铁路隧道施工过程中，由于山体中溶洞和暗河，就可能出现意想不到的风险而导致事故发生；也有可能复杂的工程系统会产生意想不到的后果，甚至意想不到的失败；某些过去曾经被认为是安全的产品、安全的化学物质、安全的生产过程，后来会发现其实并不安全，例如氢化植物油，也就是俗称的植物奶油，过去被大量运用于奶精、人造奶油等食品加工，但是随着人们认识到氢化植物油对人体健康有不利影响，氢化植物油在食品加工中的应用受到限制，如肯德基放弃氢化植物油，而选择较为安全的脂肪，如棕榈油等。

（2）工程活动过程中没有遵守安全规范甚至没有安全保障等人为因素造成的事故以及工程质量问题造成的事故。现实工程活动中的安全问题，主要是这种情况。

在安全与生产的矛盾关系中，无危则安，无缺则全，安全是矛盾的主要方面。必须坚持安全第一，人是生产的第一要素，如果没有人，就谈不上安全。尊重生命的理念是"以人为本"的理念，因此，如果在生产过程中出现危及人身安全的时候，不论生产任务有多重，都必须坚决地首先排除事故隐患，采取有效措施保护人身安全。作为安全工作者，每个人都需要有高度的责任感和积极主动的精神，以科学的态度去解决生产中存在的每一个不安全因素，这样才能达到安全和生产的和谐统一。

8.3.2 工程中的安全生产问题

8.3.2.1 工程决策、规划环节上的安全生产问题

由于各种主客观条件的限制、特别是在比较复杂的情况下，相关信息的收集工作没做好，分析、评估不正确，就可能造成对形势判断的失误，而形势判断的失误就会导致决策、规划失误，从而产生安全生产风险。例如，三门峡水利枢纽工程是在黄河上修建的第一座大型水利枢纽工程。在没有进行调查论证的情况下，按照一般水利状况做出的设计方案，导致三门峡水利枢纽工程建成运用后不久，就由于设计等方面的缺陷导致了严重的问

题：水尾泥沙淤积，造成渭河入黄河部分抬高，渭河下游洪患严重、土地盐渍化，不得不降低蓄水位运行。但是低水位下，枢纽的泄水能力不能达到设计要求，不得不两次改建，浪费大量资源。

另外，由于监管体制不完善，钱权交易、商业贿赂等腐败现象导致决策、规划不正确，从而产生安全生产风险。例如，"8·12天津滨海新区爆炸事故"，瑞海公司严重违反天津市城市总体规划和滨海新区控制性详细规划，违法建设危险货物堆场，造成港口区域大面损毁，建筑物、基础设施、港口设施以及存放的货物受损严重，数千辆进口汽车在事故中烧毁和损坏。

8.3.2.2   工程设计环节上的安全生产问题

工程设计环节上的安全生产问题主要是设计者违反设计规范或责任心不强而产生的设计安全问题。例如，加拿大的魁北克大桥，第一次建造时由于设计人员低估了结构恒载以及计算错误，导致建造过程中关键结构部件变形而倒塌。

当然，工程设计环节上的安全生产问题也有外部原因造成的。对于那些难度很大的工程，往往存在一些难以完全预测的客观因素，由此就产生了设计安全问题。例如，宜万铁路有34座高风险的岩溶隧道，其中的一些风险性因素也是设计中没有预料到的，施工中发生过数起隧道施工突水事故。

8.3.2.3   工程建造环节上的安全生产问题

在工程建造过程中，监管不力、履职不到位、违法违规，或者施工方案不科学，不按技术标准、规范操作，材料质量不合格等，就会发生工程质量事故。例如，加拿大魁北克大桥在第二次建造时，中间跨度最长一段桥身在举起中突然塌陷，事故原因是举起过程中一个支撑点材料指标不到位。

8.3.2.4   工程使用环节上的安全生产问题

工程使用环节上的安全生产问题包括以下三个方面：

（1）质量问题。质量问题主要是指由于设计不符合规范标准或建造达不到质量要求等原因而导致工程产品或使用功能存在瑕疵，进而引起工程产品在使用过程中发生安全事故。

（2）意外灾害。意外灾害主要是由于使用环境或周边环境原因而导致的安全事故。例如由于泥石流或山体滑坡，造成列车停车、脱轨等事故。

（3）使用不当带来的安全问题。例如电气火灾，由于运行中存在的不合理、不规范操作造成供电系统中出现的运行短路、过载、铁心短路、发热等故障，导致局部系统过热，从而带来火灾或爆炸隐患。

8.4 用 电 安 全

8.4.1   电流对人体的伤害

电流对人体的伤害分为三种：电击、电伤和电磁场生理伤害。电击是指电流通过人体，破坏心脏、肺及神经系统的正常功能。电伤是指电流热效应、化学效应和机械效应对人体的伤害，主要是指电弧烧伤，电灼伤、溶化金属溅出烫伤等。电磁场生理伤害是指高频磁场的作用下，人会出现头晕乏力，记忆力减退和失眠多梦等神经系统的症状。

一般认为，电流通过人体的心脏、肺部和中枢神经系统的危险性是比较大的，特别是电流通过心脏时，危险性最大。所以从手到脚的电流途径最为危险。触电还容易因剧烈痉挛而摔倒，导致电流通过全身并造成摔伤、坠落等二次事故。

8.4.2 防止触电的技术措施

当电气设备的绝缘在运行中发生故障而损坏时，使电气设备本来在正常工作状态下不带电的外露金属部件（外壳、构架、护罩等）呈现危险的对地电压，当人体触及这些金属部件时，就构成间接触电。保护接地、保护接零是间接触电防护措施中最基本的措施。

专业电工人员在全部停电或部分停电的电气设备上工作时，在技术措施上，必须完成停电、验电、装设接地线、悬挂标示牌和装设遮拦后，才能开始工作。

8.4.2.1 绝缘

（1）绝缘的作用。绝缘是用绝缘材料把带电体隔离起来，实现带电体之间、带电体与其他物体之间的电气隔离，使设备能长期安全、正常地工作，同时可以防止人体触及带电部分，避免发生触电事故，所以绝缘在电气安全中有着十分重要的作用。良好的绝缘是设备和线路正常运行的必要条件，也是防止触电事故的重要措施。绝缘具有很强的隔电能力，被广泛地应用在许多电器、电气设备和装置上以及电气工程领域，如胶木、塑料、橡胶、云母及矿物油等都是常用的绝缘材料。

（2）绝缘破坏。绝缘材料经过一段时间的使用会发生绝缘破坏。绝缘材料除因在强电场作用下被击穿而破坏外，自然老化、电化学击穿、机械损伤、潮湿、腐蚀、热老化等也会降低其绝缘性能或导致绝缘破坏。

绝缘体承受的电压超过一定数值时，电流穿过绝缘体而发生放电现象称为电击穿。

气体绝缘在击穿电压消失后，绝缘性能还能恢复；液体绝缘多次击穿后，将严重降低绝缘性能；而固体绝缘击穿后，就不能再恢复绝缘性能。

在长时间存在电压的情况下，由于绝缘材料的自然老化、电化学作用、热效应作用，使其绝缘性能逐渐降低，有时电压并不是很高也会造成电击穿，所以绝缘需定期检测，保证电气绝缘的安全可靠。

（3）绝缘安全用具。在一些情况下，手持电动工具的操作者必须戴绝缘手套、穿绝缘鞋（靴）或站在绝缘垫（台）上工作，采用这些绝缘安全用具使人与地面，或使人与工具的金属外壳隔离开来。

8.4.2.2 屏护

屏护是指采用遮拦、围栏、护罩、护盖或隔离板等把带电体同外界隔绝开来，以防止人触及或接近带电体所采取的一种安全技术措施。除防止触电的作用外，有的屏护装置还能起到防止电弧伤人、防止弧光短路或便利检修工作等作用。配电线路和电气设备的带电部分，如果不便加包绝缘或绝缘强度不足时，就可以采用屏护措施。

开关电器的可动部分一般不能加包绝缘，而需要屏护。其中防护式开关电器本身带有屏护装置，如胶盖刀开关的胶盖、铁壳开关的铁壳等。开启式石板刀开关需要另加屏护装置，起重机滑触线以及其他裸露的导线也需另加屏护装置。对于高压设备，由于全部加绝缘往往有困难，而且当人接近至一定程度时，即会发生严重的触电事故。因此，不论高压设备是否已加绝缘，都要采取屏护或其他防止接近的措施。

凡安装在室外地面上的变压器以及安装在车间或公共场所的变配电装置，都需要设置防触电遮拦作为屏护。邻近带电体的作业中，在工作人员与带电体之间及过道、入口等处应装设可移动的临时遮拦。屏护装置不直接与带电体接触，对所用材料的电性能没有严格要求。屏护装置所用材料应当有足够的机械强度和良好的耐火性能。但是金属材料制成的屏护装置，为了防止其意外带电造成触电事故，必须将其接地或接零。

屏护装置的种类有：永久性屏护装置，如配电装置的遮拦、开关的罩盖等；临时性屏护装置，如检修工作中使用的临时屏护装置和临时设备的屏护装置；固定屏护装置，如母线的护网；移动屏护装置，如跟随天车移动的天车滑线的屏护装置等。使用屏护装置时，还应注意以下几点：

（1）屏护装置应与带电体之间保持足够的安全距离。

（2）被屏护的带电部分应有明显标志，标明规定的符号或涂上规定的颜色。遮拦、栅栏等屏护装置上应有明显的标志，如根据被屏护对象挂上"止步，高压危险""禁止攀登，高压危险"等标示牌，必要时还应上锁。标示牌只应由担负安全责任的人员进行布置和撤除。

（3）遮拦出口的门应根据需要装锁，或采用信号装置、联锁装置。前者一般是用灯光或仪表指示有电；后者是采用专门装置，当人体超过屏护装置而可能接近带电体时，被屏护的带电体将会自动断电。

8.4.2.3　漏电保护器

漏电保护器是一种在规定条件下电路中漏（触）电流（mA）值达到或超过其规定值时能自动断开电路或发出报警的装置。

漏电是指电器绝缘损坏或其他原因造成导电部分碰壳时，如果电器的金属外壳是接地的，那么电就由电器的金属外壳经大地构成通路，从而形成电流，即漏电电流，也称为接地电流。当漏电电流超过允许值时，漏电保护器能够自动切断电源或报警，以保证人身安全。

漏电保护器动作灵敏，切断电源时间短，因此只要能够合理选用和正确安装、使用漏电保护器，除了保护人身安全以外，还有防止电气设备损坏及预防火灾的作用。必须安装漏电保护器的设备和场所如下：

（1）属于Ⅰ类的移动式电气设备及手持式电气工具；

（2）安装在潮湿、强腐蚀性等恶劣环境场所的电器设备；

（3）建筑施工工地的电气施工机械设备，如打桩机、搅拌机等；

（4）临时用电的电器设备；

（5）宾馆、饭店及招待所客房内及机关、学校、企业、住宅等建筑物内的插座回路；

（6）游泳池、喷水池、浴池的水中照明设备；

（7）安装在水中的供电线路和设备；

（8）医院在直接接触人体时使用的电气医用设备；

（9）其他需要安装漏电保护器的场所。

漏电保护器的安装、检查等应由专业电工负责。对电工应进行有关漏电保护器知识的培训、考核，内容包括漏电保护器的原理、结构、性能、安装使用要求、检查测试方法、安全管理等。

8.4.2.4 安全电压

所谓安全电压，是指为了防止触电事故而由特定电源供电所采用的电压系列。

安全电压应满足以下三个条件：

（1）标称电压不超过交流 50V、直流 120V；

（2）由安全隔离变压器供电；

（3）安全电压电路与供电电路及大地隔离。

根据生产和作业场所的特点，采用相应等级的安全电压，是防止发生触电伤亡事故的根本性措施。我国安全电压额定值的等级为 42V、36V、24V、12V 和 6V，应根据作业场所、操作员条件、使用方式、供电方式、线路状况等因素选用。例如特别危险环境中使用的手持电动工具应采用 42V 特低电压；有电击危险环境中使用的手持照明灯和局部照明灯应采用 36V 或 24V 特低电压；金属容器内、特别潮湿处等特别危险环境中使用的手持照明灯就采用 12V 特低电压；水下作业等场所应采用 6V 特低电压。

8.4.2.5 安全间距

安全间距是指在带电体与地面之间，带电体与其他设施、设备之间，带电体与带电体之间保持的一定安全距离，简称间距。设置安全间距的目的是：防止人体触及或接近带电体造成触电事故；防止车辆或其他物体碰撞或过分接近带电体造成事故；防止电气短路事故、过电压放电和火灾事故；便于操作。

8.4.2.6 接零与接地

在工厂里，使用的电气设备很多。为了防止触电，通常可采用绝缘、隔离等技术措施以保障用电安全。但工人在生产过程中经常接触的是电气设备不带电的外壳或与其连接的金属体，当设备发生漏电故障时，平时不带电的外壳就带电，并与大地之间存在电压，就会使操作人员触电，这种意外的触电是非常危险的。为了解决这个不安全的问题，采取的主要的安全措施就是对电气设备的外壳进行保护接零或保护接地。

（1）保护接零。保护接零就是将设备在正常情况下不带电的金属部分，用导线与系统进行直接相连的方式。采取保护接零方式，保证人身安全，防止发生触电事故。当某相带电部分碰触电气设备的金属外壳时，通过设备外壳形成该相线对零线的单相短路回路，该短路电流较大，足以保证在最短的时间内使熔丝熔断、保护装置或自动开关跳闸，从而切断电流，保障了人身安全。保护接零的应用范围主要是用于三相四线制中性点直接接地供电系统中的电气设备，一般是 380/220V 的低压设备上。在中性点直接接地的低压配电系统中，为确保保护接零方式的安全可靠，防止零线断线所造成的危害，系统中除了工作接地外，还必须在整个零线的其他部位再进行必要的接地，这种接地称为重复接地。

（2）保护接地。将电气设备平时不带电的金属外壳用专门设置的接地装置实行良好的金属性连接。保护接地的作用是当设备金属外壳意外带电时，将其对地电压限制在规定的安全范围内，消除或减小触电的危险。保护接地最常用于低压不接地配电网中电气设备。

8.4.3　预防触电的相关知识

8.4.3.1　预防触电的注意事项

（1）认识了解电源总开关，在紧急情况下关断总电源；

（2）不用手或导电物去接触、探试电源插座内部；

（3）不用湿手触摸电器，不用湿布擦拭电器；

（4）电器使用完毕后应拔掉电源插头；

（5）人触电要设法及时关断电源；

（6）不随意拆卸、安装电源线路、插座、插头等；

（7）电器冒烟、冒火花、焦糊异味等，应立即关掉电源开关；

（8）电动工具是安全的，发生故障，不得擅自维修；

（9）离开实验室时切断电器电源。

8.4.3.2　安全用电颜色标志

为了引起人们对不安全因素的注意，预防电气伤害事故的发生，需要在厂矿、建筑行业等内部的各有关场所作出或悬挂醒目标志。电气安全色是用以表达安全信息的颜色。用不同的颜色表示不同的安全度，红、黄、蓝、绿、白等颜色是一般常用的安全色。国际标准化组织（ISO）和很多国家都对安全色的使用有严格规定。我国已制订了安全色国家标准，规定用红、黄、蓝、绿四种颜色作为全国通用的安全色。安全色不包括灯光、荧光颜色和航空、航海、内河航运所用的颜色以及为其他目的而使用的颜色。一般采用的安全色标有以下几种：

（1）红色：表示禁止、停止、消防和危险的意思。禁止、停止和有危险的器件设备或环境涂以红色的标记。如禁止标志、交通禁令标志、消防设备、停止按钮和停车、刹车装置的操纵把手、仪表刻度盘上的极限位置刻度、机器转动部件的裸露部分、液化石油气槽车的条带及文字，危险信号旗等。

（2）黄色：表示注意、警告的意思。需警告人们注意的器件、设备或环境，涂以黄色的标记。如警告标志、交通警告标志、道路交通路面标志、皮带轮及其防护罩的内壁、砂轮机罩的内壁、楼梯的第一级和最后一级的踏步前沿、防护栏杆及警告信号旗等。

（3）蓝色：表示指令、必须遵守的规定。如指令标志、交通指示标志等。用于指令标志，如必须佩戴个人防护用具、道路上指引车辆和行人行驰方向的指令等。

（4）绿色：表示通行、安全和提供信息的意思。可以通行或安全情况涂以绿色标记。如表示通行、机器启动按钮、安全信号旗等。

（5）黑色：图像、文字符号和警告标志的几何图形。

图8-1所示为一些常见的安全用电颜色标志。

8.4.3.3　安全用电图形标志

由安全色、几何图形和图形符号构成，用以表达特定的安全信息的标志。有禁止标志、警告标志、指令标志和提示标志等。必须设置在醒目、与安全有关的位置，并使人们看到后有足够的时间注意它所表示的内容，不得设置在可移动的物体上。

（1）禁止类标志：圆形，背景为白色，红色圆边，中间为一红色斜杠，图像用黑色。

图 8-1　常见的安全用电颜色标志

一般常用的有"禁止烟火""禁止启动"等。

（2）警告类标志：等边三角形，背景为黄色，边和图像都用黑色。一般常用的有"当心触电""注意安全"等。

（3）指令类标志：圆形，背景为蓝色，图像及文字用白色。一般常用的有"必须戴安全帽""必须戴护目镜"等。

（4）提示类标志：矩形、背景用绿色，图像和文字用白色。

图 8-2 所示为一些常见的安全用电图形标志。

图 8-2　常见的安全用电图形标志

8.5 消防安全

8.5.1 消防安全基本常识

《消防安全常识二十条》是从国家消防法律法规、消防技术规范和消防常识中提炼概括的，具有语言简练、通俗易记、实用性强的特点，是公民应当掌握的最基本的消防知识。

第一条 自觉维护公共消防安全，发现火灾迅速拨打119电话报警，消防队救火不收费。

第二条 发现火灾隐患和消防安全违法行为可拨打96119电话，向当地公安消防部门举报。

第三条 不埋压、圈占、损坏、挪用、遮挡、私自未经允许使用消防设施和器材。

第四条 不携带易燃易爆危险品进入公共场所、乘坐公共交通工具。

第五条 不在严禁烟火的场所动用明火和吸烟。

第六条 购买合格的烟花爆竹，燃放时遵守安全燃放规定，注意消防安全。

第七条 家庭和单位配备必要的消防器材并掌握正确的使用方法。

第八条 每个家庭都应制定消防安全计划，绘制逃生疏散路线图，及时检查、消除火灾隐患。

第九条 室内装修装饰不应采用易燃材料。

第十条 正确使用电器设备，不乱接电源线，不超负荷用电，及时更换老化电器设备和线路，外出时要关闭电源开关。

第十一条 正确使用、经常检查燃气设施和用具，发现燃气泄漏，迅速关阀门、开门窗，切勿触动电器开关和使用明火。

第十二条 教育儿童不玩火，将打火机和火柴放在儿童拿不到的地方。

第十三条 不占用、堵塞或封闭安全出口、疏散通道和消防车通道，不设置妨碍消防车通行和火灾扑救的障碍物。

第十四条 不躺在床上或沙发上吸烟，不乱扔烟头。

第十五条 学校和单位定期组织逃生疏散演练。

第十六条 进入公共场所注意观察安全出口和疏散通道，记住疏散方向。

第十七条 遇到火灾时沉着、冷静，迅速正确逃生，不贪恋财物、不乘坐电梯、不盲目跳楼。

第十八条 必须穿过浓烟逃生时，尽量用浸湿的衣物保护头部和身体，捂住口鼻，弯腰低姿前行。

第十九条 身上着火，可就地打滚或用厚重衣物覆盖，压灭火苗。

第二十条 大火封门无法逃生时，可用浸湿的毛巾、衣物等堵塞门缝，发出求救信号等待救援。

8.5.2 消防标志

消防标志是用于表明消防设施特征的符号，它是用于说明建筑配备各种消防设备、设施，标志安装的位置，并诱导人们在事故时采取合理正确的行动，目的是保证消防安全。

8.5.2.1 消防设施标识

（1）配电室、发电机房、消防水箱间、水泵房、消防控制室等场所的入口处应设置与其他房间区分的识别类标识和"非工勿入"警示类标识。

（2）消防设施配电柜（配电箱）应设置区别于其他设施配电柜（配电箱）的标识；备用消防电源的配电柜（配电箱）应设置区别于主消防电源配电柜（配电箱）的标识；不同消防设施的配电柜（配电箱）应有明显区分的标识。

（3）供消防车取水的消防水池、取水口或取水井、阀门、水泵接合器及室外消火栓等场所应设置永久性固定的识别类标识和"严禁埋压、圈占消防设施"警示类标识。

（4）消防水池、水箱、稳压泵、增压泵、气压水罐、消防水泵、水泵接合器的管道、控制阀、控制柜应设置提示类标识和相互区分的识别类标识。

（5）室内消火栓给水管道应设置与其他系统区分的识别类标识，并标明流向。

（6）灭火器的设置点、手动报警按钮设置点应设置提示类标识。

（7）防排烟系统的风机、风机控制柜、送风口及排烟窗应设置注明系统名称和编号的识别类标识和"消防设施严禁遮挡"的警示类标识。

（8）常闭式防火门应当设置"常闭式防火门，请保持关闭"警示类标识；防火卷帘底部地面应当设置"防火卷帘下禁放物品"警示类标识。

常见的消防标识如图 8-3 所示。

图 8-3　常见的消防标识

8.5.2.2 危险场所、危险部位标识

（1）危险场所、危险部位的室外、室内墙面、地面及危险设施处等适当位置应设置警示类标识，标明安全警示性和禁止性规定。

（2）危险场所、危险部位的室外、室内墙面等适当位置应设置安全管理规程，标明安全管理制度、操作规程、注意事项及危险事故应急处置程序等内容。

（3）仓库应当划线标识，标明仓库墙距、垛距、主要通道、货物固定位置等。储存易燃易爆危险物品的仓库应当设置标明储存物品的类别、品名、储量、注意事项和灭火方法的标识。

（4）易操作失误引发火灾危险事故的关键设施部位应设置发光性提示标识，标明操作方式、注意事项、危险事故应急处置程序等内容。

常见的危险场所、危险部位标识如图 8-4 所示。

图 8-4　常见的危险场所、危险部位标识

8.5.2.3　安全疏散标识

（1）疏散指示标识应根据国家有关消防技术标准和规范设置，并应采用符合规范要求的灯光疏散指示标志、安全出口标志，标明疏散方向。

（2）商场、市场、公共娱乐场所应在疏散走道和主要疏散路线的地面上增设能保持视觉连续性的自发光或蓄光疏散指示标志。

（3）单位安全出口、疏散楼梯、疏散走道、消防车道等处应设置"禁止锁闭""禁止堵塞"等警示类标识。

（4）消防电梯外墙面上要设置消防电梯的用途及注意事项的识别类标识。

（5）公众聚集场所、宾馆、饭店等住宿场所的房间内应当设置疏散标识图，标明楼层疏散路线、安全出口、室内消防设施位置等内容。

常见的安全疏散标识如图 8-5 所示。

图 8-5　常见的安全疏散标识

8.5.3　火灾分类

火灾分类，是消防词汇。释义为根据可燃物的类型和燃烧特性，按标准化的方法对火灾进行的分类。根据国家标准《火灾分类》的规定，将火灾分为 A、B、C、D、E、F 六类。

（1）A 类火灾：指固体物质火灾。这种物质通常具有有机物质性质，一般在燃烧时能产生灼热的余烬。如木材、干草、煤炭、棉、毛、麻、纸张等火灾。

（2）B 类火灾：指液体或可熔化的固体物质火灾。如煤油、柴油、原油、甲醇、乙醇、沥青、石蜡、塑料等火灾。

（3）C 类火灾：指气体火灾。如煤气、天然气、甲烷、乙烷、丙烷、氢气等火灾。

（4）D 类火灾：指金属火灾。如钾、钠、镁、钛、锆、锂、铝镁合金等火灾。

（5）E 类火灾：指带电火灾。物体带电燃烧的火灾。

（6）F 类火灾：指烹饪器具内的烹饪物（如动植物油脂）火灾。

8.5.4　常见火源

火源是指能够使可燃物和助燃物（包括某些爆炸性物质）发生燃烧或爆炸的能量来源，这种能量来源常见的是热能，还有电能、机械能、化学能、光能等。

常见的火源主要有以下 8 种：

（1）明火，如炉灶火、火柴火、蜡烛火等。

（2）高温物体，如点燃的烟头、发热的白炽灯、汽车排气管、暖气管等。

（3）电热能，如各种电热器具发热，电弧、电火花、静电火花、雷击放电产生的热等。

（4）化学热能，经过化学变化产生的热能，如燃烧生成的热，某些有机物发热自燃，化合物分解放出热等。

（5）机械热能，由机械能转变为热能，如摩擦热、压缩热、撞击热等。

（6）生物热，如微生物在新鲜稻草中发酵发热等。

（7）光能，由光能转变为热能，如日光聚焦等。

（8）核能，如分裂产生的热。

8.5.5　逃生方法

面对滚滚浓烟和熊熊烈焰，只要冷静机智运用火场自救与逃生知识，就有极大可能拯救自己。

（1）熟悉环境，暗记出口。当你处在陌生的环境时，为了自身安全，务必留心疏散通道、安全出口及楼梯方位等，以便关键时候能尽快逃离现场。请记住：在安全无事时，一定要居安思危，给自己预留一条通路。

（2）通道出口，畅通无阻。楼梯、通道、安全出口等是火灾发生时最重要的逃生之路，应保证畅通无阻，切不可堆放杂物或设闸上锁，以便紧急时能安全迅速地通过。请记住：自断后路，必死无疑。

（3）扑灭小火，惠及他人。当发生火灾时，如果发现火势并不大，且尚未对人造成很大威胁时，当周围有足够的消防器材如灭火器、消防栓等，应奋力将小火控制、扑灭；千万不要惊慌失措地乱叫乱窜置小火于不顾而酿成火灾。请记住：争分夺秒，扑灭"初期火灾"。

（4）保持镇静，明确方向，迅速撤离。突遇火灾、面对浓烟和烈火，首先要强令自己保持镇静，迅速判断危险地点和安全地点，决定逃生的办法，尽快撤离险地。千万不要盲目地跟从人流和相互拥挤、乱冲乱窜。撤离时要注意，朝明亮处或外面空旷地方跑，要尽量往楼层下面跑，若通道已被烟火封阻，则应背向烟火方向离开，通过阳台、气窗、天台等往室外逃生。请记住：人只有沉着镇静，才能想出好办法。

（5）不入险地，不贪财物。身处险境，应尽快撤离，不要因害怕或顾及贵重物品，而把逃生时间浪费在寻找、搬离贵重物品上。已经逃离险境的人员，切莫重返险地，自投罗网。请记住：留得青山在，不怕没柴烧。

（6）简易防护，蒙鼻匍匐。逃生时经过充满烟雾的路线，要防止烟雾中毒、预防窒息。为了防止火场浓烟呛入，可采用毛巾、口罩蒙鼻，匍匐撤离的办法。烟气较空气轻而飘于上部，贴近地面撤离是避免烟气吸入、滤去毒气的最佳方法。穿过烟火封锁区，应佩戴防毒面具、头盔、阻燃隔热服等护具，如果没有这些护具，那么可向头部、身上浇冷水或用湿毛巾、湿棉被、湿毯子等将头、身裹好，再冲出去。请记住：多件防护工具在手，总比赤手空拳好。

（7）善用通道，莫入电梯。按规范标准设计建造的建筑物都会有两条以上逃生楼梯、通道或安全出口。发生火灾时，要根据情况选择进入相对较为安全的楼梯通道。除可以利用楼梯外，还可以利用建筑物的阳台、窗台、天台屋顶等攀到周围的安全地点，沿着落水管、避雷线等建筑结构中的凸出物滑下楼来脱险。在高层建筑中，电梯的供电系统在火灾时随时会断电，或因热的作用导致电梯变形而使人被困在电梯内，同时由于电梯井犹如贯通的烟囱般直通各楼层，有毒的烟雾直接威胁被困人员的生命。请记住：逃生的时候，乘电梯极危险。

（8）缓降逃生，滑绳自救。高层、多层公共建筑内一般都设有高空缓降器或救生绳。人员可以通过这些设施安全地离开危险的楼层。如果没有这些专门设施、而安全通道又已被堵，工作人员不能及能到达的情况下，可以迅速利用身边的绳索或床单、窗帘、衣服等自制简易救生绳并用水打湿，从窗台或阳台沿绳缓滑到下面楼层或地面、安全逃生。请记住：胆大心细，救生绳就在身边。

（9）避难场所，固守待援。假如用手摸房门或门把手已感到烫手，此时一旦贸然开门，火焰与浓烟势必迎面扑来。逃生通道被切断且短时间内无人救援，可采取固守待援的方法。首先应关紧门窗，用毛巾、床单、被罩等浸湿后封堵门缝，防止烟火渗入，固守在房内，直到救援人员到达。请记住：坚盾何惧利矛。

（10）缓晃轻抛，寻求援助。被烟火围困暂时无法逃离的人员，应尽量待在安全地带。在白天，可以向窗外晃动鲜艳衣物，或外抛轻型晃眼的东西；在晚上，可以用手电筒不停地在窗口闪动或者敲击东西，及时发出有效的求救信号，引起救援者的注意。请记住：充分暴露自己，才能有效拯救自己。

（11）火已及身，切勿惊跑。如果身上着火，千万不可惊慌乱跑，应赶紧脱掉衣服或就地打滚，压灭火苗。能及时跳进水中或让人向身上浇水就更有效了。请记住：就地打滚虽狼狈，烈火焚身可免除。

（12）跳楼有术，虽损求生。跳楼逃生，也是一个逃生办法。但应该注意的是，只有消防队员准备好救生气垫并指挥跳楼或楼层不高（一般 4 层以下）时、非跳楼即烧死的情况下，才采取跳楼的方法。跳楼也要讲技巧，跳楼时应尽量往救生气垫中部跳或选择有水池、软雨篷、草地等方向跳；若有可能，要尽量抱些棉被、沙发垫等松软物品或打开大雨伞跳下，以减缓冲击力。如果徒手跳楼一定要扒窗台或阳台使身体自然下垂跳下，以尽量降低垂直距离，落地前要双手抱紧头部身体弯曲卷成一团，以减少伤害。请记住：跳楼不等于自杀，关键是要有办法。

（13）身处险境，自救莫忘救他人。任何人发现火灾，都应尽快拨打"119"电话，及时向消防队报警。火场中的儿童和老弱病残者，他们本人不具备或者丧失了自救能力，在场的其他人除自救外，还应当积极救助他们尽快逃离险境。

8.6　危险化学品使用安全

8.6.1　危险化学品的概念

《危险化学品安全管理条例》第三条所称危险化学品，是指具有毒害、腐蚀、爆炸、燃烧、助燃等性质，对人体、设施、环境具有危害的剧毒化学品和其他化学品。

依据《化学品分类和危险性公示　通则》（GB 13690—2009），按物理、健康或环境危险的性质共分三大类：理化危险、健康危险和环境危险。

危险化学品在不同的场合，叫法或者说称呼是不一样的，如在生产、经营、使用场所统称化工产品，一般不单称危险化学品；在运输过程中，包括铁路运输、公路运输、水上运输、航空运输都称为危险货物；在储存环节，一般又称为危险物品或危险品，当然作为危险货物、危险物品，除危险化学品外，还包括一些其他货物或物品。

8.6.2　危险化学品的危险性类别

为保证实验以及生活中的安全性，我国制定《常用危险化学品的分类及标志》（GB 13690—1992），将危险化学品按照其危险性划分为 8 类 21 项。

（1）爆炸品：本类化学品指在外界作用下（如受热、受压、撞击等），能发生剧烈的化学反应，瞬时产生大量的气体和热量，使周围压力急骤上升，发生爆炸，对周围环境造成破坏的物品，也包括无整体爆炸危险，但具有燃烧、抛射及较小爆炸危险的物品。

（2）压缩气体和液化气体：本类化学品系指压缩、液化或加压溶解的气体，并应符合下述两种情况之一者：

1）临界温度低于 50℃，或在 50℃时，其蒸气压力大于 294kPa 的压缩或液化气体；

2）温度在 21.1℃时，气体的绝对压力大于 275kPa，或在 54.4℃，气体的绝对压力大于 715kPa 的压缩气体；或在 37.8℃时，雷德蒸气压力大于 275kPa 的液化气体或加压溶解的气体。

（3）易燃液体：本类化学品系指易燃的液体，液体混合物或含有固体物质的液体，但不包括由于其危险特性已列入其他类别的液体，其闭杯试验闪点等于或低于 61℃。

（4）易燃固体、自燃物品和遇湿易燃物品：易燃固体系指燃点低，对热、撞击、摩擦敏感，易被外部火源点燃，燃烧迅速，并可能散发出有毒烟雾或有毒气体的固体，但不包括已列入爆炸品的物品。自燃物品系指自燃点低，在空气中易发生氧化反应，放出热量，而自行燃烧的物品。遇湿易燃物品系指遇水或受潮时，发生剧烈化学反应，放出大量的易燃气体和热量的物品，有的不需明火，即能燃烧或爆炸。

（5）氧化剂和有机氧化物：氧化剂系指处于高氧化态、具有强氧化性，易分解并放出氧和热量的物质，包括含有过氧基的无机物其本身不一定可燃，但能导致可燃物的燃烧，与松软的粉末状可燃物能组成爆炸性混合物，对热、震动和摩擦较敏感。

（6）有毒品：本类化合物系指进入机体后，累积达一定的量，能与体液和器官组织发生生物化学作用或生物物理学作用，扰乱或破坏机体的正常生理功能，引起某些器官和系统暂时性或持久性的病理改变，甚至危及生命的物品。

（7）放射性物品：本类化学品系指放射性比活度大于 $7.4 \times 10^4 Bq/kg$ 的物品。

（8）腐蚀品：本类化学品系指能灼伤人体组织并对金属等物品造成损坏的固体或液体。与皮肤接触在 4 小时内出现可见坏死现象，或温度在 55℃时，对 20 号钢的表面均匀年腐蚀率超过 6.25mm 的固体或液体。

8.6.3　危险化学品储存和发生火灾的主要原因

危险化学品储存是指危险化学品在离开生产领域而尚未进入消费领域之前，在流通过程中形成的一种停留。对于易燃、易爆、腐蚀、毒害、危险性的化工原料以及化肥、农药、化学试剂等危险品储存场所，若发生火灾爆炸时，其危害是非常严重的，可能导致群死群伤等恶性事故，其人员伤亡大、经济损失大、政治影响大的后果已成为当今消防部门及整个社会安全防范的重要对象之一。危险化学品储存和发生火灾的主要原因如下：

（1）着火源控制不严。着火源是指可燃物燃烧的一切热能源，包括明火焰、火星、火花、化学能等。在危险化学品储存过程中的着火源主要有两个方面：一是外来火种，如烟囱飞火、汽车排气管的火星、房屋四周的明火作业、吸烟的烟头等；二是内部设备不良、操纵不当引起的电火花、撞击火花和太阳能、化学能等，如电器设备、装卸机具不防爆或防爆等级不够、装卸作业使用铁质工具碰击打火、露天存放时太阳曝晒、易燃液体操纵不当产生静电放电等。

（2）性质相互抵触的物品混存。由于经办人员缺乏知识或者是有些危险化学品出厂时缺少鉴定；也有的企业因储存场地缺少而任意临时混存，造成性质抵触的危险化学品因容器渗漏等原因发生化学反应而起火。

（3）产品变质。有些危险化学品已经长期未使用仍废置在仓库中，又不及时处理，往往因变质而引起火灾。

（4）养护治理不善。仓库建筑条件差，不适应所有物品的要求，如不采取隔热措施，使物品受热；因保管不善，仓库漏雨进水使物品受潮；盛装的容器破漏，使物品接触空气或易燃物品蒸汽扩散和积聚均会引起火灾或爆炸。

（5）包装损坏或不符合要求。危险化学品容器包装损坏，或者出厂的包装不符合安全要求，都会引起火灾事故。

（6）违反操纵规程。搬运化学品没有轻装轻卸；或者堆垛过高不稳，发生倒塌；或在库内改装打包，违反安全操纵规程造成事故。

（7）建筑物不符合存放要求。危险化学品的库房的建筑设施不符合要求，造成库内温度过高，通风不良，湿度过大、漏雨进水、阳光直射；有的缺少保温措施，达不到安全储存的要求而发生火灾。

（8）雷击。危险化学品仓库一般都设在城镇郊外空旷地带独立的建筑物或是露天储罐、堆垛区，十分容易遭受雷击。

（9）着火扑救不当。因不熟悉危险化学品的性能和灭火方法，着火时使用不当的灭火器材使火灾扩大，造成更大的危险。

8.6.4 危险化学品防灾应急

8.6.4.1 应急要点

（1）发现被遗弃的化学品，不要捡拾，应立即拨打报警电话，说清具体位置、包装标志、大致数量以及是否有气味等情况。

（2）立即在事发地点周围设置警告标志，不要在周围逗留。严禁吸烟，以防发生火灾或爆炸。

（3）遇到危险化学品运输车辆发生事故，应尽快离开事故现场，撤离到上风口位置，不围观，并立即拨打报警电话。其他机动车驾驶员要听从工作人员的指挥，有序地通过事故现场。

（4）居民小区施工过程中挖掘出有异味的土壤时，应立即拨打当地区（县）政府值班电话说明情况，同时在其周围拉上警戒线或竖立警示标志。在异味土壤清走之前，周围居民和单位不要开窗通风。

（5）严禁携带危险化学品乘坐公交车、地铁、火车、汽车、轮船、飞机等交通工具。

特别提醒，一旦闻到刺激难闻的气味，或者发现有毒气体发生泄漏，就要马上采取措施：

（1）及时撤离现场，并马上通知其他人员，用湿毛巾捂住口鼻，然后报警。

（2）堵截一切火源，不开灯，不要动电器，以免产生导致爆炸的火花；熄灭火种，关阀断气，迅速疏散受火势威胁的物资。

（3）有关单位要禁止无关人员进入现场。化学品火灾的扑救应由专业消防队来进行。

（4）受到危险化学品伤害时，应立即到医院救治，不要拖延。

8.6.4.2　几种特殊化学品的火灾自救

（1）扑救液化气体类火灾，切忌盲目扑灭火焰，在没有采取堵漏措施的情况下，必须保持稳定燃烧。否则，大量可燃气体泄漏出来与空气混合，遇上火源就会发生爆炸，后果将不堪设想。

（2）扑救爆炸物品火灾，切忌用沙土盖压，以免增强爆炸物品爆炸时的威力；另外扑救爆炸物品堆垛火灾时，水流应采用吊射，避免强力水流直接冲击堆垛，堆垛倒塌引起再次爆炸。

（3）扑救遇湿易燃物品火灾，绝对禁止用水、泡沫、酸碱等湿性灭火剂扑救。

（4）扑救易燃液体火灾时，比水轻又不溶于水的液体用直流水，雾状水往往无效，可用普通蛋白泡沫或轻泡沫扑救，水溶性的液体最好用抗溶性泡沫扑救。

（5）扑救毒害品和腐蚀品的火灾时，应尽量使用低压水流或雾状水，避免腐蚀品、毒害品溅出；遇酸类或碱类腐蚀品，最好调制相应的中和剂稀释中和。

（6）易燃固体、自燃物品火灾一般可用水和泡沫扑救，只要控制住燃烧范围，逐步扑灭即可。但有少数易燃固体、自燃物品的扑救方法比较特殊，如2,4-二硝基苯甲醚、二硝基萘、萘等是易升华的易燃固体，受热放出易燃蒸气，能与空气形成爆炸性混合物；尤其在室内，易发生爆炸。在扑救过程中应不时向燃烧区域上空及周围喷射雾状水，并消除周围一切点火源。

习题与思考题

8-1　如何理解安全生产？

8-2　安全生产的本质是什么？

8-3　我国的安全生产方针是什么？

8-4　安全生产的基本原则有哪些？

8-5　什么是安全生产责任制？

8-6　企业为什么要坚持"管生产必须管安全"的方针？

8-7　工程中的安全生产问题有哪些？

8-8　电对人体的伤害有几种形式？

8-9　防止触电有哪些措施？

8-10　安全用电中红色、黄色、绿色、白色、黑色分别代表什么含义？

8-11　消防标志的作用是什么？

8-12　对于不同火灾类型，使用灭火器需要注意什么？

8-13　发生火灾时逃生需要注意哪些方面？

8-14　哪些属于危险化学品？

8-15　危险化学品储存和发生火灾的主要原因有哪些？

9 智能制造工程

智能制造（Intelligent Manufacturing，IM）是一种由智能机器和人类专家共同组成的人机一体化智能系统，它在制造过程中能进行智能活动，诸如分析、推理、判断、构思和决策等。通过人与智能机器的合作共事，去扩大、延伸和部分地取代人类专家在制造过程中的脑力劳动。它把制造自动化的概念更新，扩展到柔性化、智能化和高度集成化。

智能制造日益成为未来制造业发展的重大趋势和核心内容，是加快发展方式转变，促进工业向中高端迈进、建设制造强国的重要举措，也是新常态下打造新的国际竞争优势的必然选择。

本章主要介绍智能制造与工业4.0、智能制造技术及智能制造发展战略等内容。

9.1　为什么要发展智能制造

20世纪下半叶，以机械化、自动化为特点的传统制造业蓬勃发展，中国制造业也在全球制造业发展的浪潮下逐渐复苏。电子产品、各类民用产品逐渐出现。到20世纪末，随着社会生产的发展，市场逐渐向需求导向转型，这种新型的市场模式进一步促进社会生产制造行业的发展。到了21世纪，当计算机、机器智能先进技术进入制造业，制造业也逐步进入了全新的历史发展阶段——智能制造阶段。在该阶段，现代制造技术逐步向集成化、标准化发展，制造业也越来越占据先进工业生产的主导地位。

随着新一代工业革命的到来，美国、日本、德国等发达国家纷纷把智能制造定位为本国重要发展的方向，且分别制定与提出符合自身建设发展的《先进制造业国家战略计划》《机器人新战略》《工业4.0》等。我国能否顺势紧紧跟随智能制造这一国际发展趋势，关系到我国是否能够成功迈进制造业强国。

整体上看，相对于欧美等发达国家，我国工业化起步晚，技术弱，创新力低，进而导致我国智能制造产业面临着巨大的挑战。鉴于此，我国教育部高等教育司于2017年开始启动新工科专业建设，旨在培养出实践能力强、综合素质高的高层次创新人才和紧缺专门人才，并推动我国大学教育理念的转变。

如今，我国已具备一定的物质基础条件，在互联网、人工智能、信息技术等领域有巨大进展，随着现代技术的广泛应用，新时代的中国已转向高质量发展阶段。《"十四五"智能制造发展规划》意见征求稿中明确指出在当前"转变发展方式、优化经济结构、转换增长动力的攻关期"，"站在新一轮科技革命和产业变革与我国加快转变经济发展方式的历史性交汇点"，"要坚定不移地以智能制造为主攻方向"，从而促进我国制造业升级转型，增强智能制造供给能力，提升新时代中国生产创新水平。

为加快推动中华人民共和国国民经济和社会发展，贯彻落实第十四个五年规划，进一步促进智能制造行业发展，工业和信息化部于2021年4月份印发《"十四五"智能制造发展规划》的意见征求稿。稿中指出："智能制造是基于新一代信息技术与先进制造技术深度融合，贯穿于设计、生产、管理、服务等制造活动各个环节"的一种生产方式，在国家制造业效益、质量发展中具有重要作用。十三五《智能制造发展规划》也指出："推进智能制造，能够有效缩短产品研制周期，提高生产效率和产品质量，降低运营成本和资源能源消耗，加快发展智能制造，对于提高制造业供给结构的适应性和灵活性、培育经济增长新动能都具有十分重要的意义。"

智能制造成为现代制造发展的必然趋势，既是"中国制造2025"的主攻方向，也是我国制造业由大到强的必由之路。我国智能制造试点示范项目分布如图9-1所示。开展关于智能制造突破瓶颈的研究，对于推动制造业高质量发展、加快工业转型升级具有积极意义，也是践行"四个面向"的重要举措。

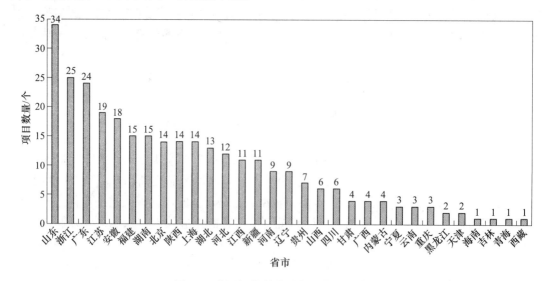

图9-1　我国智能制造试点示范项目分布

当前全球新一轮科技革命和产业变革突飞猛进，并与我国加快转变经济发展方式形成历史性交汇。一方面，新一代信息技术、生物技术、新材料、新能源等不断突破，并与先进制造技术加快融合，为制造业高端化、智能化、绿色化发展提供了重要的历史机遇；另一方面，我国正处于转变发展方式、优化经济结构、转换增长动力的攻关期，制造业发展面临供给与市场需求适配性不高、产业链供应链稳定受到挑战、资源环境约束趋紧等突出问题。

作为制造强国建设的主攻方向，加快发展智能制造，对巩固实体经济根基，建成现代产业体系，实现新型工业化具有重要作用：

第一，智能制造是发展壮大战略性新兴产业，加快形成现代产业体系的重要手段。一方面，智能制造可以带动工业机器人、增材制造、工业软件等新兴产业发展；另一方面，可以在全球范围内推动产业的协同合作和优化升级，提升产业链供应链现代化水平。

第二，智能制造是提升供给体系适配性，推动构建新发展格局的重要抓手。智能制造通过重构制造业研发、生产、管理和服务等各个环节，有效提升国内大循环的效率，推动实现全球范围内的资源协同和优化。

第三，智能制造是推进数字产业化和产业数字化，建设数字中国的重要途径。智能制造不仅可以推动制造业产业模式和企业形态发生根本性转变，还能促进农业、交通、物流、医疗等各领域数字化转型、智能化变革。

9.2　工业 4.0 与智能制造

在人类工业发展历史上，基础科学的进步或新工具的发明往往会给世界工业带来一场轰轰烈烈的技术变革。18 世纪 60 年代，瓦特改良的蒸汽机问世，极大地推动了机器在生产生活中的广泛使用，由此引发第一次工业技术革命。19 世纪末到 20 世纪初期，先进资本主义国家经济蓬勃发展，工业技术也随之成长。1866 年，西门子制成发电机；七八十年代，燃烧煤气、汽油的内燃机相继问世；80 年代卡尔·本茨等人成功研制汽车。在琳琅满目的技术发展中，第二次工业技术革命拉开序幕，电气工业进入人们的生产生活。20 世纪中期以来，分子、航天、信息、生物等科学技术都迎来了发展的黄金时期，人类涉足宇宙，亲临深海，揭开卫星、原子能等众多领域的神秘面纱，这就是第三次工业技术革命。

21 世纪初，数字技术、计算机技术、信息技术、人工智能、新能源等技术逐渐进入人们的生活中，德国政府敏锐的捕捉到世界工业在智能技术的发展背景下即将迎来技术变革的新浪潮。在 2013 年的汉诺威工业博览会上，"工业 4.0"的概念被率先推出。随后，为了巩固德国在世界工业领域的领先地位，在新的世界工业发展环境中抢占先机，德国政府将其列入《德国 2020 高技术战略》之中。此时，以智能制造为主导的工业 4.0 正式进入世人的眼中。

德国提出以"智能工厂""智能生产"和"智能物流"为主题的第四次工业革命，希望将智能制造广泛普及于生产过程，提高制造业智能化、现代化水平，使社会工业活动进入智能制造时代，实现生产过程智能、工业设备智能、能源管理智能以及供应链管理智能。德国联邦贸易与投资署专家 Jerome Hull 表示："工业 4.0 是运用智能去创建更灵活的生产程序、支持制造业的革新以及更好地服务消费者，它代表着集中生产模式的转变。"工业 4.0 以提高制造业创新能力、推进工业信息融合、推进绿色制造为要点，旨在建立一种以网络化、智能化为特征的新型工业生产模式。这种生产模式的转变，必将牵引社会经济、社会生产力、资源利用率、全球竞争力等方面产生巨大进步。

在德国工业 4.0 战略进行得如火如荼的同时，中国在现代工业技术发展领域的努力也从未停止。随着移动互联网、大数据等领域技术的成熟，以及在经济发展新环境与自然环境资源约束下，2015 年，国务院印发《中国制造 2025》，10 月，德国总理默克尔访华，中德宣布推进"中国制造 2025"与德国"工业 4.0"战略对接。两个制造业大国携手推进国家生产制造业智能化、数字化发展，共同营造现代化工业合作环境，谋求共赢，这是工业 4.0 时代中德两国在先进制造业领域迈出的重要一步。德国工业联合会主席迪特尔·肯普夫表示："比起短期促进项目，长远来看两国政府共营的政策框架对企业合作更为重要，对高度依赖于此的中小企业作用尤为显著。"

工业 4.0 不仅是工业制造业的技术转型，也是制造业变革的重要一环。工业 4.0 概念的提出意味着全新一轮科技产业改革的到来，技术、模式、竞争格局等都有所变更，国内外颁布了相关的发展战略。对于我国企业来说，智能制造发展不但是企业转型的切入点与突破口，同时也是我国重塑企业核心竞争的重要引擎，是我国制造业的未来发展趋势。因此，在工业 4.0 背景下，我国企业应加强探索、创新，具备顺应市场发展的能力，为推动全面智能制造发展提供条件。

工业 4.0 与前三次工业革命有着本质的差异。工业 4.0 是实体物理世界（物理空间）与数字网络世界（赛博空间）泛在链接融合，是制造业与新一代信息技术深度融合的智化的时代性变革技术。它是通过将信息技术（IT）与操作技术（OT）相结合，通过物联网（IoT）设备、网络物理系统（CPS）和人工智能（AI）算法来驱动的智能基础设施来优化生产流程，从而显著提高生产力。近年来工业 4.0 所代表的第四次工业革命正在崛起。

工业 3.0 是指电子信息化时代，它萌发于 20 世纪 70 年代，是电控技术为主的自动化方式，通过广泛使用电子与信息技术，使制造过程自动化程度大幅度提高，极大地促进了生产力发展。从工业 2.0（电气化与自动化）到工业 3.0（电子信息化时代）是在实体制造基础上使用了电气控制技术以提高精度，承载更大规模的生产。工业 3.0 到工业 4.0 则并非简单的赋能，而是存在本质差异。

具体而言，差异主要体现在如下方面：

底层方法论截然不同。工业 3.0 所代表的电子信息化时代是数字化与传统制造业的融合，是以信息、系统、控制三论为基础，通过信息与通信技术（ICT），即广泛应用电子与信息技术，使制造过程自动化控制程度进一步大幅度提高。从 20 世纪 70 年代至今，工业 3.0 采用数学化仿真手段，对制造过程中制造装备、制造系统以及产品性能进行定量描述，使工艺设计从基于经验的测试向基于科学推理转变，最终实现产品、制造装备、制造工艺和制造系统的数字化表达；而工业 4.0 是网络信息技术与制造产业的全面融合，其所代表的智能制造是以智能化为标志（数控机床+智能控制），应用网络信息技术与机械制造产业进行全面融合，实现传感检测信息化、实时化，工艺设计智能化、知识化，控制执行柔性化、自动化。在工业 4.0 中，信息物理融合系统（CPS）通过创建智能基础设施来优化生产流程，从而显著提高生产力。工业 4.0 下的产品集成了信息储存、传感、无线通信功能，在整个完整的供应链和生命周期中一直带有自身信息，大幅度提升工业生产和产品流通自动化程度，企业可以更加迅速自动地完成订制生产。利用信息物理融合系统（CPS）将生产中的供应、制造、销售信息数据化、智慧化，最后达到快速、有效、个人化的产品供应。过去在工业 1.0、2.0 到 3.0 的时代，原料、机械设备、工厂、运输、销售五大固定环节缺一不可。而"工业 4.0"是应用物联网、智能化等新技术提高制造业水平，将制造业向智能化转型，通过决定生产制造过程等的网络技术，实现实时管理。它是"自下而上"的生产模式革命，不但节约创新技术、成本与时间，还拥有大量培育新市场的潜力与机会。

数字智能技术的核心价值不同。工业 3.0 的核心价值是单一种类产品的大规模生产，通过电子信息技术尽可能的提高生产的边际效应，提高生产效率、良品率，降低误差；而工业 4.0 推动了商业模式、生产模式以及价值链的重塑或颠覆式创新改变，其核心价值在于多个种类产品的大规模定制，既满足个性化需求，又尽可能地获得大规模生产的成本优势。工业 4.0 时代的智慧化在工业 3.0 时代的自动化技术和架构的基础上，实现从集中式中央控制向分布式增强控制的生产模式的转变，利用传感器和互联网让生产设备互联，从而形成一个可以柔性生产的、满足个性化需求的大批量生产模式。随着信息技术的飞跃发展，人们对产品需求的变化让灵活性进一步成为生产制造领域面临的最大挑战。产品更新换代愈发频繁，产品的生命周期越来越短，意味着既要考虑对产品更新换代具有快速响应的能力，又要兼顾因生命周期缩短而减少产品批量，随之而来的是产生了成本上升和价格压力等问题。工业 4.0 将现有的自动化技术通过与迅速发展的互联网、物联网等信息技术相融合来解决柔性化生产问题，既要满足个性化需求，又要获得大规模生产的成本优势，令生产灵活性的挑战成为新的机遇。

数据对决策机制及结构产生更大影响。工业 3.0 下企业生产流程是树状的，是基于计划与执行的预设流程的中心决策。通过 APS（高级计划排产系统）、MES（制造执行系统）等信息化手段，计划部门将生产指令下发给现场，规定了生产的产品、数量、作业担当、作业时间、作业开始时间、作业结束时间等，生产指令的下达是以"生产指令单"的形式实现的，其中生产指令单是生产安排的计划和核心；而在工业 4.0 下，企业的生产流程是星状云结构的，即生产流程一定程度上由分布式数据驱动。通过工业云和区块链技术结合，企业建立起一个云链混合的分布式智能生产网络。因此，在价值生产环节，分布式智能生产网络主张企业的生产在满足个性化需求的基础上创造价值。分布式智能生产网络将"用户需求创造内容"引入制造业，颠覆了传统制造业的生产模式。产品研发环节逐渐以消费者为主导，消费者更早、更准确地参与到产品研发制作环节，并通过分布式网络不断完善产品，使企业生产不再闭门造车，而是与市场、客户密切衔接起来，利润上就有了保证。

因此，可以说工业 4.0 下的生产流程是将研发、设计、生产、销售等环节的数据进行分布式管理，实现数据指令的双向多向流动，最终实现"数据流动自动化"。数据的来源范围和采集、交互方式发生变化，工业 3.0 和 4.0 的生产决策机制有很大不同，其数据来源也大相径庭。工业 3.0 下企业生产所需数据以厂内数据为主，很少涉及工厂以外的数据。工厂以外的数据对生产决策影响较小，所需场外数据大多以供应链信息为主，并不是影响核心决策的信息；但在工业 4.0 下，场外数据比例大幅增加。由于工业 4.0 的最终目的是提高企业的生产力、生产效率及生产的灵活性，但又受制于生产的复杂性和复杂生产带来的超高难度的管理，因此，现代化的生产要求从产品、工具、运输、设备的每一个环节都配备传感器，并能够通过标准协议彼此通信。

因此，企业生产必须依赖全新的软件系统，既可以覆盖整个产品生命周期、协调海量的数据流程，也可以自主控制设备进行复杂化、自定义的生产作业，而这一切需要大量的场外数据作为支撑。相较而言，工业 4.0 对数据段要求是更加全面的、实时的。工业 4.0 是工业制造业的全新技术转型，建立在工业 3.0 的标准化模块之上，经过深入对比分析认为，工业 4.0 与工业 3.0 不是递进式的升级，而是底层方法论关键性、变革性的变化。工业 4.0 通过动态配置的单元式生产，实现规模化，并满足个性化需求，从根本上颠覆了以往传统的生产方式，因此绝不能看作是工业 3.0 的简单赋能。工业 4.0 可以支撑大规模、小批量、多规格的定制，从过去的面向库存生产模式转变为面向订单生产模式——即使用定义产品或称用户定义产品。这必将缩短交货期、大幅度降低库存，甚至零库存运营，还将孕育新的产业业态。在生产制造领域，需求推动着新一轮的生产制造革命以及技术与解决方案创新。对产品的差异化需求，正促使生产制造业加速发布设计和推出产品。随着个性化需求的日益增强，当技术与市场环境成熟时，此前为了提高生产效率、降低产品成本的规模化、复制化生产方式也将随之发生改变。因此，工业 4.0 是工业制造业的全新技术转型，是一次不同以往的颠覆性工业革命。

此外，工业 4.0 对我国制造业发展的影响尤为显著。在工业 4.0 背景下，各企业都可以参与到市场竞争中，给企业提供了自由竞争的机会。工业 4.0 和《中国制造 2025》的提出不但意味着我国工业领域要采用自动化设备生产，更是把各企业视为独立个体融入互联网中，使每一个企业之间互通，从而更好地响应市场需求，扩大客户范畴。在全新工业背景下，传统企业中一些效率低下、实用性较差的环节会得到缩减，使资源实现最优化分配。在工作方式上也逐渐转变为扁平化，外包形式会越来越多，对工作地点的要求会有所淡化。企业传统的链式经营思路会转变为网状经营思路，从而实现开放性运营，为企业实现战略规划提供支持。而且，除了在技术和设备方面进行创新优化之外，企业还会融入全新的营销手段，如事件营销、网络营销等，在降低营销成本的同时，打破传统领域门槛，使更多企业能够充分发挥自身优势参与市场竞争。这些都是工业 4.0 给制造业带来的积极影响。

工业 4.0 的提出势必会推动国内工业制造整体水平的上升。在工业 4.0 背景下，国内传统工业结构得到升级转变，进一步推动国内制造业发展。工业 4.0 是建立在物联网基础上的，其既包含客户需求、自动化设备，又涵盖仓储系统，实现监测、调节、互动一体化，以最快的方式、最先进的技术完成生产任务。与传统工业制造相比，不仅是速度上的提升，更是质量上的显著提高。并且，现阶段国外发达国家的"再工业化"时把企业转移至拉美等地，使得国内工业制造领域原材料成本逐渐增加，在经济压力下我国必须打造集个性化、数字化为一体的生产体系。工业 4.0 正是在这种背景下应运而生，为提高工业制造发展水平提供了有力支持。

工业 4.0 站在协同、系统、集成等多个视角将我国工业制造产业体系予以重构。如图 9-2 所示，在汽车行业中，工业 4.0 的到来，实现了工业制造行业生产、能源管理、供应链管理等多方面智能化发展。在可持续发展模式下，通过科技优化产品生产制造流程，这种模式改变了企业传统生产制造、发展及管理模式，同时也在无形中促进了企业组织重构。这一过程是我国工业制造发展的必要环节，有力推动了工业发展水平的提高。在产业发展上，工业 4.0 从数字化、网络化等多个角度创新运行模式。在区域层次上，工业 4.0 则构建了核心竞争力更强的产业集群，更关注智能产业集群培养。而在产业链方面，工业 4.0 比较关注竞争力与创新度的提高，站在现有产业链基础上逐渐向中高端层次发展。与此同时，工业 4.0 还将国际产业价值链重构作为发展趋势，在借鉴他人优秀经验的同时弥补自身不足，使中国工业智能制造逐渐趋于国际标准。

与此同时，工业 4.0 背景下企业智能制造发展也面临着挑战与机遇。国内的工业化起步时间本就较晚，在技术、经验方面自然不及国外发达国家，正因如此，使得国产智能制造系统面临巨大挑战，即便是在工业 4.0 背景下，企业智能制造发展面临的瓶颈依旧存在，其主要体现在 3 个方面：第一，在企业智能制造中所涉及的关键零部件依旧以进口为主要获取来源，这会导致价格倒挂。例如，在工业机器人生产制造时所需的控制器、驱动器等关键零部件占据总成本的 70% 左右，其中大多数都是进口零部件。由于关键零部件依赖进口，使得采购成本较高，甚至有的零部件采购成本已经超过了国外同款机器人售出价

图 9-2 工业 4.0 可用于汽车行业

格，这种情况会直接削弱我国智能制造产品在国际上的竞争力，甚至有些产品在国内市场中都不占优势。这主要是因为国内专门生产机械零件的企业只能生产出基础零件，并不能满足智能制造产品需求。从现状来看，我国短期内依旧需要依靠国外进口实现智能制造。第二，国内跨国企业垄断势力导致国内企业发展空间大大缩小。我国虽然是工业生产大国，但不可否认的是，其中有 70% 左右的市场都存在垄断情况，有 90% 左右的高端市场则主要依靠进口实现发展。从客观角度来看，国内并没有拥有较强国际影响力的智能制造公司。在工业智能制造市场不断扩大的同时，也使国内市场竞争愈加激烈，各大企业都开始实施战略布局。有的企业以合资形式出现，而有的企业则以独资形式出现，但无论哪种运行模式都在一定程度上推动着国内智能制造进步。但与此同时，也使得一些以独资形式存在的企业发展空间遭到制约。第三，智能制造软件技术未全面满足发展所需。纵观我国工业制造领域不难看出，在多年的发展中，我国一直比较注重硬件制造，将大部分的时间、精力与资金都投入硬件生产，忽视软件开发。这就使软件系统没有得到及时更新升级，在工业 4.0 背景下软件系统弊端逐渐凸显。

我国企业智能制造发展虽面临挑战，但机遇与挑战共存，企业需牢牢抓住机遇才能实现快速转型升级。智能制造通过与时俱进的科技构建了灵活性更强的生产制造流程，紧跟国际市场动态。再加上经济新常态的提出给国内经济发展模式转变提供了契机，经济高增长阶段已经成为过去式，新常态经济的到来标示着中国经济已经进入能够抵御风险的阶段，不会产生较大幅度的浮动。工业 4.0 把智能制造资源、生产要素共同集中在互联网、信息技术平台基础上，使各大要素之间能够有机融合，实现智能生产。而且，当前我国工业制造领域相关纲领，给我国工业制造领域发展指明了方向，并提出了智能制造发展目标，这使得企业在展开智能制造发展上更有目的性与指向性，企业可以抓住工业 4.0 机遇推动中国智能制造全面发展。同时，工业制造企业已经和高校合作创新了相关专业课程，这给我国智能制造发展提供了储备人才。

9.3 数字化制造及其研究进展

随着信息技术的发展，数字化生产制造也应用在愈来愈多的社会领域。从农业、工业机械设计，到化工行业、航空领域都离不开现代数字化制造技术的身影。在信息化时代下，数字化生产技术水平甚至直接影响着企业、国家的竞争力。图 9-3 为智能制造行业成熟度前 10 位。

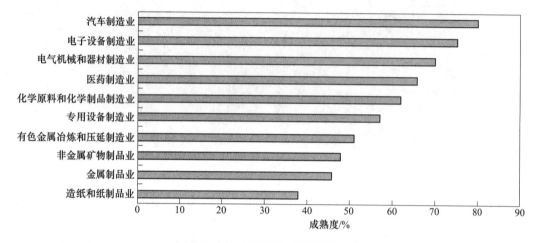

图 9-3 智能制造行业成熟度前 10 位

数字化因其特有的高效、最优化特点而使企业在信息整合、前期规划、资源配置、产品调控、风险规避等方面提升效率，数字化制造也在其中不断提升着生产质量。由于数字化生产的引入，先进生产线已变更成了集成化、标准化、单位化的生产模式，其中各部分分工明确，又相互联系配合，管理者可以清楚地审查生产流程的各个环节，可以单独处理其中某个环节的问题，产品的生产质量可以更好把控，这相比于之前的工厂生产模式，极大地提高了生产和管理的效率和水平。其次，由于这种新的制造生产模式的出现，使管理者可以在一定限度内调整甚至变更生产流程，这对于那些可以接受更改工业方法、步骤来优化其生产的工业过程来说是极其方便的。例如，在现有的生产环节加入新的生产步骤，来使产品达到更高的质量；或者舍弃、更新现有的某些生产过程来提升效率等，都可以在这种集成化、各环节相互独立的制造生产模式中轻松实现。数字化生产的另一个方便之处就是可以让工程师不必去生产车间，而在数字设备上就能实现生产环节的设计、生产过程的模拟、仿真以及监控。这可以帮助管理者提前规划资源配给，提前对可能发生的风险情况进行预估和防范，以及在工业过程中随时检查设备工作情况、获得生产设备的质量数据，在提升效率的同时也大大节省了整个生产过程的成本。

当前世界，随着网络信息技术逐渐向制造业渗透，全球主要工业大国都纷纷推动制造业转型升级，加深互联网与制造业深度融合。工业互联网已经成为美德等工业大国高端制造业改革的必由之路。振兴实体经济已成为新时期重要使命，在这样背景下，我国颁布了《中国制造 2025》战略等大力支持工业互联网发展，推动我国制造业高质量发展。

虽然与国外相比，我国在工业互联网的平台功能、商业化程度、生态体系完整度等方面的建设还存在一定差距，但据中科院和德国可持续发展研究所的合作调查表明，绝大多数中国工业互联网参与者都意识到数字化和互联性对于企业具有重要的影响；近年来积极布局，通过开展平台建设、专项申报、试点示范等一系列工作，华为、三一重工、潍柴、吉利等一批行业骨干企业已顺利进行工业数字化的转型。

我国工业数字化实践已初见成效。目前多个行业领先企业依托自身制造能力和规模优势，或是率先推出工业互联网平台服务，并逐步实现由企业内应用向企业外服务的拓展；或是基于自身在自动化系统、工业软件与制造装备等领域的积累，进一步向平台延伸，尝试构建新时期的工业智能化解决方案。如图 9-4 所示，工业互联网用于智能制造车间，在互联工厂应用方面、产品全生命周期信息感知的远程服务应用方面和企业间互联的网络协同制造应用方面都有着良好的实践经验。

图 9-4　智能制造车间

总体而言，我国工业数字化转型已经在多个领域顺利开展，工业数字化转型呈现出全局变革的趋势，工业互联网日益呈现生态化发展特征，各领域企业合作水平和深度不断增强。我国工业互联网正步入落地应用关键窗口期，各地也纷纷响应颁布相关政策，着力推进工业互联网产业落地实施，全面推动制造业高质量发展。目前已取得了初步成效，同时也有一些需要亟待解决的问题。

近年来，我国在工业互联网要素禀赋、市场需求、产业配套、政策环境等方面的摸索、尝试与积累，为新时代制造业向智能制造的成功转型奠定了坚实的物质技术基础与宝贵的实践经验。尽管如此，与当今以德美日等为代表的西方发达国家智能制造发展水平相比，还是存在着相当大的差距。

工业互联网并不是大企业的专属物。德国工业 4.0 背景下，相比于大企业，中小企业对工业 4.0 战略推动作用更加大，是德国经济的支柱和推动力量，特别是在提供解决方案、开发制造等方面发挥着重要作用。反观我国现状，大企业积极参与工业互联网投资与建设，中小企业态度积极但却无实践。究其原因如下：

工业互联网转型成本压力大。中小企业的首要问题仍然是生存问题。在工业互联网转型进程中，中小企业面临着资金压力。工业互联网是一个"门槛高"的蓝海市场需要实现数字化改造，并且回报期长。而中小企业普遍存在设备老化、系统落后等问题，数字化改造过程中需要投入大量资金开展转型工作。在这种情况下，中小企业无法预测开展工业互联网转型后收益情况，更无法预测在实体经济投资收益率降低的大背景下企业开展转型后是否能幸存。虽然国家为推动工业互联网落地实施，颁布了很多优惠政策助力企业转型，但政策补贴往往是"后补型"，企业需要先行承担成本费用。同时，中小企业仍然面临着融资难的问题。为支持中小企业工业互联网转型，中央到地方配套出台了众多支持中小企业发展的相关政策。但从目前中小制造业企业贷款额趋势看，2014 年以来小微企业贷款额仅仅微幅上升，中型制造业企业贷款额出现连续下滑。同时，根据报告显示，中小企业融资成本大部分高于 10%。在转型成本压力下，很多中小企业不愿意在设备数字化改造及上云平台上增加投入，而更愿意把钱投入到对供应链、现有产品的简单技术升级上。

数字化改造困难多。一方面，很多中小企业往往先天不足，信息化程度低，有些甚至连 OA 系统都没有。国内数字化、智能化转型中所需的关键技术、核心装备及系统集成等仍然依靠国外引进，配套设施环境艰苦，购买和维护代价高，也加大我国工业互联网产业发展风险程度，造成受制于人的局面。另一方面，很多中小企业没有大企业所拥有的强有力系统安全保障体系，也没办法独自开发系统，一旦开展数字化转型，主要会与平台服务商和运营商开展合作。但在合作中，中小企业难免会担心上云安全问题。比如，越来越多的企业敏感信息存储在云服务提供商的数据中心，若是出现安全疏漏可能引发范围广、系统性的安全威胁，这种后果是中小企业无法承担的。此外，中小企业还担心数据被云服务提供商"偷窥"或利用。

尚未形成成熟的商业模式。工业互联网的新业态新模式、新技术还处于起步阶段，一些较为务实的实体制造业的企业家们虽有转型升级需求，但缺乏互联网思维及相关技术和人才，特别在没有成功案例参考和市场检验成功的情况下，主动尝试的意愿不强，观望的多，行动的少，亟需相关场景需求的标杆示范案例。而目前市场上工业互联网新模式案例少且以大型企业案例为主，不具备普遍意义。工业互联网数据驱动模式的案例实施效果显性化呈现不够、一般实体制造业企业家看不懂、摸不着，案例聚焦到具体行业、规模、阶段、场景不够深入、不好借鉴，案例实施方案在技术、安全、投资、时间等方面刻画的不清晰等。

创新是推动我国工业互联网发展、促进我国制造业产业升级的不竭动力，是实现可持续发展的源泉，但我国工业互联网总体创新能力仍然不强，总体处于价值链低端。我国制造业现有产业体系仍以低端制造业为主，高端制造业不占优势，属于初级低端产品生产、产业链与价值链配合型的产业体系。主要是发达国家生产高附加价值的高技术产品，在自身利益主导下，发达国家往往会凭借产业链中优势地位对产业核心技术的垄断，掌握产业控制权，限制发展中国家传统产业和新兴产业开展技术升级、价值链升级活动。例如，2018 年以来美国对华为的一系列打压政策。在制造业处于产业链劣势的情况下，我国发展工业互联网必然面临着重重障碍。工业互联网企业为图便利难免会重蹈覆辙，继续走购买发达国家工业互联网核心技术和购买基础设施等老路，忽略创新的重要性，致使我国工业化发展再一次落后于发达国家。关键技术发展不充分。我国工业互联网相关关键技术与国外存在一些差距。我国在工业互联网相关工业大数据、工业云等技术、平台和应用仍处于发展阶段，规模小、功能弱。例如，工业互联网不可缺少的工业机器人、大量自动化生产设备和软件研发仍然是我国的短板。此外，我国制造业企业对关键技术的基础研究不够重视，重大原创性成果缺乏，底层基础技术、基础工艺能力不足。这类情况极大限制了我国工业互联网关键技术的发展。

缺少创新支撑体系。近几年来我国逐步建立知识产权保护机制，但仍不完善，无法充分保护创新主体的权益，且企业在创新活动的参与意愿不高，科研机构占领了大部分的科研资源，科技中介服务体系不完善，造成创新主体各自为政的局面。我国科技创新政策与经济、产业政策的统筹倾斜还不够，全社会鼓励创新、包容创新的机制和环境有待加强。

在《中国制造2025》战略的指引下，各地纷纷为了助力工业互联网落地实施，颁布了相关配套政策措施，但工业互联网产业落地情况并不理想，并未实现良好的产业生态，其表现为各地工业互联网概念火热，但真正落地的少。目前，我国有上百个地区提出建设"工业互联网"，很多省市将工业互联网作为产业发展重点，颁布相关政策，但工业互联网产业政策与具体举措所取得的实际效果，与产业政策制定者的初衷或预期还存在一定的差距。主要原因在于，各地政府对工业互联网存在认知缺失，盲目将工业互联网等同于在制造业中引进智能设备或新兴技术，或者在没能弄清工业互联网理念的情况下制定过于宽泛的政策，这就使得各地制造业并未实现真正的工业互联网，工业互联网实施仅停留在技术层面和设备层面。由于对于本地区工业互联网相关政策宣传力度不够，致使企业对本地区工业互联网政策理解不透，信息不对称，存在"普惠政策不知情、办理接口不清楚、办理结果不确认"的普遍现象。

因此，应当提升工业互联网创新能力，紧抓发展机遇，推进工业互联网产业落地对策。

首先，以"工匠精神"引导工业互联网技术创新。工业互联网并不是发达国家独属的产物，工业互联网不能只局限于购买与引用他国技术，而是要在充分理解工业互联网精髓后根据自身能力以及需求不断创新，即使要引进国外先进技术也应在充分吸收的前提下进行创新，以激发市场主体的工匠精神为着力点，提升制造业创新能力。

其次，突破关键技术瓶颈，增强工业互联网产业创新能力。要实现这一目标，必须重点突破工业互联网中所必需的工业机器人、工业数控机床等工业核心部件以及工业互联网平台的开发与利用，以及加快人工智能、云计算等工业互联网相关前沿技术的攻关。现有行业是无法独自支持工业互联网领域技术发展，政府要担负起扶持企业推动技术发展任务，为工业互联网领域新技术发展提供长期的资金支持和应用鼓励。针对工业互联网关键技术和薄弱环节，有效发挥规划引导、政策激励和组织协调作用，大力支持企业技术创新。充分发挥各地区财政用于企业技术改造专项资金的作用，为工业互联网重点技术相关企业提供贷款贴息或补助，着力推动关键技术的产业化应用，如武汉就对从事电子信息行业中某些特定类别的岗位的从业人员实现了个人所得税的减免。同时，可以对投资于工业互联网行业关键技术研发活动的风险投资给予一定比例的税务减免，从而更好地引导风险投资支持技术创新研发活动。最后，不断改善创新环境。加强我国基础研究，继续完善知识产权保护与知识产权诉讼服务，提高侵权成本，降低企业知识产权诉讼成本，明确监管主体和手段，严厉打击不正当竞争行为，规范行业各企业的竞争行为。同时，积极发挥行业协会在创新中的作用，组建行业创新平台，协调政府、企业、科技机构和科技中介服务机构之间关系，改善各个创新主体之间信息交流。完善产学研协同创新体系，创新现有以科研学术成果导向为主的工业互联网领军人才评价体系，探索以企业实战为主的智能制造领军人才培养与引进办法，依托国内双一流高校与名企合作，可持续培养能够突破工业互联网关键技术、带动制造转型的高层次领军人才；同时，特别是从德美日等西方先进国家知名智能制造企业高薪引进或聘请工业互联网实战经验丰富的领军人物，跨越式打造高层次工业互联网领军人才队伍。

"靶向思维"制定与行业发展相适合的政策体系。明确行业发展准入要求、退出机制，通过评价过程识别本地区工业互联网应用实施的产业和企业发展的病灶"靶位"，并寻找"靶向"治疗手段。政府在政策设计和操作过程中，不要单单以实现智能设备和企业上云作为政策目标，而是要真正将工业互联网提高当地生产效率和生产力作为目标，从而实现对于宏观政策的细化落地。充分发挥我国工业互联网产业联盟协调作用，协调政企研多方助力产业落地。我国工业互联网产业联盟可以学习借鉴德国工业4.0战略中工业4.0平台经验，通过协调政府、商业界、科技界和中介组织等多方关系，为工业互联网企业构建相互沟通、信息共享和技术讨论的平台，并为企业提供"一站式"信息和"在线地图"等服务，让企业能够切实体验工业互联网应用场景，进而推动企业投身于工业互联网产业。

建立工业互联网国家补贴产业管理。以往经验教训表明，国家往往提倡一个很好的产业发展路径，投入大量资金大力进行扶持，但最后却达不到政策扶持目标。因此，要将工业互联网国家补贴细化到产业发展各个环节，将监管和评估不仅仅要放在申请补贴第一道关口，而要将每一环节都纳入国家监管中，让国家每一份补贴都能真正落到扶持工业互联网产业化过程中。

此外，在机械制造方面，随着我国现代科学技术的发展，互联网技术已在我国各领域实现了普及，有效推动我国社会发展，提高国民生活质量，同时带动了物联网技术的发展，数字化及智能化技术的应用使人们的生活方式发生了显著改变。如图9-5所示，在机械产品生产过程中，数字化技术是一项应用较为广泛的技术，能够提高机械产品设计工作的便利性，推动机械产品生产模式创新。技术人员可根据产品设计模型对加工过程进行智能化模拟，在原有模型基础上结合计算机智能技术，设计出更加优秀的产品种类。将计算机技术应用至机械设计制造行业中，能够对机械设计生产流程加以管控，使设计人员提高

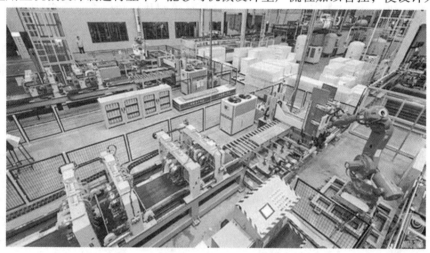

图9-5 数字化机械制造

产品设计方案的精确化水平，高效完成机械设计工作，利用设计产品三维模型，使技术人员更好掌握机械产品设计方案，提高机械产品综合质量。

机械设计制造是指利用专业机电设备或机械进行操作，并结合互联网技术、自动化技术及电子技术，完成工业产品生产的全过程。与传统人工操作方式相比，数字化与智能化的机械设计方案更加科学，生产过程精度更高，产品质量更为优越。此外，通过数字化制造的方式进行产品生产，还能避免由于人工操作所造成的经济损失。现阶段，数字化技术与智能化技术主要由互联网技术、大数据技术等先进科学技术构成，并能够对各项科学技术加以协调，促进学科之间的融合应用，满足我国社会发展过程中的各项需求，解决传统技术在生产环节中应用存在的缺陷，依托数字化技术与智能化技术，能够对机械设计及制造环节加以科学合理的管控。随着计算机互联网技术的应用及功能创新，应用范围也得到了明显的拓宽。技术人员在机械数字化设计过程中，能够清楚地感受到数字化技术的各项优势，能够提高机械产品的设计成效，使机械设计的工作效率大大提升。设计过程利用机械产品三维模型生成图纸，有效提高了制图效率，且便于后续的方案优化与改进。

在机械制造生产流程中，自动化技术是一项基础技术。在机械产品生产期间，技术人员可利用自动化技术降低生产人员的工作压力，减少人力资源消耗，提高产品生产效率及生产质量，技术人员可通过人机交互操作的方式对机械产品生产环节加以控制。现阶段，机械设计制造业已实现了自动化技术普及。但随着我国机械产品需求量的逐年上升，市场对机械制造类产品质量及功能也提出了更高的要求，这使机械制造业发展面临新的压力，机械制造业应对机械制造流程加以优化完善，利用数字化技术促进机械制造体系优化，提高机械产品制造水平和机械制造工艺水准，满足现代化机械产品的实际需求，确保其能够符合市场发展趋势，使企业在激烈的竞争中占据主导地位，提高企业综合效益。

在机械生产已经相对比较成熟的背景下，很多地区已开始实施利用数字化技术进行生产活动，但仍处于初级探索阶段，要全面发展数字化生产，提升生产水平还是一个长远的目标。在我国化工行业，同样面临着数字化转型的境况。2021 年通信产业有报道：作为总产值占全国 GDP 12%以上的化工行业，智能化水平尚处于初级阶段，数字化转型才刚刚起步。在数字化转型道路上，需要"补课"的内容还不少。在航空航天领域，制造技术也已具备一定的基础，但离国际先进水平还是有很长一段距离。要从政策上宏观调控、在生产落实上实事求是，才能促进我国数字化技术的自主研发能力与生产应用水平。

智能化及数字化技术的应用在各行各业中都表现出很大优势。在传统的制造业生产过程中，生产环节涉及大量生产人员，这就会产生大量的人工成本支出。此外，当上级发布生产任务后，生产人员无法快速准确地完成生产任务，最终导致产品质量受到影响。而将智能化技术、数字化技术与设计制造相结合，能够有效减少生产环节人力及物力成本投入，提高生产效率，促进设计制造业可持续发展。此外，确保生产过程安全有序是各项生产环节展开的一项技术前提。在传统制造业生产过程中，由于缺少相应的保护措施，各类安全事故时有发生。将智能化及数字化技术与设计制造相结合，系统能够及时掌握产品生产状态。当出现安全隐患时，能够第一时间发出警告，避免出现安全事故，使生产过程更加高效、安全，确保生产人员的人身安全不会受到威胁。

数字化发展是智能制造的关键，如今，数字化技术已融入各行各业，从 20 世纪中期 NC 机床出现进行自由曲面精度加工，到 CAD、CAM 逐渐发展成熟，人类社会的数字化生产已具备扎实的基础。但从长远发展来看，我国在数字化发展道路上仍有很长的路要走，数字化生产制造创新能力，创新水平均有待提高。在机械设计环节当中，设计人员应充分考虑多项细节要素，在设计工作开始前，不但应构建完善的智能化设计体系，还应对数字化机械设计的各项功能加以完善，从而发挥出数字化技术及智能化技术的积极作用，提高机械设计制造效率。

9.4 智能制造技术

智能制造是第四次工业革命的核心技术，是世界各国制造业转型升级、高质量发展的主要技术路径。智能制造是个通用概念，是数字化、网络化和智能化等新技术在制造领域的具体应用，融合了制造业企业所掌握的生产诀窍与客观规律，引发制造业在发展理念、制造模式等各个方面革命性的变化。欧盟和各主要欧洲国家在其制造业科技创新发展战略中，均提出面向人工智能、量子计算、新一代网络连接等前沿技术领域加大投资，因而有必要对这些技术领域发展趋势进行分析。标准化工作的目的是为智能制造的各参与方提供一种共同的语言，使人们能够以新的方式探索新思想，并最大限度地利用世界各地科研实验室的创新成果。为了实现这一目标，需要在新技术的发展之初就对其进行关注，同时对其标准化需求进行研究，分析可能出现的新的供应链模型、新的利润源、新的客户服务和新的市场领域。作为工业大国，提升智能制造技术，发展工业生产智能制造，是在信息技术时代争做工业强国，不落后于世界制造工业步伐的必由之路。在第四次工业革命过程中，经过信息通信技术、自动化制造技术、人工智能技术的融合与发展，智能制造技术逐步成长为完备的技术体系，其中包括智能设备技术、智能产品技术、信息化产品服务链技术、信息化管理技术、智能协同系统技术以及信息安全技术。

智能设备技术指生产过程中的现代加工装备、检测装备、生产的闭环控制能力。当前的现代化工厂设备和传统的机械设备已完全不同，数控装备、自动化装备已在工业活动中应用广泛。例如单臂工业机器人的应用，由于编程简单、使用方便、生产质量高的优点，现在已经可以担任机械加工、装配、焊接、搬运、检验等多种类任务。现代化工厂的装备经历传统机械设备、简单自动化设备的发展，如今已进入智能化阶段，在检测能力、抗干扰和自动补偿能力等方面越来越完善。

智能产品是指在当前智能生产线上的产品也具有智能特性，和以往的工业产品有所不同，这也是工业智能化的特点。如今的智能化工业产品拥有自主感知、信息处理、信息传输等功能，例如无人驾驶汽车可以自动规划线路、自主避障；无人机可以在空中飞行数天时间实现目标识别、目标追踪以及与地面的实时通信；智能售货机可以自动识别顾客信息、自动识别商品以及自动扣款；携带式运动相机具有视场拼接与稳像功能；智能家电可以与主人对话，可以检测室内温度等等。这些现代产品都具有一定的信息采集以及处理能力，这是智能生产的一大特点。

信息化产品服务链技术是指在工业大数据技术背景下，产品的设计、生产、销售、维修环节均是可追溯的。在大数据技术的应用和帮助下，整个服务链各环节的信息都可以被记录与查询，产品的各零件、材料等可以实时跟踪与检查。甚至在物联网的帮助下，可以实时监控产品状态，实时为用户提供检查、维护服务。这种信息服务将贯穿产品的整个生命周期，作为产品服务内容的一部分而存在。

信息化管理技术包括生产资源管理、人力资源管理、生产流程管理、销售与售后管理等生产过程管理以及系统的智能决策技术。信息化技术的提升推动工业生产效率和资源利用率的提高，可靠的数据集和信息处理系统是其中的关键。工业生产过程中，来自潜在用户和生产部门自身的业务数据组成企业所需要的生产数据集，企业对其进行分析，做出一定预测，从而反馈给智能决策系统或决策部门，为之后的工业生产做出合理规划。

智能协同系统技术是指在拥有生产联系的不同车间、不同生产线之间的协同工作能力。云计算技术在工业生产中的应用使得生产各部门信息流动起来，不再各自独立。由此，具有装配关系的设备之间、生产线之间、生产车间之间可以实现信息互联，所有工业生产环节间可以无缝对接，这是智能制造工厂高效率的体现。在这种信息集成的支撑下，现代化智能制造工厂可以实现生产全过程的自动化、透明化、高效化，管理者可以实时检查、指挥生产线各环节，及时发现和处理问题。在信息化时代下，智能制造系统会越来越趋向于集成、实时、高效发展。

数字化和信息化发展令工业生产进入智能制造阶段，其生产信息也趋于集成化、数字化。这在提升生产效率的同时，也留下了信息安全隐患。据统计，美国每年由于网络安全产生的经济损失高达1700亿美元。信息安全技术是智能制造时代不得不面对的一个严峻挑战，这在依靠从业者自觉维护企业信息安全的同时，更要依靠针对性技术和法律的发展和保护。

现实生活中，制造业智能化水平的上升会有效提高制造业的生产效率，进而促进制造业结构的转型升级。但在制造业中，存在相当一部分高污染、高耗能的产业，并存在一定程度的市场准入门槛。在此背景下，中央政府与地方政府会通过环境规制与打破要素流动体制机制障碍，从环境规制、市场化程度促进制造业结构转型。所以，制造业智能化不仅会提高制造业生产效率，进而推动制造业结构优化升级，更会从环境规制、市场化程度等多路径对制造业结构优化升级产生更深层次的影响。具体分析如下：

其一，制造业智能化水平的提升会通过提高技术创新能力、改进生产制造模式、提高制造业生产效率、改变需求结构等方式激励生产要素向上游生产部门转移，推动高技术制造业的发展，提高高技术制造业的产出比例，进而促进制造业结构高级化；也会通过提高产业间信息连接程度，有效促进产业间与企业间协调发展，从而合理配置和整合生产要素，创造新的消费市场，实现供需信息的有效沟通，提升制造业结构合理化水平。

其二，智能化技术在制造业企业中的应用，可以更好地在企业研发、生产与销售等环节起到提高效率的作用，也可以更好地监督企业的排污排碳情况，规范企业的生产经营活动，推动企业实现更高质量、更可持续的发展，从而促进制造业行业的整体优化升级。所以，当前在环境治理强度与力度不断提高的背景下，智能化技术在制造业生产场景中的应用会更好地协调政府监管同企业生产之间的生态环境问题，从而会在同等环境保护政策强度之下更好地规范制造业企业的生产经营活动，助推制造业结构的优化升级。

其三，市场化水平作为衡量区域经济发展软实力的重要指标，反映了市场活力、政府与市场的关系、产品市场和要素市场的发育程度等方面的内容。制造业智能化作为新技术场景应用的重要方式，在上下游企业间信息沟通、创造新产品市场与要素供给市场和便于政府掌握企业生产信息等方面有重要的现实应用。所以，制造业智能化水平的提升会有效促进市场化程度的提高。具体来说，政府营商环境优化程度进一步提高，市场活力被进一步激发，制造业企业的主营业务收入能力进一步提高，智能化生产模式的采用也会提高技术性人才的从业总量，大幅度提高技术成果的转化效率。基于以上分析，制造业智能化生产模式的应用与创新会不断提高市场化程度，而市场化程度的提升会有效提高资源配置能力，继而有效促进制造业结构优化升级，有效促进制造业结构的高度化和合理化水平。

9.5　智能制造发展战略

新一轮科技革命和产业变革蓬勃发展，智能制造成为现代制造发展的必然趋势。"工业4.0"的提出，不仅是智能制造兴盛于21世纪的标志，也是我国全面推进智能制造的重要参照。国家高度重视"中国制造2025"，发布了《中国制造2025》《国务院关于积极推进"互联网+"行动的指导意见》《智能制造发展规划（2016—2020年）》等重大政策文件，明确将智能制造作为制造业发展的主攻方向。在此基础上，中央和地方密集出台了相关配套政策以具体支持智能制造发展，智能制造迈入了新发展阶段。

智能制造成为现代制造发展的必然趋势，既是"中国制造2025"的主攻方向，也是我国制造业由大到强的必由之路。开展关于智能制造突破瓶颈的研究，对于推动制造业高质量发展、加快工业转型升级具有积极意义，也是践行"四个面向"的重要举措。我国智能制造的发展实践，从智能制造战略布局、项目试点示范、产业集聚区分布、发展阶段研判等维度对其基本特征进行了总结，深入剖析了发展过程中存在的问题。研究发现，现行的支持智能制造发展的部分标准、政策、技术、人才、财税等已不能适应新时期的发展要求，在"十四五"时期，有必要从政策标准、核心技术、支撑要素等方面精准施策，以推动智能制造高质量发展。具体而言，应加强顶层设计，完善政策标准体系；强化战略布局，突破关键核心技术；健全制度保障，强化关键要素支撑。

智能制造为中国制造业跨越发展提供历史性机遇。习近平总书记指出，新一轮科技革命和产业变革与我国加快转变经济发展方式形成历史性交汇，为我们实施创新驱动发展战略提供了难得的重大机遇。习近平总书记还指出，要推进互联网、大数据、人工智能同实体经济深度融合，做大做强数字经济。要以智能制造为主攻方向推动产业技术变革和优化升级，推动制造业产业模式和企业形态根本性转变，以"鼎新"带动"革故"，以增量带动存量，促进我国产业迈向全球价值链中高端。

在此基础上，中央和地方密集出台了相关配套政策以具体支持智能制造发展，智能制造迈入了新发展阶段。也要注意到，国际制造业的分工格局正在发生深刻调整，我国制造业内外部发展环境的不确定性、不稳定性因素逐渐增多。随着国际竞争态势趋于激烈、发达国家贸易保护主义抬头，尤其是中美贸易争端的进一步发展，我国制造强国战略遭受了不合理对待，客观上阻碍了我国智能制造的实施进程。进入新时期、面对新形势，我们在应对智能制造发展中存在的问题时保持清醒认识，才能持续推动智能制造高质量发展。

工业智能制造作为发展成为制造强国、培育经济增长新动能的必由之路，已作为基本要求被写入国家发展方案。国家工业和信息化部《智能制造发展规划》中确立了智能制造发展的十大重点任务：加快智能制造装备发展、加强关键共性技术创新、建设智能制造标准体系、构筑工业互联网基础、加大智能制造试点示范推广力度、推动重点领域智能转型、促进中小企业智能化改造、培育智能制造生态体系、推进区域智能制造协同发展、打造智能制造人才队伍。为了实现以上任务，《中国工程科学》中对于智能制造发展战略的研究将战略目标分为两步。第一步，2025 年"数字化网络化制造在全国得到大规模推广应用，在发达地区和重点领域实现普及；同时，新一代智能制造在重点领域试点示范取得显著成果，并开始在部分企业推广应用"。第二步，2035 年"新一代智能制造在全国制造业实现大规模推广应用，我国智能制造技术和应用水平走在世界前列，实现中国制造业的转型升级"。并指出：未来的 20 年中，我国智能制造发展要坚持"需求牵引、创新驱动、因企制宜、产业升级"的战略方针。

《"十四五"智能制造发展规划》《世界、中国智能制造十大科技进展》等权威文件、成果接连发布，全球智能制造领域的前瞻思想、前沿技术和发展趋势在此迸发闪耀，这是制造业珍贵的时刻。突破新技术，催生新业态，智能制造已成为全球制造业发展的趋势，更是各国制造业在全球竞争力的体现。早在 2015 年，我国从国家层面确定建设制造强国的总体战略，明确提出要以创新驱动发展为主题，以新一代信息技术与制造业深度融合为主线，以推进智能制造为主攻方向，实现制造业由大变强的历史跨越。这场如约而至的业界盛会，将充分展示交流世界智能制造最新成果、最新技术、最新模式、最新趋势。南京连续六年举办世界智能制造大会，其制造业发展动向正是中国制造向着"灯塔"，寻找"最优解"的生动注解。

探寻数字化转型突破口是重要方面。随着全球新一轮科技革命和产业变革深入发展，新一代信息技术、生物技术、新材料技术、新能源技术等不断突破，并与先进制造技术加速融合，为制造业高端化、智能化、绿色化发展提供了历史机遇。放眼全球，科技和产业竞争更趋激烈。美国"先进制造业领导力战略"、德国"国家工业战略 2030"、日本"社会 5.0"和欧盟"工业 5.0"等以重振制造业为核心的发展战略，均以智能制造为主要抓手，力图抢占全球制造业新一轮竞争制高点。《"十四五"智能制造发展规划》中提到，"十三五"以来，我国制造业数字化网络化智能化水平显著提升。供给能力不断提升，智能制造装备国内市场满足率超过 50%，主营业务收入超 10 亿元的系统解决方案供应商达 43 家。中国工程院院士周济认为，我国制造业对于智能升级有着极为强烈的需求，近年来技术进步也很快。但是总体而言，大多数企业，特别是广大中小企业，还没有完成数字化制造转型。夯实智能制造发展的基础，首先要进行数字化"补课"。在中国四大铁路客车制造企业之一的中车南京浦镇车辆有限公司，生产计划下达和完成情况、物料配送情况、设备能耗等各项信息的实时状态，清晰显示在车间的生产信息驾驶舱看板上。自 2015 年起，该公司便从轨道交通装备制造业的行业特点出发，对制造全过程的设计工艺、仓储管理、物料配送、质量管理、外部供应链等环节进行了数字化改造。2015～2020 年，中车浦镇销售收入年均增长近 15%，2020 年销售收入达 150 亿元。巨大的经济效益，让众多企业看到了数字化转型带来的实实在在的红利。然而此前，数字化、智能化还是众人眼中"太超前"的事物。过去制造业取得发展，更多依靠大量人力、物力、财力的投入推动。而现在，尤其是最近两三年，市场客户需求发生变化，正倒逼着制造业转型。"早在 2016 世界智能制造大会，公司就致力推动智能制造，当时还是政府引导企业，企业发展智能制造内驱力不足。这两三年，很多企业家夜不能寐，传统制造模式面临巨大挑战，企业主动寻求制造智能化。"

　　智能制造是基于新一代信息通信技术与先进制造技术深度融合，贯穿于设计、生产、管理、服务等制造活动的各个环节，具有自感知、自学习、自决策、自执行、自适应等功能的新型生产方式。加快发展智能制造，抢占未来经济和科技发展制高点，对推动我国制造业供给侧结构性改革，培育我国经济增长新动能，打造我国制造业竞争新优势，实现制造强国具有重要战略意义。智能制造是我国制造业创新发展的主要抓手，是我国制造业转型升级的主要路径，要坚持把智能制造作为建设制造强国的主攻方向，推进智能制造，加快建设制造强国。

习题与思考题

9-1　简述发展智能制造的原因。

9-2　我国智能制造试点示范项目分布大致呈什么特点？

9-3　什么是工业 4.0？它与智能制造是什么关系？

9-4　数字化制造对哪些行业的影响较大？

9-5　简述提升工业互联网创新能力的措施。

9-6　简述我国提出"中国制造 2025 发展战略"的原因。

10 自动化科学技术与工程

自动化在现代技术中发挥着越来越重要的作用，它帮助人类减轻了繁重的劳动，在社会生活中自动化更与科学和技术密不可分，三者是相辅相成的。由于自动化在社会中的广泛应用，因此它在社会中的发展前景将会越来越贴近生活，服务生活。要应用好自动化技术，就必须掌握自动化专业的知识，并且将其应用在自动化当中，这也是自动化专业学者的一个重要目标。自动化技术在工业、农业、军事、科学研究、交通运输、商业、医疗、服务和家庭等方面发挥了重要作用。随着大数据、工业互联网、5G 通信、CPS 和人工智能等领域的发展，对传统的自动化科学与技术提出了新的挑战。

本章从 8 个方面深入浅出介绍自动化的历史、现状和自动化基本工作原理、现代自动化系统的基础上，以尽可能通俗浅显的方式完整地介绍了自动化的内涵、外延与定位，以及现在工业企业自动化现状。

10.1 我们身边的自动化

在现代化的都市生活中，高度的机械化与自动化帮助人们节省了许多人力成本与时间，同时也带给我们生活极大的便利性。自动化技术具有很强的渗透性和扩展性，自动化的思想和方法可以应用于几乎所有领域，包括工程、社会、经济、管理等。那么到底什么是自动化呢？自动化的具体应用又有哪些呢？

自动化顾名思义，是利用机器、设备或装置代替人或帮助人自动地完成某个任务或实现某个过程。自动化是在没有人的直接参与下，利用各种技术手段，通过自动检测、信息处理、分析判断、操纵控制，使机器、设备等按照预定的规律自动运行，实现预期的目标，或使生产过程、管理过程、设计过程等按照人的要求高效自动地完成。

简单的自动化系统具体的应用已经完全走进我们的生活。随着科学技术的发展，自动化这一专业名词与高科技已经生活化了。例如空调可以自动调节房间温度：以取暖为例，空调通过温度传感器检测房间的温度，空调控制器将检测的温度与设定值进行比较，若温度低于设定值的下限，则使压缩机运行，温度上升，温度上升到设定值的上限时则停止运行。全自动洗衣机可以按照设定的程序自动完成洗衣任务，这是另一种典型的自动化工作方式——程序控制。高档洗衣机还能检测出洗衣量的多少、脏的程度、衣料的质地等，并根据这些信息自动进行分析计算，决定洗涤剂用量、水位高低、洗衣强度和洗衣时间等，从而实现"智能型"的全自动洗衣。数控机床和数控加工中心可以自动完成零部件的加工和处理，数控机床是计算机技术与机械技术相结合，相当于给机床添加了"大脑"和"感觉器官"，赋予了"智慧"，可以完成难度更大的任务。数控加工中心是带有刀具库和自动换刀装置的多功能数控机床，能自动完成多种工序和复杂形状的产品加工。代步工具汽车使用过程中的自动化应用更是无处不在：汽车自动启动点火系统、汽车自动防御保护、汽车玻璃窗的升降系统等。

随着自动化走进生活，走进家庭，家庭自动化的应用场景越来越多，如安防系统，窗帘控制，传感互动，网络家电，环境控制，网络控制，面板操作，家电控制，网络视频等。自动化使我们的生活与工作更加方便、高效、省心、省力；自动化使生产过程的效率更高、成本更低、产品质量更好、竞争力更强、对环境的影响和冲击更小、并显著地降低能源和原材料消耗。总之家庭自动化已经是我们生活的一部分，方便我们的生活，为我们高质量的生活提供必要的保障。

机器人（robot）是自动执行工作的机器装置。它既可以接受人类指挥，又可以运行预先编排的程序，也可以根据以人工智能技术制定的原则行动。它的任务是协助或取代人类工作的工作，在工业、医学、农业、建筑业及军事等领域中均有重要用途。现在，国际上对机器人的概念已经逐渐趋近一致，即机器人是靠自动力和控制能力来实现各种功能的一种机器。联合国标准化组织采纳了美国机器人协会对机器人的定义："一种可编程和多功能的，用来搬运材料、零件、工具的操作机；或是为了执行不同的任务而具有可用电脑改变和可编程动作的专门系统。"自动扫地机就是我们生活中常见的机器人。

10.2   国计民生相关自动化

国计民生行业指交通运输行业、航空工业、通信行业、银行业、保险业、能源领域、粮食生产领域、基础教育领域、军工领域、航天领域、尖端技术领域等。国民经济有三个产业，如表 10-1 所示。

表 10-1   国民经济三个产业

产 业 名 称	覆 盖 行 业	产 品
第一产业：农业	农林牧副渔	动植物
第二产业：工业	制造业等	各种物品
第三产业：服务业	生活、交通、医疗等	军队、警察等服务

10.2.1   工业自动化

工业自动化起步最早、应用最广泛、对人类影响最大，是在工业生产中广泛采用自动控制、自动调整装置，用以代替人工操纵机器和机器体系进行加工生产的趋势。在工业生产自动化条件下，人只是间接地照管和监督机器进行生产。

工业自动化，按其发展阶段可分为：

（1）半自动化。即部分采用自动控制和自动装置，而另一部分则由人工操作机器进行生产。

（2）全自动化。指生产过程中全部工序，包括上料、下料、装卸等，都不需要人直接进行生产操作（人只是间接地看管和监督机器运转），而由机器连续地、重复地自动生产出一个或一批产品。

工业自动化产品琳琅满目，应有尽有：马路上的挖掘机、压路机，以及工厂里的工业机器人，自行车、公共汽车等交通工具，工厂里生产的钢卷等，以及日常用的电脑、手机等设备。

制造这些工业产品（物品）的设备即工业自动化生产线。制造的工业产品不同，自动化生产也不一样。自动化生产线有两大类，一类称之为离散制造业生产线，一类叫过程（或流程）制造业生产线。离散工业主要是通过对原材料物理形状的改变、组装，成为产品，使其增值。而流程生产主要是通过对原材料进行混合、分离、粉碎、加热等物理或化学方法，使原材料增值，通常以批量或连续的方式进行生产。离散制造业如汽车、机械自动化生产线、计算机、手机主板自动化生产线；过程（流程）制造业如冶金、化工自动化生产线、食品、药品自动化生产线等。

离散制造业生产线某道工序出问题可以停下来，等到修复好了再继续。如电路板自动化生产线，PCB 单面板制作流程包括：烤板（预涨缩）—开料—前处理—贴干膜—曝光—显影—蚀刻—脱膜—外观检（AOI）—前处理—阻焊油墨印刷—预烘烤—曝光—显影—后烘烤—字符印刷—烘烤—表面处理（喷锡、化金、镀金、OSP，根据客户需求选其一）—外观检查—外形切割—外观检查—包装—出货。如果中间哪个环节出问题了，没关系，可以停下来！轧钢生产过程是典型的过程工业。一条带钢热连轧生产线，有近 300m 长的生产线，板坯从加热炉出来，到最后卷成钢卷，可以涂上不同的颜色。从粗轧—精轧—层流冷却—卷取机组，如果哪个环节出了问题，整条生产线全部要停下来，中间的板坯将成为废品！这就是所谓的过程制造！中间是不能停的。

10.2.2 农业自动化

农业自动化起步晚、规模小，但发展速度很快；目前覆盖禽畜饲养，农林作物的耕种、栽培、管理、收获等。

中国使用手动生产模式已有数千年的历史了。不论种植，水产养殖，生产条件或生产方法如何，主要生产方法仍然是手工的。由于技术，历史和概念上的原因，其中大多数仍是现代农业生产中的体力劳动。随着生物技术和信息技术的不断发展，中国政府和学者已经认识到改变农业生产模式的重要性，关于自动化的研究已逐渐为人们所认识，并且自动控制技术已逐渐应用于农业。实际上，现代农业生产已经下降。在保护生态环境的基础上，尽可能提高农业生产效率是现代农业生产的目标，以最少的资源和最短的时间生产出最丰富的农产品。

在灌溉种植阶段，可以通过自动化来实现节水灌溉，以节省资源。发展高效农业的重要手段是灌溉管理的自动化，精准高效农业都必须实现水资源的有效利用。使用遥感和远程监控等新技术来监测土壤特性和作物生长，对灌溉水进行动态监视和预测，并实现灌溉水管理的自动化和动态管理。例如水位调节和精确灌溉使用设备，从而获得使用最少水量收获最大农产品的经济利益。使用自动控制灌溉农田水的比例达到 80%，作物产量提高 20%~40%。自动控制系统检测土壤湿度并使用计算机检测到的信息来确定土壤是否需要灌溉。如果土壤需要灌溉，则自动系统会打开灌溉设备。一旦土壤水分传感器接收到的数据到达计算机，计算机将立即确定土壤水分是否达到设定的标准，并在到达计算机系统时立即切换灌溉设备以实现节水。节省灌溉用水，减少人工投入，对农业生产有很大帮助。温室是现代农业中不可或缺的一环，温室中的现代计算机自动化控制和管理系统在减轻劳动强度，节约能源，提高质量和提高产品质量方面也起着关键作用。在温室中，照明系统，温度控制系统，湿度控制系统，供水系统等是自动控制系统在现代农业生产中的应用。这些系统监视和管理温室中的条件，以便始终在温室中保持作物的最佳生长条件，并实现预期的收获。随着科学技术的不断发展，机器视觉技术已逐渐进入温室。机器视觉技术是使用计算机来模拟人类的视觉功能。它不仅模仿人眼，最重要的一点是模仿人脑的功能。从客观事物的图像中提取、分析和理解信息，最后，它用于检测，测量和控制真实对象，该技术在农作物表面执行各种外观分析，并使用这些数据来监视农作物的生长并将其反映在温度和湿度控制系统上，根据数据调整室温和湿度，以在合适的环境中种植农作物，实现自动控制，取得经济效益。此外，还有无土栽培的自动控制，不仅节省了能源，而且还防止了化肥和农药对土壤的污染，实现了可持续发展。

作物收割自动化使用机器视觉技术分析农作物的颜色，形状和大小，并将收集到的信息传送给中央计算机。中央计算机使用数据和信息来确定农作物是否成熟。如果成熟，它将启动自动进行收割的收割机。这项技术不仅可以大大减轻农民的收成压力，而且还可以提高收成效率，从而可以首先采摘新鲜农作物并进行销售。但实际上，田间和果园的情况更加复杂。自动控制拣选技术还不够成熟，仍处于研究阶段，但现代农业发展迅速，自动控制技术不断完善，自动控制拣选技术进一步发展。

精细运输机械和精密农业中，自动控制技术的应用是现代农业的重要标志之一。微型喷头灌溉设备，孔口喷头，旋转和折射喷头，恒流滴灌设备，过滤器等都是在中国开发或改进的设备。传统农业的发展在很大程度上取决于诸如生物遗传学和育种技术，农药，化肥，矿物能和机械能等投入。然而，由于高能耗管理技术，化学品的过量投入降低了农产品的质量，恶化了生态环境，使农业资源日益缺乏，降低了生产效率。在国际农产品市场竞争激烈的时代，可持续农业发展的管理模式显然无法适应，精确农业是当今世界现代农业发展的趋势。基于空间可变性、时间、定位、定量和信息技术，实施一系列现代农业管理技术和管理系统。它的基本原理是基于作物生长的土壤特性，协调和控制农作物投资。即根据空间特征和田间生产力的空间变化，一方面确定农作物的生产目标，另一方面进行系统诊断，优化配方，技术装配和科学管理，调节土壤生产力。以最少的经济或最少的投资获得相同或更高的收入，改善作物环境，并有效地利用各种农业资源以获得经济和环境效益。通过在灌溉，泵站，运河等中实施自动监控和管理，进行精确的施肥和精确灌溉以改善水资源利用，并减少肥料资源利用来降低成本，实现提高农作物产量和产品质量的目标。

计算机和自动控制技术的应用，实现农业生产和管理的自动化，是实现农业现代化的重要手段之一。农业管理的自动化和工作的机械化，用机械动力代替了机械劳动和畜力，而用机械代替了农民。与传统农业相比，机械工具不仅可以提高工作效率，而且可以提高工作质量和安全性，并节省时间和精力。农业自动化实现除草，栽培，灌溉，收割，运输和农作物管理的自动控制和最佳管理。随着经济的快速发展和不断创新，农业现代化的目标越来越近。使用自动化控制技术改革农业生产模式，减少人力和物力投入，减少对周围环境和土壤的污染以及改善农民的工作条件起着至关重要的作用。农业自动化和机械化技术水平的不断提高，带动了农业的飞速发展，大多数农业部门明确了自动化控制技术在农业现代化过程中的坚定立场和关键作用。但是由于种种因素，中国农业自动化水平还不够。现代农业具有可持续性，可以进一步提高产品质量，提高生产率，提高肥料和农药利用率并降低生产成本。

10.2.3　服务自动化

服务自动化和工业、农业一样，目的是降低服务成本，提高服务效率和服务质量。尤其是当代社会人口老龄化、劳动力成本上升，扩大服务自动化的范围和提升其服务水平就更加重要。

服务业自动化比农业自动化起步还晚，但发展潜力巨大，覆盖面非常广泛。服务自动化已进入我们生活的方方面面。服务自动化的发展，将改变服务业，深刻影响我们的生活，比如家庭服务自动化（擦玻璃的机器人、吸尘机器人、远程监控系统等）、交通服务自动化等。

交通自动化是综合运用计算机、通信、检测、自动控制等先进技术，以实现对交通运输系统的自动化管理和控制，目标是安全、快捷、舒适、准点和经济。主要内容有交通状况的监控与管理、交通信息的提供与服务、运输系统的最优化运行与控制等。地铁的自动化水平很高，基本上都是无人驾驶。整个城市的地铁系统包含的子系统很多，如列车控制系统（列车本身的自动化系统）、信号系统和 BAS 系统（Building Automatic System，车站环境与设备监控系统）等。机场托运行李需要 BHS（Baggage Handling System，行李分拣系统），这是机场的动脉。行李分拣系统负责处理旅客的行李、安检，以及可靠的将行李传输至目的航班。整个自动化系统的规模很大，除了和机场的高层信息系统有数据交换，还有大量的和第三方的接口控制。由于其系统的复杂性、可靠性、功能性要求都非常高，所以现在国内的枢纽机场基本上被以西门子（Siemens）、范德兰德（Vanderlande）等 4 家老牌物流自动化系统公司垄断。

物流中心（DC，Distribution center），也称配送中心，是智能化和信息化水平都比较高的自动化系统，投资巨大。现在国内比较大的物流和快递公司都在纷纷投资新建自己的物流中心，以提高物流的周转和运行效率。

10.2.4　军事自动化

军事自动化是自动化技术在现代军事领域中的应用。第二次世界大战之后，由于科学技术的飞速发展，引起了各国军队的重要变革。在这一过程中自动化技术始终起着十分重要的作用。自动化学科中的现代控制论、信息处理、模式识别、仿真技术、人工智能、机器人以及系统工程等，已逐步成为现代军事技术的核心，并且正在向军事领域中的各个方面渗透，深刻地改变着现代战争的格局。军事自动化应用深度、水平远远超出工业自动化。

军事自动化涉及的范围很广，当前主要有以下四个方面：

（1）武器装备精确制导。武器装备的制导起源于第二次世界大战，当时德国首次将 V-1 和 V-2 导弹用于轰击英伦三岛。但因为彼时技术水平低，各种制导装置十分粗糙，性能差，命中率低。随着自动控制理论的发展，现代控制理论、图像识别技术、高速计算机、最优控制和自适应控制等的发展，使导弹的制导系统发生质的飞跃。20 世纪 80 年代以来，洲际弹道式导弹的命中精度已由第一代的 2770m 提高到第四代的几十米，飞航式导弹的命中率更高，战术巡航导弹的命中精度达到几米至十几米，直接命中率达到 80% 以上。由于一枚精确制导的导弹（或炮弹）可以击毁价值超过本身成千上万倍的军事目标，因而精确制导技术已成为武器装备现代化的必然发展趋势。到 20 世纪 80 年代，精确制导技术正朝全导式多弹头、毫米波制导、激光制导、导航卫星定位、全程制导、复合制导、自适应控制、自学习控制等高级制导技术方向发展。

（2）军队指挥自动化。核武器、精确制导武器的出现，极大地增强了武器的杀伤破坏力，并且使作战速度加快，作战范围扩展，战斗过程更为复杂多变，这使得传统的指挥方法无法驾驭部队。对此，必须从情报的收集、处理开始，直至通信传输，态势显示，事务处理，指挥控制等都实现自动化才能适应。而这些都必须以计算机的广泛使用为基础，所以军队指挥自动化是指挥员及其司令部采用计算机与通信网络以及其他各种自动化设备，运用科学的方法，按照现代战争的特点与方式，实施对所属部队的有效指挥与控制。这是现代战争对作战指挥提出的要求。美国全球作战指挥系统将最高统帅的命令逐级下达到第一线作战部队，最快只需 3~6min，若越级向第一线部队下达命令，可缩短为 1~3min。这种适时的指挥能够适应现代战争突发多变的要求。美国战略空军司令部指挥自动化系统平均每个月要处理 81.5 万条情报，即平均每分钟处理 20 条情报。美国国防部的自动化通信系统每天大约要发送 20 亿字符的情报，并且保证字符传送的差错率小于千万分之一。美国陆军战场后勤保障由于采用了自动化指挥系统使处理事务的效率提高了 30 倍以上，报表和往来文书减少 85%，用于这方面的经费约减少 41%。军队指挥自动化正向采用最新的自动控制和信息技术的"全盘自动化"方向发展。

（3）作战，训练仿真模拟化。军事自动化的另一个重要领域是在计算机实验条件下为评价战略战术、检验作战计划、考核后勤保障、训练军事人员等提供作战、训练模拟技术。这实质是提供一个"作战实验室"。在模拟的可控作战条件下进行作战实验，可以对有关兵力和武器装备之间的复杂关系获得定量的深刻了解。现代作战模拟有许多分类，每一种类型都有一定的技术要求和应用场合。美国是应用作战模拟技术最先进的国家。他们创立了多种作战模型，比较著名的模型有：CARMONETTE 系列模型、维克托系列模型、陆军战区兵力计划模型（FORCEM）、合成军队战术训练模拟系统（COMBATSIM）、海军学院的"强化的海军作战模拟系统"（ENWGS）、"讨论式作战模拟"（SEMINAR GAMES）、空军的"战备指挥演习模拟系统"（CRES）以及多用途复合激光交战模拟系统（MILFS）等。20 世纪 80 年代以来，美国陆军已把应用作战模拟系统作为部队作战训练的基本手段之一。使用作战模拟已成为训练部队，提高作战能力的一种有效手段，可以为指挥员制定战略战术计划提供更精确的决策依据，提供更高级的预测能力，同时可大量节省经费和时间。

（4）军事决策科学化。自动化技术在现代军事领域中的另一重要应用是军事决策的科学化。主要任务是在战略概念的评估，战略力量的配置，兵力计划的制定，国际危机与区域稳定性，裁军谈判与军备控制，预测未来军事冲突，国防经济与科技潜力以及国防动员体制等方面，通过建立军用数据库、军事模型、军事专家系统等手段，来支持军事指挥官做出更加科学的决策。例如：美国在制定核威慑战略时，使用计算机仿真模型进行优选与预测，无需实战演习即可以在短期内验证战略概念，获取大量数据。再如：美国的维克托公司，曾就美国国防部如何在和平时期发展和维持威慑力量与战时的实战能力进行研究，根据战略目标、部队各种可能编成方案，根据各种可能资源条件，计算出不同的兵力结构指标与相应的采购计划。他们建立了武器系统数据库，敌人威胁数据库，各种政策数据库，据此建议美国国防部以战略系统分析方法为核心制定长期（15 年以上）的兵力配置与军品采购计划，并将计划放在计算机内，以应付各种紧急情况。例如，美国用计算机仿真的方法预测两个超级大国发生各种军事冲突的可能性，以及应该采取的应急办法。1982年，兰德公司以"美国 1983~1990 年期间关于与苏联的潜在冲突的国家安全决策"为题目，用 Mark Ⅱ 战略评估模型预测了南亚局部冲突升级的后果，通过模拟，评估了美国在核威慑失效情况下所采取的军事战略。美国陆军还用科学方法预测，从 1991~1995 年世界上可能将发生冲突 385 次，而美国可能卷入 195 次。又如：军备竞赛和国际稳定性方面，也已有人建立示意性的宏观数学模型，用以探讨军备竞赛与国际关系对于世界战略系统稳定性的影响。这方面有军备竞赛对策模型，军备竞赛微分对策模型，RICHAYDSON 军备竞赛模型，用来描述军备水平的增减率，考虑的因素包括：对方当前的军备水平，在当前军备水平上任何形式的增长所带来的经济压力，以往的军备政策，等等。此外，军事上的自动化还有军用机器人，武器装备自动化，星球大战计划（SDI），军事工业自动化以及后勤保障自动化等。

10.3　自动化的定义与作用

自动化设备、系统是人类创造的设备、系统，实质上是人工系统，但是工作时不需要（或很少需要）人参与，却能按照人的要求"自动"完成任务。

10.3.1　自动化的定义

根据英、汉词典，自动化的含义、解释是：（1）指设备、过程或系统的自动运行或自动控制；（2）用于实现自动运行或自动控制的技术与设备；（3）被自动控制或自动操作的状态。简言之，自动化是指设备、过程或系统的自动化、自动化技术与设备或者自动化状态。

自动化（Automation）是指机器设备、系统或过程（生产、管理过程）在没有人或较少人的直接参与下，按照人的要求，经过自动检测、信息处理、分析判断、操纵控制，实现预期的目标的过程。

自动化的概念是一个动态发展过程。过去，人们对自动化的理解或者说自动化的功能目标是以机械的动作代替人力操作，自动地完成特定的作业。这实质上是自动化代替人的体力劳动的观点。后来随着电子和信息技术的发展，特别是随着计算机的出现和广泛应用，自动化的概念已扩展为用机器（包括计算机）不仅代替人的体力劳动而且还代替或辅助脑力劳动，以自动地完成特定的作业。

自动化的广义内涵至少包括以下几点：在形式方面，自动化有三个方面的含义：代替人的体力劳动，代替或辅助人的脑力劳动，制造系统中人机及整个系统的协调、管理、控制和优化。在功能方面，自动化代替人的体力劳动或脑力劳动仅仅是自动化功能目标体系的一部分，自动化的功能目标是多方面的，已形成一个有机体系。在范围方面，自动化不仅涉及具体生产制造过程，而是涉及产品生命周期所有过程。

10.3.2 自动化的作用

自动控制在国民经济、国家综合实力及人民日常生活中起着举足轻重的作用，并且其作用越来越重要。自动化的作用传统意义上表现在以下三个方面：

（1）极大地提高了劳动生产率，增强了人类认识世界和改造世界的能力。自动化生产线可以比人干得更快、更好，生产的产品质量越来越好，价格越来越低。更好还意味着节能、降污、延长设备寿命，提高管理水平。

（2）把人从繁重、危险的工作中解放出来。自动化可以将人从繁重的体力劳动、部分脑力劳动以及恶劣、危险的工作环境中解放出来，如矿山掘井、核电站检查、消防救火、反恐排爆、军事侦察、无人机等。

（3）完成人无法完成的工作。如管道机器人（油管、水管、血管）、高压电线巡检机器人、水下机器人（深潜器）、月球探测车等。

自动化作用还表现在扩展作用，如管理、经济、金融过程智能化。

10.3.3 自动化与工业化、信息化的关系

前面已经介绍过工业化和信息化的概念。

工业化通常被定义为工业（特别是其中的制造业）或第二产业产值（或收入）在国民生产总值（或国民收入）中比重不断上升的过程，以及工业就业人数在总就业人数中比重不断上升的过程。工业发展是工业化的显著特征之一，但工业化并不能狭隘地仅仅理解为工业发展。因为工业化是现代化的核心内容，是传统农业社会向现代工业社会转变的过程。在这一过程中，工业发展绝不是孤立进行的，而总是与农业城市化和服务业发展相辅相成。

世界范围内工业化发展经历三个阶段，如表 10-2 所示。

表 10-2 工业化发展的三个阶段

工业化阶段	主要特征	起源时间	大量用于工业实践	备　注
机械化	使用机器动力机、传动机、工作机	1760 年（蒸汽机）	1870 年前后	英美等国成为工业化国家
电气化	应用电机、电网络	1870 前后（发电机）	20 世纪初（输电网）	日本等国成为工业化国家
自动化	应用电子控制器	1927 年（电子反馈放大器）	1950 年前后	韩国等国成为工业化国家

可以看出，实现了自动化，就完成了工业化。目前来说：自动化是工业化的最重要标志。

信息化是指培养、发展以计算机为主的智能化工具为代表的新生产力，并使之造福于社会的历史过程。智能化工具又称信息化的生产工具，它一般必须具备信息获取、信息传递、信息处理、信息再生、信息利用的功能。与智能化工具相适应的生产力，称为信息化生产力。智能化生产工具与过去生产力中的生产工具不一样的是，它不是一件孤立分散的东西，而是一个具有庞大规模的、自上而下的、有组织的信息网络体系。这种网络性生产

工具将改变人们的生产方式、工作方式、学习方式、交往方式、生活方式、思维方式等，将使人类社会发生极其深刻的变化。

工业作为第二产业，尤其是制造业，必然是重中之重，而信息化不单指工业，还包含第一、第三产业。信息化是中国特有的，美国叫后工业化。信息化随着科技发展已成为未来社会必然趋势，想要更好的发展工业，实现从工业化到信息化，需要机器设备代替人力，这个中间过程则是自动化。自动化在信息化与工业化之间发挥着桥梁和纽带作用。

自动化程度是工业化发展水平的标志。人均生产总值越高，对自动化程度的要求也越高。在信息化带动工业化的进程中，自动化首先解决系统包括信息系统有没有的问题，进而解决系统好不好的问题。自动化并不是独立的，它服务于企业及国民经济的方方面面，与人民生活水平密切相关。

工业信息化发展的三个阶段包括：数字化（大规模使用数字计算机）、网络化（实现计算机网络）和先进自动化（综合集成了系统、管理）。实现先进自动化，就完成了（工业）信息化。先进自动化是信息化的最重要标志。

基础自动化（核心是控制）是工业化完成与否的标志。自动化技术是工业化的核心技术。先进自动化（核心是信息、控制、系统）是信息化完成与否的标志。

10.4   自动化技术的发展历史

自动化技术是探索和研究实现自动化过程的方法和技术，它是涉及机械、微电子、计算机、机器视觉等技术领域的一门综合性技术。工业革命是自动化技术的助产士。正是由于工业革命的需要，自动化技术才冲破了卵壳，得到了蓬勃发展。同时自动化技术也促进了工业的进步，如今自动化技术已经被广泛地应用于机械制造、电力、建筑、交通运输、信息技术等领域，成为提高劳动生产率的主要手段。

自动化技术的发展历史，大致可以划分为自动化技术形成、局部自动化和综合自动化三个时期。

社会的需要是自动化技术发展的动力。自动化技术是紧密围绕着生产、军事设备的控制以及航空航天工业的需要而形成和发展起来的。1788 年，J. 瓦特为了解决工业生产中提出的蒸汽机的速度控制问题，把离心式调速器与蒸汽机的阀门连接起来，构成蒸汽机转速调节系统，使蒸汽机变为既安全又实用的动力装置。瓦特的这项发明开创了自动调节装置的研究和应用。在解决随之出现的自动调节装置的稳定性的过程中，数学家提出了判定系统稳定性的判据，积累了设计和使用自动调节器的经验。

20 世纪 40 年代是自动化技术和理论形成的关键时期，一批科学家为了解决军事上提出的火炮控制、鱼雷导航、飞机导航等技术问题，逐步形成了以分析和设计单变量控制系统为主要内容的经典控制理论与方法。机械、电气和电子技术的发展为生产自动化提供了技术手段。1946 年，美国福特公司的机械工程师 D. S. 哈德首先提出用自动化一词来描述生产过程的自动操作。1947 年建立第一个生产自动化研究部门。1952 年 J. 迪博尔德出版第一本以自动化命名的著作——《自动化》，他认为"自动化是分析、组织和控制生产过程的手段"。实际上，自动化是将自动控制用于生产过程的结果。50 年代以后，自动控制作为提高生产率的一种重要手段开始推广应用。它在机械制造中的应用形成了机械制造自动化；在石油、化工、冶金等连续生产过程中应用，对大规模的生产设备进行控制和管理，形成了过程自动化。计算机的推广和应用，使自动控制与信息处理相结合，出现了业务管理自动化。

20 世纪 50 年代末到 60 年代初，大量的工程实践，尤其是航天技术的发展，涉及大量的多输入多输出系统的最优控制问题，用经典的控制理论已难于解决，于是产生了以极大值原理、动态规划和状态空间法等为核心的现代控制理论。现代控制理论提供了满足发射第一颗人造卫星的控制手段，保证了其后的若干空间计划（如导弹的制导、航天器的控制）的实施。控制工作者从过去那种只依据传递函数来考虑控制系统的输入输出关系，过渡到用状态空间法来考虑系统内部结构，是控制工作者对控制系统规律认识的一个飞跃。

20 世纪 60 年代中期以后，现代控制理论在自动化中的应用，特别是在航空航天领域的应用，产生一些新的控制方法和结构，如自适应控制和随机控制、系统辨识、微分对策、分布参数系统等。与此同时，模式识别和人工智能也发展起来，出现了智能机器人和专家系统。现代控制理论和计算机在工业生产中的应用，使生产过程控制和管理向综合最优化发展。

20 世纪 70 年代中期，自动化的应用开始面向大规模、复杂的系统，如大型电力系统、交通运输系统、钢铁联合企业、国民经济系统等，它不仅要求对现有系统进行最优控制和管理，而且还要对未来系统进行最优筹划和设计，运用现代控制理论方法已不能取得应有的成效，于是出现了大系统理论与方法。80 年代初，随着计算机网络的迅速发展，管理自动化取得较大进步，出现了管理信息系统、办公自动化、决策支持系统。与此同时，人类开始综合利用传感技术、通信技术、计算机、系统控制和人工智能等新技术和新方法来解决所面临的工厂自动化、办公自动化、医疗自动化、农业自动化以及各种复杂的社会经济问题。研制出柔性制造系统、决策支持系统、智能机器人和专家系统等高级自动化系统。

自动化技术的发展历史是一部人类以自己的聪明才智延伸和扩展器官功能的历史，自动化是现代科学技术和现代工业的结晶，它的发展充分体现了科学技术的综合作用。

10.5　自动化科学与技术内涵

自动化科学或控制科学是以控制论为理论基础，并与系统论、信息论密切相关的一门技术科学，是一门应用基础科学，是以工业装备、运动体及人机物融合系统为主要对象，以替代人或辅助人增强人类认识世界和改造世界的能力为目的，采用现代通信技术、计算机技术和检测技术，综合运用控制科学与技术、系统科学与系统工程、人工智能和所设计对象的领域知识，研制具有控制、动态特性分析、预测和决策功能的自动化系统设计方法和实现技术的一门工程技术学科。

系统是由相互制约的各部分组成的具有一定功能的整体。自动化系统是由硬件平台、软件平台和实现自动化算法的软件集成在一起实现自动化系统目标的整体。

自动化的科学问题包括建模、控制与优化和系统。建模主要是机理不清晰的复杂对象的动态建模；控制包括反馈控制、前馈控制、预测控制、自适应控制等；优化包括多目标的动态优化决策；系统是 CPS（信息物理系统）的建立。

自动化技术或控制技术是实现自动化科学与自动化工程（包括非工程）之间的桥梁。自动化技术将自动化科学原理与方法转换为工程实用技术（包括工具和手段），使之应用于工程实际，将自动化科学的研究成果迅速转化为生产力，并将工程实际中遇到的问题提炼、抽象成为科学问题，为自动化科学研究提供新的研究对象。

传统意义上，自动化科学研究的焦点是系统的物理学特性，需要解决的基本问题是定值控制问题、跟踪问题和自主问题，其基本科学问题是建模问题、稳定性问题、动态特性问题、适应性（鲁棒性）问题和自主性问题。而自动化技术研究的是针对性工程应用技术，即模型技术、检测技术、执行技术、控制（计算）技术、过程监控等。

自动化科学与技术的发展特点之一，最初是处理系统的物理特性，即基础自动化，处理的对象是物质、能量；当前主要处理系统的复杂性，即先进自动化，主要处理的对象是信息。

当前，自动化科学研究的焦点和难点是系统的复杂性，需要解决的基本问题或基本科学问题包括：复杂系统的建模问题、综合集成问题（包括人）、整体优化问题、失效容错问题和系统智能问题。自动化技术主要包括模型技术、仿真技术、集成技术、优化技术、可靠性技术和运行技术等。

10.6　基本的自动（化）控制

控制系统是能改变系统未来状态的一种装置，它独立于控制对象本身，是人为设计出来给控制对象以控制信号的装置；而控制理论就是研究合理设计控制装置的方法和策略。基本的自动控制包括两类：开环控制和闭环控制。

10.6.1　开环控制

开环控制指输入不依赖于输出的控制方式。举一个微波炉的例子。当我们只输入时间这个控制变量的时候，就是开环控制，因为控制量（时间）一经设置好就不变，不随着输出——食物熟的程度的变化而变化。

开环控制的方框图描述如图 10-1 所示。被控对象是控制系统所控制和操纵的对象，它接受控制量并输出被控制量。控制器接收变换和放大后的输入信号，输出控制信号（控制量）；执行器接收控制信号，转换为对被控对象进行操作的操纵量。例如微波炉开环控制中输入量是时间拨盘，控制器是主控电路板，执行器是磁控器，被控对象是加热箱。

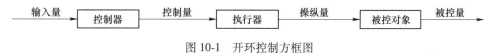

图 10-1　开环控制方框图

可以看出，开环控制的被控量对于控制作用没有任何影响。开环控制的优点是结构简单，缺点是被控量偏离预设目标时无能为力。造成被控量偏离预设控制目标的原因是：（1）从给定量（控制目标）到被控量（实际效果）是单向的；（2）没有纠错（纠偏）机制，发生偏差无法及时纠正。

如何克服开环控制的缺点？控制器应根据被控量（实际效果）去不断地纠正偏差从而构成闭环控制。

10. 6. 2　闭环控制

闭环控制指输出会反馈给输入端从而影响输入的控制方式。闭环控制的定义是有被控制量反馈的控制，其原理框图如图 10-2 所示。从系统中信号流向看，系统的输出信号沿反馈通道又回到系统的输入端，构成闭合通道，故称闭环控制，或反馈控制。

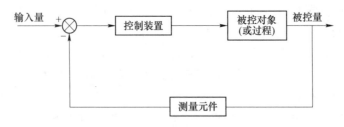

图 10-2　闭环控制方框图

可以看出闭环控制与开环控制的区别是多了一条反馈通道。反馈环节用来测量被控量的实际值，并经过信号处理，转换为与被控制量有一定函数关系，且与输入信号同一物理量的信号。反馈环节一般也称为测量变送环节。

对于上面提到的微波炉的例子，若在输出侧安装食物成熟度的探测器，形成反馈时，则构成闭环控制。闭环控制过程中，会首先设置一个参考值，这里即食物的成熟程度（七分熟、九分熟等）；探测结果的会反馈到控制器的输入端，与设置的参考值进行比较，得到误差 e；控制器根据 e 得到输出结果，如果 e >0，说明食物还没达到期望的成熟程度，需要增加加热时间 t，直到 e = 0。这一不断反馈并修正输入的过程构成了完整的闭环，即"闭环控制"。

闭环控制一般控制器输入为输入量与反馈信号的差值，所以叫负反馈控制。

闭环控制的优点是具备自适应调节的能力，可以自动调节被控对象的输入信号，使系统输出想要的参考值，且这一过程不需要人为干预。在闭环控制系统里，即使有干扰，也能通过自身调节保持原来的状态。实施闭环控制的抗干扰能力来自反馈作用。但它缺乏开环控制的那种预防性，是在控制过程中造成不利的后果才采取纠正措施。

开环控制没有反馈环节，没有自动修正或补偿的能力，系统的稳定性不高，响应时间相对来说很长，精确度不高，使用于对系统稳定性、精确度要求不高的简单系统。闭环控制有反馈环节，通过反馈系统使系统的精确度提高，响应时间缩短，适合于对系统的响应时间、稳定性要求高的系统。闭环控制是一种比较灵活、工作绩效较高的控制方式，工业生产中的多数控制方式采用闭环控制的设计。

10. 7　计算机网络化控制

现代自动化控制针对的是复杂的（被控）对象：有多个被控量，需要多个传感器、执行器，往往需要多个控制器。随着计算机、通信、网络、控制等学科领域的发展，控制网络技术日益为人们所关注，工业控制系统也发生了重大的变革。网络化的控制系统、现场总线控制系统和工业以太网，它们体现了控制系统向网络化、集成化、分布化和节点智能化的发展趋势，已成为自动化领域技术发展的热点之一。计算机网络控制系统也是其中的重要组成部分之一。网络化控制系统（networked control system，NCS）主要标志就是在控制系统中引入了计算机网络，从而使得众多的传感器、执行器、控制器等主要功能部件能够通过网络相连接，相关的信号和数据通过通信网络进行传输和交换，避免了点对点专线的铺设，而且可以实现资源共享、远程操作和控制，增加了系统的灵活性和可靠性。网络化控制系统是工程技术大系统，如电力系统、水源系统、能源系统、交通系统、邮电系统、通信系统、大型计算机网、生产协作网等。

在控制系统中使用网络并不是一个新的想法，它可以追溯到 20 世纪 70 年代末期集散控制系统（distributed control system，DCS）的诞生。DCS 将控制任务分散到若干小型的计算机控制器（也叫现场控制站）中，每个控制器采用直接数字控制（direct digital control，DDC）的控制结构处理部分控制回路，而在控制器与控制器、控制器与上位机（操作员站或工程师站）之间建立了计算机控制网络，这种控制结构使得操作员在上位机中能够对被控制系统的实时运行状态进行监控，某个控制回路的控制策略的设计也可以在上位机中组态完成，通过控制网络下载到对应的控制器中实时运行。DCS 大大提高了控制系统的可靠性（与 DDC 相比），并实现了集中管理和相对分散控制。

随着处理器体积的减小和价格的降低，出现了带有微处理器的智能传感器和智能执行器，这为控制网络在控制系统中更深层次的应用提供了必要的物质基础，从而在 20 世纪 90 年代产生了现场总线控制系统（fieldbus control system，FCS），结构图如图 10-3 所示。FCS 作为网络化控制系统的新技术把控制网络一直延伸到了生产现场的控制设备，信号的传输完全数字化，提高了信号的转换精度和可靠性，同时由于 FCS 的智能仪表（变送器、

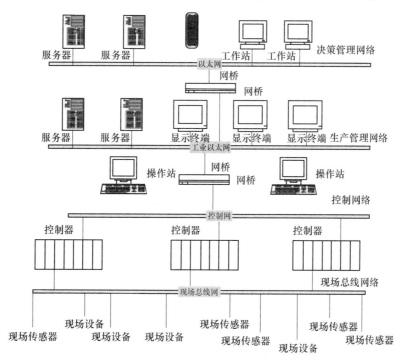

图 10-3　现场总线控制系统结构图

执行器）带有微处理器，能够直接在生产现场构成控制回路，控制功能也可完全下放，实现了完全的分散控制。

FCS 是 DCS 的更新换代产品，已经成为工业生产过程自动化领域中一个新的热点，它将现今网络通信与管理的观念引入工业控制领域。从本质上说，它是一种数字通信协议，是连接智能现场设备和自动化系统的数字式、全分散、双向传输、多分支结构的通信网络。它是控制技术、仪表工业技术和计算机网络技术三者的结合，具有现场通信网络、现场设备互连、互操作性、分散的功能块、通信线供电和开放式互联网络等技术特点。这些特点不仅保证了它完全可以适应工业界对数字通信和自动控制的需求，而且使它与 Internet 互连构成不同层次的复杂网络成为可能，代表了今后工业控制体系结构发展的一种方向。

FCS 的技术特征可以归纳为以下几个方面：（1）全数字化通信——现场信号都保持着数字特性，现场控制设备采用全数字化通信。（2）开放型的互联网络——可以与任何遵守相同标准的其他设备或系统相连。（3）互操作性与互用性——互操作性的含义是指来自不同制造厂的现场设备可以互相通信、统一组态；而互用性则意味着不同生产厂家的性能类似的设备可进行互换而实现互用。（4）现场设备的智能化——总线仪表除了能实现基本功能之外，往往还具有很强的数据处理、状态分析及故障自诊断功能，系统可以随时诊断设备的运行状态。（5）系统架构的高度分散性——它可以把传统控制站的功能块分散地分配给现场仪表，构成一种全分布式控制系统的体系结构。

FCS 技术经过 30 多年的发展，取得了很高的成就，在很多领域都得到了广泛的应用，但是仍然存在一些问题制约其应用范围的进一步扩展：首先，现场总线标准的不统一，虽然目前的国际电工委员会（international electrotechnical commission，IEC）组织已经达成了国际总线标准，但总线种类仍然有 10 余种，并且各厂家自成体系，不能达到完全开放，难以实现互换与互操作。其次，现场总线仍是一种分层的专用网络，管理和控制分离，难以实现整个工厂的综合自动化及远程控制。

计算机网络控制系统是在自动控制技术和计算机技术发展的基础上产生的。若将自动控制系统中的控制器的功能用计算机来实现，就组成了典型的计算机控制系统。它用计算机参与控制并借助一些辅助部件与被控对象相联系，以获得一定控制目的而构成的系统。其中辅助部件主要指输入输出接口、检测装置和执行装置等。它与被控对象的联系和部件间的联系通常有两种方式：有线方式、无线方式。控制目的可以是使被控对象的状态或运动过程达到某种要求，也可以是达到某种最优化目标。

当今国家要想在综合国力上取得优势地位，就必须在科学技术上取得优势，尤其要在高新技术产品的创新设计与开发能力上取得优势。在以信息技术为代表的高科技应用方面，要充分利用各种新兴技术、新型材料、新式能源，并结合市场需求，以实现世界的又一次"工业大革命"；在工业设计与工程设计的一致性方面，要充分协调好设计的功能和形式两个方面的关系，使两者逐步走向融合，最终实现以人为核心、人机一体化的智能集成设计体系。从工业设计的本身角度看，随着 CAD、人工智能、多媒体、虚拟现实等技术的进一步发展，使得对设计过程必然有更深的认识，对设计思维的模拟必将达到新的境界。从整个产品设计与制造的发展趋势看，并行设计、协同设计、智能设计、虚拟设计、敏捷设计、全生命周期设计等设计方法代表了现代产品设计模式的发展方向。随着技术的进一步发展，产品设计模式在信息化的基础上，必然朝着数字化、集成化、网络化、智能化的方向发展。

计算机网络控制系统的发展趋势如下：

（1）推广应用成熟的先进技术。普及应用可编程序逻辑控制器（PLC），PLC 是一种专为工业环境应用而设计的微机系统。它用可编程序的存储器来存储用户的指令，通过数字或模拟的输入输出完成确定的逻辑、顺序、定时、计数和运算等功能。近年来 PLC 几乎都采用微处理器作为主控制器，且采用大规模集成电路作为存储器及 I/O 接口，因而其可靠性、功能、价格、体积等都比较成熟和完美。由于智能的 I/O 模块的成功开发，使 PLC 除了具有逻辑运算、逻辑判断等功能外，还具有数据处理、故障自诊断、PID 运算及网络等功能，从而大大地扩大了 PLC 的应用范围。

（2）采用集散网络控制系统。集散控制系统是以微机为核心，把微机、工业控制计算机、数据通信系统、显示操作装置、输入/输出通道、模拟仪表等有机地结合起来的一种计算机控制系统，它为生产的综合自动化创造了条件。若采用先进的控制策略，会使自动化系统向低成本、综合化、高可靠性的方向发展，实现计算机集成制造系统。

（3）研究和发展智能网络控制系统。智能控制是一类无需人的干预就能够自主地驱动智能机器实现其目标的过程，是用机器模拟人类智能的一个重要领域。智能控制包括学习控制系统、分级递阶智能控制系统、专家系统、模糊控制系统和神经网络控制系统等。应用智能控制技术和自动控制理论来实现的先进的计算机控制系统，将有力地推动科学技术进步，并提高工业生产系统的自动化水平。计算机技术的发展加快了智能控制方法的研究。智能控制方法在较深层次上模拟人类大脑的思维判断过程，通过模拟人类思维判断的各种算法实现控制。计算机控制系统的优势、应用特色及发展前景将随着智能控制系统的发展而发展。

（4）研究和发展计算机网络控制技术。计算机网络技术的发展，正引发着控制技术的深刻变革，以及与之相应的新的控制理论的产生。控制系统结构的网络化、控制系统体系的开放性、控制技术与控制方式的智能化，是当前控制技术发展与创新的方向与主要潮流。网络技术不仅是实现管理层的数据通信与共享，它应用于控制现场的设备层，并将控制与管理综合化、一体化。Internet 不仅用于传统的信息浏览、查询、发布，还可通过 Internet 跨国跨地区直接对现场设备进行远程监测与控制。因而现代的自动化系统可通过网络构成信息与控制综合网络系统。现场控制网络将现场控制设备通过网络连接起来，构成分布式控制系统。通过 Internet 实现远端计算机对现场控制设备的远程监测与控制。四级网络就构成现代自动化领域控制网络系统的基本结构。

10.8　工业自动化工程的设计、实现、调试与运行

工业自动化工程是一个复杂的系统工程。自动化工程的实施过程可能涉及土建、机械加工、安装、电气、安全、信息等工作。

对于一条新建的生产线来说，自动化工程只是其中的一项子工程，它的实施和土建工程、机械安装工程、供配电工程等，在先后次序和彼此配合上存在密切的关联，必须在统一协调指挥下严格按照计划进度表实施，以保证整个建设项目的按期完成和投产。

对于改造工程特别是在线改造项目来说，除上述配合关系外，自动化工程的实施还必须和生产计划很好协调，精心组织，以确保改造任务在给定时间段内完成，并尽快达产和达标，尽可能减小对正常生产的影响，因此在某种意义上比新建项目难度更大。

自动化工程包括以下三个阶段：

（1）设计阶段：预算编制、设计选型、投标招标。

（2）施工阶段：系统集成、出厂检验、现场安装、现场调试。

（3）竣工阶段：竣工资料归纳整理、人员培训总结、竣工验收。

自动化工程项目包含以下内容：

（1）现场仪表（多家，含不同通信协议）；

（2）在线分析仪表（多家，含不同通信协议）；

（3）执行机构（电动阀门、气动阀门、电磁阀、液压泵站等）；

（4）电气设备（MCC 柜、变频器、软起动器、UPS 等）；

（5）PLC（配电柜、控制柜、操作台、HMI 设备等）；

（6）SCADA（IFIX、组态王等）；

（7）第三方系统接入上位监控系统（辅助生产系统）；

（8）历史数据站；

（9）远程发布系统；

（10）马赛克大屏显示系统；

（11）DLP 显示系统；

（12）高低压配电设备（含后台监控等）；

（13）化验室设备（含大型分析仪器、数据处理工作站等）；

（14）机修间设备；

（15）视频监控；

（16）周边界安防；

（17）办公楼综合布线（计算机信息口、电话系统等）；

（18）会议系统/投影、音响、话筒、表决、灯光等；

（19）中央控制室装修：静电地板、防火等级划分、绝缘等级分类等。

以上就是自动化工程的三个阶段和自动化工程包含的内容，考虑到工厂制作、运输、现场安装、接线、调试环节等，想要开展自动化工程要做到非常全面、充足的准备。

10.8.1　自动化工程解决方案

自动化工程解决方案实质上是自动化工程的技术方案，但由于是面向实际问题解决的技术方案，故称之为解决方案。方案中要解决为什么做，做什么，达到什么效果，谁来做，怎么做，怎么控制，质量如何保证，是否有相应的能力，花费多大代价，有何风险。

按照用途的不同，自动化解决方案可以分成以下几类：

（1）交流方案。交流方案是在与用户技术交流时提供的解决方案，又可分为两类：1）介绍性的解决方案，用于向用户介绍控制系统的基本性能，阐述基本技术构想，展示对行业背景的熟悉程度，增加用户的信任感；2）研讨性的解决方案，用于和高水平用户进行较为深入的技术讨论，阐述解决方案特点和优势，影响用户的技术决策。

（2）投标方案。投标方案是项目投标书提供的解决方案，主要用于评标，必须响应招标书的要求。

（3）实施方案。实施方案是在工程实施前期提供的解决方案，相对于投标方案更为具体，也更具可操作性。

自动化解决方案的基本要求：

（1）行业性：自动化解决方案是面向实际问题的技术方案，只有针对行业特点、符合行业要求的解决方案才能得到用户的认同。

（2）先进性：自动化解决方案应有适度的先进性，其设计理念、系统架构和设备选型等要符合自动化系统的主流发展趋势。

（3）可靠性：自动化解决方案应优先考虑系统的可靠性，以保证生产过程能够长周期的安全运行。

（4）可操作性：自动化解决方案应具有可操作性，尽可能地方便工程实施。

（5）易维护性：自动化解决方案应具有易维护性，以降低后期的维护难度和维护成本。

（6）开放性：自动化解决方案应具有开放性，以便于后期的扩展和第三方设备的接入。

解决方案有以下要点或组成部分。

10.8.1.1　概述

（1）系统建设背景：讲述与系统相关的社会、需求、技术等背景情况，项目的投资方、需方、用户、开发方等。

（2）系统建设意义：讲述系统的用途，这个系统能解决什么问题，系统的实现能带来什么好处。

（3）系统建设总体目标：总体概述解决问题的方案，高度概括。

（4）系统的设计原则：方案设计原则就是在设计解决方案时，必须要遵循的原则，是不能突破并必须严格遵循的尺度，包括国家标准、行业标准、地方标准等。约束即软件需求、采购计划、项目进度、保密性、安全性、软硬件的依赖关系等。

10.8.1.2　需求分析

讲明这个方案要解决的问题是什么，方案都是有目的的，在这里就是要阐明目的，并树立起要解决问题的目标。给读者阐明为什么做，做什么。

需求分析具体包括：用户立项的宏观背景；用户立项的目的和意义；用户的组织架构；用户当前 IT 建设的情况；采用的技术需求；软件功能需求；软件性能需求（质量需求）；平台环境需求；安全方面需求；项目风险识别；用户关注点和兴趣点详细分析等。每一部分根据需要，可以做进一步分类描述。

满足用户的需求、满足招标文件中提出的所有要求是编写方案的基本原则，要对用户和招标文件的每一项要求都有明确的响应，要清晰准确地领会用户的意愿，不能随意抵触或反对用户的意愿。要努力在方案中体现我们的特点（特别是主要竞争对手所不具备的特点），要在方案中发挥我们有利的资源。

用户需求分析主要是分析用户项目的需求、用户的关注点和兴趣点、用户当前的资源情况和存在的问题等等。

用户需求分析是整个方案定基调的部分，同时，到位的需求分析，特别是用户的关注点和兴趣点分析到位，会立即引起用户的共鸣，迅速把用户吸引住，也更容易让用户理解我们后面的内容。一个到位的需求分析，是一个好方案的一半。反过来讲，如果你都不能全面地把握用户的需求，你拿出来的方案也不会有什么针对性，用户不会感兴趣。

要做好需求分析，需要进行耐心细致的用户调研工作。

对于一个综合性自动化应用解决方案，在进行需求分析描述时，多用条理性描述，少做长篇论述，各部分要点要清晰准确，要体现全面、到位和重点突出。这里每一部分的描述都将是后面相应内容的线索和论据。这里给出业务流程分析和系统的总体架构。

10.8.1.3　设计方案

设计方案编写注意以下要点：

（1）在方案描述部分的最前面，要有一个方案的总体描述，可以称为总体设计方案，或称为方案蓝图，也就是项目的总体目标，这部分是对项目设计方案的高度概括性介绍。

（2）为了能让用户了解项目方案的全貌，对于比较复杂的设计项目来讲，不是几句话几段文字可以表述清楚的，需要站在不同的角度、针对不同的层面进行描述。目的是为了全面、清晰地给甲方介绍自己的方案。一般一个自动化工程项目方案包括：总体设计、系统技术方案、工艺控制方案、系统选型与配置、性能指标等。

总体设计需要描述设计思想与设计原则、设计依据与采用标准。

系统技术方案是解决方案的核心部分，它反映了方案提供方的技术构想，主要内容包括：总体描述、现场控制站、中央控制室、网络通信、现场仪表、接地与防雷等。

工艺控制方案是解决方案中最有行业特点的部分，可以充分反映方案提供方对项目的了解程度。工艺控制方案主要指重要工艺单元和工艺设备的控制方案。

系统选型与配置包括硬软件平台描述、设备选型、设备清单等。设备清单在商务上有重要意义，最终的供货是以此为依据的，必须要准确、清晰。

10.8.1.4　实施方案

我们常说，要完成一件事情，需要有计划、有组织、有措施、有保障地进行。设计方案完成后，接着就要给用户介绍如何实施完成，这就是实施方案。实施方案给读者阐述开发的具体步骤，工作路线；项目团队的组织架构，人员构成及介绍；系统开发进度安排、质量控制，测试验收，文档管理。实施方案的编写需要按照有计划、有组织、有措施、有保障的思路，基于项目管理的思想进行阐述。

为了拿出真正可行的方案，需要把目标进行分解，分解成一个个阶段性目标或里程碑性目标，这项分解要尽可能地准确和详细，目标越清晰具体，越容易找到实施方案。要反思，如果这一个个的阶段性目标都实现了，是不是就能很好地完成和实现总目标，如果是，说明目标分解基本就是合理的。

目标分解一般是采用自上而下的方式进行。具体做法是，先围绕总目标的实现分解成几个大的阶段，然后对每个阶段进一步分解成更小的阶段，最后落实到每一项工作任务的目标上。

在实施计划中，还有一点非常重要，就是必须满足用户工期的时间要求。项目时间管理常用甘特图（Gantt chart）来表示。甘特图又称为横道图、条状图（Bar chart），其通过条状图来显示项目、进度和其他时间相关的系统进展的内在关系随着时间进展的情况，以图示通过活动列表和时间刻度表示出特定项目的顺序与持续时间，一条线条图，横轴表示时间，纵轴表示项目，线条表示期间计划和实际完成情况，直观表明计划何时进行，进展与要求的对比，便于管理者弄清项目的剩余任务，评估工作进度。图 10-4 是甘特图示例。

某钢厂热连轧控制系统改造进度(L1)

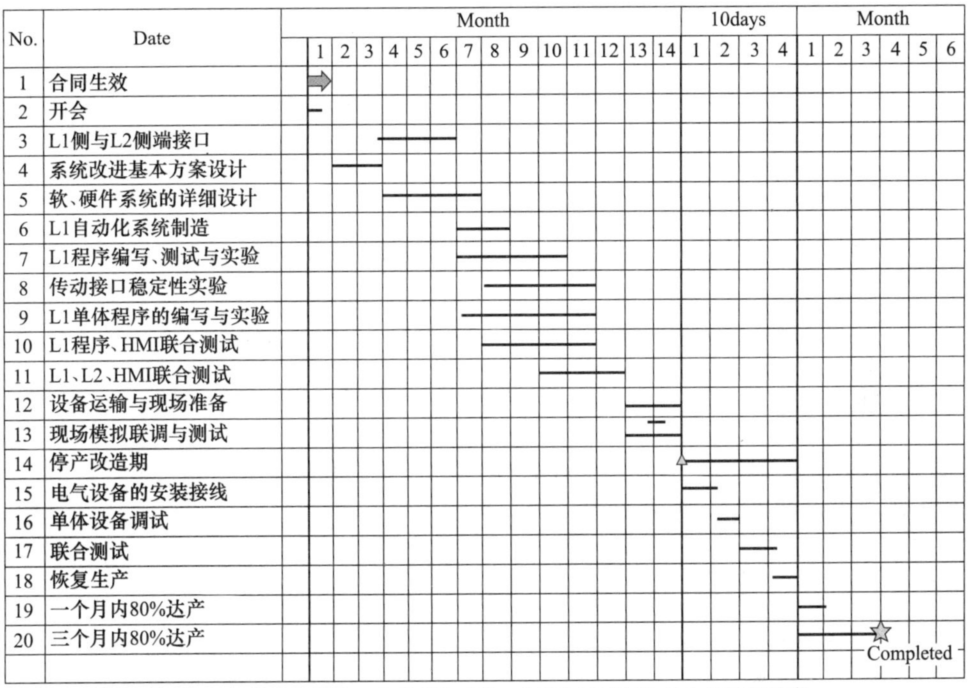

注：连续停产时间为40天，总停产时间45天，恢复生产后一个月内80%达产，三个月100%达产。

图 10-4　甘特图示例

10.8.1.5　培训方案

培训方案编写应注意以下要点：

（1）培训概述：定义培训课程名称；培训目的和期望达到的目标；受训人技术基础要求；培训形式（集中上课、上机实习等）；培训课时数；培训教材；培训内容概要（要介绍这门课程的主要内容）。

（2）培训课程设计：设计课程表，课程表中要明确时间、地点、培训对象、课程。要考虑总体进度，参训对象所受的时间、地点的制约，课程表的编排一定要合理可行。

（3）培训教师介绍：介绍承担培训工作教师的情况，对几个主要培训教师的简历进行介绍。

10.8.1.6　维护（售后）服务方案

给读者阐明提供方有服务好的具体措施。包括质保期；版本升级；响应时间；现场服务支持（电话或远程）；保修期内的应急维护等。

维护（售后）服务方案编写应注意以下要点：

（1）服务管理体系，告诉用户提供方公司有哪些部门、哪些人员以什么样的角色参与维护服务工作，每个角色的职责是什么，对服务组织中的核心成员进行介绍。

（2）服务项目定义，告诉用户提供方围绕这个项目，能够提供什么样的服务工作，每项服务工作的含义是什么。

（3）措施保证，为了完成提供的服务项目，提供方有什么样的措施进行保证。响应时间定义，这是对双方都有益的一个约定，介绍在不同情况下提供方的时间响应措施。

（4）服务流程手段，介绍从服务请求到服务结束提供方的工作和管理流程。进一步让用户明白提供方拥有一个严密的服务体系，能够满足用户的服务需求。

（5）对项目特定的服务需求进行响应。要对用户或招标文件中的服务要求进行点对点的应答，必须明确承诺可以满足，无负偏。

10.8.2　工业自动化工程的设计

工业自动化工程的设计是一项由多个专业共同完成的多层次工作，而各专业、各层次设计工作的结果都将形成一系列的设计文档（纸质的与电子的）。由于设计通常按照"自顶向下"的方式进行，因此高层设计的文档必须在低层设计开始之前提交，以作为后续设计的依据，并使众多设计人员的设计工作协调有序地进行，保证全部设计文档的统一和完整。

为保证设计工作的正确可行和出现问题后能及时进行设计修正，各专业不同设计阶段结束后的制度性设计审查，以及不同部门之间由专人负责的经常性设计联络，是非常必要的。

所有设计都要受到各种技术、经济、环境甚至社会因素的制约，且通常都是多方面利弊权衡和折中的结果，因此不可能是绝对完美的。复杂系统的设计也是一个需要反复修改完善的循环过程，而非一蹴而就。

10.8.2.1　设计依据

大规模自动化工程的设计一般分为初步设计和详细设计两个阶段，以及面向系统和面向应用两条主线。面向系统是指涉及控制系统的组成与构建的设计工作，而面向应用是指与控制功能有关的设计工作。

在工业自动化工程中，自动化方面人员（包括电气、仪表、计算机专业，统称"三电"）所从事设计工作的依据一般由工艺设计、工厂设计、机械设计等方面提供，其中主要是由工艺设计部门（如专业设计院）提供的《自动化系统功能规格要求书》，以及由机械设计部门提供的《电气设计任务书》《电机表》《液压阀表》《检测元件表》等。

《自动化系统功能规格要求书》对生产工艺过程进行详细描述，并从产品生产和工艺操作的角度，对自动控制系统的控制范围、控制功能、自动化程度、控制性能、产品质量、设备运转方式及运转条件、人员操作方式等加以规定或"定制"。

《电气设计任务书》从机械设备角度，给出与自动控制有关的机械设备、电气及液压驱动部件、自带检测装置及极限开关的机电参数和几何尺寸、安装位置等信息，以及机械设备控制机理、动作顺序及联锁条件等。

《电机表》《液压阀表》《检测元件表》等分别以列表方式汇总给出有关的全部电机、液压阀、检测元件等的类型、型号、数量、参数以及归属区域和设备。

10.8.2.2　初步设计

依据工艺和机械设计部门提交的上述文档，自动化各专业分工进行自动控制系统初步（基本）设计，其主要工作和生成文档包括：

（1）根据自动化功能规格书要求，制定总体控制方案，分级分区进行功能确定与功能划分。

（2）确定各控制功能的初步实现方案，绘制原理图和程序粗框图；确定各控制功能数学模型与基本控制算法；编写《功能说明书》。

（3）确定各功能的 I/O 信号点数及类型，对系统全部 I/O 点进行统计，并按一定冗余量（例如 30%）估算所需各种类型 I/O 模板的数量，以作为设备采购的依据。

（4）通过招投标，选定计算机控制系统和确定网络总体结构。

（5）以系统配置的一般原则、惯例和经验为指导，以控制功能分配为核心，以网络结构、I/O 需求以及控制设备供货商的产品信息为依据，在板级层面进行计算机控制系统的组成与结构设计，包括控制器与控制柜数量、各类模板数量，以及控制器的功能分配与硬件配置。以此为基础，绘制计算机控制系统总体结构图及各控制器（柜）的硬件配置图和功能分配表。

（6）应用软件的总体结构设计，确定各级应用软件的开发系统与编程语言。

（7）网络系统设计。对系统网络信息流量进行估算、分类和规划，统一分配网络通信用内存地址区。

（8）操作台及操作单元（OPU）设计，规定各操作键的功用及使用场合、目的和作用方式。

（9）人机接口（HMI）计算机画面设计，规定各个软操作键的功用、以及输入数据与显示数据的含义及格式。

（10）电气传动控制系统的设计，包括设备选型、成套、接线设计和与 L1 级计算机系统的接口设计。

（11）检测仪表系统的设计，包括设备选型、接线设计与接口设计。

（12）安全（紧急处置）系统设计。

（13）UPS 系统与接地系统设计。

（14）公辅设备（液压站、润滑站、高压水站等）控制系统初步设计。

10.8.2.3　详细设计

系统详细设计的主要目的是将初步设计的内容细化、完备化和确定化。

从面向系统的角度，详细设计应为控制系统硬件成套和电缆施工设计（属于工厂设计范畴，包括电缆选型、走线路径、外部接线方式等）提供依据。

从面向应用的角度，详细设计应为软件编程提供完整确切的外部信号（通信、I/O）地址和程序细框图，使程序编制得以进行。

在详细设计里，所有 I/O 信号在物理上要落实到"线"，相应的程序变量要落实到"地址"。

详细设计阶段的工作和设计文档主要包括：

（1）各类电气控制柜硬件设计，包括柜体选型与安装结构设计、柜内硬件组成与器件选型（一般除控制器外还包括电源、隔离放大模块、端子排等）、内部电缆选型，模板接线端子与柜内端子排编号、内部接线图设计（如 I/O 模板端子或连接器到柜内端子排）。

（2）外部接线盒端子排编号，外部接线图设计，包括：柜间接线、柜内端子排到现场端子排接线、现场端子排到现场设备（执行部件、传感器等）接线等。

（3）依据控制功能分配 I/O 和配置，对各 I/O 信号属性（功能，种类、数据类型、范围、量纲等）及所对应的 I/O 通道（对应现场设备，机柜（箱）、端子号，插槽、通道号及内存地址）进行指派，生成 I/O 表。

I/O 表是系统硬件设计、施工设计和软件编程最重要的依据之一。

（4）按照各级网络的信息流分类和各级、各控制器上网数据的汇总统计，编制《网络通讯表》，所有在网上传递的变量数据都要在相应通讯表中标注其变量名、物理描述、原发站和地址，以及计量单位、取值范围、数据类型和数据结构。

（5）依据初步设计给出的《功能说明书》和程序粗框图分别绘制各控制功能的程序细框图，并编写《程序说明书》，对程序流程，功能模块及其端口变量，与控制器内、外其他功能程序之间的调用关系、接口逻辑和公共变量，以及控制算法和控制参数等进行详细定义和说明。

（6）工艺设备常数数值与量纲的核定。对程序中需在线调整的模型参数与控制参数建立统一的掉电保存与在线修改机制以及程序实现方法。对这些参数建立相应的列表文档。

10.8.3 自动控制系统的实现

自动控制系统的实现主要包括：

（1）在制造厂完成控制系统硬件成套，即控制柜、操作台等控制设备的组装及内部配线、校线，并正常上电运行。

（2）依托在软件调试基地正常运转的控制系统（控制柜、HMI）和网络系统，软件编程人员根据工艺和机械设计部门提交的资料，以及自动化系统初步设计和详细设计阶段所产生的各类设计文档，进行应用软件编程。

（3）在调试基地进行程序调试，并在模拟条件下（没有现场传感器和执行机构）完成各项控制功能检查、HMI 画面调试及软件系统联调。

10.8.4 自动控制系统的现场安装调试与投运

（1）现场施工单位依据工厂设计部门提供的施工设计文件负责完成所有电气控制柜定位、电缆敷设、外部接线与不上电校线工作。

（2）自动化技术人员负责编写《控制系统现场调试大纲》、逐日的《调试计划》和《控制系统综合试运转方案》，协同工艺机械人员编写《操作规程》，指导操作人员熟悉操作器具和 HMI 画面，为冷、热负荷试车和试生产做准备。

（3）由自动化系统现场调试人员进行上电操作，确认计算机控制系统和网络系统上电正常后，将出厂前已备份的应用软件最终联调版本重新下装并恢复系统运行。

（4）用软件方法再次进行 I/O 校线，确认从 I/O 点的地址单元到现场设备点信号可达。

（5）首先进行操作台操作的有效性与正确性核查。对手动操作和安全（紧急处置）

系统应进行优先调试，并确保执行的可靠性，以为带机械设备调试和热负荷调试时的紧急情况处置提供可用和可靠的人工干预手段。

（6）单一功能程序离线调试（不带机械设备运转），全部无误后在机械人员和公辅人员配合下，带单体机械设备进行局部运转调试，完成机械设备标定、调整和参数测定，以及控制参数整定等工作。

（7）进行系统离线联调。全线计算机控制系统离线模拟运行，主要检查 L2 级计算机设定数据及其传送时序的正确性、L1 级各功能程序启动时序及控制动作的正确性，与仪表系统及电气传动系统网络接口信号的正确性，最大程度解决已发现的各种问题。

（8）全线综合试运转，即冷负荷试车。计算机控制系统在线模拟运行，所有机械设备联动，确认全部设备（计算机控制系统、电气传动、机械、液压、公辅设施等）的持续可用性，并按功能规格书要求进行全部控制功能和运转方式的完备性检查和确认。

（9）全线热负荷试车，计算机控制系统在线运行，质量控制功能开始在线调试，整个生产线逐步过渡到试生产阶段。

（10）按照合同规定内容进行计算机控制系统考核和自动化工程验收，编写《调试报告》和《考核验收报告》，并与其他全部设计资料一并归档。

10.8.5 工业自动化工程的挑战

自动化工程项目的管理和执行正面临着许多非常复杂的挑战。

控制系统技术和智能现场设备的进步，正在改变制造企业查看其过程自动化的方式。对于那些希望提高资产利用率、访问实时数据、改善控制功能和增强连通性的企业来说，机会比比皆是。但是，一些自动化项目因其固有的复杂性、不断演变的范围、日新月异的技术和人员交互而变得难以管理和执行。项目团队应该如何克服这些挑战，并利用创新技术来提高运营效率和绩效？没有一个简单的答案，但是意识到存在诸多挑战，努力管理和克服挑战是一个好的开始。

10.8.5.1 自动化工程项目的 6 个挑战

（1）分散的市场。过程自动化市场正呈现出高度分散化的态势。一个典型的控制系统可能包含来自众多供应商的数千个独立组件。项目团队必须负责整合这些不同组件，并确保它们能够协同工作。需要进行大量的工程设计和协调，以确保将所有部件有效的集成在一起，形成一个集成的高性能控制系统。

（2）技术发展的日新月异。自动化设备基于快速变化的计算机、软件和电子技术。随着基础技术的进步，项目人员要想精通最新的最佳实践，可能是一个巨大的挑战。与这种技术变革保持同步所需的持续教育，给那些在日常工作之外精力有限的员工带来了很大的压力。

（3）第三方接口。控制系统越来越依赖于智能现场设备和子系统的信息，这些智能现场设备和子系统可以使用多种接口协议，因为没有一种通用标准协议。除了学习各种通信协议的特性和局限性之外，实现这些第三方接口还需要了解每个子系统和智能设备。对于项目上的任何接口组合而言，要获得这种专业知识和经验都是一项艰巨的任务。

（4）文档要求。自动化项目需要大量文档来定义需求并维护所得资产。简单的更改可能会影响多个文档。例如，仅仅更改仪表标签，就会影响管道和仪表图（P&ID）、输入/

输出（I/O）列表、仪表规格表、分布式控制系统（DCS）数据库、现场接线盒图、编组柜图和循环表等多个文档。在整个项目中使文档保持最新和准确，是一项巨大的挑战。

（5）范围演变。自动化范围很难定义，因为它包含了所有成千上万的组件和众多的运行状态。与机械和民用项目不同，自动化工程项目的范围在整个生命周期中——甚至是调试和启动阶段，都会发生变化，因此期望预先确切定义功能也是不切实际的。知道应该预先确定的范围是什么，以及哪些范围可以变化，是成功执行自动化项目的关键组成部分。

（6）操作人员界面。自动化系统是构成工厂的设备和运行该设备的操作员之间的主要接口。对于操作人员而言，准确、完整地了解过程的行为方式以及设备是如何工作的，对于项目的成功运行至关重要。如果自动化系统导致过程异常，或无法传达装置运行的准确情况，那么损失的机会成本可能会很大。使问题进一步复杂化的是，由于操作员界面是一项有形的项目，似乎每个人都对它们的外观和功能有自己的看法。在采用最新技术的同时要获得运行人员的认可，有时可能很困难。

10.8.5.2　缓解项目风险的 5 个策略

面对上述挑战，项目团队如何才能减轻风险并实现公司目标以提高运营效率和绩效？考虑下面 5 个最佳实践和策略，可以确保自动化工程项目成功实施。

（1）尽早计划。对于任何复杂的项目，企业都需要制定先期计划，然后才能执行。关键是要在过程中尽早与合适的团队合作，并进行适当的前端加载/前端工程设计（FEL/FEED）。没有明确定义项目范围，以及没有得到各利益相关者同意，可能会使项目风险增加。在初期，进行适当的工程实施，而又不会限制项目范围的演化，这对于项目的正确开始至关重要。

（2）标准化。由于自动化设备用于不同行业和应用，因此它具有极大的灵活性，可以针对许多不同的需求进行定制。但灵活性也有其缺点：需要建立应用指南，以确保将其正确地应用于特定应用场景。企业的自动化平台可能已经存在了 20 多年，并且在此过程中经历了数名人员的多次修改。如果没有某种方法来定义如何实施这些修改，则项目团队可能最终会以不同的方式实现相同的功能，这对维护人员来讲简直就是噩梦。使用合适的标准，对于充分利用自动化投资，并确保始终如一地满足项目需求至关重要。

（3）利用合适的技术。现代控制系统包含有价值的技术，可以显著改善运营活动。不幸的是，许多企业由于希望最大限度地减少对工厂人员的影响而无法利用这些潜在的改进。当主要目标是使用新控制系统的外观而使用体验仍像 20 年前安装的某些旧平台一样时，它会严重限制企业改进的能力。认识并利用现代技术，不要因不愿改变而受到虚假限制的束缚。

（4）测试和调试。由合格人员执行的严格测试和调试程序，对于安全高效地启动项目至关重要。如果此时走捷径，虽然缩短了调试时间，但会导致运营问题，其花费的成本可能是减少调试时间所节省的最低成本的许多倍。必须花费一定的时间来创建详尽的程序，请具有自动化经验的主题专家提供宝贵的意见，并请以前成功实施该任务的人员严格遵循这些程序进行测试和调试。

（5）执行项目纪律。运用强大的项目管理纪律对所有项目都是有益的，特别是对于大型项目和复杂项目更是如此。详细的项目执行计划，包括已定义的角色和职责、风险矩阵、质量计划、测试计划、培训计划、资源加载时间表以及其他适当的条目，对于有效执行至关重要。召开有效的、定期的项目团队会议，遵循适当的沟通计划等最佳实践，将有助于使团队中的每个人保持一致，并表现良好。

另外，创建适当的文档并进行更新和控制，将最新版本传递到相关人员手中，这将提高施工和调试期间的效率。面对自动化所面临的众多挑战，如果项目团队缺乏有关如何克服这些挑战的知识和经验，则不建议独自执行这些任务。当需要广泛的多平台和技术专业知识时，请具有这些知识和技能的合作伙伴介入，以顺利集成和实施自动化系统组件和技术。找到合适的合作伙伴，可以帮助指导项目成功，并最大程度地提高自动化投资的回报。

习题与思考题

10-1 什么是自动化？请举例说明我们身边的自动化系统，并简述其原理。

10-2 如何理解自动控制在国民经济、国家综合实力及人民日常生活中起着举足轻重的作用。

10-3 请简述自动化、工业化、信息化之间的关系。

10-4 请简述自动化技术的发展历史。

10-5 谈谈你对自动化科学与技术内涵的理解。

10-6 什么是开环控制？什么是闭环控制？试举例说明其工作原理。

10-7 开环控制和闭环控制特点是什么？

10-8 简述计算机网络控制的发展历程。

10-9 试述计算机网络控制的发展趋势。

10-10 自动化工程包括哪些阶段？

10-11 自动化工程项目包含哪些内容？

10-12 谈谈你对自动化解决方案的基本要求的理解。

10-13 请简述工业自动化工程的设计过程。

10-14 自动控制系统的现场安装调试与投运应注意哪些问题？

10-15 自动化工程项目有哪些挑战？试给出应对这些挑战的方法或策略。

11 可靠性工程

可靠性工程（reliability engineering）是指为了达到产品的可靠性要求所进行的一系列技术和管理活动，贯穿了产品的论证、方案、工程研制、生产和使用保障等寿命周期过程。

可靠性是产品质量的一项重要指标。重要关键的产品的可靠性问题显得尤为突出，比如航空航天产品，任何一个零部件的失效都有可能导致耗资数亿元的航天项目失败；可靠性与经济性更为密切相关，只有把产品的可靠性作为发展准绳的企业，才具有较强的市场竞争力。

可靠性是一门与产品故障作斗争的新兴学科。产生于国防高科技领域，最早在美国国防工业中萌芽、发展、成熟，并迅速向美国民用产品的电子、通讯、信息技术等领域渗透。以美国为中心的可靠性系统工程技术被英、法、德、日等先进资本主义国家所应用，而获得成功。据统计，可靠性系统工程在资本主义国家的成功应用，给其工业社会带来了难以估计的社会财富。

可靠性是一门涉及多种科学技术的新兴交叉学科，如数学、失效物理学、设计方法与方法学、实验技术、人机工程、环境工程、维修技术、生产管理、计算机技术等。可靠性工作周期长、耗资大，非几个人、某一个部门可以做好的，需全行业通力协作、长期工作。可以看出，可靠性问题不仅仅对一个产品的质量问题、企业的生产发展有关键的影响作用，还对每个人的人身安全，经济效益，乃至国家安全等都密切相关。因此，研究产品、项目乃至工程的可靠性问题，都是具有非常重要意义的。

可靠性分为固有可靠性、使用可靠性、基本可靠性和任务可靠性。固有可靠性是产品在制造中赋予的可靠性，通过设计、制造的过程来保证，很大程度上受设计者和制造者的影响。使用可靠性是产品在使用中表现出的一种能力特性，它与固有可靠性、安装、储存、运输、操作、维修等有关，依赖于产品的使用环境，操作的正确性，保养与维修的合理性，所以它很大程度上受使用者的影响。基本可靠性是产品在规定条件下无故障的持续时间或概率，它反映了产品对维修人力的要求，在确定基本可靠性的特征量时，应统计产品的所有寿命单位和所有故障，而不局限于发生在任务期间的故障，也不局限于只危及任务成功的故障。任务可靠性是产品在规定的任务剖面内完成规定功能的能力，任务剖面是指产品在完成规定任务这段时间内所经历的事件和环境的时序描述。

11.1 可靠性工程概述

可靠性工程是为了达到系统可靠性要求而进行的有关设计、管理、试验和生产一系列工作的总和，它与系统整个寿命周期内的全部可靠性活动有关。

可靠性工程是产品工程化的重要组成部分，同时也是实现产品工程化的有力工具。利用可靠性的工程技术手段能够快速、准确地确定产品的薄弱环节，并给出改进措施和改进后对系统可靠性的影响。

可靠性是指产品在规定的条件下、在规定的时间内完成规定的功能的能力。产品是泛指的，它可以是一个复杂的系统，也可以是一个零件。

有组织地进行可靠性工程研究，是 20 世纪 50 年代初从美国对电子设备可靠性研究开始的。到了 60 年代才陆续由电子设备的可靠性技术推广到机械建筑等各个行业。后来，又相继发展了故障物理学、可靠性试验学、可靠性管理学等分支，使可靠性工程有了比较完善的理论基础。

对产品而言，可靠性越高就越好。可靠性高的产品，可以长时间正常工作（这正是所有消费者需要得到的）；从专业术语上来说，就是产品的可靠性越高，产品可以无故障工作的时间就越长。

可靠性工程是为了保证产品在设计、生产及使用过程中达到预定的可靠性指标，应该采取的技术及组织管理措施。这是介于技术和管理科学之间的一门边缘学科，可靠性作为一门工程学科，它有自己的体系、方法和技术。

可靠性工程的具体工作步骤为：

（1）通过试验或使用，发现系统在可靠性上的薄弱环节。

（2）研究分析导致这些薄弱环节的主要内外因素。

（3）研究影响系统可靠性的物理、化学、人为的机理及其规律。

（4）针对分析得到的问题原因，在技术上、组织上采取相应的改进措施，并定量地评定和验证其效果。

（5）完善系统的制造工艺和生产组织。

在影响系统可靠性的主要问题得到解决后，再采用上述步骤解决一些次要的薄弱环节。可靠性工程实质上是对影响系统可靠性的薄弱环节的不断发现和不断改进的过程。为了提高系统的可靠性，从而延长系统的使用寿命，降低维修费用，提高经济效益，在系统规划、设计、制造和使用的各个阶段都要贯彻以可靠性为主的质量管理。

可靠性学科的产生是对工程经验教训的总结，可靠性问题引起的灾难如挑战者号航天飞机因密封圈低温失效而失事、哥伦比亚号因隔热瓦破损失事、泰坦尼克号失事等。可靠性学科的发展是现代产品竞争的必然要求。

质量是反映实体满足明确和隐含需要的能力的特征总和。人类对质量的追求永无止境，对于质量而言，只有更好，没有最好。质量已经成为市场竞争的焦点，产品质量目标包括：性能、可靠性、维修性、安全性、适应性、保障性、测试性、经济时间性等。可靠性可以认为是产品在运行过程中质量的一种度量。好的质量是必需的，但是并不一定代表有好的可靠性。可靠性是与时间有关的可信任性，与国际上发达国家的军用和民用产品相比，国内一些企业生产的产品在可靠性方面的差距要大于在性能方面的差距。可靠性工程应用前景广阔。

可靠性工程发展趋势可以概括为以下方面：

（1）重视用户要求，开展多学科综合设计。重视用户要求（包括外部用户及内部用户的要求），把这些要求转换成设计、零件、生产等要求，在设计及生产中加以控制。为了确保新产品能够满足用户要求，在产品研制开始便组成多学科设计组（包括设计、生产、可靠性、维修性、质量和使用保障等），开展多学科综合设计。

（2）注重工程及使用经验，重视可靠性及维修性（reliability and maintanability，R&M）定性设计。重视故障模式及影响分析（failure mode and effects analysis，FMEA）、试验—分析—改进（TAAF）、元器件控制等定性设计及分析技术的研究及应用，注意通过工程试验等途径广泛收集各种数据，总结工程经验，发现薄弱环节，采取纠正措施等来有效提高产品的 R&M。

（3）FMEA 广泛应用。FMEA 是工业系统可靠性分析的重要方法，其应用范围包括复杂的武器系统和较简单的工业用机械和电子设备。根据产品不同，FMEA 可由系统工程师（功能法）、设计工程师（硬件法）或由具有丰富工程经验的可靠性工程师来完成。

（4）需明确规定系统的可靠性指标及其验证方法。对复杂系统可靠性，一般都有规定值和最低可接受值指标要求。这两者的关系以及最低可接受值的验证时机和方法，因系统的类型、特点及采用新技术的数量的不同而异。可靠性指标不止一个值，指标应分阶段达到。

（5）可靠性增长试验将得到较普遍的应用。可靠性增长试验在航空电子设备、汽车设备及系统的研制中将得到普遍的应用。可靠性增长试验必须仔细研究可靠性增长计划曲线起始点的确定，增长率的选择，试验样件及试验持续时间和模型的确定等。可靠性增长试验能否取代可靠性鉴定试验，主要取决于用户的要求、增长试验的结果以及费用及进度要求。

（6）加速试验在电子及机械产品中将得到广泛应用。在产品研制过程中进行加速试验，主要有两种方法。其一是不考虑加速因子，加大应力，根据经验确定，不改变故障机理，通过试验来加速故障的发生，找出薄弱环节，采取纠正措施，进而提高产品的可靠性；其二是利用加速试验确定产品的可靠性，如通过加大电压或温度应力对电子产品进行加速寿命试验，求出加速因子，再外推求出产品在正常工作条件下的可靠性。

（7）外场 R&M 数据收集仍是世界性的难题。从理论上讲，外场 R&M 数据的重要性早已被人们所认识，然而在工程实践中，外场数据收集难、信息丢失、数据不全等现象仍普遍存在。建立专用数据系统耗资巨大，目前主要的解决办法是选定合适场地，派专人进行定点跟踪，收集数据。

（8）可靠性与质量的关系更为密切。随着全面质量管理（total quality management，TQM）的推行，传统的质量及可靠性的关系正在发生变化，从产品研制开始，就必须同时考虑可靠性和质量问题，可靠性工程师和质量工程师同属于设计组的成员。

（9）可靠性工程师的职责范围发生变化。可靠性工程师传统的主要职责是开展可靠性试验，评估产品的可靠性，验证产品是否达到规定的可靠性要求，起着"警察"的作用；可靠性工程师现在的主要职责是制定设计准则及指南，建立可靠性数据库，提供各种分析及设计工具、方法和软件，起到了"信息员"的作用；将来进一步要求可靠性工程师成为设计组的成员，负责对设计工程师进行可靠性教育，使每个设计师都了解可靠性，起到"教员"的作用。

（10）注意人机可靠性的研究。随着硬件设备可靠性的不断提高，由于人为因素造成的设备故障及事故率不断上升，成为主要的影响因素。研究人机可靠性通过改进设计来避免人为因素造成的故障或事故。

11.2 可靠性学科的发展历史

如前所述，可靠性是指产品在规定的条件下和规定的时间内完成规定功能的能力。可靠性又可分为两种：一种是固有可靠性，是指产品在设计、制造过程中，产品对象已经赋予的固有属性，这部分的可靠性是在产品在设计开发时可以控制的；一种是使用可靠性，是指产品在实际使用过程中表现出来的可靠性，除了固有可靠性的影响因素外，还需要考虑产品安装、操作使用、维修保障等各方面因素的影响。

11.2.1 国际发展史

可靠性和质量不可分离，其前身是伴随着兵器的发展而诞生和发展。在公元前26世纪的冷兵器时期，到1703年英法两国完全取消长矛为止，前后经历了4000年发展成长的漫长过程，人类已经对当时所制作的石兵器进行了简单检验。在殷商时代已有的文字记载中，就有关于生产状况和产品质量的监督和检验，对质量和可靠性方面已有了朴素的认识。热兵器的成熟期在国际上二战时期德国使用火箭和美国使用原子弹为标志。当时，德国发射的火箭不可靠及美国的航空无线电设备不能正常工作。德国使用V-2火箭袭击伦敦，有80枚火箭没有起飞就爆炸，还有的火箭没有到达目的地就坠落；美国当时的航空无线电设备有60%不能正常工作，其电子设备在规定的使用期限内仅有30%的时间能有效工作。二战期间，因可靠性引起的飞机损失惨重，损失飞机2100架，是被击落飞机的1.5倍。

其实，与可靠性有关的数学基础理论很早就发展起来了。可靠性最主要的理论基础——概率论早在17世纪初就逐步确立；另一主要基础理论数理统计学在20世纪30年代初期也得到了迅速发展；作为与工程实践的结合，除了三、四十年代提出的机械维修概率、长途电话强度的概率分布、更新理论、试件疲劳与极限理论的关系外，1939年瑞典人威布尔为了描述材料的疲劳强度而提出了威布尔分布，后来成为可靠性最常用的分布之一。

德国的V-1火箭是第一个运用系统可靠性理论计算的飞行器。德国在研制V-1火箭后期，提出用串联系统理论，得出火箭系统可靠度等于所有元器件、零部件乘积的结论。根据可靠性乘积定律，计算出该火箭可靠度为0.75。而电子管的可靠性太差是导致美国航空无线电设备可靠性问题的最大因素。于是美国在1943年成立电子管研究委员会，专门研究电子管的可靠性问题。

所以，20世纪40年代被认为是可靠性萌芽时期。到了20世纪中期，是可靠性兴起和形成的重要时期。为了解决电子设备和复杂导弹系统的可靠性问题，美国展开了有组织的可靠性研究。其间，在可靠性领域最有影响力的事件是1952年成立的电子设备可靠性咨询小组（advisory group on reliability of electronic equipment，AGREE），它是由美国国防部成立的一个由军方、工业领域和学术领域三方共同组成的、在可靠性设计、试验及管理的程序及方法上有所推动的、并确定了美国可靠性工程发展方向的组织。AGREE组织在1955年开始制订和实施从设计、试验、生产到交付、储存和使用的全面的可靠性计划，并在1957年发表了《军用电子设备可靠性》的研究报告，从9方面全面阐述可靠性的设计、试验、管理的程序和方法，成为可靠性发展的奠基性文件。这个组织的成立和这份报告的出现，也标志着可靠性学科发展的重要里程碑，此时，它已经成为一门真正的独立的学科。

可靠性工程全面发展的阶段是在此后的十多年——20世纪60年代。随着可靠性学科的全面发展，其研究已经从电子、航空、宇航、核能等尖端工业部门扩展到电机与电力系统、机械设备、动力、土木建筑、冶金、化工等部门。在这十年中，美国先后开发出战斗机、坦克、导弹、宇宙飞船等装备，都是按照1957年AGREE报告中提出的、被美国国防部和国家航空航天局认可的一整套可靠性设计、试验和管理的程序和方法进行设计开发的。此设计试验管理程序和方法在新产品的研制中得到广泛应用并发展、检验，逐渐形成一套比较完善的可靠性设计、试验和管理标准。此时，已经形成了针对不同产品制订的较完善的可靠性大纲，并定量规定了可靠性要求，可进行可靠性分配和预测。

在理论上，有了故障模式及影响分析（FMEA）和故障树分析（fault tree analysis，FTA）。在设计理念上，采用了余度设计，并进行可靠性试验、验收试验和老练试验，在管理上对产品进行可靠性评审，使装备可靠性提升明显。美国的可靠性研究使其在军事、宇航领域装备可靠性大大增加。在此十年期间，许多其他工业发达国家，如日本、苏联等国家也相继对可靠性理论、试验和管理方法进行研究，并推动可靠性分析向前迈进。

20世纪70年代，可靠性理论与实践的发展进入了成熟的应用阶段。世界先进国家都在可靠性方面有所应用。例如美国建立集中统一的可靠性管理机构，负责组织、协调可靠性政策、标准、手册和重大研究课题，成立全国数据网，加强政府与工业部门间的技术信息交流，并制定了完善的可靠性设计、试验及管理的方法和程序。在项目设计上，从一开始设计对象的型号论证开始，就强调可靠性设计，在设计制造过程中，通过加强对元器件的控制，强调环境应力筛选、可靠性增长试验和综合环境应力可靠性试验等来提高设计对象的可靠性。

80年代开始，可靠性向更深更广的方向发展。在技术上深入开展软件可靠性、机械可靠性、光电器件可靠性和微电子器件可靠性的研究，全面推广计算机辅助设计技术在可靠性领域的应用，采用模块化、综合化和如超高速集成电路等可靠性高的新技术来提高设计对象的可靠性。可靠性在世界得以普遍应用和发展。

到了20世纪90年代，可靠性向综合化、自动化、系统化和智能化的方向发展。综合化是指统一的功能综合设计，而不是分立单元的组合叠加，以提高系统的信息综合利用和资源共享能力。自动化是指设计对象具有功能的一定自动执行能力，可提高产品在使用过程中的可靠性。系统化是指研究对象要能构成有机体系，发挥单个对象不能发挥的整体效能。智能化将计算技术引入，采用人工智能等先进技术，提高产品系统的可靠性和维修性。

可靠性发展从单一领域的研究发展到结合各个学科门类中相应的研究，形成多学科交叉渗透。20世纪40年代初期到60年代末期，是结构可靠性理论发展的主要时期；60年代到80年代是结构可靠性理论得到了发展并已较为成熟的时代。结构可靠性理论是涉及多学科并与工程应用有密切关系的学科，对结构设计能否符合安全可靠、耐久适用、经济合理、技术先进、确保质量的要求，起着重要的作用。它运用了概率论、数理统计、随机过程等数学方法处理工程结构中的随机性问题，以应力—强度分布干涉理论为基础，涉及结构随机可靠度的基本概念、原理和相关基本算法，如今可靠性理论与优化理论结合的可靠性优化技术已成功应用在结构和产品设计中，并产生了明显的经济和社会效益。90年代，人可靠性分析方法的研究趋于活跃，许多学者将人工智能、随机模拟、心理学、认知工程学、神经网络、信息论、突变论、模糊集合论等学科的思想应用到人可靠性分析中，出现了人可靠性心理模型、人可靠性分析综合认知模型、人模糊可靠性模型、人机系统人失误率评估的动态可靠性技术以及计算机辅助人可靠性分析等。可靠性在电力系统中广泛应用，目前的研究几乎涉及电力系统发电、输电、配电等各方面，可靠性分析也正逐步成为电力系统规划、决策的一项重要的辅助工具。在电子领域，现有的绝大多数可靠性数学模型和研究方法是以电子产品为最初对象产生和发展起来的，所以目前对电子产品的可靠性研究不论从可靠性建模理论、可靠性设计方法、失效机理分析、可靠性试验技术及数据统计方式等均已趋向成熟。另外，在机械、汽车、电力等领域，可靠性也发挥着不可替代的作用。

11.2.2 国内发展史

我国关于可靠性的历史较短。直到1953年开始的第一个五年计划才开始进行可靠性教育，国内现代可靠性发展开始起步。

第一个五年计划期间建立了可靠性和环境适应性的实验研究基地，调查和统计电子和某些机械产品的使用情况及失效情况，并开展了产品的可靠性的环境适应性试验。同时，还在一些研究所和工厂建立可靠性试验室，在研究、设计、试制新产品的过程中，开始进行环境适应性和寿命试验。第二、第三个五年计划期间，开展了大量的产品可靠性和环境适应性的研究和试验工作，对失效产品进行物理、化学分析。在分析产品失效机理的基础上，对原材料、产品设计、工艺及技术管理等许多方面采取了相应的措施，提高了产品的可靠性水平。

20世纪50年代在广州筹建了亚热带环境适应性试验基地，从事电子产品环境试验和热带防护措施研究。1955年正式开始开展环境试验工作，首先在广州、上海、海南建立天然暴露试验站，与东欧六国共同合作探索热带、亚热带、工业气体等对电子电工产品的影响。1955年12月23日根据中国、匈牙利科学技术合作协议，第二机械工业部批准建立"中国亚热带电讯器材研究所"。

20世纪50年代末和60年代初在原机械电子工业部的内部期刊有介绍国外可靠性工作的报道。60年代，我国在雷达、通信机、电子计算机等方面提出了可靠性问题，并开始着手采取措施。60年代初成立了"中国电子产品可靠性与环境试验研究所"，进行了可靠性评估的开拓性工作。1960年9月10日，发射测试站首次用国产推进剂独立操作，成功发射了一枚苏制近程地地导弹。1960年11月5日，由中国仿制苏联的东风-1短程弹道导弹首次成功试射。1964年10月16日中国第一颗原子弹爆炸成功。1965年在钱学森科学家的建议下7机部成立了可靠性质量管理研究所。航天产品采用严格筛选的"七专"元器件。七专产品就是七个专门：指专人、专机、专料、专批、专检、专技、专卡或专线制成的产品。

为了保证军用元器件的质量，我国制订了一系列的元器件标准，在70年代末期制订的"七专"7905技术协议和80年代初期制订的"七专"8406技术条件。"七专"技术条件是建立我国军用元器件标准的基础，目前按"七专"条件或其加严条件控制生产的元器件仍是航天等部门使用的主要品种。

"两弹一星"时，周总理提出16字方针："严肃认真、周到细致，稳妥可靠、万无一失"，在整机系统可靠性设计上采取措施，保证了运载火箭、通信卫星的连续发射成功和海底通信电缆的长期正常运行。在军事领域，对部分型号和较大的系统提出了定量可靠性要求，并为此而开展设计过程中的可靠性分配及预计工作及可靠性评估及分析，从而保证产品可靠性不断提高。

1967年6月17日上午8时20分，我国西部地区新疆罗布泊上空，我国第一颗氢弹爆炸试验获得完全的成功。1968年，我国自行设计和施工的南京长江大桥建成通车。1969年9月21日，毛主席视察南京长江大桥。1969年9月26日许世友指挥80辆国产轻型坦克和60多辆各型汽车一起通过南京长江大桥，对南京长江大桥进行测试。1970年4月24日，中国第一颗人造地球卫星"东方红一号"发射成功。1970年8月，利用南京长江大桥进行潜射导弹模拟试验。70年代初，航天部门首先提出了电子元器件必须经过严格筛选。1972年组建电子产品可靠性与环境试验研究所，对我国可靠性工程起了积极促进作用。70年代我国引进国外标准资料，1972年由原电子部标准化所组织了一批学者收集、分析国外资料，并着手于地缆300路通讯系统的可靠性工程，两年后见到了效果。70年代由于我国重点工程的需要，以及消费者的强烈要求，对各行业开展可靠性的研究起了巨大的推动作用。70年代，出于国家重点工程的迫切需要，特别是航天及中日海底电缆对高可靠元器件的需要，发展了电子元器件"七专"产品及对元器件验证试验，促进了我国可靠性数学的发展。70年代中因中日海底电缆需要，电子部开展了高可靠元器件验证试验，发展为加速寿命试验技术。1973年起，原国防科工委和原四机部为了解决国家重点工程元器件的可靠性问题，多次召开有关提高可靠性的工作会议，提出重点研究解决国家重点工程用元器件的可靠性问题。70年代后期开始，不少大学举办了可靠性学习班培训在职人员，开设可靠性课程，招收本科生和研究生。1976年颁发了第一个可靠性的标准《可靠性名词术语》（SJ 1044—1976），这是国家标准《可靠性基本名词术语及定义》（GB 3187—1982）的前身。1978年发布研制了第一个可靠性试验方法系列标准《寿命试验和加速寿命试验》（SJ 1432~1435—1978），现在的国家标准编号是GB 2689—1981。《电子元器件失效率试验方法》（SJ 1432—1978~SJ 1435—1978）是颁发的第一个可靠性国家标准。它曾引起电子元器件产品标准在质量指标、检验方法、质量保证等内容发生很大的变化。1978年提出并实施《电子产品可靠性"七专"质量控制与反馈科学实验》计划。1978年开始，原国家计委、电子工业部及广播电视工业总局陆续召开了有关提高电视机质量工作会议，对电视机等产品明确提出了可靠性、安全性要求和可靠性指标，组织全国整机及元器件生产厂开展了大规模的以可靠性为重心的全面质量管理。在5年时间内，使电视机平均故障间隔时间（mean time between failure，MTBF）提高了一个数量级，MTBF由300h提高到3000h，配套元器件使用可靠性也提高了一至二个数量级。由于狠抓了国家重点工程和电视机的可靠性，推动了整机和电子元器件可靠性工作。

20世纪70年代末到80年代初形成了我国可靠性工作第一个高潮，全国各工业部门及各兵种纷纷进行可靠性普及培训教育，形成骨干队伍，建立可靠性工作组织管理机构，进行可靠性试验和可靠性设计及信息收集与反馈工作。80年代初期，出版了大量的可靠性工作专著、国家制定了一批可靠性工作的标准、各学校有大量的人投入可靠性的研究。80年代，我国的各种可靠性机构，学术团体如雨后春笋般迅速发展起来。最先成立的一个学术团体是在中国电子学会下组建了"全国电子产品可靠性与质量管理专业委员会"。接着于 1981 年成立了"可靠性数学专业委员会"，后来在航空、航天、仪表等专业都设立了相应的可靠性学术团体。

为了便于与国际电工委员会的可靠性标准技术委员会（IEC/TC 56）的工作协调，于1982 年 8 月成立"全国电工电子可靠性与维修性标准化技术委员会"，承担电工电子可靠性基础标准的审查、咨询方面的工作。1982 年 10 月 12 日 15 时我国巨浪 1 型潜射导弹第 1次成功发射。1984 年起，组织制定、引进、颁发了可靠性和无限小标准，形成了比较完整的体系。军工企业开展了可靠性补课工作，进行产品可靠性增长工作，军方开展了可靠性评估和分析工作。1984 年开始，在国防科工委的统一领导下，结合中国国情并积极汲取国外的先进技术，组织制定了一系列关于可靠性的基础规定和标准。1985 年 10 月国防科工委颁发的《航空技术装备寿命与可靠性工作暂行规定》，是我国航空工业的可靠性工程全面进入工程实践和系统发展阶段的一个标志。1987 年 5 月，国务院、中央军委颁发《军工产品质量管理条例》明确了在产品研制中要运用可靠性技术。1987 年 12 月和 1988 年 3月先后颁发的国家军用标准《装备维修性通用规范》（GJB 368—1987）和《装备研制与生产的可靠性通用大纲》（GJB 450—1988），可以说是目前我国军工产品可靠性技术具有代表性的基础标准。80 年代末，各级领导转变观念，重视产品质量，首先在武器装备上加强质量与可靠性工作，大力贯彻《军工产品质量管理条例》。《军工产品质量管理条例》明确提出对可靠性工作的要求，在研制阶段主要贯彻《可靠性保证大纲》，在生产阶段主要贯彻《质量保证大纲》。通过宣贯《装备研制与生产的可靠性与维修性管理规定》（GJB 450），于 80 年代末 90 年代初掀起了我国可靠性工作第二个高潮。这次高潮的特点是：（1）树立当代质量观，把可靠性工作视为质量工作组成部分；（2）自上而下的狠抓可靠性工作；（3）转变观念，把可靠性指标与性能指标同等看待；（4）用户对产品可靠性十分重视，提出强烈要求；（5）开展系统的可靠性管理工作，对产品全寿命周期实施可靠性监控，制订出一系列的可靠性国家标准和国家军用标准；（6）加强了可靠性新理论、新技术的研究与应用，如 CAD、鲁棒设计、并行工程、田口方法（taguchi method）等；（7）把可靠性工程技术引入到国家重点工程及武器装备的研制、生产与使用中，国防科工委成立了可靠性工程办公室及专家组，对重点武器装备进行可靠性工作；（8）重视加强可靠性培训教育，在国防科工委下发的《关于加强军工产品质量工作的若干规定》中第二章"加强培训教育，提高队伍素质"中，提出了五条具体详细要求，国防科工委成立了可靠性教育培训中心，原机械电子工业部也成立了培训中心，编写出版教材，进行培训考核，做到参与武器装备研制人员持证上岗。

20 世纪 90 年代初，中国原机械电子工业部提出了"以科技为先导，以质量为主线"，沿着管起来—控制好—上水平的发展模式开展可靠性工作，兴起了我国第二次可靠性工作的高潮，取得了较大的成绩。进入 20 世纪 90 年代后，由于软件可靠性问题的重要性更加突出和软件可靠性工程实践范畴的不断扩展，软件可靠性逐渐成为软件开发者需要考虑的重要因素，软件可靠性工程在软件工程领域逐渐取得相对独立的地位，并成为一个生机勃勃的分支。随后，可靠性工作落入低谷，在这方面开展工作的人很少，学术成果也平平。

主要的原因是可靠性工作很难做，出成果较慢。

近些年，可靠性工作有些升温，这次升温的动力主要来源于企业对产品质量的重视，比较理智。许多工业部门将可靠性工作列在了重要的地位，军工集团也陆续成立了集团的可靠性中心。如 1991 年兵器可靠性中心成立，在此基础上，2008 年建立了国防科技工业机械可靠性研究中心，目前系列具有完全自主知识产权的可靠性技术成果不断得到推广应用。

总之，系统可靠性从诞生、发展到应用已经逐步向着各学科渗透，但在现代科技飞速发展的时期，系统可靠性在理论和研究模式上还有欠缺，需要结合其他理论如模糊理论、人工智能等，使可靠性理论、试验和管理能够更成熟、更完善。

综观 20 世纪之中国，以原子弹、氢弹、导弹、卫星、潜射导弹为标志性的从无到有的开创，既巩固了国防，又树立了大国应有的形象，同时也表明，在这些尖端科技领域，中国国防工业制造可靠性达到了一个前所未有的水平。

纵观可靠性学科发展历史，发现以下变化：

（1）观念的改变：从重视武器装备性能、轻视可靠性，转变为树立可靠性与性能、费用及进度同等重要的观念。

（2）管理体制的改变：从分散管理、部门负责到集中统一领导。

（3）研究内容的扩展：从电子设备可靠性研究到机械设备、光电设备及其他非电子设备可靠性的研究；由硬件可靠性研究到软件可靠性研究。

（4）计算方法的改变：由宏观统计估算到微观分析计算。

（5）计算手段的改变：由手工定性计算到计算机辅助分析。

（6）可靠性试验的改变：由统计试验到可靠性工程试验。

（7）可靠性指标的改变：由单指标到多指标；由固有值到使用值。

11.3 可靠性工程的研究内容

可靠性工程的研究内容包括可靠性管理、可靠性设计、可靠性试验及分析等，下面分别介绍。

11.3.1 可靠性管理

产品从设计、制造到使用的全过程，实行科学的管理，对提高和保证产品的可靠性关系极大。可靠性管理是质量管理的一项重要内容。

可靠性管理是指通过对各个阶段的可靠性工程技术活动进行规划、组织、协调、控制和监督，经济性的实现产品计划所要求的定量可靠性，是科学地为实施可靠性工程和达到可靠性目标的一种管理方法。

可靠性管理是保证产品可靠性达到预期指标的组织管理措施。可靠性管理包括：完善可靠性组织结构，组织可靠性质量保证系统；规定要管理的任务（工作目标）和有关部门和负责人员的职责，制定出相应的流程；指导、检查和督促分担任务的协作单位的可靠性工作；制订可靠性计划并检查督促计划的执行；培训可靠性知识，增强质量意识，规避设计风险。

虽然可靠性管理是质量管理的一项重要内容，但是可靠性管理和质量管理是两个不同的概念，可靠性管理包含时间的概念，而质量管理则没有时间要求。可靠性管理的总目标是：设计时有可靠性设计目标，制造时保证可靠性的实现，使用时维持可靠性水平。

具体来说，可靠性管理包括：

（1）可靠性计划。内容包括使产品达到预定的可靠性指标，在研制、生产各阶段内容、进度、保障条件以及为实施计划的组织技术措施等。

（2）可靠性指标分配。将可靠性指标按科室或车间队组分配落实。

（3）可靠性试验。为评价分析产品的可靠性而进行的试验。

（4）可靠性评价。根据可靠性试验，对产品的可靠性进行评价。

（5）可靠性验证。由生产方与使用方以外的第三方，通过对生产方的可靠性组织、管理和产品技术文件及对产品可靠性试验结论进行审查，以验证产品是否达到规定的质量标准。

常用的可靠性指标有：可靠度、有效度、故障率等。

11.3.2 可靠性设计

可靠性设计是指通过设计奠定产品的可靠性基础，研究在设计阶段如何预测和预防各种可能发生的故障和隐患，即在产品设计过程中，为消除产品的潜在缺陷和薄弱环节，防止故障发生，以确保满足规定的固有可靠性要求所采取的技术活动。可靠性设计是可靠性工程的重要组成部分，是实现产品固有可靠性要求的最关键的环节，是在可靠性分析的基础上通过制定和贯彻可靠性设计准则来实现的。

"产品的可靠性是设计出来的，生产出来的，管理出来的"，但实践证明，产品的可靠性首先是设计出来的。可靠性设计的优劣对产品的固有可靠性产生重大的影响。产品设计一旦完成，并按设计预定的要求制造出来后，其固有可靠性就确定了。生产制造过程最多只能保证设计中形成的产品潜在可靠性得以实现，而在使用和维修过程中只能是尽量维持已获得的固有可靠性。所以，如果在设计阶段没有认真考虑产品的可靠性问题，造成产品结构设计不合理，电路设计不可行，材料、元器件选择不当，安全系数太低，检查维修不便等问题，在以后的各个阶段中，无论怎么认真制造，精心使用、加强管理也难以保证产品可靠性的要求。

设计阶段是可靠性管理的基础。产品的可靠性这一内在的质量指标是在产品的设计阶段完成的，因此从产品研制开始就必须强调考虑其可靠性，可靠性工作开展得越早，成效就越大，经济效益就越好。设计阶段的可靠性管理内容主要有以下几个方面：

（1）编制企业"新产品开发管理体系"及实施细则，采用定量评分方法按阶段的评定产品可靠性设计的优劣和水平，督促和鼓励设计人员采用新技术（如可靠性设计技术、三次设计法、价值工程等），保证设计质量。其中特别应突出如下内容：1）在产品研制阶段就提出可靠性指标；2）在产品研制阶段就提出目标成本，并采用价值工程；3）方案论证并抓好可靠性评审。

（2）可靠性设计管理及有关规定：

1）在新产品设计任务中必须提出可靠性与维修性指标。

2）对新产品进行方案论证时，必须有可靠性与维修性论证报告，内容主要包括：

① 计划指标；② 相似产品的国内外指标；③ 根据需要和可能，考虑到经济性、体积、重量等约束条件，经综合分析最后确定的优化指标。

3）产品使用环境的现场调查资料，分析影响产品可靠性的环境及主要应力，采取防护设计和环境适应设计有效措施。

4）可靠性设计的一般性原则如下：

① 实施系列化设计，在原有成熟产品上逐步扩展，构成系列。

② 实施统一化设计，凡有可能均应使用零件、可移动模板和组件。

③ 实施标准化设计，尽量采用成熟的标准电路，标准模块及标准零件。

④ 实施集成化设计，采用固体组件，使分立元器件减少到最小程度。

集成化设计是基于并行工程思想的设计，利用现代信息技术把传统产品设计过程中相对独立的阶段、活动及信息有效地结合起来，强调产品设计及其过程同时交叉进行，减少设计过程的多次反复，力求使产品开发人员在设计一开始就考虑到产品整个生命周期中从概念形成到产品报废处理的所有因素，从而最大限度地提高设计效率、降低生产成本。

⑤ 不用不成熟的新技术，如必须使用时应对其可行性及可靠性进行充分论证，有充分的试验报告。

⑥ 在电路设计中尽量选用无源器件，将有源器件减少到最小程度。

⑦ 在系统设计中的初始阶段就考虑和采用最有效的电磁干扰控制技术。

5）降额设计的规定。降额设计是使零部件的使用应力低于其额定应力的一种设计方法，可以通过降低零件承受的应力或提高零件的强度的办法来实现。工程经验证明，大多数机械零件在低于额定承载应力条件下工作时，其故障率较低，可靠性较高。为了找到最佳降额值，需要做大量的试验研究。

在降额设计中，"降"得越多，要选用的元器件在性能就应该越好，成本也就越高，所以在降额设计过程中，要综合考虑。人们已经总结出电子产品"降额"的通用准则（《元器件降额准则》（GJB/Z 35—1993）），但是应该注意并不是所有的电子产品都可以"降额"。

6）稳定性设计的规定。

7）电磁兼容设计的规定。

8）热设计的规定。

9）冗余设计规定。

10）环境适应性设计的规定。

11）故障自动检测设计的规定。

12）元器件选用的规定。

13）缓冲减震设计的规定。

14）印刷电路板设计的规定。

15）模块化设计的规定。

模块化设计是指在对一定范围内的不同功能或相同功能不同性能、不同规格的产品进行功能分析的基础上，划分并设计出一系列功能模块，通过模块的选择和组合可以构成不同的产品，以满足市场的不同需求的设计方法。

16）防护设计的规定。

17）维修性设计的规定。

维修性设计是指产品设计时，应从维修的观点出发保证当产品一旦出故障，能容易地发现故障，易拆、易检修、易安装，即可维修度要高。维修度是产品的固有性质，它属于产品固有可靠性的指标之一。维修度的高低直接影响产品的维修工时、维修费用，影响产品的利用率。维修性设计中应考虑的主要问题有可达性、零组部件的标准化和互换性等内容。

18）安全性设计的规定。

19）耐疲劳磨损设计的规定。

20）产品设计审查表。

现代系统设计思想中逐渐融入可靠性设计的思想，产品或系统的设计不再是单独追求性能和功能，产品可靠性也成为产品设计中非常重要的一部分。表 11-1 是现代系统设计和传统设计思想的比较。

表 11-1　现代系统设计思想与传统设计思想的对比

项　目	现代系统设计思想	传统设计思想
产品定位	市场牵引，用户需求	工程师和领导的意见
系统综合方式	一开始就进行系统（产品）性能的综合	重视性能，忽视系统综合
工作量投入	研制初期投入较多，研制后期投入较少，所需总投入较少	研制初期投入较少，研制后期投入较多，所需总投入较多
更改次数	研制初期更改较多，研制后期更改较少，更改代价较少	研制初期更改较少，研制后期更改较多，会出现局部甚至全局重新设计，更改代价较大
设计目标及评价标准	满足用户需求，质量好，可靠性高	满足验收标准，质量和可靠性波动较大
工作状态	主动发现故障、预防故障发生	被动等待，解决故障问题

11.3.3　可靠性试验及分析

通过试验测定和验证产品的可靠性，研究在有限的样本、时间和使用费用下，如何获得合理的评定结果，找出薄弱环节，并研究导致薄弱环节的内因和外因，研究导致薄弱环节的机理，找出规律，提出改进措施以提高产品的可靠性。可靠性试验是为了解、评价、分析和提高产品的可靠性而进行的各种试验的总称。可靠性试验可以是实验室的试验，也可以是现场试验，可分为：（1）工程试验：环境应力筛选试验和可靠性增长试验；（2）统计试验：可靠性鉴定试验、可靠性测定试验和可靠性验收试验。下面分别介绍。

11.3.3.1　环境应力筛选试验

环境应力筛选（environmental stress screening，ESS）试验是通过在产品上施加一定的环境应力，以剔除由不良元器件、零部件或工艺缺陷引起的产品早期故障的一种工序或方法。

环境应力筛选实验不能提高产品的固有可靠性，但通过改进设计和工艺等可以提高产品的可靠性水平。它是产品制造过程中的一道工序。产品的组装等级可分为设备级、组件级和元器件级，ESS 可以在产品不同的组装等级上实施。应对三个组装等级的产品 100%实施 ESS。应根据对产品筛选的效果选择相应的环境应力。对电子产品，ESS 的应力主要选择温度（高、低温）循环和随机振动，这两种应力的组合筛选效果较好，能暴露产品各组装等级大部分故障。研究表明，高低温循环的筛选效果取决于四个方面（如图 11-1 所示）：高、低温的设定值，高、低温保持的时间，温度变化速率和循环的次数。增大温度变化速率，效果较好。设备中元器件数量多，则循环次数应增加。随机振动筛选效果好于扫频正弦振动，在不造成对产品损坏的情况下，振动应力强一些，则效果好。元器件的 ESS 是元器件筛选的主要组成部分，对不同类别元器件的筛选要求和方法，我国有相应的军用标准予以规定（《电子产品环境应力筛选方法》（GJB 1032—1990））。

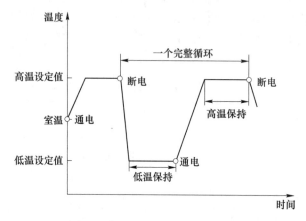

图 11-1   温度循环图

11.3.3.2   可靠性增长试验

可靠性增长试验是产品研制阶段中单独安排的一个可靠性工作项目，作为工程研制阶段的组成部分，保证产品进入批量生产前的可靠性达到预期的目标。可靠性增长试验通常安排在工程研制基本完成之后和可靠性鉴定试验之前。可靠性增长试验是一种有目标、有计划、有增长模型的专项试验。可靠性增长试验耗费的资源相当巨大，试验总时间通常为产品预期 MTBF 目标值的 5~25 倍，所以，并不是任何一个产品都适合进行增长试验。

可靠性增长试验的一般方法是制定增长目标、确定增长模型，通过试验发现产品故障，根据故障分析，改进设计的这样一个不断反复试验改进过程。

可靠性增长试验是一个在规定的环境应力下，为暴露产品薄弱环节，并证明改进措施能防止薄弱环节再现而进行的试验。规定的环境应力可以是产品工作的实际环境应力、模拟环境应力或加速变化的环境应力。

可靠性增长试验是通过发现故障、分析和纠正故障，以及对纠正措施的有效性而进行验证以提高产品可靠性水平的过程。我国有相应的军用标准予以规定（《可靠性增长大纲》（GB/T 15174—1994）、《可靠性增长试验》（GJB 1407））。

11.3.3.3   可靠性研制试验

通过对产品施加一定的环境应力和（或）工作载荷，寻找产品中的潜在（设计）缺陷，以进一步改进设计，提高产品固有可靠性的一系列实验。

可靠性研制试验（reliability development test，RDT）是一个试验—分析—改进（TAAF）的过程。这种试验事先不需要确定可靠性增长模型，不需要确定定量的可靠性增长目标，试验后也不要求对产品的可靠性作出定量评估。它以找出产品的设计、材料与工艺缺陷，和对采用的纠正措施的有效性进行试验验证为主要目的。它对试验样机的技术状态，试验用的环境条件等无严格的要求。产品在研制、生产过程中都可开展可靠性研制试验，但在研制阶段的早期进行更适宜。可靠性研制试验可在实际的、模拟的或加速的环境下进行，试验中所用应力的种类、量值和施加方式可根据受试产品本身特性、预期使用环境的特性和可提供的试验设备的能力等来决定。

可靠性研制试验类型包括：可靠性强化试验（reliability enhancement test，RET）、高加速寿命试验（high accelerated life test，HALT）、可靠性增长试验。

可靠性强化试验是一种采用加速应力的可靠性研制试验，目的是从根源上防治产品的潜在缺陷，快速提高产品的固有可靠性，也使产品耐环境能力得到提高。

HALT 是在不改变产品的失效机理的条件下，通过提高工作环境的应力水平来加速产品的失败，尽快地暴露产品设计过程中的缺陷，发现故障模式试验方法。在 HALT 测试中，所有施加的应力并不是想要模拟产品应用的环境，而是通过步进的应力去激发产品更早的发生失效。对施加的应力的类型和量级不设置限制，只要能尽快地促使失效发生。同时，在试验时间上与实际应用相比，压缩了几个数量级，并减少测试样品的需求，有效地减少测试时间和降低设计成本，让投入市场的时间成比例缩短的同时，也大大提高了产品的可靠性和耐久性。加速寿命试验的常见实验类型有：（1）恒定应力加速寿命试验；（2）步进应力加速寿命试验；（3）序进应力加速寿命试验。

11.3.3.4 可靠性测定试验

可靠性测定试验（reliability determination test，RDT）是电气工程中通过试验测定产品的可靠性水平。电子产品的寿命多为指数分布，其鉴定试验是从 $t=0$ 时刻起投入若干产品进行寿命试验。一种是试验时累计试验到规定的时间 T 停止试验，叫定时截尾试验。一种是试验中出现的故障数到规定的 r 个故障数时停止试验，叫定数截尾试验。试验方案可参考《可靠性试验》（GB 5080 系列）。

11.3.3.5 可靠性鉴定试验

为了验证开发的产品的可靠性是否与规定的可靠性要求一致，用具有代表性的产品在规定条件下所做的试验叫可靠性鉴定试验（reliability qualification test，RQT），并以此作为是否满足要求的依据。

可靠性鉴定试验是一种验证试验。它根据抽样理论制定出来的抽样方案，在保证生产者不致使质量符合标准的产品被拒收的条件下进行鉴定试验。与其他抽样验收的区别在于，它考虑的是与时间有关的产品质量特性。

为了验证设备/产品设计是否符合规定的可靠性要求，应用能代表具有批准的技术状态的设备/产品，在规定的环境试验条件下进行可靠性鉴定试验。若无其他规定，则至少要用两台（件）设备/产品进行定时截尾试验方案的鉴定试验。试验方案可参考《可靠性鉴定和验收试验》（GJB 899—1990）。

11.3.3.6 可靠性验收试验

用已交付或可交付的产品在规定条件下做实验，以验证产品的可靠性不随生产期间工艺、工装、工作流程、零部件质量的变化而降低，其目的是确定产品是否符合规定的可靠性要求，称为可靠性验收试验。

为了确定生产的设备/产品是否符合规定的可靠性要求，应按规定的抽样原则从各生产批次中抽取设备/产品，在与可靠性鉴定试验相同的环境试验条件下进行可靠性验收试验，这些受试设备/产品应能代表其所属批次的特征。验收试验统计试验方案应从 GB 5080 中给出的序贯截尾试验方案或定时截尾试验方案中合理选择。

验收试验也是一种统计试验，可采用序贯试验方案、定时或定数截尾试验方案。验收试验所采用的试验条件要与可靠性鉴定试验中使用的综合环境相同，所有抽样的产品应通过产品技术规范中规定的试验和预处理。

验证试验（统计试验）方案的分类：

（1）指数寿命型：定时截尾、序贯截尾、定数等方案；

（2）成败型：一次抽样、序贯截尾等方案。

试验方案可参考《可靠性鉴定和验收试验》（GJB 899—1990）。

11.3.3.7 电磁兼容（electromagnetic compatibility test，EMC）测试

随着电子产品越来越多地采用低功耗、高速度、高集成度的大规模集成（LSI 电路），使得这些系统比以往任何时候更容易受到电磁干扰的威胁。而与此同时，大功率设备及移动通信和无线网络的广泛应用等，又大大增加了电磁干扰的发生源，因此应提高产品本身抗干扰能力，即要求产品必须具备在一定的电磁环境下能正常工作的能力。某些产品在 EMC 方面的测试是国家强制要求进行的。通常状况下，EMC 需要测试如下项目：传导发射、辐射发射、静电抗扰性、电快速脉冲串抗扰性、浪涌抗扰性、射频辐射抗扰性、传导抗扰性、电源跌落抗扰性、工频磁场抗扰性、电力线接触、电力线感应等。

11.3.4 制造阶段的可靠性

产品通过设计阶段而获得了固有可靠性，如果不采取管理措施，没有先进的工艺去保证，会使产品的可靠性退化。制造阶段的可靠性研究制造偏差的控制、缺陷的处理和早期故障的排除，保证设计目标的实现。

制造阶段的可靠性管理主要内容如下：

（1）建立和实施上自厂长下至每一个职工的质量责任制，有严密的质量组织体系。

（2）质量保证体系完备，各项质量原始记录齐全，能保证可靠性目标的实现和可靠性增长。

（3）对主要的外购外协件供应的厂家，必须进行质量评审，制订管理办法和订货合同，应有可靠性指标以及检验的抽样方案。

（4）对入厂的元器件或部件原材料进行严格检验。

（5）按照标准工艺对元器件进行严格的老化筛选，或采用严格的工艺措施，剔除其早期失效部分，排除潜在的故障因素，保证上机元件的可靠性。

（6）有完备的可靠性制造规范，作为"三按生产"的依据，其内容包括：

1）元器件原材料购货规定；

2）元器件原材料进货检验规定；

3）元器件原材料贮存转运规定；

4）外购配套件进货验收规定；

5）元器件老化筛选工艺；

6）机械零件制造及检验规程；

7）电子电气组装及检验规程；

8）部件组装及检验规程；

9）特殊零件加工及代用材料的规定；

10）总装总调及检验规程；

11）中间检验及最终检验的规定；

12）关键工艺的保证措施；

13）文明生产及制造环境控制规定等。

11.4 可靠性理论的基础

根据可靠性的定义"产品在规定的条件下、在规定的时间内完成规定的功能的能力"，规定条件一般指的是环境条件、负荷条件和工作方式，包括产品使用时的应力条件（温度、湿度、压力、振动、冲击、负荷电压、连续/间断方式等载荷条件）、环境条件（地域、气候、介质等）和贮存条件等；规定时间是可靠性区别于产品其他质量属性的重要特征，可靠性是产品功能在时间上的稳定程度，经过零件筛选、整机调试和磨合后产品的可靠性水平会有一个较长的稳定使用或贮存阶段，以后随着时间的增长其可靠性水平逐渐降低，因此以数学形式表示的可靠性各特征量，是时间的函数（注意这里的时间概念不限于一般的日、分、秒，也可是与时间成比例的次数、距离，如循环次数、汽车行驶里程）；规定功能指产品的技术指标，包括电气性能、机械性能及其他性能（如软件控制性能）。

失效（故障）是产品或产品的一部分丧失规定的功能，或不能、将不能完成预定功能的事件或状态，对可修复产品通常也称故障。

产品失效（故障）分类种类很多，按失效（故障）的规律分为偶然故障和耗损故障。偶然故障是由于偶然因素引起的故障，其重复出现的风险可以忽略不计，只能通过概率统计方法来预测。耗损故障是通过事前检测或监测可统计预测到的故障，是由于产品的规定性能随时间增加而逐渐衰退引起的。耗损故障可以通过预防维修，防止故障的发生，延长产品的使用寿命。

维修性（maintainability）是产品规定的条件和规定时间内，按规定程序和方法进行维修时，保持或恢复到能完成规定功能的能力。

对于一个具体产品来说，在规定的条件下和规定的时间内，能否完成规定的功能是无法事先知道的，即故障是一个随机事件。研究表明，造成故障的主要原因为设计、制造和管理等因素，其他原因很少。

可靠性理论主要是研究故障发生与发展的规律、故障的恢复与预防的机理与规律、故障引发的事故发生与控制的机理与规律。可靠性基础理论是指标论证、设计分析、试验验证等各项可靠性工程技术的根本依据和理论支撑。目前，研究成熟并广泛应用的可靠性基础理论主要包括基于概率论和数理统计的基础理论与基于故障物理的基础理论，正在研究发展中的基础理论有基于裕量与不确定性量化的可靠性理论、公理可靠性理论等。追本溯源，从理论根源与技术本质上梳理清楚可靠性系统工程的基础理论，才能够界定好各项理论所支撑工程技术的能力范围和适用特点，从而使其更好地服务于产品可靠性的提升。

11.4.1　基于概率论和数理统计的可靠性理论

应用概率论与数理统计方法对产品的可靠性进行定量计算是可靠性理论的基础。事件的发生是随机的（一次）；随机事件的发生是有规律的（历史）；可以根据历史规律推出未来事件发生的规律（即一定数量抽样样本规律可以近似代表母体规律）。早在 20 世纪 40 年代，基于概率论和数理统计的可靠性技术就已经开始了研究。1952 年，AGREE 报告中提出的可靠性技术，其理论基础即是概率论和数理统计。60 年代，以"MIL-HDBK-217"《电子设备可靠性预计手册》等系列可靠性标准的颁布和实施，标志着基于概率论和数理统计的可靠性技术进入成熟阶段。

基于概率论和数理统计的基础理论主要研究产品故障的宏观统计规律，以此为基础形成对装备可靠性特性进行统计分析、评估以及验证评价的理论和方法，其技术本质是对产品故障发生时间进行统计分析以得到其概率特征。技术的主要弱点是各种分析结果都表征群体行为，难以把握产品个体的故障原因，无法将产品的具体设计细节，如材料参数、尺寸参数及载荷参数等，与产品的可靠性指标建立直接关系。

概率可靠性方法一般要求两个基本假设：概率假设、二值状态假设，和四个前提：事件定义明确、大量样本存在、样本具有概率重复性并具有较好的分布规律、不受人为因素的影响。该理论的特点是直观明确、易于理解且易于被工程接受，适用于诸如电子产品失效率为常数的产品，其在各国工程实践中得到了广泛的应用，代表性的方法有相似产品法、故障率预计法、NSWC 机械产品可靠性预计方法等。

目前，电子产品的可靠性鉴定和验收试验就是基于概率论和数理统计进行方案设计和评估。国内装备型号研制中已经建立了基于数理统计的可靠性参数体系，有效支撑了"三代"以及之前装备的可靠性度量问题。

11.4.2　基于故障物理的可靠性理论

基于故障物理的可靠性技术研究最早可以追溯到 20 世纪四五十年代，早在 1946 年 Freudenthal 发表的《结构安全度》论文和 1954 年拉尼岑的应力-强度干涉模型，奠定了基于故障物理的可靠性理论基础。基于故障物理的可靠性理论与方法将概率与失效物理模型相结合，能有效表征失效的根源。随着美国罗姆航空研制中心开展的"故障物理"项目等相关研究，电子产品的故障机理逐渐得到认知。2000 年后，随着美国联合战斗机（JSF）项目的推进，基于故障物理的可靠性技术逐步实现了工程应用。

基于故障物理的可靠性技术本质是通过深入研究产品的故障原因、故障物理，建立产品的故障物理模型，既可以分析个体产品发生故障的具体原因和时间，也可以得到产品群体故障的统计特征。就其本义可知，基于故障物理的可靠性理论必然要解决两个问题，一是建立失效产品的故障物理模型及其失效判据，二是将参数随机性与故障物理模型相结合进行可靠性设计分析。上述两个方面，均取得了大量的研究成果。

在故障物理模型方面，疲劳、摩擦磨损、化学腐蚀、电子元器件等传统学科已经研究建立了大量的基础故障物理模型。可靠性技术的研究主要是在模型的深化、具体应用和失效判据方面。美国马里兰大学先进寿命周期工程（CALCE）中心在电子设备故障机理和故障物理模型数据库建设方面做了很多工作，积累了大量的数据，建立了较完整的故障物理模型数据库，为开展电子设备基于故障物理的可靠性试验验证工作奠定了良好的基础。机械可靠性领域，在疲劳方面主要有高低周累积损伤理论模型、裂纹扩展模型和损伤容限理论；磨损方面，针对粘着磨损、磨粒磨损、微动磨损等机理，建立了上百种磨损计算模型；腐蚀方面，结合金属材料腐蚀损伤，已有了较多的研究成果，形成了腐蚀磨损、腐蚀疲劳裂纹等多类计算模型。

在基于故障物理的可靠性模型定量计算方面，目前也形成了大量的研究成果，可靠度计算方法已趋成熟。计算方法主要有一次/二次二阶矩法及其改进方法、基于抽样技术的方法（蒙特卡罗、重要抽样法、拉丁超立方抽样法等）、基于近似技术的方法（响应面法、Kriging 法等）、随机有限元法等，并发展了与上述方法相应的灵敏度计算方法。这些方法很好地支持了零部件级产品单失效模式的可靠性设计分析。考虑多失效模式的相关性，发展了系统可靠性计算方法。主要有一阶/二阶边界法、一次多维正态法、条件边缘乘积法、PNET 法等。这些方法较好地解决了系统级产品的可靠性设计分析。

当前，基于故障物理的可靠性技术仍是可靠性工程领域的研究重点，主要表现在电子/非电产品的高加速寿命试验、故障预测与健康管理、可靠性仿真技术等方面。国内已开展了大量的基于故障物理的可靠性设计分析、试验验证与评估、装备寿命设计分析与试验验证等技术研究，形成了基于故障物理的电子、机电、机械等产品的定量可靠性设计分析技术。

概率论和数理统计是可靠性技术体系的数学根基，故障物理是产品失效的内在物理化学生物性的根本原理。所以，基于概率论和数理统计与基于故障物理的可靠性理论是可靠性系统工程的基础性、根本性理论。基于概率论和数理统计的可靠性技术与基于故障物理的可靠性技术内涵对比如表 11-2 所示。

表 11-2　基于概率论和数理统计的可靠性技术与基于故障物理的可靠性技术内涵对比

基于概率论和数理统计的可靠性技术	基于故障物理的可靠性技术
可靠度与寿命（失效时间）相关	可靠度与极限状态相关
通过观测获得状态变化	状态变化可以数学建模
依赖测试或现场数据进行可靠性评估	可以通过物理方程（模型）进行可靠性评估
可靠度由时间决定	可靠度可以独立或不独立于时间
典型方法：FTA、ETA、马尔科夫过程、故障率预计、试验设计	典型方法：FMECA、一次可靠度方法、二次可靠度方法、蒙特卡洛仿真、灵敏度分析

11.4.3　新近可靠性基础理论

进入 21 世纪以来，以信息技术为龙头的新技术给装备发展带来巨大变革，装备的复杂程度显著提高，研制周期要求缩短，新技术、新材料、新工艺大量采用，对装备可靠性工作提出了新要求。可靠性基础理论的研究也正适应技术发展的需要而不断深入和拓展。随着装备发展和对可靠性概念内涵理解的加深，可靠性基础理论从方法论的角度更加趋于多样化，从原来主要针对装备研制向全寿命周期拓展，从关注单一特性向多维特性综合集成发展，从研究"故障"向研究"性能和功能的保持"，逐渐形成了一些新的可靠性理论。如裕量与不确定性量化理论、公理可靠性理论等。

11.4.3.1　裕量与不确定性量化

在数据不足、知识缺乏情况下进行复杂系统可靠性评估的解决方案中，美国能源部三大实验室（圣地亚国家实验室/利弗莫尔国家实验室/洛斯·阿拉莫斯国家实验室）提出了裕量与不确定性量化（quantification of margins and uncertainties，QMU）方法。QMU方法的提出源于核禁试条件下的库存可靠性评估，是当前高技术武器可靠性研究的热点。研究认为QMU方法非常适合于导弹、核武器、反应堆等高风险复杂系统的可靠性评估。与传统的概率可靠性理论相比，QMU方法是一种以机理认识为基础的可靠性评估方法，能够通过裕度量化、不确定性量化等手段较好地整合诸如数值模拟结果、试验数据、历史信息、专家知识等与产品相关的多源信息，并通过置信系数对产品的性能、可靠性和安全性进行认证，这样可以在很大程度上弥补试验数据匮乏所带来的可靠性评估困难。在试验数据信息不充足或者缺乏、存在多源信息的情况下，QMU方法是进行武器系统可靠性评估的重要途径，是对传统概率可靠性方法的重要补充。QMU方法充分考虑了设计参数、物理模型的认知不确定性以及参数的随机不确定性，如图11-2所示。QMU方法的具体实施步骤主要包括建立观测清单、建立性能通道、不确定性量化与性能裕量评估。

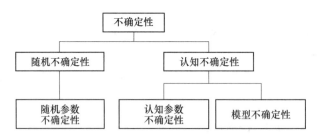

图11-2　系统设计中的不确定性

11.4.3.2　公理可靠性理论

公理可靠性理论就是将传统的产品可靠性设计方法拓展到产品的概念设计阶段，利用公理质量概念来分析和评估设计可靠性，并且研发可靠性设计工具引导设计人员对产品概念阶段的可靠性进行分析评估。公理设计中最基本的两个公理，独立公理、信息公理与可靠性都是一致的。目前国内已经研究了公理化可靠性度量方法、基于公理设计的FMEA等。公理可靠性理论研究还处于初级阶段，有待进一步进入工程应用。

总之，可靠性基础理论从最初的概率统计理论，逐渐形成了以概率统计和故障物理为主，公理可靠性理论、复杂性理论、裕量与不确定性量化理论等多种理论并存的格局。各项基础理论的可靠性技术特点与适用性对比如表11-3所示。

各项理论的技术原理特点决定了在可靠性系统工程全寿命周期过程中，各项理论应该是一种协同工作关系，它们之间不是并列或替代的关系，而更应该是合作与互补的关系，根据其特点和优势在全寿命周期各阶段发挥不同作用。例如，从数学逻辑来看，故障物理

表 11-3　各项基础理论的可靠性技术特点与适用性对比

可靠性基础理论	技 术 特 点	适用产品	适用阶段	相关标准
基于概率论和数理统计的基础理论	研究产品故障的宏观统计规律，难以把握产品个体的故障原因	电子产品	指标论证、试验验证	MIL-HDBK-217 GJB 899A 等
基于故障物理的基础理论	研究产品的故障原因、故障物理，建立产品的故障物理模型，既可以分析个体产品发生故障的具体原因和时间，也可以得到产品群体故障的统计特征	机械产品、电子产品	可靠性设计分析	GJB 450A 等
裕量与不确定性量化	能够通过裕度量化、不确定性量化等手段较好地整合与产品相关的多源信息并通过置信系数对产品的性能、可靠性和安全性进行评估	导弹、核武器、反应堆等高风险复杂系统	可靠性评估	—
公理可靠性理论	将传统的产品可靠性设计方法拓展到产品的概念设计阶段	机械产品、电子产品	概念设计阶段	—

是失效表征性能参量与结构、材料、载荷等因素之间的数学关系，反映的是产品性能状态随设计参量或时间变化的本质规律。所以，在物理模型明确、边界条件清晰的情况下，就可以计算出该系统在任意时刻的状态。然而，在工程实际中，物理模型和边界条件往往都需要进行一些假设或近似处理，这些假设或近似是否正确，就需要通过试验或在实际使用中根据概率统计理论来验证基于故障物理可靠性设计的 MTBF、可靠寿命等指标是否满足要求；而在核禁试或其他无法取得试验数据的情况下，就可以采用裕量与不确定性量化方法进行评估。各可靠性理论协同工作原理示意图如图 11-3 所示。

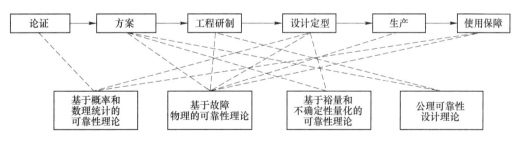

图 11-3　各可靠性基础理论协同工作原理示意图

加强可靠性基础理论研究，应充分借鉴其他学科领域的最新研究成果，紧密跟踪装备建设发展需求，从源头上提高可靠性技术研究的持续发展能力。当前，基于故障物理的可靠性理论方面的两个难点，一是复杂环境多因素耦合作用下系统可靠性建模，比如复杂机电系统，因素耦合背后的机理复杂，难以建立明确的数学方程式来描述这种交互关系；二是系统动态时变的性能退化演化模型。裕量与不确定性量化理论、公理可靠性理论方面，需要进一步探索研究，提高技术成熟度，以应用到复杂装备的可靠性设计评估之中。同时，小子样产品、高可靠性长寿命产品、信息物理系统（CPS）、体系可靠性、网络可靠性都对可靠性技术提出了新的挑战，这些都需要可靠性理论做出新的发展。

11.5 可靠性的指标体系

可靠性的评价可以使用概率指标或时间指标，这些指标有：可靠度、失效率、平均无故障工作时间、平均失效前时间、有效度等。典型的失效率曲线是浴盆曲线，其分为三个阶段：早期失效期、偶然失效期、耗损失效期。早期失效期的失效率为递减形式，即新产品失效率很高，但经过磨合期，失效率会迅速下降。偶然失效期的失效率为一个平稳值，意味着产品进入了一个稳定的使用期。耗损失效期的失效率为递增形式，即产品进入老年期，失效率呈递增状态，产品需要更新。

11.5.1 基本概念

（1）有效性（availability）：是可以维修的产品在某时刻具有或维持规定功能的能力。

（2）耐久性（durability）：是产品在规定的使用和维修条件下，达到某种技术或经济指标极限时，完成规定功能的能力。

（3）失效模式（failure mode）：是失效的表现形式。

（4）失效机理（failure mechanism）：是引起失效的物理化学变化等内在原因。

（5）维修（maintenance）：是指为保持或恢复产品能完成规定功能的能力而采取的技术管理措施。

（6）维护（preventive maintenance）：是为防止产品性能退化或降低产品失效的概率，按事前规定的计划或相应技术条件的规定进行的维修，也可称预防性维修。

（7）修理（corrective maintenance）：指产品失效后，为使产品恢复到能完成规定功能而进行的维修。

（8）可靠度（reliability）：是产品在规定的条件下和规定的时间内，完成规定功能的概率。

（9）平均寿命/平均无故障工作时间（mean life/mean time between failures，MTBF）：是指寿命（无故障工作时间）的平均值。

（10）可靠度的观测值（observed reliability）：对于不可修复的产品，是指直到规定的时间区间终了为止，能完成规定功能的产品数与在该时间区间开始时刻投入工作的产品数之比；对于可修复产品，是指一个或多个产品的无故障工作时间达到或超过规定时间的次数与观察时间内无故障工作的总次数之比。

在计算无故障工作总次数时，每个产品的最后一次无故障工作时间若不超过规定的时间则不予计入。

（11）失效率（failure rate）：是工作到某时刻尚未失效的产品，在该时刻后单位时间内发生失效的概率。

（12）可靠性验证试验（reliability compliance test）：是为确定产品的可靠性特征量是否达到所要求的水平而进行的试验。

（13）可靠性认证（reliability certification）：是有可靠性要求的产品的质量认证的一个

组成部分。它是由生产方和使用方以外的第三方，通过对生产方的可靠性组织及其管理和产品的技术文件进行审查，对产品进行可靠性试验，以确定产品是否达到所要求的可靠性水平。

11.5.2　可靠性参数体系

11.5.2.1　参数体系

可靠性参数用于定量地描述产品的可靠性水平和故障强度。可靠性参数体系完整地表达了产品的可靠性特征。可靠性工程中使用的可靠性参数多达数十个，参数的使用随着工程对象或者装备类型的不同而变化，在同一种装备中还可能随着产品层次的不同而不同。系统级的可靠性参数一般以可靠度为主；设备级的可靠性参数一般以平均寿命 MTBF 为主。

基本可靠性的定义为："产品在规定条件下，无故障的持续时间或概率"。它包括了全寿命单位的全部故障，它能反映产品对维修人力和后勤保障资源的需求。确定基本可靠性指标时应考虑同产品的所有寿命单位和所有的故障。例如 MTBF（平均无故障间隔时间），MCBF（平均故障间的使用次数），MTBM（mean time between maintenance，平均维修间隔时间，一种与维修方针有关的可靠性参数，其度量方法为在规定的条件下和规定的时间内产品寿命单位总数与该产品计划和非计划维修时间总数之比）。

任务可靠性的定义为："产品在规定的任务剖面内完成规定功能的能力"。它反映了产品的执行任务成功的概率，它只统计危及任务成功的致命故障。常见的任务可靠性参数有 MCSP（mission completion success probability，完成任务的成功概率，其度量方法为在规定的条件下和规定的时间内系统完成规定任务的概率），MTBCF（mission time between critical failure，致命故障间的任务时间，其度量方法为在规定的一系列任务剖面中，产品任务总时间与致命性故障数之比）等。

可靠性参数还可分为使用参数和合同参数。使用可靠性参数及指标反映了系统及其保障因素在计划的使用和保障环境中的可靠性要求，它是从最终用户的角度来评价产品的可靠性水平的，如 MCSP、MTBM 等。合同可靠性参数及其指标反映了合同中使用的易于考核度量的可靠性要求，它更多的是从产品制造方的角度来评价产品的可靠性水平，如 MTBF，MTBCF 等。

11.5.2.2　可靠性常用参数

产品一般都有多个可靠性参数描述。衡量产品可靠性水平有好几种标准，有定量的，也有定性的，有时要用几种标准（指标）去度量一种产品的可靠性，下面根据 GB 3187—1982 和有关 IEC（国际电工委员会）标准，介绍最基本、最常用的几个可靠性特征量。

A　寿命剖面、任务剖面与故障判据

寿命剖面的定义为：产品从制造到寿命终结或退出使用这段时间内所经历的全部事件和环境的时序描述。寿命剖面说明了产品在整个寿命期所经历的事件（如装卸、运输、贮存、检测、维修、部署、执行任务等）以及每个事件的顺序、持续时间、环境和工作方式。它包含一个或多个任务剖面。

任务剖面的定义为：产品在完成规定任务这段时间内所经历的事件和环境的时序描

述。对于完成一种或多种任务的产品都应制定一种或多种任务剖面。

任务剖面一般应包括：（1）产品的工作状态；（2）维修方案；（3）产品工作的时间与顺序；（4）产品所处环境的时间与顺序；（5）任务成功或致命故障的定义。

故障判据：判别是否发生故障的依据。故障判据应该分级：（1）从安全性考虑，不导致危险；（2）从基本功能考虑，保持基本功能；（3）从附加功能考虑，保持附加功能。

任何产品只要有可靠性要求就必须有故障判据。故障判据需要根据下面的依据进行确定：（1）研制任务书；（2）技术要求说明书；（3）由可靠性人员制定。

B 可靠度

可靠度就是在规定的时间内和规定的条件下系统完成规定功能的成功概率。一般记为 R。它是时间的函数，故也记为 $R(t)$，称为可靠性函数。

如果用随机变量 t 表示产品从开始工作到发生失效或故障的时间，其概率密度为 $f(t)$，如图 11-4 所示。

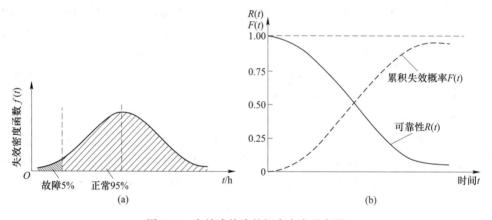

图 11-4 失效或故障的概率密度示意图

若用 t 表示某一指定时刻，则该产品在该时刻的可靠性 $R(t)$ 为：

$$R(t) = \begin{cases} P(T > t) = \int_t^\infty f(t)\,\mathrm{d}t & (t > 0) \\ 1 & (t \leqslant 0) \end{cases}$$

对于不可修复的产品，可靠性的观测值是指直到规定的时间区间终了为止，能完成规定功能的产品数与在该区间开始时投入工作产品数之比，即：

$$R(t) = \frac{N_s(t)}{N(t)} = 1 - \frac{N_f(t)}{N(t)}$$

式中，N 为开始投入工作产品数；$N_s(t)$ 为到 t 时刻完成规定功能产品数，即残存数；$N_f(t)$ 为到 t 时刻未完成规定功能产品数，即失效数。

伴随可靠度的还有可用度 $A(t)$，可用度的概念是在规定时间 t 内的任意随机时刻产品处于可用状态的概率，用下式表示：

$$A(t) = \frac{可工作时间}{可工作时间 + 不可工作时间}$$

C 失效率（故障率）及浴盆曲线

通俗地讲，失效率是工作到某时刻尚未失效的产品，在该时刻后单位时间内发生失效的概率。失效率为系统运行到 t 时刻后单位时间内，发生故障的系统数与时刻 t 时完好系统数之比。失效率有时也称为瞬时失效率或简单地称为故障率，一般记为 λ，它也是时间 t 的函数，故也记为 $\lambda(t)$，称为失效率函数，有时也称为故障率函数或风险函数。

按上述定义，失效率是在时刻 t 尚未失效产品在 $t+\Delta t$ 的单位时间内发生失效的条件概率。即：

$$\lambda(t) = \frac{\Delta N_f(t)}{N_s(t)\Delta t}$$

它反映 t 时刻失效的速率，也称为瞬时失效率。

失效率（或故障率）曲线反映产品总个体寿命期失效率的情况。图 11-5 为失效率曲线的典型情况，大多数产品的故障率随时间的变化曲线形似浴盆，故形象地称为浴盆曲线。

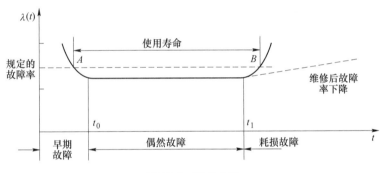

图 11-5 浴盆曲线

失效率随时间变化可分为三段时期：

（1）早期失效期（infant，mortality），失效率曲线为递减型。产品投入使用的早期，失效率较高而下降很快，主要由于设计、制造、贮存、运输等形成的缺陷，以及调试、磨合、起动不当等人为因素所造成的。当这些所谓先天不良的失效后且运转也逐渐正常，则失效率就趋于稳定，到 t_0 时失效率曲线已开始变平，t_0 以前称为早期失效期。针对早期失效期的失效原因应该尽量设法避免，争取失效率低且 t_0 短。

（2）偶然失效期，也称随机失效期（random failures）。失效率曲线为恒定型，即 t_0 到 t_1 间的失效率近似为常数。失效主要由非预期的过载、误操作、意外的天灾以及一些尚不清楚的偶然因素所造成。由于失效原因多属偶然，故称为偶然失效期。偶然失效期是能有效工作的时期，这段时间称为有效寿命。为降低偶然失效期的失效率而增长有效寿命，应注意提高产品的质量，精心使用维护。

（3）耗损失效期（wear out），失效率是递增型，在 t_1 以后失效率上升较快，这是由于产品已经老化、疲劳、磨损、蠕变、腐蚀等所谓有耗损的原因所引起的，故称为耗损失效期。针对耗损失效的原因，应该注意检查、监控、预测耗损开始的时间，提前维修，使失效率仍不上升，如图 11-5 中虚线所示，以延长寿命。当然，修复若需花很大费用而延长寿命不多，则不如报废更为经济。

D　平均寿命

平均寿命是寿命的平均值，对不可修复产品常用失效前平均时间，也叫平均首次故障时间，一般记为 MTTF（mean time to failures），对可修复产品则常用平均无故障工作时间，也叫平均故障间隔时间，一般记为 MTBF。平均无故障工作时间 MTBF 是指相邻两次故障之间的平均工作时间，也称为平均故障间隔，它仅适用于可维修产品。同时也规定产品在总的使用阶段累计工作时间与故障次数的比值为 MTBF。

$$\text{MTBF} = 总的工作时间 / 故障数 = 1/\lambda$$

E　可靠寿命

可靠寿命是给定的可靠性所对应的时间，一般记为 $t(R)$。一般可靠性随着工作时间 t 的增大而下降，对给定的不同 R，则有不同的 $t(R)$，即 $t(R) = R^{-1}(R)$，式中 R^{-1} 是 R 的反函数，即由 $R(t) = R$ 反求 t，如图 11-6 所示。

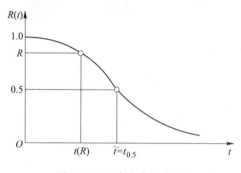

图 11-6　可靠寿命示意图

F　常见的寿命特征描述

可靠寿命：制定可靠度对应的产品工作时间使用寿命，具有可接受的故障率的工作时间区间；

总寿命：开始使用到报废（可能经过好几次大修）；

贮存寿命：贮存的日历持续时间；

大修期：开始使用到无需大的检修（出现故障除外）持续的时间，大修期到时需要进行一次大的检修，以保证设备/产品可以继续安全正常运转，大修期到时无论有无故障都要进行检修；

首保期、质量保证期等。

11.6　系统的失效（故障）分析

系统失效分析中最常采用的方法有：失效模式及影响分析（failure mode and effect analysis，FMEA）；失效模式、影响及致命度分析（failure mode, effect and criticality analysis，FMECA）；失效树分析（fault tree analysis，FTA）等。

11.6.1　失效分析中的基本概念

（1）故障/失效：对于修复的产品来说，产品丧失规定的功能称为故障。对于不可修复的产品来说；产品丧失规定的功能称为失效。

（2）故障模式：是指元器件或产品故障的一种表现形式，一般是能被观察到的一种故障现象。例如炮弹的瞎火、早炸，弹簧的折断，火工品的受潮变质等。

（3）失效机理：是指引起产品或元器件失效的物理、化学变化等的内在原因。

（4）失效分析：在产品失效后，通过对产品的结构、使用和技术文件的逻辑性、系统性检查，来鉴别失效并确定失效机理及其基本原因。

（5）故障影响：是指故障模式会造成对系统安全性、战备完好性、任务成功性以及维修或后勤保障等要求的影响。一般分为：对自身、对上级及最终影响三个等级。

（6）危害度：是指对某种故障模式出现的频率及其所产生的后果的相应度量。

（7）检测方法：是指在每个故障模式发生时的检测手段和方法。

（8）预防措施：是指产品在设计、工艺、操作时应采取的纠正措施。

（9）严酷度：是指失效的危害程度，分类如表 11-4 所示。

表 11-4　严酷度分类

严酷度等级	影　响　程　度
Ⅰ类（灾难性故障）	能造成操作人员死亡或使武器系统毁坏的故障
Ⅱ类（致命性故障）	能导致人员严重受伤，器材或系统严重损坏，从而使任务失败的故障
Ⅲ类（严重故障）	使人员轻度受伤、器材及系统轻度损坏，从而导致任务推迟执行或任务降级或系统不能起作用
Ⅳ类（轻度故障）	不足以造成人员受伤，器材或系统的损坏，但这个损坏会导致非计划维修

（10）故障概率等级：故障概率等级如表 11-5 所示。

表 11-5　故障概率等级

故障概率等级	描　　述
A 级（经常发生）	产品在工作期间发生故障概率很高，一种故障模式出现的概率大于总故障概率的 0.2
B 类（很可能发生）	产品在工作期间发生故障概率中等，一种故障模式出现的概率为总故障概率的 0.1~0.2
C 类（偶然发生）	产品在工作期间发生故障概率为偶然，一种故障模式出现的概率为总故障概率的 0.01~0.1
D 类（很少发生）	产品在工作期间发生故障概率很小，一种故障模式出现的概率为总故障概率的 0.001~0.01
E 类（极不可能发生）	产品在工作期间发生故障概率几乎为零，一种故障模式出现的概率小于总故障概率的 0.001

11.6.2　故障模式及影响分析

故障模式及影响分析（FMEA）实质是一种定性评价法，即使没有定量的可靠性数据，也能分析出问题的所在。FMEA 是从组成系统的最基本结构（零件和部件）可能产生的各种故障分析入手，逐级向上分析故障产生的影响，最终找出对系统的影响。它是由下而上的一种分析方法。

为了使 FMEA 用于定量分析，加入了危害分析，这就是所说的故障模式、影响及危害度分析（FMECA）。

FMECA 的目的是：

（1）从产品设计（功能设计、硬件设计、软件设计）、生产（生产可行性分析、工艺设计、生产设备设计与使用）和使用过程中发现各种影响产品可靠性的缺陷和薄弱环节，为提高产品的质量和可靠性水平提供改进依据。

（2）保证有组织地定性找出系统的所有可能的故障模式及其影响，进而采取相应的措施。

（3）为制定关键项目和单点故障等清单或可靠性控制计划提供定性依据。

（4）为可靠性（R）、维修性（M）、安全性（S）、测试性（T）和保障性（S）工作提供一种定性依据。

（5）为制定试验大纲提供定性信息。

（6）为确定更换有零件、元器件清单提供使用可靠性设计的定性信息。

（7）为确定需要重点控制质量及工艺的薄弱环节清单提供定性信息。

（8）可及早发现设计、工艺中的各种缺陷。

FMECA 的步骤如图 11-7 所示。

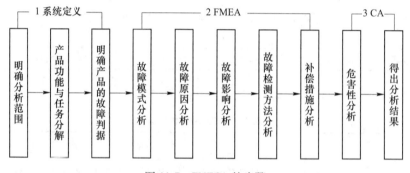

图 11-7　FMECA 的步骤

11.6.3　故障树分析

故障树分析（FTA）是 20 世纪 60 年代发展起来的用于大型复杂系统可靠性、安全性分析和风险评价的逻辑推理方法，它研究系统的故障（或人们不希望发生的事件）与产生该故障的原因之间的因果关系，自上而下的找出导致故障（顶事件）发生的所有可能的各种中间因素（中间事件），一直找到最基本原因（基本事件）。分析过程包括人为差错和环境因素的影响，并研究这些因素（事件）间的逻辑关系。FTA 表达直观，可用于系统可靠性的定性分析，也可以用于定量分析。它的分析图表类似一树状，故称故障树。

故障树分析应用范围：系统的可靠性分析、系统安全性分析与事故分析、改进系统设计、对系统的可靠性进行评价。

故障树分析的目的是：

（1）帮助判明可能发生的故障模式和原因。

（2）发现可靠性和安全性薄弱环节，采取改进措施，以提高产品可靠性和安全性。

（3）计算故障发生概率。

（4）发生重大故障或事故后，FTA 是故障调查的一种有效手段，可以系统而全面地分析事故原因，为故障"归零提供支持"。

（5）指导故障诊断，改进使用和维修方案。

（6）利用故障树可以在产品的设计阶段，帮助判明系统潜在故障。

（7）在系统使用阶段可以用来故障诊断，预测系统故障的发生及其原因，并可用来制定检修计划等。

11.6.4　失效分析方法对比

11.6.4.1　FMEA 和 FTA 的特点

（1）目的相同：在系统或零部件失效分析的基础上研究系统失效原因，进行系统可靠性或安全性的分析与评价，找出提高系统可靠性或安全性的途径。

（2）分析方法或途径不同

FMEA 是一种自下而上的定性评价法，即使没有定量的数据，也能分析出问题的所在。分析研究的途径是：从组成系统的最基本的零部件可能产生的各种失效分析入手，逐级向上分析失效产生的影响。

FMECA 是在 FMEA 的基础上再进行定量分析，即致命度分析。

FTA 是一种由上而下的逻辑推理方法，即可用于定性分析，也可用于定量计算。分析研究途径是：从系统发生的事件开始，逐级向下找出导致上一级事件发生的各种因素（中间事件），一直找到最基本的因素（基本事件），并研究这些因素（事件）之间的逻辑关系。

11.6.4.2　FMEA 和 FTA 的应用

FMEA 和 FTA 广泛应用于各工业领域的系统失效及安全分析，可应用于产品寿命周期的各个阶段。

习题与思考题

11-1　什么是可靠性？什么是可靠性工程？

11-2　试述固有可靠性、使用可靠性、基本可靠性和任务可靠性的含义。

11-3　请简述可靠性工程的具体工作步骤。

11-4　产品质量目标都有哪些？

11-5　请简述可靠性工程的发展历史。

11-6　请简述可靠性工程的发展趋势。

11-7　请简述可靠性工程的研究内容。

11-8　请简述可靠性设计的一般性原则。

11-9　可靠性实验一般包括哪些内容？实验目的是什么？

11-10　请简述制造阶段的可靠性管理主要内容。

11-11　请简述可靠性理论的研究内容。

11-12　什么是偶然故障？什么是耗损故障？

11-13　请简述基于概率论和数理统计的可靠性技术与基于故障物理的可靠性技术的特点和适用场合，各包含哪些主要方法?

11-14 可靠性的评价指标有哪些? 各指标的含义是什么?

11-15 请解释可靠度和失效率的概念。

11-16 什么是浴盆曲线? 请解释浴盆曲线各阶段的含义。

11-17 研究故障模式及影响分析的目的是什么?

11-18 研究故障树分析的目的是什么?

11-19 试述故障模式及影响分析和故障树分析这两种失效分析方法的异同。

12 环境保护与可持续发展

人类工程建设是促进经济繁荣的主要途径之一，是促进社会发展的基础。社会发展是经济发展的目的，环境生态平衡是经济与社会发展的前提。工程作为人与环境的联系纽带能否实现"人—工程—自然环境"三者间的和谐统一、循环发展、共同生存是当前全世界面临的最严重的问题之一，关系到社会安定团结及人类的明天能否持续繁衍生息。

环境保护，简称环保，涉及的范围广、综合性强，它涉及自然科学和社会科学的许多领域等，还有其独特的研究对象。保护环境是人类有意识地保护自然资源并使其得到合理的利用，防止自然环境受到污染和破坏；对受到污染和破坏的环境做好综合的治理，以创造出适合于人类生活、工作的环境，协调人与自然的关系，让人们做到与自然和谐相处。

12.1 环境问题

12.1.1 环境的概念

12.1.1.1 环境概念

环境，是人类生存的空间及其中可以直接或间接影响人类生活和发展的各种自然因素，包括大气、水、海洋、土地、矿藏、森林、草原、野生动物、自然遗迹、人文遗迹、自然保护区、风景名胜区、城市和乡村等。其中，"影响人类生存和发展的各种天然和经过人工改造的因素的总体"，就是环境的科学而又概括的定义。它有两层含义：第一，是指以人为中心的人类生存环境，关系到人类的毁灭与生存。同时，环境又不是泛指人类周围的一切自然的和社会的客观事物整体，比如，银河系并不包括在环境这个概念中。所以，环境保护所指的环境，是人类赖以生存的环境，是作用于人类并影响人类未来生存和发展的外界物质条件的综合体，包括自然环境和社会环境。第二，随着人类社会的发展，环境概念也在发展。如现阶段没把月球视为人类的生存环境，但是随着宇宙航行和空间科学的发展，月球将有可能会成为人类生存环境的组成部分。

12.1.1.2 环境问题

环境问题一般指由于自然界或人类活动作用于人们周围的环境引起环境质量下降或生态失调，以及这种变化反过来对人类的生产和生活产生不利影响的现象。人类在改造自然环境和创建社会环境的过程中，自然环境仍以其固有的自然规律变化着。社会环境一方面受自然环境的制约，也以其固有的规律运动着。人类与环境不断地相互影响和作用，因而产生环境问题。

12.1.2 环境问题分类

环境问题按其成因分为原生环境问题、次生环境问题、社会环境问题三类。

（1）原生环境问题也称为第一环境问题，主要是由自然力作用引起的各种自然灾害，如地震、海啸、火山喷发、洪涝、干旱、热带风暴、台风、龙卷风、飓风、雷暴、干热风、崩塌、滑坡、泥石流和病虫草鼠害等。此外，由于自然环境的区域差异和自然物质在地域分布上的不均匀性而产生的地方性疾病，如地方性甲状腺肿、克汀病、克山病、地方性氟中毒等，也属于原生环境问题。

（2）次生环境问题也称为第二环境问题，主要是由于人类经济社会发展活动，由人为作用引起的各种环境污染和生态破坏两种类型的环境问题。

环境污染：一般认为是指人类在生产和生活过程中，向环境排放的有毒、有害物质或能量，超过了环境容量和环境自净能力，使环境的组成或状态发生了改变，环境质量恶化，影响和危害了人们正常的生产和生活条件的现象。例如，生产和生活中所排放的废气、废水、废渣、废热、噪声、振动、放射性射线和电磁辐射等对各种环境要素（大气、水体、土壤、生物）的污染。

生态破坏：是指人类在开发利用自然环境和自然资源的非排污性活动过程中，超越了环境的自我调节能力，使环境质量恶化，生态平衡破坏，自然资源枯竭，影响和危害了生态系统的稳定、演替及可更新自然资源的持续增殖的现象。例如森林衰竭、草原退化、土地沙化、水土流失、土壤次生盐碱化和潜育化、土壤贫瘠化、物种灭绝、自然景观破坏等。生态破坏是世界各国也是我国面临的主要环境问题。

（3）社会环境问题也称为第三环境问题，主要是指由于经济和社会发展水平低下或比例失调引起的各种社会生活问题，如住房拥挤、供水不足、通信不畅、能源紧缺、交通堵塞、风景名胜和文化古迹破坏等。

环境问题的产生，从根本上讲是经济、社会发展的伴生产物。具体可概括为以下几个方面：

（1）由于人口增加对环境造成的巨大压力。

（2）伴随人类的生产、生活活动产生的环境污染。

（3）人类在开发建设活动中造成的生态破坏的不良变化。

（4）由于人类的社会活动，如军事活动、旅游活动等，造成的人文遗迹，风景名胜区、自然保护区的破坏，珍稀物种的灭绝以及海洋等自然和社会环境的破坏与污染。

12.1.3　环境问题的产生和发展

自然环境的运动，一方面有它本身固有的规律，同时也受人类活动的影响。自然的客观性质和人类的主观要求、自然的发展过程和人类活动的目的之间不可避免地存在着矛盾。

12.1.3.1　早期的环境问题

人类社会早期，因乱采、乱捕破坏人类聚居的局部地区的生物资源而引起生活资料缺乏甚至饥荒，或者因为用火不慎而烧毁大片森林和草地，迫使人们迁移以谋生存。以农业为主的奴隶社会和封建社会，在人口集中的城市，各种手工业作坊和居民随意丢弃生活垃圾，曾出现环境污染。

12.1.3.2　近代的环境问题

产业革命以后到 20 世纪 50 年代出现了大规模环境污染，局部地区的严重环境污染导致"公害"病和重大公害事件的出现。自然环境的破坏造成资源稀缺甚至枯竭，开始出现区域性生态平衡失调现象。

12.1.3.3 当代世界的环境问题

当前，普遍引起全球关注的环境问题主要有：全球气候变化、酸雨污染、臭氧层耗损、有毒有害化学品和废物越境转移和扩散、生物多样性的锐减、海洋污染等。还有发展中国家普遍存在的生态环境问题，如水污染、水资源短缺、大气污染、能源短缺、森林资源锐减、水土流失、土地荒漠化、物种加速灭绝、垃圾成灾等众多方面。

环境污染出现了范围扩大、难以防范、危害严重的特点，自然环境和自然资源难以承受高速工业化、人口剧增和城市化的巨大压力，世界自然灾害显著增加。

目前环境问题的产生有以下几点：

（1）各类生活污水、工业农业废水导致的水体污染。

（2）工业烟尘废气、交通工具产生的尾气导致的大气污染。

（3）各类噪声污染。

（4）各类残渣、重金属以及废弃物产生的污染。

（5）过度放牧以及滥砍滥伐导致的水土流失、生态环境恶化。

（6）过度开采各类地下资源导致的地层塌陷与土壤结构破坏。

（7）大量使用不可再生能源导致的能源资源枯竭。

（8）从油船与油井漏出来的原油，农田用的杀虫剂和化肥，工厂排出的污水，矿场流出的酸性溶液，它们使得大部分的海洋湖泊都受到污染，不但海洋生物受害，鸟类和人类也可能因吃了这些生物而中毒，并进入生物链。

（9）由于人类活动而造成物料、人体、场所、环境介质表面或者内部出现超过国家标准的放射性物质或者射线。

部分环境污染问题，如图 12-1 所示。

12.1.4 环境问题的特点

全球环境问题虽然是各国各地环境问题的延续和发展，但它不是各国家或地区环境问题的相加之和，因而在整体上表现出其独特的特点。

（1）全球化：过去的环境问题虽然发生在世界各地，但其影响范围、危害对象或产生的后果主要集中在污染源附近或特定的生态环境中，其影响空间有限。而全球性环境问题，其影响范围扩大到全球。原因如下：

1）一些环境污染具有跨国、跨地区的流动性，如一些国际河流，上游国家造成的污染可能危及下游国家；一些国家大气污染造成的酸雨，可能会降到别国等。

2）当代出现的一些环境问题，如气候变暖、臭氧层空洞等，其影响的范围是全球性的，它们产生的后果也是全球性的。

3）当代许多环境问题涉及高空、海洋甚至外层空间，其影响的空间尺度已远非农业社会和工业化初期出现的一般环境问题可比，具有大尺度、全球性的特点。

（2）综合化：过去，人们主要关心的环境问题是环境污染对人类健康的影响问题。而全球环境问题已远远超过这一范畴而涉及人类生存环境和空间的各个方面，如森林锐减、草场退化、沙漠扩大、沙尘暴频繁发生、大气污染、物种减少、水资源危机、城市化问题

图 12-1　部分环境问题
（a）生活污水；（b）工业烟尘废气；（c）过度放牧；（d）游船泄漏

等，已深入到人类生产、生活的各个方面。因此，解决当代全球环境问题不能只简单地考虑本身的问题，将某一区域、流域、国家乃至全球作为一个整体，综合考虑自然发展规律、贫困问题与经济的可持续发展、资源的合理开发与循环利用、人类人文和生活条件的改善与社会和谐等问题，这是一个复杂的系统工程，要解决好，需要考虑各方面的因素。

（3）社会化：过去，关心环境问题的人主要是科技界的学者、环境问题发生地受害者以及相关的保护机构和组织、如绿色和平组织等。而当代环境问题已影响到社会的各个方面，影响到每个人的生存与发展。因此，当代环境问题已绝不是限于少数人、少数部门关心的问题，为全社会共同关心的问题。

（4）高科技化：随着当代科学技术的迅猛发展，由高新技术引发的环境问题越来越多。如核事故引发的环境问题、电磁波引发的环境问题、噪声引发的环境问题、超音速飞机引发的臭氧层破坏航天飞行引发太空污染等，这些环境问题技术含量高、影响范围广、控制难、后果严重，引起世界各国的普遍关注。

（5）累积化：虽然人类已进入现代文明时期，进入后工业化、信息化时代，但历史上不同阶段所面临的环境问题在当今地球上依然存在并影响久远。同时，现代社会又产生了一系列新的环境问题。因为很多环境问题的影响周期比较长，所以形成了各种环境问题在地球上日积月累、组合变化、集中暴发的复杂局面。

（6）政治化：随着环境问题的日益严重和全社会对环境保护认识的提高，各个国家也越来越重视环境保护。因此，当代的环境问题已不再是单纯的技术问题，而成为国际政治、各国国内政治的重要问题。其主要表现在：

1）环境问题已成为国际合作和国际交流的重要内容。

2）环境问题已成为国际政治斗争的导火索之一，如各国在环境责任和义务的承担、污染转嫁等问题上经常产生矛盾并引起激烈的政治斗争。

3）世界上已出现了一些以环境保护为宗旨的组织，如绿色和平组织等，这些组织在国际政治舞台上已占有一席之地，成为一股新的政治势力。

总之，环境问题已成为需要国家通过其根本大法、国家规划和综合决策进行处理的国家大事，成为评价政治人物、政党政绩的重要内容，也已成为社会环境是否安定、政治是否开明的重要标志之一。

12. 2　环境与健康

12. 2. 1　人类和环境的关系

人类生命始终处于一定的自然环境、社会环境及人为环境中，经常受物质和精神心理的双重因素影响。人类为了生存发展，提高生活质量、维护和促进健康，需要充分开发利用环境中的各种资源，但是也会由于自然因素和人类社会行为的作用，使环境受到破坏，使人体健康受到影响。当这种破坏和影响在一定限度内时，环境和人体所具有的调节功能有能力使失衡的状态恢复原有的面貌；如果超过环境和机体所能承受的限度，可能造成生态失衡及机体生理功能破坏，其而导致人类健康近期和远期的危害。因此人类应该通过提高自己的环境意识，认清环境与健康的关系，规范自己的社会行为（防止环境污染，保持生态平衡，促进环境生态向良性循环发展），建立保护环境的法规和标准，避免环境退化和失衡，这是正确处理人类与环境关系的重要准则。

12. 2. 2　环境污染的危害

环境污染会给生态系统造成直接的破坏和影响，如沙漠化、森林破坏，也会给生态系统和人类社会造成间接的危害，有时这种间接的环境效应的危害比当时造成的直接危害更大，也更难消除。例如，温室效应、酸雨和臭氧层破坏就是由大气污染衍生出的环境效应。这种由环境污染衍生的环境效应具有滞后性，往往在污染发生的当时不易被察觉或预料到，然而一旦发生就表示环境污染已经发展到相当严重的地步。当然，环境污染的最直接、最容易被人所感受的后果是使人类环境的质量下降，影响人类的生活质量、身体健康和生产活动。例如城市的空气污染造成空气污浊，人们的发病率上升等等；水污染使水环境质量恶化，饮用水源的质量普遍下降，威胁人的身体健康等。严重的污染事件不仅带来健康问题，也造成社会问题。随着污染的加剧和人们环境意识的提高，由于污染引起的人群纠纷和冲突逐年增加。

12. 2. 2. 1　环境污染对生物的不利影响

环境污染对生物的生长发育和繁殖具有十分不利的影响，污染严重时，生物在形态特征、生存数量等方面都会发生明显的变化。下面分别讲述环境污染在酸雨、有害化学药品、重金属和水体富营养化四个方面对生物的危害：

（1）酸雨对生物的危害。酸雨使土壤和河流酸化，并且经过河流汇入湖泊，导致湖泊酸化。湖泊酸化以后不仅使生长在湖中和湖边的植物死亡，而且威胁着湖鱼、虾和贝类的生存，从而破坏湖泊中的食物链，最终可以使湖泊变成"死湖"。酸雨还直接危害陆生植物的叶和芽，使农作物和树木死亡。

（2）有害化学药品对生物的危害。农药是一类常见的有害化学药品。人们在利用农药杀灭病菌和害虫时，也会造成环境污染，对包括人类在内的多种生物造成危害。许多农药是不易分解的化合物，被生物体吸收以后，会在生物体不断积累，致使这类有害物质在生物体的含量远远超过在外界环境中的含量，这种现象称为生物富集作用。生物富集作用随着食物链的延长而加强。

（3）重金属对生物的危害。有些重金属如 Mn、Cu、Zn 等是生物体生命活动必需的微量元素，但是大部分重金属如 Hg、Pb 等对生物体的生命活动有毒害作用。生态环境中的 Hg、Pb 等重金属，同样可以通过生物富集作用在生物体大量浓缩，从而产生严重的危害。

（4）富营养化对生物的危害。富营养化致使鱼类和其他水生生物大量死亡，池塘和湖泊的富营养化不仅影响水产养殖业，而且会使水中含有亚硝酸盐等致癌物质，严重地影响人畜的安全饮水。

12.2.2.2 环境与人体健康

随着环境污染的日益严重，许多人终日呼吸着污染的空气，饮用着污染的水，吃着从污染的土壤中生长出来的农产品，耳边响着噪声。环境污染严重地威胁着人体健康。

A 大气污染与人体健康

大气污染主要是指大气的化学性污染。大气中化学性污染物的种类很多，对人体危害严重的多达几十种。我国的大气污染属于煤炭型污染，主要的污染物是烟尘和二氧化硫，此外，还有氮氧化物和一氧化碳等。这些污染物主要通过呼吸道进入人体内，不经过肝脏的解毒作用，直接由血液运输到全身。所以，大气的化学性污染对人体健康的危害很大。这种危害可以分为慢性中毒、急性中毒和致癌作用三种。

（1）慢性中毒。大气中化学性污染物的浓度一般比较低，对人体主要产生慢性毒害作用。科学研究表明，城市大气的化学性污染是慢性支气管炎、肺气肿和支气管哮喘等疾病的重要诱因。

（2）急性中毒。在工厂大量排放有害气体并且无风、多雾时，大气中的化学污染物不易散开，就会使人急性中毒。例如，1961 年，日本四日市的三家石油化工企业，因为不断地大量排放二氧化硫等化学性污染物，再加上无风的天气，致使当地居民哮喘病大量发生（如图 12-2 所示）。后来，当地的这种大气污染得到了治理，哮喘病的发病率也随着降低了。

（3）致癌作用。大气中化学性污染物中具有致癌作用的有多环芳烃类和含 Pb 的化合物等，其中 3,4-苯并芘引起肺癌的作用最强烈。燃烧的煤炭、行驶的汽车和香烟的烟雾中都含有很多的 3,4-苯并芘。大气中的化学性污染物，还可以降落到水体和土壤中以及农作物上，被农作物吸收和富集后，进而危害人体健康。

大气污染还包括大气的生物性污染和大气的放射性污染。大气的生物性污染物主要有病原菌、霉菌孢子和花粉。病原菌能使人患肺结核等传染病，霉菌孢子和花粉能使一些人产生过敏反应。大气的放射性污染物，主要来自原子能工业的放射性废弃物和医用 X 射线

图 12-2 日本四日市事件

源等，这些污染物容易使人患皮肤癌和白血病等。

B 水污染与人体健康

河流、湖泊等水体被污染后，对人体健康会造成严重的危害，这主要表现在以下三个方面：

（1）饮用污染的水和食用污水中的生物，能使人中毒，甚至死亡。例如，1956 年，日本熊本县的水俣湾地区出现了一些病因不明的患者，患者有痉挛、麻痹、运动失调、语言和听力发生障碍等症状，最后因无法治疗而痛苦地死去，人们称这种怪病为水俣病。科学家们后来研究清楚了这种病是由当地含 Hg 的工业废水造成的。Hg 转化成甲基汞后，富集在鱼、虾和贝类的体内，人们如果长期食用这些鱼、虾和贝类，甲基汞就会引起以脑细胞损伤为主的慢性甲基汞中毒。孕妇体内的甲基汞，甚至能使患儿发育不良、智能低下和四肢变形。

（2）被人畜粪便和生活垃圾污染了的水体，能够引起病毒性肝炎、细菌性痢疾等传染病，以及血吸虫病等寄生虫疾病。

（3）一些具有致癌作用的化学物质，如砷、铬、苯胺等污染水体后，可以在水体中的悬浮物、底泥和水生生物体内蓄积。长期饮用这样的污水，容易诱发癌症。

C 固体废弃物污染与人体健康

固体废弃物是指人类在生产和生活中丢弃的固体物质，如采矿业的废石，工业的废渣，废弃的塑料制品，以及生活垃圾等。应当认识到，固体废弃物只是在某一过程或某一方面没有使用价值，实际上往往可以作为另一生产过程的原料被利用，因此，固体废弃物又叫"放在错误地点的原料"。但是，这些"放在错误地点的原料"，往往含有多种对人体健康有害的物质，如果不及时加以利用，长期堆放，越积越多，就会污染生态环境，对人体健康造成危害。

D 噪声污染与人体健康

噪声对人的危害包括以下几个方面：

（1）损伤听力。长期在强噪声中工作，听力就会下降，甚至造成噪声性耳聋。

（2）干扰睡眠。当人的睡眠受到噪声的干扰时，就不能消除疲劳、恢复体力。

（3）诱发多种疾病。噪声会使人处在紧张状态，致使心率加快、血压升高，甚至诱发胃肠溃疡和内分泌系统功能紊乱等疾病。

（4）影响心理健康。噪声会使人心情烦躁，不能集中精力学习和工作，并且容易引发工伤和交通事故。因此，我们应当采取多种措施，防治环境污染，使包括人类在内的所有生物都生活在美好的生态环境下。

12.2.2.3 环境污染对生物的影响

环境污染往往具有使人或哺乳动物致癌、致突变和致畸的作用，统称"三致作用"。"三致作用"的危害，一般需要经过比较长的时间才显露出来，有些危害甚至影响到后代。

（1）致癌作用。致癌作用是指导致人或哺乳动物患癌症的作用。早在 1775 年，英国医生波特就发现清扫烟囱的工人易患阴囊癌，他认为患阴囊癌与经常接触煤烟灰有关。1915 年，日本科学家通过实验证实，煤焦油可以诱发皮肤癌。污染物中能够诱发人或哺乳动物患癌症的物质叫作致癌物。致癌物可以分为化学性致癌物（如亚硝酸盐、石棉和生产蚊香用的双氯甲醚）、物理性致癌物（如镭的核聚变物）和生物性致癌物（如黄曲霉毒素）三类。

（2）致突变作用。致突变作用是指导致人或哺乳动物发生基因突变、染色体结构变异或染色体数目变异的作用。人或哺乳动物的生殖细胞如果发生突变，可以影响妊娠过程，导致不孕或胚胎早期死亡等。人或哺乳动物的体细胞如果发生突变，可以导致癌症的发生。常见的致突变物有亚硝胺类、甲醛、苯和敌敌畏等。

（3）致畸作用。致畸作用是指作用于妊娠母体，干扰胚胎的正常发育，导致新生儿或幼小哺乳动物先天性畸形的作用。20 世纪 60 年代初，西欧和日本出现了一些畸形新生儿。科学家们经过研究发现，原来孕妇在怀孕后的 30~50 天内，服用了一种叫作"反应停"的镇静药，这种药具有致畸作用。目前已经确认的致畸物有甲基汞和某些病毒等。

综上所述，环境污染的危害是巨大的，涉及面广，危害程度大，侵袭性强，且难以治理。我们必须做好每一步防止环境污染工作，坚持预防为主，防治结合，综合治理的原则，真正地把环境保护与治理同经济、社会持续发展相协调。

12.3 环境方针政策及管理制度

12.3.1 中国环境保护的基本方针

12.3.1.1 中国环境保护基本情况

我国环境保护起于 20 世纪 70 年代初，也经历了从认识到实践的不同阶段和过程。

第一阶段是从 1972 年我国派代表团参加人类环境会议，1973 年国务院召开第一次全国环境保护会议，提出环保工作 32 字方针，到党的十一届三中全会。

第二阶段是从党的十一届三中全会到 1992 年，把保护环境确立为基本国策，提出环境管理八项制度。

从 1992 年到 2002 年是第三阶段：把实施可持续发展确立为国家战略，制定实施《中国 21 世纪议程》，大力推进污染防治。

　　第四阶段是 2002 年到 2012 年这 10 年，以科学发展观为指导，加快推进环境保护历史性转变，让江河湖泊休养生息，积极探索环境保护新道路，努力构建资源节约型、环境友好型社会。

　　第五阶段是党的十八大以来，将生态文明建设纳入中国特色社会主义事业总体布局，要求大力推进生态文明建设，努力建设美丽中国，实现中华民族永续发展的阶段。

12.3.1.2　中国环境保护的"三十二字"方针

　　中国环境保护工作方针是："全面规划，合理布局，综合利用，化害为利，依靠群众，大家动手，保护环境，造福人民。"这条方针是 1972 年中国在联合国人类环境会议上提出的，在 1973 年举行的中国第一次环境保护会议上得到了确认，并写入 1979 年颁布的《中华人民共和国环境保护法（试行）》。

　　"三十二字"方针指明了环境保护是国民经济发展规划的一个重要组成部分，必须纳入国家的、地方的和部门的社会经济发展规划，做到经济与环境的协调发展；在安排工业、农业、城市、交通、水利等工程项目建设事业时，必须充分注意对环境的影响，既要考虑近期影响，又要考虑长期影响；既要考虑经济效益和社会效益，又要考虑环境效益；全面调查，综合分析，做到合理布局；对工业、农业、人民生活排放的污染物，不是消极的处理，而是要开展综合利用，做到化害为利，变废为宝；依靠人民群众保护环境，发动各部门、各企业治理污染，使环境的专业管理与群众监督相结合，使实行法制与人民群众自觉维护相结合，把环境保护事业作为全国人民的事业；保护环境是为国民经济健全持久的发展和为广大人民群众创造清洁优美的劳动和生活环境服务，为当代人和子孙后代造福。这一方针是符合中国当时国情和环境保护实际的，在相当长一段时间对我国环境保护起积极作用。

12.3.1.3　环境保护的"三同步、三统一"方针

　　1983 年召开第二次全国环境保护会议，会议在总结环保工作开展十年来经验教训基础上，首次系统确定中国环境保护政策大政方针。同时，会议提出了"三同步、三统一"的环保方针。

　　三同步是指经济建设、城乡建设、环境建设同步规划、同步实施、同步发展。三统一是指经济效益、社会效益和环境效益的统一。"三同步"是制定环境保护规划、确定政策、提出措施以及组织实施的出发点和落脚点，明确指出要把环境污染和生态破坏解决在经济建设和社会建设过程之中；"三统一"是贯穿于"三同步"的一条基本原则，旨在克服只顾经济发展的观点，强调整体的综合利益，也可以认为是各项工作的一条基本准则。

12.3.2　中国环境保护的政策

12.3.2.1　环境保护是我国的一项基本国策

　　所谓国策，是建国之策、治国之策、兴国之策。只有对国家经济建设、社会发展和人民生活具有全局性、长期性和决定性影响的谋划和策略，才可称为国策。把保护环境确定为一项基本国策，有以下几方面原因：

　　（1）环境是人类生存的基本条件，是经济发展的物质基础。我国是一个拥有十多亿人口的社会主义大国，经济要发展，众多的人口要穿衣吃饭，要提高生活水平，都要依赖于

自然资源的科学合理开发和利用，依赖于建设一个良好的自然生态环境。我国自然资源总量虽多，但由于人口众多，按人均占有量计算远远低于世界平均水平，一些地方的环境问题正逐步显现，这就决定了我国必须采取十分珍惜自然资源、科学合理开发利用自然资源、保护生态环境的政策。

（2）长期以来，由于人们对环境问题认识不足，对环境保护重视不够，造成了十分严重的人为的环境污染和自然生态破坏。土地沙化、水土流失、森林减少、植被破坏、水资源短缺、沙尘暴肆虐、大气和水遭受严重污染，这一系列的环境问题，不仅直接影响人民的生活和健康，威胁着人类的生存和发展，而且也成为经济发展的制约因素。

（3）当前，我国正致力于大规模发展经济建设，把经济搞上去，是全党的中心任务。经济要发展，人民生活要提高，势必加快对自然资源的开发利用，给环境带来很大的压力。在这样的形势下，我们必须保持头脑清醒，在各项开发建设中，在重大的经济决策中，都要十分重视保护环境，维护自然生态平衡，绝不能掉以轻心。否则，就有可能造成在决策和工作上的重大失误，给环境造成灾难性而又难以弥补的严重破坏，使人类遭受大自然的报复带来的严重损失，付出重大代价。

（4）我国是社会主义国家，发展生产的目的是不断提高人民的物质和文化生活水平，把国家建设得繁荣昌盛，使人民安居乐业。经济要发展，环境要保护，这是人民的根本利益所在，是社会主义制度优越性的体现。因此，在任何情况下，我们都要在发展经济的基础上，不断改善人民的生活环境，避免环境公害的发生，并为后代人的建设和发展保留充足的自然资源，创造一个良好的生态环境。这是我们党和政府义不容辞的责任。

总之，人口众多和资源短缺的国情，环境污染和破坏严重的现实，经济发展和社会主义现代化建设长远发展的需要，可持续发展的战略目标的实现，人民的根本利益和社会主义性质，都决定了我们必须把环境保护作为社会主义现代化建设的一项战略任务放到基本国策的地位，常抓不懈。

12.3.2.2　中国环境保护的基本政策

中国环境保护的基本政策包括"预防为主、防治结合、综合治理"政策、"谁污染，谁治理"政策，"强化环境管理"政策，简称环境保护"三大政策"。这三大政策是以中国基本国情为出发点，以解决环境问题为基本前提，在总结中国环境保护实践经验和教训的基础上制定的具有中国特色的环境保护政策。

A　"预防为主"政策

这一政策的基本思想是把消除污染、保护生态措施贯彻在经济开发和建设过程之前或之中，从根本上消除产生环境问题的根源，从而减轻事后治理所要付出的代价。贯彻预防为主政策，主要包括以下几方面内容：

（1）按照"三同步、三统一"方针，把环境保护纳入国民经济和社会发展计划之中进行综合平衡，这是从宏观层次上贯彻预防为主的环境政策的先决条件。

（2）环境保护与产业结构调整、优化资源配置相结合，促进经济增长方式的转变，这是从宏观和微观两个层次上贯彻预防为主环境政策的根本保证。

（3）建设项目的环境管理，严格控制新污染源的产生，这是从微观层次上贯彻预防为主环境政策的关键。从建设项目管理入手，实施全过程控制，从源头解决环境问题、减少污染治理和生态保护所付出的沉重代价，转变所有发达国家都走过的"先污染、后治理"的环境保护道路。

B "谁污染，谁治理"政策

20世纪70年代初，经济合作与发展组织（OECD）将日本环境政策中的"污染者担"作为一项经济原则提出，因为实行这一原则可以促进合理利用资源，防止并减轻环境损害，实现社会公平。所以这一原则被世界上许多国家采取。中国"谁污染，谁治理"政策也从这一原则引申而来。

"谁污染，谁治理"的政策思想是：治理污染、保护环境是生产者不可推卸的责任和义务，由污染产生的损害以及治理污染所需要的费用，都必须由污染者承担和补偿，从而使外部不经济性内化到企业的生产中去。这项政策明确了经济行为主体的环境责任，开辟了环境治理的资金来源，其主要内容包括：对超过排放标准向大气、水体等排放污染物的企事业单位征收超标排污费，专门用于防治污染；对严重污染的企事业单位实行限期治理；结合技术改造防治工业污染。

C "强化环境管理"政策

三大政策中核心是强化环境管理。强化环境管理政策提出的背景，是基于当时的两个重要事实：一是没有足够的经济和科技实力治理污染，二是现有的许多环境问题是因为管理不善造成的。

强化环境管理政策的主要目的是通过强化政府和企业的环境治理责任，控制和减少因管理不善带来的环境污染和破坏。其主要措施有：逐步建立和完善环境保护法规与标准体系，建立健全各级政府的环境保护机构及国家和地方监测网络；实行地方各级政府环境目标责任制；对重要城市实行环境综合整治定量考核。

12.3.3 中国环境管理制度

环境管理是国家环境保护部门的基本职能。国家环境保护部门运用经济、法律、技术、行政、教育等手段，限制和控制人类损害环境质量、协调社会经济发展与保护环境、维护生态平衡之间关系的一系列活动。环境管理的目的是保证经济得到长期稳定增长的同时，使人类有一个良好的生存和生产环境。一般说来，社会经济发展对生态平衡的破坏和造成的环境污染，主要是由于管理不善造成的。

由于环境管理的内容涉及土壤、水、大气、生物等各种环境因素，环境管理的领域涉及经济、社会、政治、自然、科学技术等方面，环境管理的范围涉及国家的各个部门，所以环境管理具有高度的综合性。

《中华人民共和国环境保护法》第四章对我国长期以来实行的行之有效的环境管理制度进行了总结，并作出了11条规定。目前我国环境管理的制度措施主要有八项，即：环境影响评价制度、"三同时"制度、排污收费制度、环境保护目标责任制、城市环境综合整治定量考核制度、排污许可证制度、污染集中控制制度、污染源限期治理制度。下面重点介绍环境影响评价制度、"三同时"制度、排污收费制度、城市环境综合整治定量考核制度和排污许可证制度五项。

12.3.3.1 环境影响评价制度

为加强建设项目环境保护管理，严格控制新的污染，保护和改善环境，1986年3月

26 日全国环境保护委员会、国家计划委员会、国家经济委员会颁布了《建设项目环境保护管理办法》，共 25 条，附录为"项目环境影响报告书内容提要"。该办法适用于中国领域内的工业、交通、水利、农林、商业、卫生、文教、科研、旅游、市政等对环境有影响的一切基本建设项目和技术改造项目，以及区域开发建设项目。它规定凡从事对环境有影响的建设项目都必须执行环境影响报告书的审批制度。各级人民政府的环境保护部门对建设项目的环境保护实施统一的监督管理，各级计划、土地管理、基建、技改、银行、物资、工商行政部门都应结合该规定将建设项目的环境保护管理工作纳入工作计划。执行防治污染及其他公害的设施与主体工程同时设计、同时施工、同时投产使用的"三同时"制度；对扩建、改建、技改工程必须对原有污染在经济合理条件下同时进行治理。建设项目建成后其污染物的排放必须达到国家或地方规定的标准和符合环境保护的有关法规。该办法还具体规定了对建设项目环境保护有关法规。该办法还具体规定了对建设项目环境影响报告书的编制要求，审批权限，以及对从事环境影响评价的单位实施资格审查的制度。

这项制度主要包括以下几个方面：

（1）规定了环境影响评价的适用范围，即对环境有影响的新建、改建、扩建、技术改造项目以及一切引进项目，包括区域建设项目都必须执行环境影响报告书审批制度。

（2）规定了评价的时机，即建设项目环境影响评价报告书（报告表）必须在项目的可行性研究阶段完成。

（3）规定了负责提出环境影响报告书的主体，即开发建设单位。

（4）规定了环境影响评价报告书和环境影响评价报告表的基本内容。

（5）规定了环境影响评价的程序，包括填写环境影响报告表或编报环境影响报告书的项目筛选程序；环境影响评价的工作程序和环境影响报告书的审批程序。

（6）规定了承担评价工作单位和资格审查制度。

（7）规定了环境影响评价的资金来源和工作费用的收取。

（8）规定了其他配套措施，如"三同时"制度等。

12.3.3.2　"三同时"制度

所谓"三同时"是指新扩改项目和技术改造项目的环保设施要与主体工程同时设计、同时施工、同时投产。"三同时"制度是我国早期一项环境管理制度，它来自 70 年代初防治污染工作的实践。这项制度的诞生标志着我国在控制新污染的道路上迈上了新的台阶。在全面总结实践经验和教训的基础上，1986 年又对其进行了修改和完善，并在《建设项目环境保护管理办法》中具体规定了"三同时"内容。

12.3.3.3　排污收费制度

《环境保护法》第 28 条规定："排放污染物超过国家或者地方规定排放标准的企业事业单位，依照国家缴纳超标准排污费"，征收的超标排污费必须用于污染的防治，不得挪做他用。《水污染防治法》第 15 条又进一步规定："企业事业单位向水体排放污染物（不超标的污水）的，按照国家规定缴纳排污费"。

12.3.3.4　城市环境综合整治定量考核制度

城市环境综合整治，就是把城市环境作为一个系统，一个整体，运用系统工程的理论和方法，采取多功能、多目标、多层次的综合的战略、手段和措施，对城市环境进行综合规划、综合管理、综合控制，以较小的投入，换取城市环境质量最优化，做到"经济建设、城乡建设，环境建设同步规划、同步实施、同步发展"，以使复杂的城市环境问题得到有效的解决。

城市环境综合整治定量考核是由城市环境综合整治的实际需要而产生的，它不仅使城市环境综合整治工作定量化、规范化，而且增强了透明度，引入了社会监督的机制。因此，这项制度的实施使环保工作切实纳入了政府的议事日程。

12.3.3.5 排污许可证制度

排污许可证制度是以改善环境质量为目标，以污染物总量控制为基础，对排污的种类、数量、性质、去向、方式等的具体规定，是一项具有法律含义的行政管理制度。

A 排污申报登记

排污申报登记是排污许可证的基础工作。目前，各地一般要求申报如下内容：（1）排污单位的基本情况；（2）生产工艺、产品和材料消耗情况（包括用水量、用煤量）；（3）污染排放状况（包括排放种类、排放去向、排放强度）；（4）污染处理设施建设、运行情况；（5）排污单位的地理位置和平面示意图。

各单位的申报登记表齐备后，环保部门组织汇总建档。汇总的主要内容应有：（1）各类污染物日排放量；（2）各类污染物年排放总量；（3）按污染物排放量大小对申报单位排序编号；（4）绘制区域性污染物排放状况示意图，提出各排污口位置、排放污染物种类、数量、浓度等；（5）对各申报单位的排污情况进行系统分析，确定重点污染物控制对象；（6）建立污染申报登记档案库。

B 污染物排放总量指标的规划分配

确定污染物排放总量控制指标后，分配污染物总量削减指标是发放和管理排污许可证最核心的工作。一个地区要想科学地确定污染物排放总量控制指标，并合理地分配污染物削减指标，就必须对当地的环境目标、经济发展、财政实力、治理技术等因素，进行综合考虑和分析。大气污染总量控制主要考虑能源结构、能源消耗量及燃烧方式等因素；水污染物总量控制主要考虑流域、区域水量水质等状况，总用水量和总排水量等因素；固体废弃物排放种类和总量，以及运输等因素。

C 审核发证

排污许可证的审批，主要是对排污量、排放方式、排放去向、排放口位置、排放时间加以限制。每个污染源分配的排污量之和必须与问题控制指标相一致，并留有一定的余地。在这一阶段的工作中，需要确定排污许可证的类型（临时或正式两种），与领取排污许可证的企业协商对话，最后颁发许可证。颁发许可证可以采取公开、公证形式，赋予其严肃性。排污许可证的审核颁发工作，应由专人管理，从申请、审核、批准到变更均应建立完整的工作程序。

D 许可证的监督管理

（1）建立健全管理体系。应从人员结构、职能、管理制度和程序等方面考虑，建立一整套许可证管理体系，整个体系应具备组织严密、管理灵活、运行可靠的特点，确保许可证制度发挥应有的作用。

（2）制定相应的管理制度，主要从两个方面去考虑：一是从许可证制度的协调关系考虑，如许可证制度与"三同时"和排污收费的协调关系等；二是从许可证制度本身出现的一些客观问题去考虑，如总量指标的确定，指标分配和有偿转让等问题。

（3）问题监督规范化，抽查监督制度化。在推行过程中，要抓住总量计量与监督检查这两个中心环节。要完善各排污口的总量计量系统，并统一总量计量技术；此外，环保部门要加强监督性检查，并使之经常化、制度化。

12.4　环境保护法

12.4.1　立法概述

《中华人民共和国环境保护法》（以下简称《环保法》）是为保护和改善环境，防治污染和其他公害，保障公众健康，推进生态文明建设，促进经济社会可持续发展，制定的法律。由中华人民共和国第十二届全国人民代表大会常务委员会第八次会议于 2014 年 4 月 24 日修订通过，自 2015 年 1 月 1 日起施行。

修订后的《环保法》，充分体现了国家生态文明建设的要求，是目前现行法律中最严格的一部专业领域行政法，是针对目前我国严峻环境现实的一记重拳，是在环境保护领域内的重大制度建设，对于环保工作以及整个环境质量的提升将产生重要作用。

12.4.2　环境保护法的主要内容

修订后的《环保法》共七章七十条，主要内容包括以下几方面。

12.4.2.1　强化了环境保护的战略地位

新《环保法》增加规定"保护环境是国家的基本国策"，并明确"环境保护坚持保护优先、预防为主、综合治理、公众参与、污染者担责"的原则。另外，新《环保法》在第一条立法目的中增加"推进生态文明建设，促进经济社会可持续发展"的规定，并进一步明确"国家支持环境保护科学技术的研究、开发和应用，鼓励环境保护产业发展，促进环境保护信息化建设，提高环境保护科学技术水平。"这些规定进一步强化了环境保护的战略地位，将环境保护融入经济社会发展。

12.4.2.2　突出强调了政府监督管理责任

原《环保法》关于政府责任仅有一条原则性规定，新《环保法》将其扩展增加为"监督管理"一章，突出强调了政府对环境保护的监督管理职责。具体体现在下面几个方面：

（1）在监督管理措施方面，进一步强化了地方各级人民政府对环境质量的责任。增加规定，地方各级人民政府应当对本行政区域的环境质量负责。未达到国家环境质量标准的重点区域、流域的有关地方人民政府，应当制定限制达标规划，并采取措施按期达标。

（2）在政府对排污单位的监督方面，针对当前环境设施不依法正常运行、监测记录不准确等比较突出的问题，新《环保法》第二十四条规定，县级以上人民政府环境保护主管部门及其委托的环境监察机构和其他负有环境保护监督管理职责的部门，有权对排放污染物的企业事业单位和其他生产经营者进行现场检查。

（3）在上级政府机关对下级政府机关的监督方面，加强了地方政府对环境质量的责任。同时，增加规定了环境保护目标责任制和考核评价制度，并规定了上级政府及主管部门对下级部门或工作人员工作监督的责任。

（4）对于履职缺位和不到位的官员，新《环保法》规定了处罚措施。新《环保法》第六十九条规定，领导干部虚报、谎报、瞒报污染情况，将会引咎辞职。出现环境违法事件，造成严重后果的，地方政府分管领导、环保部门等监管部门主要负责人，要承担相应的刑事责任。

12.4.2.3　建立了环境监测和预警机制

近年来，以雾霾为首的恶劣天气增多，雾霾成为一些城市的最大危害。新《环保法》对雾霾等大气污染，作出了有针对性的规定。

（1）国家建立健全环境与健康监测、调查和风险评估制度。鼓励和组织开展环境质量对公众健康影响的研究，采取措施预防和控制与环境污染有关的疾病。

（2）国家建立环境污染公共监测预警的机制。县级以上人民政府建立环境污染公共预警机制，组织制定预警方案；环境受到污染，可能影响公众健康和环境安全时，依法及时公布预警信息，启动应急措施。

（3）国家建立跨行政区域的重点区域、流域环境污染和生态破坏联合防治协调机制。

12.4.2.4　划定了生态保护红线

作为保护我国生态资源的重要方式，生态保护红线受到社会各界的广泛关注。国家在重点生态功能区、生态环境敏感区和脆弱区等区域，划定生态保护红线，实行严格保护，是非常必要的。新《环保法》首次将生态保护红线写入法律。国家在重点生态保护区、生态环境敏感区和脆弱区等区域，划定生态保护红线，实行严格保护。新《环保法》同时规定，省级以上人民政府应当组织有关部门或者委托专业机构，对环境状况进行调查、评价，建立环境资源承载能力监测预警机制。

12.4.2.5　扩大了环境公益诉讼主体

扩大环境公益诉讼主体的规定，是借鉴了国际惯例。国际上对诉讼主体的要求是由环境公益诉讼的性质和作用来决定的。由于专业性比较强，要求起诉主体对环境的问题比较熟悉，要具有一定的专业性和诉讼能力和比较好的社会公信力，或者说宗旨是专门从事环境保护工作，要致力于公益性的活动，不牟取经济利益的社会组织，才可以提起公益诉讼。

在我国，增强公众保护环境的意识，树立环境保护的公众参与理念，及时发现和制止环境违法行为，具有十分重要的意义和作用。新《环保法》第五十八条扩大了环境公益诉讼的主体，规定凡依法在设区的市级以上人民政府民政部门登记的，专门从事环境保护公益活动连续五年以上且信誉良好的社会组织，都能向人民法院提起诉讼。

12.4.2.6　加大了违法成本

新《环保法》被称为"史上最严环保法"，其针对企业事业单位和其他经营者环境违法行为规定如下处理措施：

（1）设备扣押。新《环保法》第二十五条规定，企业事业单位和其他生产经营者违反法律法规规定排放污染物，造成或者可能造成严重污染的，县级以上人民政府环境保护主管部门和其他负有环境保护监督管理职责的部门，可以查封、扣押造成污染物排放的设施、设备。

（2）按日计罚。多年来，国家环境立法不少，但由于违法成本低，对违规企业的经济处罚并未取得应有的震慑效果，导致法律法规并未起到真正的约束作用。新《环保法》第五十九条规定，企业事业单位和其他生产经营者违法排放污染物，受到罚款处罚，被责令改正，拒不改正的，依法作出处罚决定的行政机关可以自责令改正之日的次日起，按照原处罚数额按日连续处罚。前款规定的罚款处罚，依照有关法律法规按照防治污染设施的运行成本、违法行为造成的直接损失或者违法所得等因素确定的规定执行。地方性法规可以根据环境保护的实际需要，增加第一款规定的按日连续处罚的违法行为的种类。

"按日计罚"是针对企业拒不改正超标问题等比较常见的违法现象采取的措施，目的就是加大违法成本，在中国现行行政法规体系里，这是一个创新性的行政处罚规则。环保部门在决定罚款时，应考虑企业污染防治设施的运行成本、违法行为造成的危害后果以及违法所得等因素，来决定罚款数额。

（3）停业关闭。新《环保法》第六十条规定，企业事业单位和其他生产经营者超过污染物排放标准或者超过重点污染物排放总量控制指标排放污染物的，县级以上人民政府环境保护主管部门可以责令其采取限制生产、停产整治等措施；情节严重的，报经有批准权的人民政府批准，责令其停业、关闭。

（4）行政责任。新《环保法》第六十三条规定，企业事业单位和其他生产经营者有下列行为之一，尚不构成犯罪的，除依照有关法律法规规定予以处罚外，由县级以上人民政府环境保护主管部门或者其他有关部门将案件移送公安机关，对其直接负责的主管人员和其他直接责任人员，处十日以上十五日以下拘留；情节较轻的，处五日以上十日以下拘留：1）建设项目未依法进行环境影响评价，被责令停止建设，拒不执行的；2）违反法律规定，未取得排污许可证排放污染物，被责令停止排污，拒不执行的；3）通过暗管、渗井、渗坑、灌注或者篡改、伪造监测数据，或者不正常运行防治污染设施等逃避监管的方式违法排放污染物的；4）生产、使用国家明令禁止生产、使用的农药，被责令改正，拒不改正的。

（5）侵权责任。新《环保法》第六十四条规定，因污染环境和破坏生态造成损害的，应当依照《中华人民共和国侵权责任法》的有关规定承担侵权责任。

（6）连带责任。新《环保法》第六十五条规定，环境影响评价机构、环境监测机构以及从事环境监测设备和防治污染设施维护、运营的机构，在有关环境服务活动中弄虚作假，对造成的环境污染和生态破坏负有责任的，除依照有关法律法规规定予以处罚外，还应当与造成环境污染和生态破坏的其他责任者承担连带责任。

（7）刑事责任。新《环保法》第六十九条规定，违反本法规定，构成犯罪的，依法追究刑事责任。

12.5　可持续发展

12.5.1　可持续发展的概念

12.5.1.1　可持续发展的定义

A　广泛性定义

可持续发展的广泛性定义是在1987年由世界环境及发展委员会所发表的布伦特兰报

告书所载的定义，其意即：可持续发展是既满足当代人的需求，又不对后代人满足其需求的能力构成危害的发展。可持续发展与环境保护是一个密不可分的系统，既要达到发展经济的目的，又要保护好人类赖以生存的大气、淡水、海洋、土地和森林等自然资源和环境，使子孙后代能够永续发展和安居乐业。可持续发展与环境保护既有联系，又不等同。环境保护是可持续发展的重要方面。可持续发展的核心是发展，但要求在严格控制人口、提高人口素质和保护环境、资源永续利用的前提下进行经济和社会的发展。发展是可持续发展的前提；人是可持续发展的中心体；可持续长久的发展才是真正的发展。使子孙后代能够永续发展和安居乐业。也就是江泽民同志指出的："决不能吃祖宗饭，断子孙路"。

B　科学性定义

由于可持续发展涉及自然、环境、社会、经济、科技、政治等诸多方面，所以，由于研究者所站的角度不同，对可持续发展所作的定义也就不同。大致归纳如下：

（1）侧重自然方面的定义。"持续性"一词首先是由生态学家提出来的，即所谓"生态持续性"，意在说明自然资源及其开发利用程序间的平衡。1991 年 11 月，国际生态学联合会和国际生物科学联合会联合举行了关于可持续发展问题的专题研讨会。该研讨会的成果发展并深化了可持续发展概念的自然属性，将可持续发展定义为："保护和加强环境系统的生产和更新能力"，其含义为可持续发展是不超越环境承载能力和系统更新能力的发展。

（2）侧重于社会方面的定义。1991 年，由世界自然保护同盟、联合国环境规划署和世界野生生物基金会（WWF）共同发表《保护地球—可持续生存战略》，将可持续发展定义为"在生存于不超出维持生态系统涵容能力之情况下，改善人类的生活品质"，并提出了人类可持续生存的九条基本原则。

（3）侧重于经济方面的定义。爱德华-B·巴比尔在其著作《经济、自然资源：不足和发展》中，把可持续发展定义为"在保持自然资源的质量及其所提供服务的前提下，使经济发展的净利益增加到最大限度"。皮尔斯认为："可持续发展是今天的使用不应减少未来的实际收入""当发展能够保持当代人的福利增加时，也不会使后代的福利减少"。

（4）侧重于科技方面的定义。斯帕思认为："可持续发展就是转向更清洁、更有效的技术尽可能接近'零排放'或'密封式'工艺方法，尽可能减少能源和其他自然资源的消耗"。

C　综合性定义

《我们共同的未来》中对"可持续发展"定义为："既满足当代人的需求，又不对后代人满足其自身需求的能力构成危害的发展"。

1989 年"联合国环境发展会议"专门为"可持续发展"的定义和战略通过了《关于可持续发展的声明》，认为可持续发展的定义和战略主要包括四个方面的含义：（1）走向国家和国际平等；（2）要有一种支援性的国际经济环境；（3）维护、合理使用并提高自然资源基础；（4）在发展计划和政策中纳入对环境的关注和考虑。

总之，可持续发展就是建立在社会、经济、人口、资源、环境相互协调和共同发展的基础上的一种发展，其宗旨是既能相对满足当代人的需求，又不能对后代人的发展构成危害。

可持续发展注重社会、经济、文化、资源、环境、生活等各方面协调"发展"，要求这些方面的各项指标组成的向量的变化呈现单调增态势（强可持续性发展），至少其总的变化趋势不是单调减态势（弱可持续性发展）。

12.5.1.2　可持续发展的内涵、特征和原则

2002 年党的十六大把"可持续发展能力不断增强"作为全面建设小康社会的目标之一。可持续发展是以保护自然资源环境为基础，以激励经济发展为条件，以改善和提高人类生活质量为目标的发展理论和战略。它是一种新的发展观、道德观和文明观。中国可持续发展指标体系如图 12-3 所示。

图 12-3　中国可持续发展指标体系图

A　可持续发展的内涵

（1）突出发展的主题，发展与经济增长有根本区别，发展是集社会、科技、文化、环境等多项因素于一体的完整现象，是人类共同的和普遍的权利，发达国家和发展中国家都享有平等的不容剥夺的发展权利。

（2）发展的可持续性，人类的经济和社会的发展不能超越资源和环境的承载能力。

（3）人与人关系的公平性，当代人在发展与消费时应努力做到使后代人有同样的发展机会，同一代人中一部分人的发展不应当损害另一部分人的利益。

（4）人与自然的协调共生，人类必须建立新的道德观念和价值标准，学会尊重自然、师法自然、保护自然，与之和谐相处。科学发展观把社会的全面协调发展和可持续发展结合起来，以经济社会全面协调可持续发展为基本要求，指出要促进人与自然的和谐，实现

经济发展和人口、资源、环境相协调，坚持走生产发展、生活富裕、生态良好的文明发展道路，保证一代接一代地永续发展。从忽略环境保护受到自然界惩罚，到最终选择可持续发展，是人类文明进化的一次历史性重大转折。

B　可持续发展的特征

（1）可持续发展鼓励经济增长。它强调经济增长的必要性，必须通过经济增长提高当代人福利水平，增强国家实力和社会财富。但可持续发展不仅要重视经济增长的数量，更要追求经济增长的质量。这就是说经济发展包括数量增长和质量提高两部分。数量的增长是有限的，而依靠科学技术进步，提高经济活动中的效益和质量，采取科学的经济增长方式才是可持续的。

（2）可持续发展的标志是资源的永续利用和良好的生态环境。经济和社会发展不能超越资源和环境的承载能力。可持续发展以自然资源为基础，同生态环境相协调。它要求在保护环境和资源永续利用的条件下，进行经济建设，保证以可持续的方式使用自然资源和环境成本，使人类的发展控制在地球的承载力之内。要实现可持续发展，必须使可再生资源的消耗速率低于资源的再生速率，使不可再生资源的利用能够得到替代资源的补充。

（3）可持续发展的目标是谋求社会的全面进步。发展不仅仅是经济问题，单纯追求产值的经济增长不能体现发展的内涵。可持续发展的观念认为，世界各国的发展阶段和发展目标可以不同，但发展的本质应当包括改善人类生活质量，提高人类健康水平，创造一个保障人们平等、自由、教育和免受暴力的社会环境。这就是说，在人类可持续发展系统中，经济发展是基础，自然生态（环境）保护是条件，社会进步才是目的。而这三者又是一个相互影响的综合体，只要社会在每一个时间段内都能保持与经济、资源和环境的协调，这个社会就符合可持续发展的要求。显然，人类共同追求的目标，是以人为本的自然—经济—社会复合系统的持续、稳定、健康的发展。

C　可持续发展的原则

（1）公平性原则。表现为本代人之间的公平、代际间的公平和资源分配与利用的公平。可持续发展是一种机会、利益均等的发展。它既包括同代内区际间的均衡发展，即一个地区的发展不应以损害其他地区的发展为代价；也包括代际间的均衡发展，即既满足当代人的需要，又不损害后代的发展能力。该原则认为人类各代都处在同一生存空间，他们对这一空间中的自然资源和社会财富拥有同等享用权，他们应该拥有同等的生存权。因此，可持续发展把消除贫困作为重要问题提了出来，要予以优先解决，要给各国、各地区的人、世世代代的人以平等的发展权。

（2）持续性原则。人类经济和社会的发展不能超越资源和环境的承载能力。即在满足需要的同时必须有限制因素，即在"发展"的概念中包含着制约因素。主要限制因素有人口数量、环境、资源，以及技术状况和社会组织对环境满足眼前和将来需要能力施加的限制。最主要的限制因素是人类赖以生存的物质基础—自然资源与环境。因此，持续性原则的核心是人类的经济和社会发展不能超越资源与环境的承载能力，从而真正将人类的当前利益与长远利益有机结合。

（3）共同性原则。各国可持续发展的模式虽然不同，但公平性和持续性原则是共同的。地球的整体性和相互依存性决定全球必须联合起来，目的是保护我们的家园。

可持续发展是超越文化与历史的障碍来看待全球问题的。它所讨论的问题是关系到全人类的问题，所要达到的目标是全人类的共同目标。虽然国情不同，实现可持续发展的具体模式不可能是唯一的，但是无论富国还是贫国，公平性原则、持续性原则是共同的，各个国家要实现可持续发展都需要适当调整其国内和国际政策。只有全人类共同努力，才能实现可持续发展的总目标，从而将人类的局部利益与整体利益结合起来。

12.5.2　可持续发展的基本思想

（1）可持续发展并不否定经济增长。经济发展是人类生存和进步所必需的，也是社会发展和保持、改善环境的物质保障。特别是对发展中国家来说，发展尤为重要。目前发展中国家正经受贫困和生态恶化的双重压力，贫困是导致环境恶化的根源，生态恶化更加剧了贫困。尤其是在不发达的国家和地区，必须正确选择使用能源和原料的方式，力求减少损失、杜绝浪费，减少经济活动造成的环境压力，从而达到具有可持续意义的经济增长。既然环境恶化的原因存在于经济过程之中，其解决办法也只能从经济过程中去寻找。目前急需解决的问题是研究经济发展中存在的扭曲和误区，并站在保护环境，特别是保护全部资本存量的立场上去纠正它们，使传统的经济增长模式逐步向可持续发展模式过渡。

（2）可持续发展以自然资源为基础，同环境承载能力相协调。可持续发展追求人与自然的和谐。可持续性可以通过适当的经济手段、技术措施和政府干预得以实现，目的是减少自然资源的消耗速度，使之低于再生速度。如形成有效的利益驱动机制，引导企业采用清洁工艺和生产非污染物品，引导消费者采用可持续消费方式，并推动生产方式的改革。经济活动总会产生一定的污染和废物，但每单位经济活动所产生的废物数量是可以减少的。如果经济决策中能够将环境影响全面、系统地考虑进去，可持续发展是可以实现的。"一流的环境政策就是一流的经济政策"的主张正在被越来越多的国家所接受，这是可持续发展区别于传统的发展的一个重要标志。相反，如果处理不当，环境退化的成本将是十分巨大的，甚至会抵消经济增长的成果。

（3）可持续发展以提高生活质量为目标，同社会进步相适应。单纯追求产值的增长不能体现发展的内涵。学术界多年来关于"增长"和"发展"的辩论已达成共识。"经济发展"比"经济增长"的概念更广泛、意义更深远。若不能使社会经济结构发生变化，不能使一系列社会发展目标得以实现，就不能承认其为"发展"，就是所谓的"没有发展的增长"。

（4）可持续发展承认自然环境的价值。这种价值不仅体现在环境对经济系统的支撑和服务上，也体现在环境对生命支持系统的支持上，应当把生产中环境资源的投入计入生产成本和产品价格之中，逐步修改和完善国民经济核算体系，即"绿色GDP"。为了全面反映自然资源的价值，产品价格应当完整地反映三部分成本：资源开采或资源获取成本；与开采、获取、使用有关的环境成本，如环境净化成本和环境损害成本；由于当代人使用了某项资源而不可能为后代人使用的效益损失，即用户成本。产品销售价格应该是这些成本加上税及流通费用的总和，由生产者和消费者承担，最终由消费者承担。

（5）可持续发展是培育新的经济增长点的有利因素。通常情况认为，贯彻可持续发展要治理污染、保护环境、限制乱采滥伐和浪费资源，对经济发展是一种制约、一种限制。而实际上，贯彻可持续发展所限制的是那些质量差、效益低的产业。在对这些产业作某些限制的同时，恰恰为那些质优、效高，具有合理、持续、健康发展条件的绿色产业、环保产业、保健产业、节能产业等提供了发展的良机，培育了大批新的经济增长点。

12.5.3 可持续发展的主要内容

在具体内容方面，可持续发展涉及可持续经济、可持续生态和可持续社会三方面的协调统一，要求人类在发展中讲究经济效率、关注生态和谐和追求社会公平，最终达到人的全面发展。这表明，可持续发展虽然缘起于环境保护问题，但作为一个指导人类走向 21 世纪的发展理论，它已经超越了单纯的环境保护。它将环境问题与发展问题有机地结合起来，已经成为一个有关社会经济发展的全面性战略。具体地说主要表现在以下几个方面：

（1）经济可持续发展方面。可持续发展鼓励经济增长而不是以环境保护为名取消经济增长，因为经济发展是国家实力和社会财富的基础。但可持续发展不仅重视经济增长的数量，更追求经济发展的质量。可持续发展要求改变传统的以"高投入、高消耗、高污染"为特征的生产模式和消费模式，实施清洁生产和文明消费，以提高经济活动中的效益、节约资源和减少废物。从某种角度上，可以说集约型的经济增长方式就是可持续发展在经济方面的体现。

（2）生态可持续发展方面。可持续发展要求经济建设和社会发展要与自然承载能力相协调。发展的同时必须保护和改善地球生态环境，保证以可持续的方式使用自然资源和环境成本，使人类的发展控制在地球承载能力之内。因此，可持续发展强调了发展是有限制的，没有限制就没有发展的持续。生态可持续发展同样强调环境保护，但不同于以往将环境保护与社会发展对立的做法，可持续发展要求通过转变发展模式，从人类发展的源头、从根本上解决环境问题。

（3）社会可持续发展方面。可持续发展强调社会公平，是环境保护得以实现的机制和目标。可持续发展指出世界各国的发展阶段可以不同，发展的具体目标也各不相同，但发展的本质应包括改善人类生活质量，提高人类健康水平，创造一个保障人们平等、自由、教育、人权和免受暴力的社会环境。这就是说，在人类可持续发展系统中，生态可持续是基础，经济可持续是条件，社会可持续才是目的。人类应该共同追求的是以人为本位的自然—经济—社会复合系统的持续、稳定、健康发展。

作为一个具有强大综合性和交叉性的研究领域，可持续发展涉及众多的学科，可以有不同重点的展开。例如，生态学家着重从自然方面把握可持续发展，理解可持续发展是不超越环境系统更新能力的人类社会的发展；经济学家着重从经济方面把握可持续发展，理解可持续发展是在保持自然资源质量和其持久供应能力的前提下，使经济增长的净利益增加到最大限度；社会学家从社会角度把握可持续发展，理解可持续发展是在不超出维持生态系统涵容能力的情况下，尽可能地改善人类的生活品质；科技工作者则更多地从技术角度把握可持续发展，把可持续发展理解为是建立极少产生废料和污染物的绿色工艺或技术系统。

12.5.4 可持续发展的能力建设

如果说经济、人口、资源、环境等内容的协调发展构成了可持续发展战略的目标体系，那么，管理、法制、科技、教育等方面的能力建设就构成了可持续发展战略的支撑体系。可持续发展的能力建设是可持续发展的具体目标得以实现的必要保证，即一个国家的可持续发展很大程度上依赖于这个国家的政府和人民通过技术的、观念的、体制的因素表现出来的能力。具体地说，可持续发展的能力建设包括决策、管理、法制、政策、科技、教育、人力资源、公众参与等内容。

12.5.4.1　可持续发展的管理体系

实现可持续发展需要有一个非常有效的管理体系。历史与现实表明，环境与发展不协调的许多问题是由于决策与管理的不当造成的。因此，提高决策与管理能力就构成了可持续发展能力建设的重要内容。可持续发展管理体系要求培养高素质的决策人员与管理人员，综合运用规划、法制、行政、经济等手段，建立和完善可持续发展的组织结构，形成综合决策与协调管理的机制。

12.5.4.2　可持续发展的法制体系

与可持续发展有关的立法是可持续发展战略具体化、法制化的途径，与可持续发展有关的立法的实施是可持续发展战略付诸实现的重要保障。因此，建立可持续发展的法制体系是可持续发展能力建设的重要方面。可持续发展要求通过法制体系的建立与实施，实现自然资源的合理利用，使生态破坏与环境污染得到控制，保障经济、社会、生态的可持续发展。

12.5.4.3　可持续发展的科技系统

科学技术是可持续发展的主要基础之一。没有较高水平的科学技术支持，可持续发展的目标就不能实现。科学技术对可持续发展的作用是多方面的。它可以有效地为可持续发展的决策提供依据与手段，促进可持续发展管理水平的提高，加深人类对人与自然关系的理解，扩大自然资源的可供给范围，提高资源利用效率和经济效益，提供保护生态环境和控制环境污染的有效手段。

12.5.4.4　可持续发展的教育系统

可持续发展要求人们有高度的知识水平，明白人的活动对自然和社会的长远影响与后果，要求人们有高度的道德水平，认识自己对子孙后代的崇高责任，自觉地为人类社会的长远利益而牺牲一些眼前利益和局部利益。这就需要在可持续发展的能力建设中大力发展符合可持续发展精神的教育事业。可持续发展的教育体系应该不仅使人们获得可持续发展的科学知识，也使人们具备可持续发展的道德水平。这种教育既包括学校教育这种主要形式，也包括广泛的潜移默化的社会教育。

12.5.4.5　可持续发展的公众参与

公众参与是实现可持续发展的必要保证，因此也是可持续发展能力建设的主要方面。这是因为可持续发展的目标和行动，必须依靠社会公众和社会团体最大限度的认同、支持和参与。公众，团体和组织的参与方式和参与程度，将决定可持续发展目标实现的进程。公众对可持续发展的参与应该是全面的。公众和社会团体不但要参与有关环境与发展的决策，特别是那些可能影响到他们生活和工作的决策，而且更需要参与对决策执行过程的监督。

12.5.5　生态的可持续发展

可持续发展要求经济建设和社会发展要与自然承载能力相协调。发展的同时必须保护和改善地球生态环境，使人类的发展控制在地球承载能力之内。因此，可持续发展强调了发展是有限制的，没有限制就没有发展的持续。生态环境是人类赖以生存和发展的基本条件，也是经济和社会发展的基础。我国的生态环境脆弱、人均资源不足，加之违反生态规律，滥用资源，必然导致人与自然、发展与环境的尖锐矛盾。只有坚持可持续发展战略，保护生态环境，才能协调社会、经济与生态三者之间的关系，从而实现人与自然的和谐相处。

12.5.5.1　我国生态可持续发展面临的主要问题

（1）水资源污染。任何生物生存都离不开水资源，然而近年来主要河流有机污染普遍，水源污染日益突出。据统计，全国七大水系和内陆河流的 110 个重点河段中，属 4 类和 5 类水体的占 39%。城市地面水污染普遍严重、并呈现进一步恶化的趋势。一些地区的饮用水源受到严重污染，对人民健康造成严重危害。

（2）城市污染。城市垃圾和工业固体废弃物与日俱增，工业废弃物累计堆积量已超过 66 亿吨、占地超过 5 万公顷，使 200 多个城市陷入垃圾包围之中。

（3）海水污染。我国近岸海域海水污染严重，近海环境状况总体较差，海洋环境污染恶化的趋势仍未得到有效控制。海水污染会影响海洋生物的正常生活，造成海洋生物的非正常死亡等，进而影响人类的正常生活。

（4）大气污染。全国 300 多个城市中、大气质量符合国家一级标准的不足 1%。近年来，随着工业的不断发展，工业废气的不恰当排放给大气带来不容忽视的影响。大气污染日益严重。与此同时，汽车尾气的排放也是大气污染问题的一大主要来源。

12.5.5.2　我国生态环境发展的可持续战略

A　加强资源保护和合理利用

目前我国资源仍存在着浪费的现象，对资源进行保护和合理利用成为我国的一项基本任务。土地资源、水资源、矿产资源等各类资源，都制约着我国经济社会的建设和人民生活水平的提高。为建设资源节约型、环境友好型社会，就必须加强资源保护和合理利用，发展循环经济，促使资源得到循环利用。

我国是一个人口众多的国家，保护环境的意义非常重大，它不仅关系到我们的生死存亡、还关系到可持续发展战略的实现。在我们保护环境的时候政府要采取措施来防治由生产和生活活动引起的各类环境污染，包括防治工业生产排放的废水、废气、废渣、粉尘、放射性物质以及产生的噪声、振动、恶臭和电磁微波辐射，交通运输活动产生的有害气体、废液、噪声，海上船舶运输排出的污染物，工农业生产和人民生活使用的有毒有害化学品，城镇生活排放的烟尘、污水和垃圾等造成的污染，以便更好地实现可持续发展的目标。

B　推进生态环境保护和治理

环境是人类生存和发展的基本前提。环境为我们生存和发展提供了必需的资源和条件。随着社会经济的发展，环境问题已经作为一个不可回避的重要问题提上了各国政府的议事日程。保护环境，减轻环境污染，遏制生态恶化趋势，成为政府社会管理的重要任务。对于我们国家而言，保护环境是我国的一项基本国策，解决全国突出的环境问题，促进经济、社会与环境协调发展和实施可持续发展战略，是政府面临的重要而又艰巨的任务。保护环境是关系到人类生存、社会发展的根本性问题。必须推进生态环境保护和治理，走生态绿色的发展道路。

　　C　转变经济增长方式，走新型工业化道路

　　经济增长方式转变是指：经济增长的方式由不可持续性向可持续性转变；由粗放型向集约型转变；由出口拉动向出口、消费、投资协调发展转变；由结构失衡型向结构均衡型转变；由高碳经济型向低碳经济型转变；由投资拉动型向技术进步型转变；由技术引进型向自主创新型转变；由第二产业带动向三大产业协调发展转变；由忽略环境型向环境友好型转变；由"少数人"先富型向"共同富裕"转变。目前我国部分地方还实施的是粗放型的经济增长方式，造成资源浪费、环境污染等。所以，在我国社会的发展过程中，要积极转变经济增长方式，走新型工业化道路，倡导绿色经济、环保经济，更好地利用资源，做到资源的合理配置。

　　D　完善并实施环境保护相关法律法规

　　要完善并实施环境保护相关法律法规，必须做到以下几点：一是加强对环境社会的调研，建立和完善适应新时期的环境法律法规，要全面形成水、气、声、固废、辐射放射、环境影响评价等一系列环境法律体系；二是要及时修订和完善现行的环境法律法规，积极地对不适应经济发展和人们生存需要的环境法律法规进行修订和完善，使其更能适应新时期经济社会发展的需要，更符合民众的利益；三是要将污染减排、环保实绩考核、生态补偿和环境税等纳入环境的法律规范范畴，将其形成法律制度，使环境执法更加有力可行；四是要明确环境法律责任，特别是要明确政府及其组成部门环境保护的法律责任，要通过法律使政府及部门官员重视和加强环境保护，牢固树立生态文明观念。

　　E　加强环境保护教育，增强居民的绿色消费意识

　　近年来，人类赖以生存的自然环境发生了惊天动地的变化，面对自然环境一次次的警示，人类的环境保护意识虽然正被逐渐唤醒，但是在某些地区还是存在诸多问题。要实现可持续发展道路，必须要加强环保意识教育。目前，多数的人都能意识到保护环境与个人生活息息相关，基本都能理解保护环境是利人利己的。但是必须看到，我国居民的环境保护意识和知识水平普遍不高，环保意识相对淡薄，所以环保意识要深入人心还有很长的一段路要走。再者，需要提高市民参与环境保护的自觉性。就目前情况而言，相当一部分公众不愿意主动地去了解环境知识，大多数人对于环境问题的客观状况和根本性的环境问题缺乏认识，环保道德较弱，具有很强的依赖政府型的特征，市民参与环境保护的自觉性不强。所以在此基础上，应该积极倡导推广绿色健康生活方式。例如：家庭主动进行垃圾分类及烹调变化、市民上班少开一次车、休闲时少做一次烧烤、节庆时少放或不放烟花爆竹、使用清洁能源等等。

　　我国生态环境建设还任重而道远，需要每一位民众的积极参与，从而实现生态环境的良性发展，实现可持续发展道路。

习题与思考题

12-1　简述环境的概念。

12-2 什么是生态破坏？请举例说明。

12-3 环境问题是如何产生的？

12-4 当代环境问题有哪些特点？

12-5 当前人类社会面临的主要环境问题有哪些？

12-6 环境污染有哪些危害？

12-7 中国环境保护的"三十二字"方针有什么重要意义？

12-8 如何理解中国环境保护的"三同步、三统一"方针？

12-9 中国环境保护的基本政策是什么？

12-10《环保法》对于环境保护有什么现实意义？

12-11 如何理解可持续发展？可持续发展有什么特征？

12-12 可持续发展需要坚持什么原则？

12-13 可持续发展的基本思想是什么？

12-14 我国生态可持续发展面临的主要问题是什么？解决的办法有哪些？

13 工程未来展望

MIT 率先提出的"大 E 工程"，生动揭示了人类工程的未来前景。21 世纪的工程教育应当造就不同于以往的新生代工程师，后者特征是具备丰富的想象力、明智的洞察力、果敢的判断力和勇往直前的执行力。本章内容旨在让学生们看到充满巨大挑战的诱人前景，进一步意识到未来新生代工程师的建树和作为，以及肩负的历史责任。

13.1 大 工 程 观

13.1.1 提出背景

"大工程"教育观是当今的一个重要教育理念，是人才素质培养的一项重要内容。"大工程"教育观，在教育对象及教学内容上，突出"大"字，是面向全体教育对象，全面发展其工程素养的教育观，其提出背景如下：

（1）工程技术与经济的迅速发展及科技复杂化。"工程"是生产、制造部门用比较大而复杂的设备来进行的工作，即"工程"通常是指有一定生产规模的或者较为复杂的系统。当前，科学技术发展呈现出系统化、交叉综合化等特征，工程技术的发展则呈现出集成化、先进化、绿色化及信息化等特点。目前，"工程"也用于非生产系统领域，如"希望工程"，非生产领域的工程也同样具有规模大、运作较为复杂的"工程"特征。

工程技术与经济的迅速发展，是"大工程"教育观的发展环境。首先，人们的生产与生活都与工程科技密切相关，当代社会需要大众有崇高的工程素养。其次，生产活动是人类最基本的活动，工程素养是人们的基本素质。工程素养是人们生存与发展的基本技能，是人力资本的重要构成。再次，工程技术发展复杂化。在此工程技术背景下，要求劳动者的知识构成也要综合化与先进化，即要求广大人员具有工程素养的知识构成。

（2）资源优化配置及可持续发展要求。在工程建设及经济发展过程中，面临着资源紧缺的压力。资源包括土地资源、资金资源、人才资源和时间资源等。在工业经济发展过程中，面临资源布局不均衡及其短缺问题，需要对有限的资源进行优化配置及综合利用，实现最大产出与投入比，从而实现最佳生产效果。资源优化配置涉及工程、技术、经济及管理等综合问题。树立"大工程"的教育观，便于培养复合型人才，更好地实现绿色生产、循环经济及可持续发展。

（3）工程教育改革及人才培养的要求。我国把培养创新型科技人才的职责放在高等学校，国外的教育改革与发展经验对我国教育改革有启发和借鉴意义。进行高等教育的改革与创新，首先要确立合适的人才培养理念。高等工程教育应该培养"社会化""现代化""工程化"及"专业化"等方面的创新人才。"大工程"教育观，更注重高等工程教育的高"工程化"素养教育工作。

13.1.2 大工程观的提出与发展

美国工程教育经历"技术模式"与"科学模式",正在实践当前的"工程模式",并且不断地面向未来进行探索和改革,"大工程观"就是伴随美国工程教育这一变革历程而生成的一套完整的指导工程教育改革的理论体系。

20世纪三四十年代前,以传统工程观为导向的工程教育"技术模式",侧重技艺技能本身的研究与运用,重视处于工程经验阶段的工程实践,工程教育侧重专业技术知识的掌握。到20世纪40~80年代,美国工程教育引进科学教育,开设数学、物理等基础学科,这样以"工程科学运动"(Engineering Science Movement)为导向的教育理念主宰美国工程教育。由于工程科学在许多领域取得了巨大成功,促进了"过度"工程科学化运动思潮的蔓延。但是工程教育过分科学化、学术化,过分强调科学基础理论研究与教育,重点突出了工程学科的学习和科学分析的训练,这样二战前注重的工程设计和集成以及工程实践教育等项目就被消除或者大幅度减少,偏离以实践为基础的工程教育的本质,其直接后果是造成美国工业在一系列产品领域让出霸主地位,对美国的竞争力构成严重威胁。20世纪90年代以后,美国有志之士开始研讨工程教育新模式,提出"回归工程运动",形成"工程模式"。前MIT院长莫尔则把这个阶段的工程教育改革运动称之为"工程系统运动"。

"回归工程运动"的核心内容就是要改革美国"过度工程科学化"的工程教育体系,"重构工程教育""要使建立在学科基础上的工程教育回归其本来的含义,更加重视工程实际以及工程教育本身的系统性和完整性"。以MIT为首的高校对工程教育开展一系列理论研究与教学实践改革探索。莫尔在1993年提出"大工程观"概念,并指出这是未来工程教育发展的新方向,获得广泛认同。随着"大工程观"理论在实践中逐步丰富与完善,逐渐从概念演变为一门系统学科—"工程系统学",标志着美国工程教育步入成熟期。如今,"工程系统已经作为一门学科",深刻影响着美国的整个工程教育。

13.1.3 大工程观的内涵

工程本质上是多学科的综合体,是以一种或几种核心专业技术加上相关配套的专业技术所重构的集成性知识体系,是创造一个新的实体。工程活动就是要解决现实问题,是实践的学问。工程的开发或建设,往往需要比技术开发投入更多的资金,有很明确的特定经济目的或特定的社会服务目标,既有很强的、集成的知识属性,同时具有更强的产业经济属性。现代工程朝巨型化、集成化方向发展,呈现技术高度集成化趋势,同时大型工程对环境生态、人文、政治经济活动产生显著的影响。因此,"大工程观"的本质就是将科学、技术、非技术、工程实践融为一体的,具有实践性、整合性、创新性的"工程模式"教育理念体系。

"大工程观"是从实践的视角,将大型复杂工程系统存在的传统与非传统属性上升为学术研究领域,演变为改革现代工程教育的理论体系,历经各学科和各部门人员的不断努力、丰富与完善,逐渐形成"工程系统学"理论体系,其外延与内涵进一步扩大。"大工程观"不是指工程规模本身的"大",而是指为大型复杂工程提供理论支撑的科学基础知识系统范围的"大",涉及各方面学科的交叉与融合,远远突破"工程科学"知识本身的范围。"大工程观"就是"以整合、系统、应变、再循环的视角看待大规模复杂系统的思想",包含以下三个层面的内容。

13.1.3.1　整体论的思想

整体论是"大工程观"的典型特征,要求在描述和分析工程系统时,关注工程系统整体的架构,要抽象地将其作为一个整体来思考,而不仅仅是相对独立的各分支部门,要求用联系的观点看待问题;不仅要把工程系统看作一个整体,而且还要将其放到更大范围内的政治、经济、文化等社会背景中去,把它们共同看作一个整体。

整体论思想体现在工程系统方面的思考模式,就是整合、集成、综合,关注支撑大型复杂系统工程的各学科之间理论的系统性与关联性,工程学科之间的整合与综合,关注工程系统与工程背景的整合。

整体论思想体现在工程实践系统层面,就是工程系统中的工作人员,不仅仅是运用工程科学、技术、工程方法、企业管理标准、社会因素中的某一学科方面的知识开展专业化的工程活动,而是必须综合这些学科知识运作工程系统,关注来自不同学科的工程师与其他专业人员团队协作,关注工程过程,关注技术手段的选用,关注多元价值观对工程师的求解问题方法与途径的制约。

整体论的思想反映在工程教育系统层面:一是建立多学科整合系统;二是实行通识教育,培养的工程师要具备技术知识、沟通技能和金融知识、对社会问题的感知能力,以及基于伦理道德的是非判断能力,是宽厚理论体系与实践能力兼备的通才。

具体的工程教学改革措施包括:重新审订工程教育培养目标与课程计划,将比较深入和多样化的人文社科内容整合到工程教育计划中;设立多学科小组,围绕未来工程实践、技术、社会专业大背景,研究工程教育"教什么、学什么",由其重组完整的课程设置和教学,建立交叉学科;不断开发和实验有效的教学方法;改善教师和组织结构,工程领域和其他学科的教师作为一个整体更深入地密切合作,共建跨学科项目团队;设计和实验同等重要,通过工程设计整合理论教学与实践教学;开发学生的人际交往技能以及灵活运用多元文化思考的能力;优化教师队伍,与企业合作,为教师创造更多的机会以提高他们的工业素养和工程设计方法论知识。

整体论的思想反映在工程教育运行机制层面,就是要建立一个横跨多学科之间的工程系统部门。

13.1.3.2　应变的思想与方法

理念是行为的先导,大型复杂系统工程遵循"理念—设计—工程实体"这一模式,大型工程系统的设计与管理,与其说是在做物质化的工程,还不如说是在"做一种思考的理念与模式",是将思想借助物质技术手段,具体化为一个物质实体的过程。新创造的工程实体一旦生成,就成为物化的"生命"系统,可能随时间的变化而发生改变。为了应对工程系统运行过程中可能发生的各种问题,应变的思考模式,即思考大型工程系统的方式充斥整个工程系统。应变策略设计是找出系统中相对稳定的那些因素,如系统的宏观架构一般相对稳定,那么这些宏观架构就作为系统的主体属性,这些宏观架构恰恰反映在工程教育的课程设置上,作为课程教学的主体内容。

应变的思想与方法反映在工程教育层面,就是工程教育终身化,必须培养学生终生学习的能力；精简学科教学内容，加强对基本概念与原理的掌握，不需要对整个知识领域的覆盖，给学生以充分的时间思考和参与社会活动；教学中帮助学生学习如何运用基本原则，发挥主动精神，用自己的自信心和判断力来应付新问题；重新设计多样化的工程教育系统，满足不同人员终生学习的需求。

13.1.3.3 "再循环"的思想与方法

在大工程观中，"再循环"的视角非常普遍。大型复杂系统工程成本高，功能复杂，一旦生成，功能相对稳定，而社会总是不断变化的。在大工程观中，设计工程系统时就必须重点关注其循环使用周期与长远发展问题，关注工程系统的灵活性，可以更容易地给系统增加新的功能，或者改变现有的功能，使其重新适应变化的需要。

值得注意的是莫尔提出的"大工程观"，只是强调要远离"纯粹"的工程科学导向，扭转"工程科学"极端化的趋势，而不是要否定或者削弱工程科学研究。事实上，莫尔同样重视工程科学在工程教育中的支撑作用，承认工程科学研究的优势："它能够解决具有精确或者接近精确答案的问题……而且工程科学在许多领域是非常成功的。"正是工程科学和技术的不断发展给原来的工程教育课程不断补充新鲜血液。而且工程教育中通过强化科学知识的一致性，很方便地将新的科学发展融入工程实践。不过，"大工程观"要求的"工程科学"研究要求学科之间创造性综合，与传统科学研究的分门别类、越分越精细有所不同。

13.1.4　大工程观培养人才的目标

现代公民的工程素养要求分为两种情况：一是工程技术人才（工程师）的工程素质要求；二是非工程技术人员（非工程师）的工程素养要求。工程师以科学研究的成果应用于实际为主要职责，技师以实践操作为主要职责。

13.1.4.1　工程师的工程素养要求

根据前文所述的美国工程与技术认证委员会（ABET）对 21 世纪新的工程人才的 11 条评估标准可知。

现代工程师应具有工程实践能力、多学科综合知识背景及多方面能力、职业道德及社会责任感。工程师的活动是一种创造性的劳动，工程师的技术素养主要体现为：信息吸收能力、信息加工能力和信息输出能力。

13.1.4.2　非工程师的工程素养要求

与工程师的工程素养相比，非工程师的工程素养要求专业知识的深度浅一些，侧重于基本工程知识的了解，懂得工业技术产品的选择及有效使用、维护与管理，能解决一些最基本、最常见的工程技术问题。通过"大工程"教育，防止非工程技术人才的工程素养成为其明显的薄弱点，从而影响其自身特殊能力的发挥。

"大工程"教育的人才培养目标，应根据不同的教育对象，确立适宜的人才培养目标。工程师培养，应坚持"通才"培养与"专才"培养相结合的原则，培养有可持续发展观的现代工程师。非工程师培养，主要在非高等工程教育及其他各层次的教育环节实现，以提高公民的工程素养为目的，以实现人的全面发展为目标。

13.2　未来工程发展的基本趋势

13.2.1　总体背景

　　人们希望通过工程活动塑造美好未来，可是，由于工程活动固有的不确定性及其他一些原因，人类也面临着许多工程风险。人类生存与发展过程中遭遇到的这种切身现实，强烈呼唤着新的工程理念和工程观，呼唤着新型人才的诞生和工程教育的创新。只有用新的理念培养优秀工程人才，促进公众理解工程、关注工程，人类才能通过工程塑造出更加美好的未来。

13.2.1.1　经济全球化促使工程走向新的发展模式

　　资本的扩张，包括劳动、产品、服务、知识在内的经济资源和生产要素开始在世界范围内自由流动，使得各国经济彼此交融并逐渐走向一体化。

　　在跨国公司的推动下，协调投资活动、研究开发活动、生产活动和营销活动的全球生产与创新网络开始出现，以柔性制造和客户定制为特征的后福特生产方式开始逐渐取代以大批量生产为标志的福特生产方式。

　　不仅如此，伴随着经济全球化，人类的社会活动、文化活动、思想活动、风险分配等，也都随之跨越国家而产生着越来越强的相互影响。无论人们对此表示欢迎还是反对，这种趋势难以阻挡。

　　工程活动正在持续被全球化趋势影响着，无论是工程问题的识别、界定和解决，还是工程活动要素如知识、资源、资金、人才等的获取或使用，都已经开始在全球范围内进行。

　　可以预见，跨国界的生产分工与合作、跨国界的工程团队必将在未来的工程创新中发挥越来越大的作用。其结果是，人类工程活动的规模和复杂性将会大大增加，工程活动所包含的风险和不确定性必将随之增强。

13.2.1.2　知识的爆炸性增长和知识经济的来临，为工程的演进提供了强大的推动力

　　一方面，伴随着知识的爆炸性增长，知识老化和知识更新的速度越来越快，一系列科学技术的新突破为未来工程活动奠定了全新的知识基础。纳米技术、生物技术、量子计算、自动化机器人、可控有机体、大脑植入芯片等，都有可能使未来的工程领域发生根本变化，从而使有关产业和社会生活发生空前变革。

　　另一方面，随着知识价值的不断增加，人类已经开始进入以知识资源的占有、配置、生产、分配和使用为中心的知识经济时代。如果说土地是农业经济时代最重要的资源，机器、设备和原料是工业经济时代最重要的资源，那么，在知识经济时代，知识将成为经济发展最重要的资源，成为企业和国家竞争力的基石。

　　可以预见，知识经济的来临将为工程科学、工程技术和工程实践的变革提供全新的契机。同时，在知识经济时代，如何培养具有创造性的工程人才，已经变成了一个焦点问题。

13.2.1.3　社会、经济、环境的变化所提出的一系列重大问题影响着工程发展的基本方向

　　工程从来不是在脱离了社会的"真空"中运行的，工程的要旨就在于满足人类的各种

物质和文化需求，而当代世界的结构性变动所带来的新的需求必将对工程活动产生重要影响。就人口结构而言，世界人口总量的增长和人口结构的老龄化将会带来需求结构的调整。过了退休年龄而身体仍然健康的人数将会不断增加，需要相对较少的年轻工作者为老年人的需要进行更多的付出，经济体系的压力将会相应加大。

与老龄化趋势相比，世界人口增长主要发生在发展中国家，而且大部分人口（主要是穷人）都将逐步集中生活在城市中心，并成为社会不稳定的一个来源。在这种背景下，如何运用工程手段满足日益变动的需求，提高整个社会的生产效率与生活的和谐程度，就成为问题的关键。就全球安全问题而言，霸权主义和恐怖主义仍然是全球和平的重大威胁，工程的发展方向势必要受制于这类安全问题的考量。例如，为了应对恐怖主义，信息分析者将会使用客户数据挖掘技术，在大量信息中进行过滤，从而有可能对个人隐私构成威胁，促成监控型社会的出现，并创造出军事服务和安全服务需求。

就环境问题而言，随着世界人口总量和经济总量的不断增长，随着越来越多的人追随优越的生活方式，世界的自然资源承受着越来越大的压力，人与资源之间的矛盾在不断加剧，资源匮乏、能源危机、粮食不足、全球变暖等都在极大地威胁着人类的持续生存。如何找到替代能源、替代资源，如何找到解决全球变暖问题的有效途径，如何通过工程活动的生态化来支撑人类的可持续发展，如何建设资源节约型、环境友好型社会，是摆在人类面前的关键问题。

此外，自然灾害、传染性疾病仍然是人类生存的重大威胁，这些都需要工程的有效介入。

13.2.1.4　当前人类社会发展开始出现某些新的风险特征，要求工程活动重新定位

有人认为，现代社会已经开始从工业社会过渡到"风险社会"。所谓常规风险，意味着人类生存环境中存在的各种毒素、污染物、有害辐射等及其对人造成的短期和长期影响。如果说工业社会中的风险是容易被感官感知的，规模较小，大多可以计量，那么风险社会中的风险则超出了人们的感知能力，遍布全球而大多不可计量。

如果说工业社会中人们的思想和行动受制于产品和服务尤其是食品的生产和分配，那么风险社会中人们的思想和行动更加受制于对风险的规避和对安全的追寻。

如果说工业社会里人们之间团结的来源是对产品和服务短缺的共同担心，那么风险社会里人们之间的团结大多来自风险所带来的共同焦虑感。

如果说工业社会中人们的风险地位对应于社会阶层，穷人比富人经受着更多的风险，那么在全球风险社会中，这种对应关系正在被打破，占据优势地位的富人们也同样受制于遍及全球的风险。

可以说，在风险社会中，每一个人、每一个地域、每一个国家，都不再能够像过去那样独善其身。

在这种情况下，风险已经成为潜在的社会政治议题，而专家们所作的风险评估又常常莫衷一是，最终反而让人们更加不安，因此单凭各类专家并不能完全解决社会风险问题。

总之，在现代社会，许多风险就像一颗颗隐藏在各个角落的定时炸弹，随时都有可能引爆。环境污染、资源枯竭、食品安全、交通与生产安全、新型疾病、恐怖袭击等，都使得现代人处在一个充满了风险的环境之中，而所有这些风险都与现代科学、技术和工程具有密不可分的关联。据此看来，风险社会为工程发展提出了包括工程伦理在内的一系列新课题，它要求人们在深入思考风险社会的基础上提出对策，并解决相应的工程创新问题。

13.2.2　基本趋势

未来工程发展的基本趋势分为十个方面。

（1）人类的工程理念正在发生重大变革。工程理念渗透并影响着工程战略、工程决策、工程设计、工程建设、工程运行、工程管理以及工程价值评价等各个阶段、各个环节。在"征服自然"的工程理念的影响下，一些工程活动已经带来了很多重大的负面影响。而作为未来工程发展的根本出路，"和谐工程"的理念开始逐渐被人们所认可，即工程活动需要建立在自然规律和社会规律的基础上，遵循社会道德、社会伦理以及社会公正、公平的准则，以促进人与自然、人与社会、工程与自然、工程与社会的协调发展为依归。在这种新的工程理念的引导下，未来的工程将会有助于人与自然的和谐共处、人与社会的和谐发展，并在工程系统的决策、设计、建构和运行中充分体现人性化。

（2）工程系统观将成为工程活动的主导原则之一。当代工程活动越来越需要一种系统视角，以便寻求在多元要素间的系统集成与和谐运行。

为了全面领会当代复杂工程系统，人们正在努力将传统工程思路与管理学以及社会科学的洞察结合起来，建立系统的整体论视野。工程系统规模和复杂性的日益增加，要求跨越多个领域的专家小组之间的协同工作。这些团队能够在系统观的引导下，与其他专家以及公众进行有效沟通，理解与全球市场及社会背景相关的复杂性，并能够据此集成建构出功能良好的复杂工程系统。

（3）随着科学技术的快速发展，各类与工程相关的知识正在迅速走向交叉和融合。与工程相关的人类知识已经从宏观世界逐步深入到微观乃至超微观世界。在这个过程中，工程造物的"精度"也在不断提高，从经验时代进入到毫米时代、微米时代，目前正在向"纳米时代"推进。现在，人们已经可以通过人工嬗变获得新的原子、通过基因改造获得新的物种。这种发展趋势的一个明显结果就是，深度加工技术和精确加工技术作为通用技术平台，正在促使众多工程领域不断走向交叉和融合。

例如，纳米技术在纳米尺度（0.1~100nm）上对原子与分子进行操纵和加工，带来了信息工程、生物工程、医疗工程、机械工程的交叉和融合。纳米技术融入信息技术而产生的纳米电子器件，其工作速度是硅器件的1000倍，其功耗仅为硅器件的1/1000，其存储量远远超越普通存储器。纳米技术用于生物工程领域，可以实现对基因片段和蛋白质这类生命体基本单元的观察、研究、裁剪、拼接、转移等。纳米技术用于医疗领域，则可以制成特定的纳米粒子，使之穿越血管壁，用药物把癌细胞摧毁，甚至还可以制造纳米机器人注入人体血管，疏通脑血管中的血栓，清除心脏动脉脂肪沉淀物。

（4）大尺度的工程创新将是工程创新活动的重点内容。从地理空间上看，工程发展已经从地面工程、地下工程拓展到海洋工程、航空航天工程。从社会空间上看，一些大工程已经超越国界成为全球工程，如全球定位系统、军用飞机生产与维护系统、商业和军用卫星网络、全球航空交通控制系统、互联网系统等。

这些大型工程涉及众多的工程要素、社会要素和环境要素，它们之间存在着极其复杂的相互作用。可以说，大尺度工程系统是工程发展的重要趋势，它们都是跨学科、跨领域的综合性工程，规模大，复杂性强，包括多种时间尺度和不确定性以及社会、自然与工程之间的互动。

展望未来，工程活动的规模将不断扩展，工程的系统性将越来越强，工程的集成度将越来越高，工程活动的内涵将越来越丰富。尽管当前大多数工程人员的注意力仍然放在工程系统的中观或微观层面，但是对未来的社会发展来说，需要更多的工程人员关注宏观系统的建构，并基于新的技术发明和工程科学知识寻找根本性变革或替代现有宏观工程系统的机会。

（5）社会科学知识将成为工程活动不可缺少的关键性知识基础。目前，许多企业的研究开发中心不仅包括工程技术专家、科学家和工程管理者，而且还将社会科学家与人文学者囊括其中，共同从事研究开发和工程创新活动，鲜明地体现出了工程创新活动的跨学科特征。例如，在施乐公司帕拉奥多研究中心，其研发工作不仅包括新产品和新工艺的创造，而且包括对工作方式的认真探索，据此设计公司的技术结构和组织结构，从而展开系统的工程创新。类似的，英特尔的人类学家和工程师一道，通过系统的研发工作，推出面向客户的平台解决方案，定义出用户喜欢的产品。

（6）随着经济全球化时代的到来，工程的国际化程度越来越高。一方面，一系列全球问题的出现，迫切要求在全球范围内通过跨国界的工程合作加以解决；另一方面，随着信息技术设施的成熟和经济的全球化，应用研究、设计、金融、技术咨询等高端服务，已经能够在发展中国家的境内完成并回馈到发达国家。

可以预见，未来的工程问题的解决将更多地在全球范围内协同进行，参与主体将包含着遍布全球的跨学科团队成员以及全球客户等。这些团队的运转可以跨越多个时区、跨越多种文化甚至跨越多种语言。在这种情况下，只有充分尊重民族文化的多样性，才能使工程活动符合和谐世界建设的需要。

（7）未来的工程将逐步成为环境友好的绿色工程。资源匮乏、环境污染和生态失衡已经对人类提出了严峻挑战，给未来的工程活动提出了新课题。随着生态问题的不断出现，人们生态意识不断增强，生态平衡和生态健康开始成为工程建设的一个硬指标，生态价值成为工程活动的内在价值追求。在未来的工程活动中，人类在展示自己依靠自然、认识自然、适应自然以及合理改造自然的智慧和力量的同时，将会更加注重人与其他生物、人类与环境的友好相处。无论是工程决策、工程设计，还是工程实施、工程的价值评价，都要渗透生态保护的思想，渗透人与自然和谐共处的发展理念，从而通过绿色工程支撑循环经济，实现资源节约、环境友好的目标。

（8）随着信息技术在工程中的广泛应用和知识工程的兴起，工程设计的理论和方法正在发生重大变革。随着工程实践的规模和复杂性的增加，人类越来越难以预见自己构建的系统的所有行为。这种不可预见性有三个来源：

1）复杂性：由于系统具有"突现"特性，很难预见众多要素之间复杂互动的结果。

2）混沌系统：指即使拥有一个关于系统的良好的数学模型的时候，它仍可能是混沌系统的远期行为对初始条件十分敏感。

3）离散系统：数学描述是不连续的，输入参数的微小变化有可能引起输出结果的巨变。

在这三种情况下，人们不可能预见到系统的所有行为包括灾难性后果。因此，为了提高创新成功的几率，人们正在采用计算机仿真等新的虚拟实践手段，先在虚拟空间中进行集成，通过模拟自然界、模拟工程系统、模拟社区，进行大尺度工程系统创新的试验和评估。

这样，通过虚拟的规划、设计、建造、评估，而后再进行实际的建造和集成，就有可能大大降低工程活动的总体风险和不确定性。

人们正在进一步考虑工程系统设计的原则，发展新的容错手段，以便能够做到在工程创新失败后不至于造成重大灾难，不至于因为一个地方的失灵而导致全局瘫痪。此外，将民主原则深入设计过程，广泛听取利益相关者的呼声，也是应付工程活动的不确定性的一种有效途径。

其实，有人反对巨型机器的一个原因，就是巨型系统的不可控性。随着知识的增长，随着工程设计准则的改进，工程系统的"不可控性"会发生变化——过去是巨型工程，现在看来可能微不足道。随着工程科学的发展，人类在不确定条件下对工程系统的驾驭能力会不断提升。

（9）随着工程系统的扩展，工程科学的研究也在发生着重大变革。当前，工程科学研究正在发生重大变革，其中的一个突出表现，就是新的跨学科的工程系统研究领域的发展。麻省理工学院、加州大学伯克利分校等美国高校是这方面的先驱。该研究领域主要立足在四类基础性学科之上：

1）系统结构/系统工程与产品开发。

2）运筹学与系统分析。

3）工程管理。

4）技术政策。

（10）未来的工程将是充分体现民主决策特征的工程，公众理解和参与工程将成为未来工程建设的重要社会基础。工程活动必须得到公众的理解，也必须有公众参与。这是因为工程直接关系到大众的利益和社会的福祉，工程决不是也决不能成为一个被专家垄断的领域，公众作为重大工程创新的利益相关者，有权利参与这类工程创新的决策和实施过程。展望未来，公众理解和参与工程将成为未来工程建设的重要社会基础。社会应鼓励公众真正作为有资质的行动者，介入重大工程的决策、设计和价值评价过程，从而促成重大工程活动的科学决策和民主决策，从根本上将未来可能发生的利益冲突尽量解决在工程实施之前，或消灭在萌芽之中。

13.3　面向未来的工程人才

13.3.1　未来工程人才的必备素质

面对一系列重大挑战和问题，人类最终还要靠自己，尤其依靠高素质的工程人才。然而，今天的工程教育还不能提供未来工程发展所需要的足够的新型工程人才。因此，需要在经济全球化、知识经济和风险社会的大背景下思考工程教育问题，根据未来工程发展的需要对工程教育的内容、方法、模式进行创新。

工程活动已经成为人类的中心活动领域，与工程有关的问题往往是人类面对的关键问题。一方面，工程作为直接的现实的生产力，将持续地塑造人类当前和未来的存在状况。现代工程的重大突破，必将促进一系列以知识和信息为基础的新产业部门的形成；使传统工业得到改造和更新提升。人们的劳动方式、工作方式、生活方式、休闲方式将发生巨大的变化，从而改变人们的思想观念、道德观念和思维方式。

另一方面，作为面向未来的人类行动，工程活动内在的包含着风险和不确定性。人类社会面临的突出问题的产生与工程有着千丝万缕的联系。

可见，从事工程活动，也就意味着对人类未来的一种谋划，意味着对人类生存状况的一种重建。就此而言，那些直接参与工程创新活动的工程人才，担负着通过工程来营造人类未来的重大使命。鉴于工程塑造未来的作用越来越大，工程中包含的风险问题也会越来越严峻，未来的工程对工程人才的要求就会与过去有所不同。

未来的工程人才仍然需要拥有强大的分析问题和解决问题的技能，拥有很好的实践才能和沟通能力。但是为了更好地应对经济全球化、知识经济和风险社会的挑战，未来的工程人才尤其需要强化如下几方面的素质：

（1）未来的工程人才需要知识，更需要智慧和创造力。需要利用工程哲学思维武装未来的工程人才的头脑，造就他们开放、灵活、整体的思维能力，使他们能够在"自然科学—社会科学—人文学科"的关联中认识工程科学的位置和作用，能够在"自然—人—社会"之间的互动系统中认识工程的地位和价值，不仅看到工程的经济价值，而且看到工程的非经济价值，不仅能够站在投资者和管理者的角度评价工程价值，而且能够站在全社会的角度评价工程的价值，并能够创造性地解决各种工程难题，使工程活动真正服务于可持续发展与和谐社会的建设目标。

（2）未来的工程人才还要具备比较强的组织领导能力。随着工程在社会中的作用越来越大，随着科学、技术、工程和社会之间的互动越来越强，工程师将会有越来越多的机会扮演组织者、领导者的角色。未来的工程师必须掌握组织领导原则并能够实践这些原则，有能力处理工程活动中的可能冲突，更多地介入公民社会和公共政策讨论，成为各个专业工程领域的领军人物。面对科技环境和社会环境的变革，不仅需要培养出千千万万卓越的工程师和优秀的技师，而且特别需要造就像詹天佑、侯德榜、茅以升这类工程大师级人物。这些工程领袖能够站在时代的前沿，引领工程创新的潮流，能够高瞻远瞩驾驭大型工程系统的规划、设计和建设，能够为国家工程创新战略的制定和实施发挥重要的咨询作用，能够在商业领域、政府组织、非政府组织、研究机构、教育机构等扮演导向角色。换言之，未来的工程师和系统建造者在进行设计和提供服务时，不仅要考虑技术问题，还要考虑经济、政治、环境和伦理问题等。

（3）未来的工程人才需要明确自己肩负的伦理责任。工程活动内在的与伦理相关，或者说，伦理诉求是工程活动的一个内在规定。工程是一个汇聚了科学、技术、经济、政治、法律、文化、环境等要素的系统，必然涉及利益、风险和责任的分配，伦理在其中起着重要的定向和调节作用。在现代社会，工程系统的复杂性越来越高，工程系统的规模越来越大，工程系统运行带来的意想不到的风险也越来越高，工程不仅为人类福祉奠定了坚实基础，而且引发了一系列人类不得不面对的重大风险。因此，未来的工程师需要有很高的伦理标准和很强的职业操守，能够谨慎应对未来工程可能包含的风险，严格履行自己肩负的社会责任。

（4）未来的工程人才需要具备开阔的国际化视野，具有很强的跨文化沟通能力，拥有良好的人际交往技能与合作精神。工程活动的国际化意味着工程人才的全球流动，意味着随时需要跨越国界的工程创新团队。工程人才只有具备了良好的跨文化沟通技能，具有对有关全球市场、法律事务和社会背景的复杂性的深入理解，具备灵活性、互相尊重、喜欢挑战等人格特质，才有可能适应经济全球化和知识经济的挑战。

（5）未来的工程人才需要具有更强的知识更新能力。鉴于当今社会的快速变化和不确定性的增加，鉴于未来工程复杂性的增加以及知识爆炸所带来的知识老化速度的加快，未来的工程人才不仅需要已经确定的知识，而且更应该具有很强的灵活性、学习能力和创造能力，成为一个终身学习者，以便快速学习新事物并将新获得的知识应用于新的问题情境。只有这样，他们才能够在知识爆炸和快速变化的市场环境中不断取得成就、做出贡献。

（6）未来的工程人才需要更经常地介入公共政策的讨论和咨询过程。随着技术日益整合进入类生活的各个方面，工程与公共政策的合流将会日益明显。工程人才介入有关公共政策议题的讨论，不仅是工程人才自身的责任，而且对于工程职业的整体形象来说也是十分必要的。这就要求工程人才注意认识工程与公共政策的互动关系，有关方面也需要采取有效举措促使他们超越专业限制。只有这样，才能降低工程的风险，增加工程成功的机会。

总之，当代社会日益加速的技术进步和有关工程活动引发的重大议题，呼唤大批优秀的新型工程人才的涌现。他们不仅具有处理最棘手的系统问题的创造力，还具有带动其他人一道工作的组织领导才能。他们不仅关切与供应商、分销商、客户以及其他利益相关者之间的合作关系，而且关切与工程系统有关的社会问题和公共政策的讨论。这些具有新的工程理念和创造力的优秀工程人才，正是人类通过工程塑造和谐世界与美好未来的人才基石。

13.3.2　工程人才的类型

工程是物质要素、技术要素、经济要素、管理要素、社会要素等多种要素的综合集成。工程活动是需要多人协作才能进行和完成的，这就决定了工程人才类型的多样性：不仅需要工程师和工人，更需要投资人和管理者，他们各有自身特定的、不可取代的重要作用。"孤立"的工程人才一般来说是无法发挥作用的，工程人才必须"配套成龙"才能真正发挥作用，因而，在工程人才的队伍建设中，必须把建设优秀的工程创新群体或优秀的工程团队的问题放在重要位置上。这样的工程创新群体或工程团队，可以称作工程共同体。

所谓工程共同体，就是集结在特定工程活动中，为实现同一工程目标而组成的有层次、多角色、分工协作、利益多元的异质行动者所构成的群体，主要由工程师、工人、投资者、管理者以及其他利益相关者组成。在现代社会中的一般情况下，必须把工程师、工人、投资者、管理者以一定方式结合起来，以企业、公司、项目部等形式组织在一起，才有可能进行实际的工程活动，一项工程的成败，很大程度上取决于工程共同体运行的情况。

工程共同体的角色构成，实际上就等价于工程人才的不同类型。他们作为功能性角色，都在工程活动中发挥着不可替代的作用。

13.3.2.1 工程投资者

工程活动离不开投资和投资者。投资者往往是工程的重要发起人、主导者和风险承担者。如果没有投资者的介入，工程活动是不可想象的。不仅如此，在现代社会，无论是工程师、管理者还是工人，他们都必须对工程的投资者负责，必须在符合岗位职责和工程伦理要求的条件下"忠诚"于投资者，这也是合同关系所要求的基本法律责任。

工程投资者是工程共同体的重要成员，是工程人才队伍的重要组成部分。而作为工程人才的工程投资者，常常需要对工程具有深刻的洞察力。

13.3.2.2 工程管理者

在工程活动中，工程管理者通常履行着协调、决策和指挥职能，他们需要从全局出发考虑问题，把自己所负责的部门目标与总体目标关联起来，以保证工程活动总体目标的实现。如果说工程师主要是从技术上保证工程活动的顺利进行，那么管理者则主要是从组织上来保证工程的顺利进行。工程管理者需要通过配置资源、规划任务、解决纠纷、处理公共关系等，来统筹解决工程活动中的各种相关问题。因此，作为工程共同体的重要成员，工程管理者的工作关乎是否人尽其才、物尽其用，因而关乎工程共同体的整体运行以及工程活动所达到的境界。

13.3.2.3 工程师

在现代社会，没有工程师，就谈不上工程。工程师是最为典型的工程人才。日常所说的"工程人才"通常指的就是工程师。在工程活动的各个阶段，都需要各类工程师的参与。与其他工程人才不同，工程师是工程知识的主要负载者和创造者。他们必须拥有专业性很强的工程知识，例如设计知识、工艺知识、设备知识、管理知识、安全知识、维修知识、质量控制知识乃至相关的社会知识等。

工程师通常需要"科班出身"和更严格的实践历练。他们至少要接受过系统的大学工程教育乃至研究生阶段的工程教育，在此基础上，再通过若干年的工程实践的历练和"师徒传承"关系的熏陶，才能够真正成长为卓越的工程人才。工程师与工人的关系是技术设计者、指导者、管理者与操作者的关系，与工程投资者的关系是雇员与雇主的关系。但是，另一方面，随着社会的发展和工程师自我意识的觉醒，工程师的社会作用和社会责任的问题被空前地突出了出来，工程师"从一个向雇主和顾客提供专业技术建议的职业演变为一种以既对社会负责又对环境负责的方式为整个社群服务的职业"。

13.3.2.4 工人

在工程共同体中，工人是一个必不可少的、基础性的组成部分。如果缺少了工人，工程队伍就犹如一支"没有士兵的军队"。如果说工人在科学活动中只是一个边缘成分，那么，在工程活动中，工人就是支撑工程大厦的不可缺少的栋梁。不仅如此，在现代工程活动中，工人绝不仅仅是被动的执行者，而是主动参与变革的"创新者"。他们的创造力主要表现在能够积极提出各种合理化建议。人们通常把工人看成是机械、被动的执行者，只是按照工艺规程和操作标准去做。实际上，操作环节需要许多技能、技巧，它们作为难言知识潜藏在个体之中，需要工人去发掘、应用。

需要说明的是，以上角色描述是功能性描述，在现实中，这些角色往往存在着交叉和转换。例如，总工程师同时又作为高层管理者，承担着组织管理和人员调配的职能；无论是管理者、工程师、工人，都可能持有企业或公司的股份而成为投资者；工人中特别有才干的人员同样有机会晋升为管理人员。

13.3.3　工程人才成长的一般过程

　　既然工程人才包括投资者、管理者、工程师和工人，从造就工程人才的关键途径看，无论是初等工程教育、中等工程教育、高等工程教育，还是工程实践和在职培训，都是十分重要的。换言之，工程人才的培养既需要各级各类学校教育，又需要在工程实践中加以长期历练。例如，熟练工人的成长既需要在职业学校的理论学习和技能培训，又需要工作现场一手经验和师徒传承；类似的，要培养出卓越的工程师，就不仅需要大学高质量的工科教育，而且还需要在工程实践中培养他们。

　　我们可以将工程人才成长的基本过程归纳为：初等、中等工程教育（通识教育或专业教育）+高等工程教育（通识教育或专业教育）+工程实践与培训+理解并能参与工程的公众=各级各类工程人才，如图 13-1 所示。

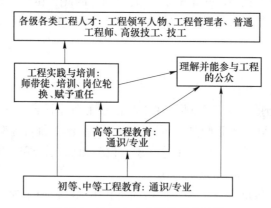

图 13-1　工程人才成长的基本过程

13.3.4　工程人才培养应注意的问题

　　（1）要正确处理科学教育与工程教育的关系。工程具有独立性，绝不等于科学的应用，更不是科学的附庸。相应地，工程人才具有不同于科学人才的特殊性，两者是不同类型的人才，各有自身的特点和成才规律。因此，绝不能简单按照培养科学人才的思路和方法去培养工程人才。

　　应该将工程教育从科学教育的范式下解脱出来，恢复工程教育的本来面目，促进科学教育和工程教育的制度性分化，并在这种分化的前提下，促进理工交叉和渗透。

　　（2）要注意平衡专业学习与通识教育，通过学科交叉培养学生的整体眼光和责任感。工程问题本质上就是跨学科问题，既然如此，只具备特定专业技术知识的工程人员，就很难应付日益复杂的工程问题。鉴于当今人类面临的复杂问题都不局限于特定学科边界之内，越来越依赖于跨越传统学科边界的集成方法，工程教育界有必要挣脱特定系科结构的束缚，以"工程问题"为导向的跨学科工程教育应该成为工程人才培养的行动指南。在此过程里，需要将工程哲学的基本思想贯穿到工程教育过程中，塑造学生们的整体视野和系统观，使他们明了自己肩负的重大责任，提高他们在工程活动中的领导能力。

（3）正确处理明言知识与难言知识的关系，突出能力培养尤其是实践能力、创新能力和创业能力的培养。工程教育必须面向工程实际，要特别重视从实践中培养学生的动手能力和应对实际工程问题的能力，既要教给学生可清晰表达的书本知识，更要通过"做中学"的教育方式让学生习得实践性的、难言的工程技能。这种强调"实践"的教育理念应该贯穿到所有教学环节。比如，每门课都要有综合性大作业，着力培养学生的整体思维能力、表达能力和合作精神；毕业设计应包括工程项目开发的全过程，着力培养学生分析和解决实际问题的能力。

与此同时，应该通过课程设计，使学生有机会参与创业实践活动，养成在跨学科团队里工作的习惯，并能更好地理解知识产权和专利，尽早学会制订商业计划，养成与同行、客户、供应商进行有效沟通的能力。

当然，教育方式的转换还牵涉到合格师资队伍建设问题。目前，我国工程教育领域的许多教师缺乏在产业界工作的经验，不具备跨学科的知识基础。为了改变这种状况，除了增加教师与产业界的交流之外，还要考虑聘用一批富有经验的产业界高级工程技术人员，参与工程人才培养体系。

（4）要尽量从人才的批量生产走向个性化教育。可以凭借互联网建立柔性化的工程教育体制，促进课程设置、培养过程、教学管理走向多样性和个性化。如果说，老的批量生产的培养模式的要件是教授和讲师的课堂讲授，那么新模式的关键在于以网络为基础的学习环境、小组辅导、实验室练习、案例研究和技能训练等。这是零距离的、时间密集型和劳动密集型的教育方式，也是更具人性化的教学方式。在这种新的培养范式中，教师和学生之间的关系发生了变化。教与学将转变为讨论、反思和领悟。这种批量教育体制向柔性教育体制的转型，是整个世界向知识社会转型的一部分。

（5）要正确处理学校教育和终生教育的关系。工程知识在企业现场的发展要快于学校教育的内容更新，这是工程教育面临的一个基本矛盾。在市场经济条件下，在知识爆炸和技术更新速度很快的情况下，学生在学校习得的知识将很快过时，如果他们不具备自我更新知识的能力，就不能适应当下的实践要求，更不可能成为工程创新的领军人物。因此，学校教育不仅要教给学生知识和技能，而且要教会学生如何学习的能力，从而使他们成为终身学习者，而继续教育和培训则应该由企业自己来主导。因此，通过政策措施加强企业在工程人才培养中的作用，应该成为工程人才培养模式变革的一个重要方面。

习题与思考题

13-1 简述大工程观的内涵。

13-2 简述大工程观培养人才的目标。

13-3 简述未来工程发展的基本趋势。

13-4 未来工程人才的必备素质有哪些？

13-5 简述工程人才成长的一般过程。

13-6 工程人才培养应注意哪些问题？

参 考 文 献

[1] 查建中，何永汕．中国工程教育改革三大战略［M］．北京：北京理工大学出版社，2009．

[2] 孙英浩，谢慧．新工科理念基本内涵及其特征［J］．黑龙江教育（理论与实践），2019（7）：11-15．

[3] 苟文峰，赵伦．全球产业链演化重构与产业人才链匹配研究——以重庆为例［J］．开发研究，2021（1）：53-59．

[4] 田逸．试论高等工程教育的培养目标［J］．华北水利水电学院学报（社会科学版），2007，23（1）：83-84，91．

[5] 姚立根，王学文．工程导论［M］．北京：电子工业出版社，2012．

[6] （法）布鲁诺·雅科米·技术史［M］．蔓君，译．北京：北京大学出版社，2000．

[7] （英）查尔斯·辛格，等·技术史［M］．王前，孙希忠，等译．上海：上海科技教育出版社，2004．

[8] （美）卡尔·米切姆·技术哲学概论［M］．殷登祥，曹南燕，等译．天津：天津科学技术出版社，1999．

[9] 殷瑞钰，汪应洛，李伯聪，等．工程哲学［M］．3版．北京：高等教育出版社，2018．

[10] 彭熙华，等．工程导论［M］．北京：机械工业出版社，2019．

[11] 王章豹．工程哲学与工程教育［M］．上海：上海科技教育出版社，2018．

[12] 殷瑞钰，李伯聪，汪应洛，等．工程方法论［M］．北京：高等教育出版社，2017．

[13] 李荷君．工程师的角色认知与共同体道德［J］．湖北函授大学学报，2012，25（2）：67-68．

[14] 丛杭青，文芬荣．工程师角色道德冲突问题研究［J］．昆明理工大学学报（社会科学版），2015，15（4）：1-6．

[15] 侯笑宇．论总监理工程师的素质与能力［J］．有色冶金设计与研究，2016，37（6）：48-49，52．

[16] 邓治国．工程项目管理团队建设［J］．中外企业家，2013（35）：56-57．

[17] 沈欢欢，姜云瑞，李翔宇，等．建设工程项目管理的阶段划分与重点控制研究［J］．中国住宅设施，2021，10：53-54．

[18] 李沅昊．工程项目管理团队的绩效考核研究［D］．成都：西南交通大学，2016．

[19] 任子英．高效项目管理团队建设研究［J］．建筑与预算，2014，3：13-17．

[20] 刘泽俊，周杰，李秀华，等．工程项目管理［M］．南京：东南大学出版社，2019．

[21] 万胤岳．工业4.0背景下企业智能制造发展探析［J］．中小企业管理与科技（下旬刊），2021，9：47-49．

[22] 庄红超，王仲民，蔡玉俊，等．新工科背景下智能制造工程研究中心建设探索［J］．中国多媒体与网络教学学报（中旬刊），2021，9：192-194．

[23] 涂春莲．机械设计制造的数字化与智能化发展［J］．农机使用与维修，2021，10：40-41．

[24] 冯夏维，丁露．智能制造未来技术发展趋势及标准化动态［J］．仪器仪表标准化与计量，2021，5：1-10．

[25] 许亚蕾，周海银．《中国制造2025》背景下高等职业教育人才培养研究——基于十大先进制造业相关企业岗位需求的量化分析［J］．职业教育研究，2021，10：52-58．

[26] 马忠贵．工程导论［M］．北京：机械工业出版社，2021．

[27] 王玉庄，刘文龙．安全生产法律法规［M］．北京：中国劳动社会保障出版社，2017．

[28] 曲三强．现代知识产权法概论［M］．北京：北京大学出版社，2016．

[29] 程发良，孙成访．环境保护与可持续发展［M］．北京：清华大学出版社，2014．

[30] 国务院法制办公室．中华人民共和国安全生产法［M］．北京：中国法制出版社，2014．